BIA-Report 1/98

Gefahrstoffliste 1998

Gefahrstoffe
am Arbeitsplatz

HVBG
Hauptverband der
gewerblichen
Berufsgenossenschaften

Verfasser:	W. Pflaumbaum H. Blome H. Kleine T. Smola HVBG, Berufsgenossenschaftliches Institut für Arbeitssicherheit — BIA
Herausgeber:	Hauptverband der gewerblichen Berufsgenossenschaften (HVBG) Alte Heerstraße 111 53754 Sankt Augustin Telefon: 0 22 41 / 2 31 - 01 Telefax: 0 22 41 / 2 31 - 13 33 Internet: www.hvbg.de — Mai 1998 —
Satz und Layout:	HVBG, Abteilung Öffentlichkeitsarbeit
Druck:	DCM — Druck Center Meckenheim
ISBN	3-88383-482-3
ISSN	0173-0387

Kurzfassung

Das Berufsgenossenschaftliche Institut für Arbeitssicherheit — BIA hat in der Gefahrstoffliste 1998 die wichtigsten Regelungen für die Sicherheit und Gesundheit am Arbeitsplatz sowie ergänzende Hinweise in einer Tabelle zusammengefaßt. Die vorliegende Version aktualisiert die Gefahrstoffliste aus dem Jahr 1997.

Die Liste enthält die vorgeschriebenen Einstufungen und Kennzeichnungen von Stoffen und Zubereitungen gemäß der EG-Richtlinie 67/548/EWG (einschließlich 23. Anpassung) — veröffentlicht in der Bekanntmachung nach § 4a GefStoffV — sowie die in der TRGS 905 „Verzeichnis krebserzeugender, erbgutverändernder oder fortpflanzungsgefährdender Stoffe" aufgeführten Stoffe.

Weiterhin aufgenommen wurden die Luftgrenzwerte — MAK und TRK (TRGS 900 „Grenzwerte in der Luft am Arbeitsplatz") und die Biologischen Arbeitsplatztoleranzwerte — BAT (TRGS 903).

Abschließend werden Hinweise u.a. zu Meßverfahren (DFG, ZH 1/120, BIA-Arbeitsmappe, HSE, NIOSH, OSHA), zur Arbeitsmedizin und auf stoffbezogene Regelungen in der GefStoffV, der ChemVerbotsV, den Technischen Regeln für Gefahrstoffe (TRGS) sowie auf berufsgenossenschaftliche Regelungen gegeben.

Die Anfang 1998 veröffentlichten Änderungen im Technischen Regelwerk (z.B. TRGS 900) sind ebenfalls noch berücksichtigt worden.

Abstract

In its 1998 list of hazardous substances, the Professional Associations' Institute for Occupational Safety (BIA) summarised the main regulations governing occupational safety and health, together with complementary remarks, in the form of a table. The current version updates the list of hazardous substances for the year 1997.

The list incorporates the prescribed classifications and characteristics of substances and preparations in accordance with EG directive 67/548/EEC (incl. 23th amendment) — published in promulgation under Section 4a of the ordinance on hazardous substances (GefStoffV) — as well as the substances listed in the TRGS 905 "Index of substances which can cause cancer, genetic changes or limit reproductive capability".

The limit values for air quality were also included — threshold limit of safe exposure (MAK) and technical guidelines for exposure (TRK) (TRGS 900: "limit values relating to air in the workplace") and the biological tolerance values (BAT) (TRGS 903: "threshold limits of safe exposure to biological agents in the workplace").

Finally, reference is also made to measurement procedures (DFG, ZH 1/120, BIA work dossier, HSE, NIOSH, OSHA), occupational medicine and substance-related provisions contained in the ordinance on hazardous substances (GefStoffV), the ordinance on banned chemicals (ChemVerbotsV), the technical code of practice on hazardous substances (TRGS) and professional associations' regulations.

The amendments to the technical code of practice on hazardous substances published at the start of 1998 (e.g. TRGS 900) are also taken into consideration.

Résumé

L'institut des Associations Professionnelles pour la Sécurité du Travail — le BIA — a réuni dans la liste des substances dangereuses 1998 les règlements les plus importants pour la sécurité et la santé au poste de travail, ainsi que des indications complémentaires dans un tableau. La présente version est l'actualisation de la liste des substances dangereuses de l'année 1997.

La liste contient les classements et les caractérisations prescrites de substances et de prparations conformément à la direktive UE 67/548/EWG (23e mise à jour comprise) — publiée dans la notification conformément au § 4a de l'ordonnance sur les substances dangereuses (GefStoffV) — ainsi que les substances mentionnées dans les Règles Techniques pour les Substances Dangereuses — TRGS 905, «liste des substances cancérigènes, entrainant des modifications du capital génétique ou des risques pour la reproduction».

La liste contient également les valeurs limites concernant l'air — MAK (concentration maximale au poste de travail) et TRK (concentration technique conseillée) (Règles Techniques pour les Substances Dangereuses — TRGS 900 «valeurs limites dans l'air au poste de travail») ainsi que les valeurs biologiques tolérées au poste de travail — BAT (Règles Techniques pour les Substances Dangereuses — TRGS 903).

Pour terminer, des indications concernant entre autres les méthodes de mesure (DFG, ZH 1/120, dossier de travail du BIA, HSE, NIOSH, OSHA), la médecine du travail et les règlements relatifs aux substances dans l'ordonnance sur les substances dangereuses (GefStoffV), l'ordonnance sur l'interdiction de produits chimiques (ChemVerbotsV) et les Règles Techniques pour les Substances Dangereuses — TRGS, ainsi que les règlements des associations professionnelles sont données.

Les modifications du Registre des Normes Techniques qui seront publiées début 1998 (par ex. Règles Techniques pour les Substances Dangereuses — TRGS 900) ont également été prises en compte.

Resumen

El Instituto de Mutualidades laborales para la seguridad del trabajo BIA (Berufsgenossenschaftliches Institut für Arbeitssicherheit) ha reunido en una tabla en la Lista de sustancias nocivas de 1998 las normas más importantes para la seguridad e higiene del trabajo, así como indicaciones complementarias. La versión presente actualiza la Lista de sustancias nocivas del año 1997.

La lista contiene las clasificaciones y caracterizaciones prescritas de las sustancias y elaboraciones, según la Diretiva de la UE 67/548/CEE (incluida la adaptación 23) publicada en el Comunicado según § 4 a del Reglamento para sustancias nocivas (GefStoffV), así como las sustancias designadas en las Normas técincas para sustancias nocivas TRGS 905 «Indice de sustancias cancerígenas, causantes de alteraciones genéticas o nocivas para la procreación».

Han sido también incluidos los valores máximos del aire — MAK (Valor máximo de concentración en el puesto de trabajo) y TRK (Valor indicativo técnico de concentración) (TRGS 900 «Valores máximos en el aire en el puesto de trabajo») y los valores de tolerancia biológicos en el puesto de Trabajo — BAT (TRGS 903).

Finalmente se hacen referencias a, entre otros, procesos de medición (DFG, ZH 1/120, carpeta de trabajo de BIA, HSE, NIOSH, OSHA), a la medicina laboral y a las normativas relativas a las sustancias en el Reglamento para sustancias nocivas (GefStoffV), el Reglamento de prohibición de sustancias químicas (ChemVerbotsV), en las Normas técnicas para sustancias nocivas (TRGS), así como a normas de las Mutualidades laborales.

También han sido consideradas las modificaciones publicadas a comienzos de 1998 en el Reglamento técnico (p.ej. TRGS 900).

Inhaltsverzeichnis

		Seite
	Einleitung	9
1	Gefahrstoffliste	11
	Erläuterungen zur Liste	11
	Liste der Gefahrstoffe (Tabelle)	33
	Anhang 1: Biologische Arbeitsplatztoleranzwerte	609
	Anhang 2: Expositionsäquivalente für krebserzeugende Arbeitsstoffe (EKA)	613
	Anhang 3: Liste der krebserzeugenden, erbgutverändernden oder fortpflanzungsgefährdenden Stoffe	617
	Anhang 4: Einstufungen und Kennzeichnung von Enzymen	625
2	Verzeichnis und Erläuterungen der Ziffern in der Spalte „Bemerkungen"	627
3	Besondere Stoffgruppen	631
4	Ankündigung der Neuaufnahme von Grenzwerten	635
5	Liste der R- und S-Sätze Gefahrensymbole und Gefahrenbezeichnungen	637
6	Einstufung von krebserzeugenden, erbgutverändernden oder fortpflanzungsgefährdenden Stoffen	647
7	Luftgrenzwerte	649
8	Neue Technische Regeln für Gefahrstoffe (TRGS) 1997/1998	651

Einleitung

Das Vorschriften- und Regelwerk zu Gefahrstoffen am Arbeitsplatz hat inzwischen einen erheblichen Umfang mit hohem Komplexitätsgrad erreicht. Für den Arbeitsschutzpraktiker ist es zunehmend schwieriger geworden, einen Überblick über alle relevanten Regeln für einen Gefahrstoff zu gewinnen, insbesondere auch, weil sich die rechtlichen Quellen zunehmend nur auf bestimmte Teilaspekte beschränken.

So sind beispielsweise mit den 1994 erschienenen Technischen Regeln für Gefahrstoffe „Grenzwerte in der Luft am Arbeitsplatz" (TRGS 900), „Biologische Arbeitsplatztoleranzwerte" (TRGS 903) und „Verzeichnis krebserzeugender, erbgutverändernder oder fortpflanzungsgefährdender Stoffe" (TRGS 905) die Informationen der früheren TRGS 900 „MAK- und BAT-Werte-Liste" auf drei Technische Regeln verteilt worden. Seit dem Dezember 1997 gibt es zusätzlich eine TRGS 907 „Verzeichnis sensibilisierender Stoffe", in der die vom Ausschuß für Gefahrstoffe als sensibilisierend bewerteten Stoffe geführt werden. Darüber hinaus enthalten die Gefahrstoffverordnung, die Chemikalienverbotsverordnung und die Bekanntmachung nach § 4a GefStoffV stoffbezogene Regelungen.

Um die Arbeitsschutzpraxis wirksam zu unterstützen, hat das Berufsgenossenschaftliche Institut für Arbeitssicherheit — BIA die wesentlichen Informationen über Gefahrstoffe am Arbeitsplatz zusammengeführt und in einer einheitlichen Liste dargestellt. Neben den o.g. Vorschriften und Regeln sind auch andere Quellen mit einbezogen worden, und zwar

☐ Berufsgenossenschaftliche Grundsätze für arbeitsmedizinische Vorsorgeuntersuchungen,

☐ Meßverfahren (der Deutschen Forschungsgemeinschaft, ZH 1/120, BIA-Arbeitsmappe „Messung von Gefahrstoffen", der EU und anderer Institutionen, z.B. HSE, NIOSH, OSHA),

☐ relevante Regeln bzw. Literatur (z.B. Technische Regeln für Gefahrstoffe, ZH1-Schriften, Unfallverhütungsvorschriften, EG-Richtlinien).

Es ist erklärtes Ziel, den Unternehmen und Aufsichtsbehörden die arbeitshygienischen Grundinformationen der in den verschiedenen relevanten Vorschriften und Regeln genannten Stoffe in übersichtlicher, kompakter Form zur Verfügung zu stellen. Um eine Weiterentwicklung für die Anwender in der Praxis zu erreichen und einen möglichst optimalen Überblick über das komplexe Gebiet zu gewährleisten, werden Kommentare und Anregungen gerne entgegengenommen.

Einleitung

Es wurde besonderer Wert auf Vollständigkeit und korrekte Wiedergabe der Daten gelegt. Dennoch kann es bei dem Umfang des Datenmaterials nicht ausgeschlossen werden, daß sich Fehler eingeschlichen haben. Auch hier sind wir für entsprechende Hinweise dankbar.

Ergänzungen 1998

Bei der sechsten überarbeiteten Auflage der Gefahrstoffliste wurden u.a. die Änderungen bei den Arbeitsplatzgrenzwerten (Technische Regeln 900 und 903) sowie bei den Einstufungen (TRGS 905) bis einschließlich Mai 1998 berücksichtigt. Neben der Aufnahme von neuen Arbeitsplatzgrenzwerten ist hier die Umstellung auf die neuen Bezeichnungen für die Staubfraktionen mit den Abkürzungen „E" (einatembare Fraktion) und „A" (alveolengängige Fraktion) zu erwähnen. Ferner erfolgt der Hinweis, daß bei der Arbeitsbereichsanalyse der Massenwert als Bezugswert heranzuziehen ist. Die in der neuen TRGS 907 „Verzeichnis sensibilisierender Stoffe" geführten Stoffe wurden ebenfalls in die Liste eingestellt. Im Dezember 1997 ist die 23. Anpassung der EG-Richtlinie 67/548/EWG erschienen. Die dort veröffentlichten Einstufungen und Kennzeichnungen für gefährliche Stoffe und Zubereitungen beziehen sich nur auf Mineralwolle und keramische Fasern beim Inverkehrbringen. Die von der EG-Kommission vorgenommenen Einstufungen sind in den BIA-Report aufgenommen worden. Eine nationale Regelung für den Umgang mit künstlichen Mineralfasern in Form einer Änderung der GefStoffV ist in Vorbereitung.

Zusätzlich wird auf neue Vorschläge der DFG-Senatskommission zu Luftgrenzwerten hingewiesen, da diese Empfehlungen hinsichtlich einer Übernahme in die TRGS 900 überprüft werden. Auch die 1997 von der DFG veröffentlichten Vorschläge werden zunächst im Ausschuß für Gefahrstoffe beraten.

1 Gefahrstoffliste

Die Stoffliste enthält Hinweise zu Luft- und biologischen Grenzwerten, deren Herkunft, Einstufung und Kennzeichnung, Gefahr der Sensibilisierung bzw. Hautresorption, ärztlich-medizinische Vorgaben, Meßverfahren und Hinweise auf relevante Richtlinien und Regeln. Detaillierte Informationen zum Inhalt der einzelnen Spalten sind im Vorspann ausführlich erläutert.

Erläuterungen zur Liste

Die Angaben zur Einstufung und Kennzeichnung von Stoffen und Zubereitungen wurden folgenden Veröffentlichungen entnommen:

☐ Gefahrstoffverordnung (GefStoffV) vom 26. Oktober 1993 in der Fassung vom 15. April 1997

☐ Bekanntmachung der Liste der gefährlichen Stoffe und Zubereitungen nach § 4a der Gefahrstoffverordnung. Die in der Bekanntmachung vom 8. Januar 1996 bekanntgegebenen Einstufungen für Erdöl-, Erdgas- und Kohlederivate wurden nicht in die nachstehende Liste aufgenommen. Eine Vielzahl der komplexen Gemische ist als krebserzeugend eingestuft. Die Einstufung erfolgt in der Regel anhand des Gehaltes an sogenannten Leitkomponenten (u.a. Benzol, 1,3-Butadien, Benzo[a]pyren). Die entsprechenden Anmerkungen H bis P sind deshalb ebenfalls nicht aufgeführt. Die Einstufungen für diese Produkte können jedoch der Diskettenversion der Gefahrstoffliste entnommen werden.

☐ TRGS 905 „Verzeichnis krebserzeugender, erbgutverändernder oder fortpflanzungsgefährdender Stoffe"

☐ 33. Mitteilung der Senatskommission zur Prüfung gesundheitsschädlicher Arbeitsstoffe (MAK- und BAT-Werte-Liste 1997), VCH Verlagsgesellschaft mbH, Weinheim, 1997

Die Luftgrenzwerte und die BAT-Werte wurden aus der TRGS 900 „Grenzwerte in der Luft am Arbeitsplatz — MAK- und TRK-Werte" und TRGS 903 „Biologische Arbeitsplatztoleranzwerte — BAT-Werte", die Grenzwertvorschläge aus der MAK- und BAT-Werte-Liste 1997 entnommen.

Spalte 1 — Stoffidentität

Mit „*" gekennzeichnete Stoffe weisen gegenüber dem BIA-Report 1/97 Veränderungen bei der Einstufung (Spalte 2 bis 4) und/oder bei den Grenzwerten einschließlich Anhang I auf.

Als zusätzliches Hilfsmittel zur Identifizierung der Stoffe werden folgende

1 Gefahrstoffliste

Registriernummern in der Liste angegeben:

☐ CAS-Nummer (Registriernummer des „Chemical Abstract Service")

☐ und unter der EG-Nummer die

— EINECS-Nummer (Registriernummer des „European Inventory Existing Chemical Commercial Substances") bzw.

— ELINCS-Nummer (Registriernummer der „European List of New Chemical Substances")

Bei Einträgen, die keine der o.g. Registriernummern haben, wird zusätzlich zum „EG-Namen" ggf. eine international anerkannte chemische Bezeichnung (nach ISO bzw. IUPAC) aufgeführt.

Zubereitungen werden mit ihrem generischen Namen oder als „Mischung aus…" bezeichnet.

In der Spalte 1 sind weiterhin ggf. folgende Anmerkungen zu finden, die der Bekanntmachung nach § 4a verkürzt entnommen wurden:

Anmerkung A

Der Name des Stoffes muß auf dem Kennzeichnungsschild unter seiner korrekten chemischen Bezeichnung gemäß Anhang I der Richtlinie 67/548/EWG angegeben werden, auch wenn in der Liste eine allgemeine Bezeichnung wie „Verbindungen des …" verwendet wird.

Anmerkung B

Für diesen Stoff ist seine Konzentration in der Lösung auf dem Kennzeichnungsschild anzugeben.

Anmerkung C

Auf dem Kennzeichnungsschild ist anzugeben, ob es sich um ein Isomerengemisch handelt oder bei Einzelstoffen, welche genau definierte isomere Form vorliegt.

Anmerkung D

Für Stoffe, die spontan polymerisieren oder sich zersetzen können, muß angegeben werden, wenn sie in nicht stabilisierter Form vorliegen.

Anmerkung E

Bei Stoffen, die als krebserzeugend, erbgutverändernd oder fortpflanzungsgefährdend in den Kategorien 1 und 2 und gleichzeitig als sehr giftig, giftig oder gesundheitsschädlich eingestuft wurden, muß bei den entsprechenden Gefahrensätzen das Wort „auch" vorangestellt werden (z.B.: „Kann Krebs erzeugen, auch giftig beim Einatmen"; R 45-23).

Anmerkung F

Diese Stoffe können Stabilisatoren enthalten. Verändern diese Stabilisatoren die gefährlichen Eigenschaften des Stoffes, so ist die Kennzeichnung des Stoffes in Übereinstimmung mit den Regeln für die Kennzeichnung gefährlicher Zubereitungen vorzunehmen.

Anmerkung G

Diese Stoffe können in einer explosionsgefährlichen Form in den Verkehr gebracht werden. In diesem Fall muß die Kennzeichnung einen entsprechenden Hinweis enthalten.

Die Anmerkungen H bis P werden nicht aufgeführt, da sie sich auf die komplexen Erdöl-, Erdgas- und Kohlederivate beziehen, die in der nachstehenden Liste nicht aufgeführt werden.

Anmerkung Q

Die Einstufung als krebserzeugend ist nicht zwingend, wenn nachgewiesen wird, daß der Stoff eine der nachstehenden Voraussetzungen erfüllt:

☐ Mit einem kurzfristigen Inhalationsbiopersistenztest wurde nachgewiesen, daß die gewichtete Halbwertszeit der Fasern mit einer Länge von über 20 μm weniger als zehn Tage beträgt.

☐ Mit einem kurzfristigen Intratrachealbiopersistenztest wurde nachgewiesen, daß die gewichtete Halbwertszeit der Fasern mit einer Länge von über 20 μm weniger als 40 Tage beträgt.

☐ Ein geeigneter Intraperitonealtest hat keine Anzeichen von übermäßiger Karzinogenität zum Ausdruck gebracht.

☐ Abwesenheit von relevanter Pathogenität oder von neoplastischen Veränderungen bei einem geeigneten Langzeitinhalationstest.

Anmerkung R

Die Einstufung als krebserzeugend ist nicht zwingend für Fasern, bei denen der längengewichtete mittlere geometrische Durchmesser abzüglich der zweifachen Standardabweichung größer ist als 6 μm.

Die folgenden Anmerkungen 1 bis 5 beziehen sich auf Zubereitungen:

1 Gefahrstoffliste

Anmerkung 1

Die angegebenen Konzentrationen bzw. allgemeinen Konzentrationen nach Anhang II GefStoffV sind als Gewichtsprozente des metallischen Elements, bezogen auf das Gesamtgewicht der Zubereitung zu verstehen.

Anmerkung 2

Die angegebenen Konzentrationen der Isocyanate sind als Gewichtsprozente des freien Monomers, bezogen auf das Gesamtgewicht der Zubereitung zu verstehen.

Anmerkung 3

Die angegebenen Konzentrationen sind als Gewichtsprozente der in Wasser gelösten Chromionen, bezogen auf das Gesamtgewicht der Zubereitung zu verstehen.

Anmerkung 4

Zubereitungen, die diese Stoffe enthalten, müssen als gesundheitsschädlich mit R 65 eingestuft werden, wenn sie den Kriterien in Anhang VI Abschnitt 3.2.3 der Richtlinie 67/548/EWG entsprechen (Anhang I, Nr. 1.3.2.3 GefStoffV).

Anmerkung 5

Die Konzentrationsgrenzen für gasförmige Zubereitungen werden in Volumenprozent angegeben.

Einstufung und Kennzeichnung von Stoffen

In den Spalten 2 bis 6 der Liste wird die Einstufung und Kennzeichnung von Stoffen wiedergegeben, wie sie in der Bekanntmachung nach § 4a GefStoffV oder der TRGS 905 aufgeführt ist. Stoffe, die nicht in der Bekanntmachung nach § 4a aufgeführt sind, muß der Hersteller oder Einführer nach Anhang I GefStoffV einstufen.

Mit Inkrafttreten der GefStoffV vom Oktober 1993 werden Stoffe nach den Kriterien des Anhanges I (diese entsprechen den EU-Kriterien) eingestuft. Die alten Bezeichnungen wie beispielsweise III A1, III A2, III B, Gruppe A-D haben somit ihre Rechtsgültigkeit verloren, werden aber weiterhin von der DFG-Senatskommission (s. MAK- und BAT-Werte-Liste 1997) verwendet. Die Vorschläge der DFG-Senatskommission werden vom Ausschuß für Gefahrstoffe nach den Kriterien des Anhanges I GefStoffV geprüft, anschließend in die Kategorien nach Anhang I GefStoffV eingeordnet und in der TRGS 905 veröffentlicht. In einigen Fällen wurde ein Einstufungsvorschlag nicht in die TRGS 905 übernommen. Sofern aufgrund der Datenlage keine Einordnung in die Kategorien 1 bis 3 vorgenommen werden konnte, wird dies durch einen Strich (—) gekennzeichnet.

Für Gefahrstoffe der Kategorie 3 nach Anhang I Nr. 1.4.2.1 und 1.4.2.2 (Stoffe mit begründetem Verdacht auf krebserzeugende oder erbgutverändernde Wirkung) gelten die Vorschriften des Vierten und Fünften Abschnitts der GefStoffV für gesundheitsschädliche Gefahrstoffe (§ 2 Abs. 3 GefStoffV).

In den Spalten 2 bis 4 erscheinen die nationalen Bewertungen nach TRGS 905 in Normalschrift. Wurde von der EG-Kommission entschieden, einen Stoff nach Anhang I der Richtlinie 67/548/EWG als krebserzeugend, erbgutverändernd oder fortpflanzungsgefährdend einzustufen, ist die Einstufung durch eine **halbfette** Schreibweise hervorgehoben. Die Veröffentlichung erfolgt durch das Bundesministerium für Arbeit und Sozialordnung in der Bekanntmachung nach § 4a GefStoffV.

Bei einigen Stoffen finden sich in der Spalte 2 (krebserzeugend) zwei Eintragungen: z.B. Cadmiumsulfid 2 und **3**. Hierbei gilt die halbfett gedruckte Eintragung (Legaleinstufung) für das Inverkehrbringen von Gefahrstoffen (EU-Einstufung, siehe Bekanntmachung nach § 4a GefStoffV), während die nationale Bewertung (Kat. 2) für den Umgang mit diesem Gefahrstoff gilt (TRGS 905). Das heißt, für den Umgang mit diesem Gefahrstoff gelten in diesem Fall die Vorschriften des sechsten Abschnittes der GefStoffV für krebserzeugende und erbgutverändernde Stoffe. Zur Information der Arbeitgeber dient die Aufnahme entsprechender Hinweise in das Sicherheitsdatenblatt (§ 14 GefStoffV).

Die gleiche Regelung gilt für Stoffe, die von der EU nicht als krebserzeugend, erbgutverändernd oder fortpflanzungsgefährdend eingestuft wurden. Findet sich beispielsweise in den Spalten 2 bis 4 eine nicht halbfett gedruckte Eintragung und gleichzeitig Eintragungen in der Spalte 5 (EU-Einstufung), so ist die nationale Bewertung für die Arbeitsschutzmaßnahmen heranzuziehen (Beispiele: 1,2-Dichlorpropan, 2-Butenal).

Findet sich in den Spalten 2 bis 4 eine nicht halbfett gedruckte Eintragung und gleichzeitig keine Eintragung in der Spalte 5, so ist dieser Stoff noch nicht in der Bekanntmachung nach § 4a GefStoffV aufgeführt. Die Veröffentlichung der Bewertung erfolgt nach Beratung durch den AGS in der TRGS 905 (Beispiel: Cadmium).

1 Gefahrstoffliste

Spalte 2 — Krebserzeugend

EU

K 1 Stoffe, die beim Menschen bekanntermaßen krebserzeugend wirken. Es sind hinreichende Anhaltspunkte für einen Kausalzusammenhang zwischen der Exposition eines Menschen gegenüber dem Stoff und der Entstehung von Krebs vorhanden.

K 2 Stoffe, die als krebserzeugend für den Menschen angesehen werden sollten. Es bestehen hinreichende Anhaltspunkte zu der begründeten Annahme, daß die Exposition eines Menschen gegenüber dem Stoff Krebs erzeugen kann. Diese Annahme beruht im allgemeinen auf folgendem:

 ☐ geeignete Langzeit-Tierversuche

 ☐ sonstige relevante Informationen

K 3 Stoffe, die wegen möglicher krebserregender Wirkung beim Menschen Anlaß zur Besorgnis geben, über die jedoch nicht genügend Informationen für eine befriedigende Beurteilung vorliegen. Aus geeigneten Tierversuchen liegen einige Anhaltspunkte vor, die jedoch nicht ausreichen, um einen Stoff in Kategorie 2 einzustufen.

Spalte 3 — Erbgutverändernd

EU

M 1 Stoffe, die auf den Menschen bekanntermaßen erbgutverändernd wirken. Es sind hinreichende Anhaltspunkte für einen Kausalzusammenhang zwischen der Exposition eines Menschen gegenüber dem Stoff und vererbbaren Schäden vorhanden.

M 2 Stoffe, die als erbgutverändernd für den Menschen angesehen werden sollten. Es bestehen hinreichende Anhaltspunkte zu der begründeten Annahme, daß die Exposition eines Menschen gegenüber dem Stoff zu vererbbaren Schäden führen kann. Diese Annahme beruht im allgemeinen auf folgendem:

 ☐ geeignete Tierversuche

 ☐ sonstige relevante Informationen

M 3 Stoffe, die wegen möglicher erbgutverändernder Wirkung auf den Menschen zur Besorgnis Anlaß geben. Aus geeigneten Mutagenitätsversuchen liegen einige Anhaltspunkte vor, die jedoch nicht ausreichen, um den Stoff in Kategorie 2 einzustufen.

Spalte 4 — Fortpflanzungsgefährdend

EU

R_F Beeinträchtigung der Fortpflanzungsfähigkeit (Fruchtbarkeit) und

R_E Fruchtschädigend (entwicklungsschädigend)

R_F1 Stoffe, die beim Menschen die Fortpflanzungsfähigkeit (Fruchtbarkeit) bekanntermaßen beeinträchtigen.

R_E1 Stoffe, die beim Menschen bekanntermaßen fruchtschädigend (entwicklungsschädigend) wirken.

R_F2 Stoffe, die als beeinträchtigend für die Fortpflanzungsfähigkeit (Fruchtbarkeit) des Menschen angesehen werden sollten.

R_E2 Stoffe, die als fruchtschädigend (entwicklungsschädigend) für den Menschen angesehen werden sollten.

R_F3 Stoffe, die wegen möglicher Beeinträchtigung der Fortpflanzungsfähigkeit (Fruchtbarkeit) des Menschen zur Besorgnis Anlaß geben.

R_E3 Stoffe, die wegen möglicher fruchtschädigender (entwicklungsschädigender) Wirkungen beim Menschen zur Besorgnis Anlaß geben.

Spalte 5 — Gefahrensymbol, R-Sätze

Diese Spalte enthält die Gefahrensätze (R-Sätze) und Gefahrensymbole der EU-Einstufung. Diese Einstufung wirkt sich nicht nur auf die Kennzeichnung, sondern auch auf weitere Rechts- und Verwaltungsvorschriften aus.

Stehen in der Spalte 5 keine Einträge, so muß der Hersteller oder Einführer den Stoff selbst einstufen (§ 4a Abs. 3 GefStoffV). Gesicherte wissenschaftliche Erkenntnisse (z.B. TRGS 905) sind hinsichtlich des Umganges mit diesem Stoff zu beachten.

Spalte 6 — Kennzeichnung

Gefahrensymbol, R-Sätze, S-Sätze

Diese Spalte enthält Gefahrensymbole, R-Sätze und S-Sätze, die bei der Stoffkennzeichnung verwendet werden müssen.

Die Bedeutung der Gefahrensymbole sowie der R- und S-Sätze wird im Abschnitt 5 dieser Liste sowie im Anhang I der GefStoffV erläutert.

Einstufung und Kennzeichnung von Zubereitungen

Spalte 7 — Konzentrationsgrenzen in Prozent

Konzentrationsgrenzen in Gewichtsprozent, bezogen auf das Gesamtgewicht der Zubereitung, für die die in der Spalte 8 verzeichneten Einstufungen und Kennzeichnungen gelten.

1 Gefahrstoffliste

Ist keine Konzentrationsgrenze bei Zubereitungen angegeben, gelten bei dem üblichen Verfahren zur Bewertung des Gesundheitsrisikos die Konzentrationsgrenzen des Anhangs I der Richtlinie 88/379/EWG über gefährliche Zubereitungen (entsprechend Anhang II Nr. 1 der Gefahrstoffverordnung).

Nach § 35 Abs. 3 GefStoffV sind Zubereitungen als krebserzeugend im Sinne des § 35 Abs. 1 anzusehen, sofern der Massengehalt an einem krebserzeugenden Stoff gleich oder größer als 0,1 % beträgt, soweit nicht andere stoffspezifische Konzentrationsgrenzen festgelegt sind. Wurde für einen krebserzeugenden Stoff eine andere Konzentrationsgrenze festgelegt, so wird diese in der Klammer angegeben.

C = Konzentration

Spalte 8 — Einstufung/Kennzeichnung

Gefahrensymbol und Gefahrensätze (R-Sätze) für Zubereitungen.

Gefahrensymbole/Gefährlichkeitsmerkmale und Gefahrensätze für die in Spalte 7 angegebenen Konzentrationsgrenzen (Erläuterungen: siehe Abschnitt 5).

Grenzwerte (Luft)
Spalte 9 — mg/m^3 bzw. ml/m^3

Die in dieser Spalte angegebenen Grenzwerte beziehen sich auf die Konzentration (Gewichts- bzw. Volumenanteil) eines Gefahrstoffes in der Luft am Arbeitsplatz. Für die Arbeitsbereichsanalyse ist der Massenwert als Bezugswert heranzuziehen (TRGS 900). Grenzwertvorschläge der DFG-Senatskommission werden in Klammern ( ) angegeben. Diese sind jedoch noch nicht in die TRGS 900 aufgenommen worden. Eine Aufnahme in die TRGS 900 erfolgt voraussichtlich im Sommer 1998 (teilweise).

Luftgrenzwerte sind Schichtmittelwerte bei in der Regel täglich achtstündiger Exposition und bei Einhaltung einer durchschnittlichen Wochenarbeitszeit von 40 Stunden (in Vierschichtbetrieben 42 Stunden je Woche im Durchschnitt von vier aufeinanderfolgenden Wochen). Ausgenommen hiervon sind der Allgemeine Staubgrenzwert und bestimmte Stäube. Kurzfristige Überschreitungen des Schichtmittelwertes (Expositionsspitzen) werden mit Kurzzeitwerten (Spalte 10) beurteilt, die nach Höhe und Dauer gegliedert sind.

Allgemeiner Staubgrenzwert

Als Allgemeiner Staubgrenzwert gilt eine Feinstaubkonzentration von 6 mg/m^3.

Dieser Wert soll die Beeinträchtigung der Funktion der Atmungsorgane in Folge einer allgemeinen Staubwirkung verhindern und ist in jedem Fall in Ergänzung stoffspezifischer Luftgrenzwerte einzuhalten.

Bei Einhaltung des Allgemeinen Staubgrenzwertes ist mit einer Gesundheitsgefährdung nur dann nicht zu rechnen, wenn nach einschlägiger Überprüfung sichergestellt ist, daß mutagene, krebserzeugende, fibrogene, toxische oder allergisierende Wirkungen des Staubes nicht zu erwarten sind.

Beurteilungszeitraum

Für Stäube sowie für Rauche gilt als Beurteilungszeitraum im allgemeinen die Schichtlänge, wobei die Spitzenbegrenzungen zu berücksichtigen sind.

Die Wirkungen von Quarzstaub (einschließlich Cristobalit, Tridymit) und die Beeinträchtigung der Atmungsorgane durch Stäube von

Aluminium und seinen Oxiden (faserfrei)
Graphit (Quarzgehalt < 1 %)
Eisenoxiden
Magnesiumoxid
Titandioxid
PVC und
Siliciumcarbid (faserfrei)

sind Langzeiteffekte und hängen maßgeblich von der Staubdosis ab, die durch die über einen längeren Zeitraum einwirkende mittlere Feinstaubkonzentration bestimmt wird. Deshalb gelten die MAK-Werte für diese Stäube und der Allgemeine Staubgrenzwert als Langzeitwerte für eine Staubexposition von einem Jahr. Abweichend gilt für Quarzfeinstaub bei Feststellung und Dokumentation der individuellen Staubexposition ein Zeitraum von zwei Jahren.

Auslöseschwelle (ALS)

Die Auslöseschwelle ist überschritten, wenn die Einhaltung des Luftgrenzwertes nicht nachgewiesen ist. Bei gesplitteten Luftgrenzwerten gilt der niedrigere Wert, sofern nicht im Einzelfall andere Regelungen getroffen werden (TRGS 101).

Sind im Einzelfall andere Regelungen erfolgt, wird dieser Wert mit dem Zusatz „ALS" angegeben. Gilt der Wert nur für die Vorsorgeuntersuchungen, weist der Zusatz „ALS § 28" darauf hin.

Partikelfraktion

Falls Stoffe partikelförmig auftreten, erfolgt mit der Angabe **„A"** bzw. **„E"** ein Hinweis darauf, welche Fraktion für die Beurteilung durch Vergleich mit dem Grenzwert heranzuziehen ist. In Klam-

1 Gefahrstoffliste

mern ist zusätzlich die ältere, z.T. noch gebräuchliche Bezeichnung mit angegeben. Die neueren Bezeichnungen sind der Europäischen Norm EN 481 „Festlegung von Konventionen von Partikelgrößenfraktionen zur Messung von Schwebstoffen am Arbeitsplatz" entnommen.

Bezeichnung	Abkürzung	ältere Bezeichnung
alveolengängige Fraktion	A	Feinstaub (F)
einatembare Fraktion	E	Gesamtstaub (G)

Spalte 10 — Spitzenbegrenzung

Für die Begrenzung der Exposition am Arbeitsplatz nach oben wurden Kurzzeitwertregelungen getroffen. Dabei ist in jedem Falle der 8-Stunden-Mittelwert einzuhalten. Es gelten folgende Regelungen:

1. Die Konzentration lokal reizender und geruchsintensiver Stoffe soll zu keinem Zeitpunkt höher sein als die Grenzwertkonzentration (Überschreitungsfaktor 1). Für einzelne Stoffe kann der AGS andere Überschreitungsfaktoren festlegen. Die betriebliche Überwachung soll durch meßtechnische Mittelwertbildung über 15 Minuten erfolgen, z.B. durch eine 15minütige Probenahme. Bei Einhaltung des 15-Minuten-Mittelwertes ist zusätzlich darzulegen, aus welchen technologischen oder organisatorischen Gründen davon ausgegangen werden kann, daß die Grenzwertkonzentration zu keinem Zeitpunkt überschritten wird. Die Stoffe werden in der Spalte „Spitzenbegrenzung" durch das Zeichen = = und den Überschreitungsfaktor ausgewiesen (in der Regel: =1=).

2. Die mittlere Konzentration resorptiv wirksamer Stoffe und von Stoffen mit Luftgrenzwerten, die nach dem TRK-Konzept aufgestellt wurden, soll in einem 15-Minuten-Zeitraum die vierfache Grenzwertkonzentration nicht überschreiten (15-Minuten-Mittelwert, Überschreitungsfaktor 4). Für einzelne Stoffe oder Stoffgruppen kann der AGS andere Überschreitungsfaktoren festlegen. Die Stoffe werden in der Spalte „Spitzenbegrenzung" durch Angabe des Überschreitungsfaktors ausgewiesen (in der Regel: 4).

Die Dauer der erhöhten Exposition darf in einer Schicht insgesamt eine Stunde nicht übersteigen.

3. Für Stoffe ohne Kurzzeitwert sollten Expositionen, die kürzer als eine Stunde sind, den Grenzwert höchstens um den Faktor 8 übersteigen (TRGS 402, Abschnitt 3.10).

Spalte 11 — Art/Bemerkungen

TRK

Technische Richtkonzentrationen

TRK ist die Konzentration eines Stoffes in der Luft am Arbeitsplatz, die nach dem Stand der Technik erreicht werden kann.

MAK

Maximale Arbeitsplatzkonzentrationen

MAK ist die Konzentration eines Stoffes in der Luft am Arbeitsplatz, bei der im allgemeinen die Gesundheit der Arbeitnehmer nicht beeinträchtigt wird.

EW

Empfehlungswerte

Empfehlungswerte werden vom Ausschuß für Gefahrstoffe für krebserzeugende und krebsverdächtige Gefahrstoffe ausgesprochen, wenn kein Umgang mit diesen Stoffen bekannt ist sowie keine Meßergebnisse vorliegen. Der Empfehlungswert wird in einem Erläuterungspapier zum Gefahrstoff in der TRGS 901 veröffentlicht. Beim Umgang mit diesem Gefahrstoff ist eine Arbeitsbereichsanalyse zu erarbeiten, wobei der genannte Konzentrationswert als Anhalt für die Durchführung gemäß TRGS 402 heranzuziehen ist. Die Ergebnisse der Arbeitsbereichsanalyse sind dem Ausschuß für Gefahrstoffe unverzüglich mitzuteilen.

Ziffer

Die in der Spalte 11 angegebenen Ziffern weisen auf eine Erläuterung zum Grenzwert hin. Diese Erläuterungen finden sich im Abschnitt 2 des BIA-Reports.

H

(Hautresorptive Stoffe)

Verschiedene Stoffe können leicht durch die Haut in den Körper gelangen und zu gesundheitlichen Schäden führen. Beim Umgang mit hautresorptiven Stoffen ist die Einhaltung des Luftgrenzwertes für den Schutz der Gesundheit nicht ausreichend. Durch organisatorische und arbeitshygienische Maßnahmen ist sicherzustellen, daß der Hautkontakt mit diesen Stoffen unterbleibt. Bei unmittelbarem Hautkontakt ist die TRGS 150 zu beachten.

S

(Sensibilisierende Stoffe)

Sensibilisierungen der Haut und/oder der Atemwege können durch viele Stoffe

1 Gefahrstoffliste

ausgelöst werden. Wiederholter Kontakt kann zu allergischen Erkrankungen führen. Die Einhaltung der Luftgrenzwerte gibt keine Sicherheit gegen das Auftreten allergischer Reaktionen.
(TRGS 906 und TRGS 907)

Y

(MAK-Werte und Schwangerschaft)

Mit der Bemerkung „Y" werden Stoffe ausgewiesen, bei denen ein Risiko der Fruchtschädigung bei Einhaltung des MAK- und des BAT-Wertes nicht befürchtet zu werden braucht.

Spalte 12 — Herkunft, Staubklasse

(1) Die in der TRGS 900 aufgeführten **MAK** werden von folgenden Institutionen vorgeschlagen:

— Senatskommission zur Prüfung gesundheitsschädlicher Arbeitsstoffe der Deutschen Forschungsgemeinschaft

Die von der DFG-Kommission vorgeschlagenen Werte sind in der MAK- und BAT-Werte-Liste 1997 veröffentlicht.

— Europäische Union

Die EU verabschiedet Richtgrenzwerte und verbindliche Grenzwerte für eine berufsbedingte Exposition.

(Richtlinien der Europäischen Union [EU] zu Grenzwerten in der Luft am Arbeitsplatz)

— Chemische Industrie, Behörden u.a.

Vorläufige Arbeitsplatzrichtwerte (ARW) werden von der chemischen Industrie, Gewerkschaften, Behörden u.a. vorgeschlagen.

— Ausschuß für Gefahrstoffe (AGS)

Für Stoffe mit Verdacht auf krebserzeugende oder erbgutverändernde Wirkung (Kategorie 3) und komplexe Vielstoffgemische kann der AGS Grenzwerte (MAK) nach dem TRK-Konzept erarbeiten.

TRK werden vom Ausschuß für Gefahrstoffe (AGS) ermittelt für krebserzeugende oder erbgutverändernde Stoffe der Kategorien 1 und 2 nach Anhang I Nr. 1.4.2 GefStoffV.

Für die Festlegung der Höhe der Werte sind maßgebend:

— der derzeitige Stand der verfahrens- und lüftungstechnischen Maßnahmen unter Berücksichtigung des in naher Zukunft technisch Erreichbaren

— die Berücksichtigung vorliegender arbeitsmedizinischer Erfahrungen oder toxikologischer Erkenntnisse

— die Möglichkeit, die Stoffkonzentrationen im Bereich des Grenzwertes analytisch zu bestimmen

Mit den folgenden Kürzeln wird in Spalte 12 auf die Herkunft der Luftgrenzwerte und den Fundort für evtl. vorliegende Begründungspapiere (in Klammern) hingewiesen:

AGS   Ausschuß für Gefahrstoffe (TRGS 901)

ARW   Arbeitsplatzrichtwert (TRGS 901)

DFG   Senatskommission zur Prüfung gesundheitsschädlicher Arbeitsstoffe der Deutschen Forschungsgemeinschaft (DFG)

EG   Kommission der Europäischen Gemeinschaften

AUS   Ausländischer Luftgrenzwert
— AUS Australien
— CH Schweiz
— DK Dänemark
— FIN Finnland
— GB Großbritannien
— JAP Japan
— NL Niederlande
— S Schweden
— USA USA

(2) Bei Maschinen zur Beseitigung gesundheitsgefährlicher Stäube mit Rückführung der Reinluft in die Arbeitsräume, beispielsweise bei Industriestaubsaugern oder Entstaubern, werden Anforderungen hinsichtlich der Staubabscheidung gestellt, die sich an der Gesundheitsgefährlichkeit der abzuscheidenden Stäube orientieren. So werden nach der Norm IEC 335-2-69, Annex AA, folgende Staubklassen ausgewiesen:

L (light hazard):
Stäube mit Grenzwert > 1 mg/m^3

M (medium hazard):
Stäube mit Grenzwert $> 0{,}1$ mg/m^3

H (high hazard):
Alle Stäube mit Grenzwert einschließlich krebserzeugende Stoffe und Krankheitserreger

Diesen Staubklassen sind entsprechend steigende Anforderungen hinsichtlich Durchlaßgrad und Filterflächenbelastung zugeordnet.

In Spalte 12 ist bei Stoffen, die unter normalen betrieblichen Umgebungsbedingungen staubförmig auftreten können, durch L, M oder H gekennzeichnet, welcher der angegebenen Staubklassen der jeweilige Gefahrstoff bzw. Staub, der diesen Gefahrstoff enthält,

---

Anmerkung: Die Staubklassen L, M und H ersetzen die in der Bundesrepublik Deutschland bislang gebräuchlichen Verwendungskategorien U, S, G, C, K1 und K2 (siehe BIA-Handbuch, Kennzahl 510 210).

1 Gefahrstoffliste

zuzuordnen ist. Mit H gekennzeichnet sind in Spalte 12 die krebserzeugenden Stoffe der Kategorien 1 oder 2 gemäß Bekanntmachung nach § 4a GefStoffV bzw. der TRGS 905, für die ein Grenzwert angegeben ist. In „Krebsverdacht" stehende Stoffe der Kategorie 3 sind nicht gekennzeichnet. Es wird jedoch im Sinne des vorsorglichen Arbeitsschutzes empfohlen, auch für diese Stoffe die Anforderungen der Staubklasse H zu erfüllen. Ebenso wird bei erbgutverändernden und fortpflanzungsgefährdenden Stoffen empfohlen, die Anforderungen der Staubklasse H zu erfüllen.

Bei Stoffen, die unter Umgebungsbedingungen einen merklichen Dampfdruck aufweisen und die insofern von Staubabscheidern nur unvollständig zurückgehalten werden können, enthält Spalte 12 keinen Eintrag. Hier ist in jedem Einzelfall zu prüfen, ob eine ausreichende Abscheidung gewährleistet ist und ob daher der Einsatz eines entsprechenden Abscheiders zugelassen werden kann.

Bei brennbaren Stäuben sind bei Abscheidern zusätzlich die Anforderungen der Kategorie B1 (Bauart-1-Prüfung) zu erfüllen. Explosionsgefährliche Stoffe (z.B. Sprengstoffe) bedürfen besonderer Überlegungen.

Spalte 13 — Meßverfahren

In dieser Spalte werden Hinweise auf die in der Bundesrepublik anerkannten und empfohlenen Meßverfahren gegeben (BIA-Arbeitsmappe „Messung von Gefahrstoffen"). Ein maßgebliches Kriterium für solche Verfahren wird die Erfüllung der Anforderungen sein, wie sie in der Europäischen Norm EN 482 „Arbeitsplatzatmosphäre — Allgemeine Anforderungen an Verfahren für die Messung von chemischen Arbeitsstoffen" beschrieben sind.

Für die verschiedenen Verfahrenssammlungen wurden die folgenden Abkürzungen gewählt:

ZH1/120.XX:

Von den Berufsgenossenschaften anerkannte Analysenverfahren zur Feststellung der Konzentration krebserzeugender Arbeitsstoffe in der Luft in Arbeitsbereichen (ZH1/120).

Hrsg.: Hauptverband der gewerblichen Berufsgenossenschaften, Carl Heymanns Verlag, Köln

DFG:

DFG Luftanalysenband: Analytische Methoden zur Prüfung gesundheitsschädlicher Arbeitsstoffe der Deutschen Forschungsgemeinschaft. Verlag Chemie, Weinheim

BIA:

BIA-Arbeitsmappe „Messung von Gefahrstoffen"
mit der jedem Stoff zugeordneten Kennzahl

(Hrsg.: Berufsgenossenschaftliches Institut für Arbeitssicherheit — BIA, Erich Schmidt Verlag, Bielefeld)

OSHA:

Analytical Methods Manual. ACGIH, Cincinnati, 1991, mit der Methodennummer
http://www.osha-slc.gov/SLTC/Analytical_Methods/index.html

NIOSH:

Manual of Analytical Methods. 4th Ed. U.S. Department of Health and Human Services, Cincinnati 1994, mit der Methodennummer

HSE:

Health and Safety Executive. MDHS Series, Bootle, Merseyside, mit der Methodennummer

EG:

Commission of the European Communities:

Measurement Techniques for Carcinogenic Agents in Workplace Air. Royal Society of Chemistry, 1989

Metalle und Metallverbindungen

Die aus toxikologischer Sicht notwendige differenzierte Betrachtungsweise für einzelne Metalle und Metallverbindungen stellt ein mit der analytischen Überwachung des Grenzwertes beauftragtes Labor in vielen Fällen vor Probleme.

Da die analytische Unterscheidung nach Verbindungsart, Oxidationsstufe oder Löslichkeit des Metalls häufig nur mit hohem Aufwand möglich ist, ist eine pragmatische Vorgehensweise zweckmäßig, solange der Schutz des Beschäftigten am Arbeitsplatz nicht vernachlässigt wird. Vorschläge zur Behandlung von luftgetragenen metallhaltigen Stäuben werden beschrieben in den Publikationen der DFG (spezielle Vorbemerkungen, Kap. 4, S. 17) und des BIA (Kennzahl 6015).

Spalte 14 — Risikofaktoren nach TRGS 440 (W x F)

Viele Betriebe gehen davon aus, daß es zum Schutz ihrer Beschäftigten ausreicht, Grenzwerte am Arbeitsplatz einzuhalten. Leider wird aber der Schutz der Beschäftigten durch die Einhaltung von Grenzwerten nicht immer garantiert, da

☐ es für zu wenige in der Praxis verwendete Stoffe gut begründete Grenzwerte gibt,

1 Gefahrstoffliste

☐ eine toxikologische Bewertung von Stoffgemischen generell nicht möglich ist und

☐ Gefährdungen durch Hautkontakt mit Hilfe von Grenzwerten nicht zu beurteilen sind.

Darum muß nach § 16 (2) Gefahrstoffverordnung der Arbeitgeber unabhängig von einer Einhaltung der Grenzwerte prüfen, ob Stoffe, Zubereitungen oder Erzeugnisse mit einem geringeren gesundheitlichen Risiko als die von ihm verwendeten bzw. in Aussicht genommenen erhältlich sind. Zur Abschätzung des geringeren gesundheitlichen Risikos wurde in der TRGS 440 ein einfaches Rechenschema eingeführt. Dieses Modell geht davon aus, daß sich das von chemischen Stoffen ausgehende gesundheitliche Risiko aus dem Wirkpotential (W), dem Freisetzungspotential (F) und dem Verfahren (V) zusammensetzt. Durch Multiplikation dieser Faktoren erhält man die relative Risikozahl:

$$R = W \cdot F \cdot V$$

Zur Beurteilung der Wirkung eines Stoffes (W) wird auf dessen Einstufung zurückgegriffen. Auch für Fälle, in denen keine Einstufung gefunden wird, gibt die TRGS 440 Entscheidungshilfen. Wie leicht ein Stoff freigesetzt wird (F), hängt vor allem von ihm selbst (seinem Aggregatzustand und bei Flüssigkeiten von deren Dampfdruck) ab und vom Verfahren (V), bei dem er eingesetzt wird. Die Faktoren W und F sind nur von den Stoff- bzw. Einstufungsdaten abhängig. Das Produkt $W \cdot F$ wird deshalb auch als potentielles Risiko pR bezeichnet. Die Faktoren W und F der einzelnen Stoffe sind in der Spalte 14 aufgelistet.

Hauptzweck der Risikozahl ist es, durch den Vergleich mit anderen Risikozahlen nachvollziehbare, plausible und dokumentierbare Aussagen zum gesundheitlichen Risiko von Ersatzlösungen zu ermöglichen und Entscheidungen über den Einsatz von Ersatzstoffen vorzubereiten.

Die relative Risikozahl erhebt nicht den Anspruch, ein absolutes Risiko zahlenmäßig zu beschreiben. Je nach Höhe kann man aber bereits erste Anhaltspunkte gewinnen, ob es sich um eine kritische oder weniger kritische Arbeitsplatzsituation handelt.

> Da es sich um ein Verfahren zur vergleichenden Abschätzung handelt, können aus einem einzigen Wert noch keine Schlüsse gezogen werden, ob Ersatzmaßnahmen notwendig oder nicht erforderlich sind.

Insbesondere darf die relative Risikozahl auf keinen Fall für Fragestellungen herangezogen werden, bei denen eine Beurteilung des absoluten Risikos erforderlich ist.

Welche Differenz zwischen Risikozahlen die Verwendung von Ersatzstoffen zwingend erforderlich macht, wird durch die TRGS 440 bewußt nicht festgelegt. Ein starrer Zahlenwert ist als Entscheidungskriterium nicht wünschenswert. Im letzten Schritt der Ersatzstoffprüfung, der Prüfung der Zumutbarkeit, kann sich durchaus ergeben, daß die Ersatzlösung auch bei relativ geringem Unterschied in den Risikozahlen innovativer und wirtschaftlich günstiger ist als die ursprüngliche Verfahrensweise.

Für krebserzeugende und erbgutverändernde Stoffe der Kategorien 1 und 2 gilt ein strengeres Ersatzstoffgebot. Wegen der fehlenden Wirkungsschwelle besteht unabhängig von der Belastungshöhe ein gesundheitliches Risiko. Ein technisch einsetzbarer Ersatzstoff ist hier immer zu benutzen.

> Auf krebserzeugende und erbgutverändernde Stoffe der Kategorien 1 und 2 ist das Konzept der relativen Risikozahl nicht anzuwenden.

Das Modell der relativen Risikozahlen ist auch auf Zubereitungen anwendbar. Einzelheiten können der TRGS 440 sowie der Broschüre „Gefahrstoffe ermitteln und ersetzen" (BIA-Report 13/96) entnommen werden.

Es sei ausdrücklich darauf hingewiesen, daß das Modell nur dann angewendet werden soll, wenn andere Bewertungsmöglichkeiten nicht zur Verfügung stehen. Solche Möglichkeiten sind z.B.

☐ vorliegende toxikologische Bewertungen

☐ Ersatzstoffregelungen der TRGS der 600er-Reihe

☐ Existenz von Branchenlösungen oder überbetrieblichen Unterstützungskonzepten

Auch wenn offensichtlich ist, von welchem Stoff/Produkt das geringere gesundheitliche Risiko ausgeht, erübrigt sich die Berechnung der relativen Risikozahlen.

Die in der Gefahrstoffliste 1996 noch angegebene Gefährdungszahl entfällt, da ihre praktische Anwendung aus folgenden Gründen stark eingeschränkt war:

☐ Sie war nur für Stoffe mit Grenzwert angebbar,

☐ die Dampfsättigungskonzentration war oft nicht bekannt (z.B. bei Feststoffen)

1 Gefahrstoffliste

☐ und es war keine Berechnung für Zubereitungen möglich.

Diese Nachteile werden durch das Modell der relativen Risikozahlen überwunden.

Spalte 15 — Werte im biologischen Material, Arbeitsmedizin

(1) Bei der Überwachung der Arbeitsplätze gemäß § 18 der Gefahrstoffverordnung sind neben den Expositions-Grenzwerten für Gefahrstoffe in der Arbeitsplatzluft auch die Biologischen Arbeitsplatztoleranzwerte **(BAT)** zu beachten. BAT-Werte sind definiert als die beim Menschen höchstzulässige Quantität eines Gefahrstoffes bzw. eines Gefahrstoffmetaboliten oder die dadurch ausgelöste Abweichung eines biologischen Indikators von seiner Norm, die nach dem gegenwärtigen Stand der wissenschaftlichen Kenntnis im allgemeinen die Gesundheit der Beschäftigten nicht beeinträchtigt. BAT-Werte können als Konzentrationen bzw. als Bildungs- oder Ausscheidungsraten (Menge/Zeiteinheit) definiert sein; sie beziehen sich wie Grenzwerte in der Luft auf eine Arbeitszeit von acht Stunden täglich und 40 Stunden wöchentlich.

In Spalte 15 der Gefahrstoffliste weist der Eintrag **BAT** darauf hin, daß für den jeweiligen Stoff ein BAT-Wert festgelegt ist. BAT-Werte werden von der Senatskommission zur Prüfung gesundheitsschädlicher Arbeitsstoffe der Deutschen Forschungsgemeinschaft bzw. der Europäischen Union vorgeschlagen und nach Beratung durch den AGS in der TRGS 903 „Biologische Arbeitsplatztoleranzwerte — BAT-Werte" veröffentlicht. Die aktuellen Werte sind in der Gefahrstoffliste im Anhang 1 aufgeführt.

Eine der Voraussetzungen für die Aufstellung von BAT-Werten ist das Vorliegen ausreichender arbeitsmedizinischer und toxikologischer Erfahrungen beim Menschen. Da gegenwärtig für krebserzeugende Gefahrstoffe kein als unbedenklich anzusehender biologischer Wert angegeben werden kann, werden sie nicht mit BAT-Werten belegt. Für krebserzeugende Gefahrstoffe jedoch, bei denen Stoff- bzw. Metabolitenkonzentrationen im biologischen Material einen Anhalt für die innere Belastung geben und bei denen eine Beziehung besteht zwischen der Stoffkonzentration in der Luft am Arbeitsplatz und der Stoff- bzw. Metabolitenkonzentration im biologischen Material, werden von der Kommission **EKA**-Werte (**E**xpositionsäquivalente für **k**rebserzeugende **A**rbeitsstoffe) aufgestellt. Aus ihnen kann entnommen werden, welche innere Belastung sich bei ausschließlich inhalativer Stoffaufnahme ergeben würde.

EKA-Werte sind keine Grenzwerte gemäß der Gefahrstoffverordnung und fallen somit nicht unter die in § 18 der Verordnung verankerte Überwachungspflicht.

In Spalte 15 der Gefahrstoffliste weist der Eintrag **EKA** darauf hin, daß für den jeweiligen Stoff ein EKA-Wert festgelegt ist. EKA-Werte werden in Abschnitt IX der jährlich erscheinenden MAK- und BAT-Werte-Liste veröffentlicht (siehe auch Anhang 2).

(2) Anhang VI der GefStoffV

Für eine Reihe von Stoffen sind im Anhang VI der GefStoffV Fristen und Zeitspannen nach § 28 für die Nachuntersuchung genannt. Stoffe, die in Anhang VI aufgeführt werden, sind in der Spalte 15 mit „VI" unter Angabe der Positionsnummer gekennzeichnet.

G-Grundsätze (Ziffer)

Die vielfältigen Gefährdungen der Gesundheit, denen Arbeitnehmer in der Arbeitswelt ausgesetzt sein können, verlangen nach geeigneten Maßnahmen der arbeitsmedizinischen Vorsorge, um Beeinträchtigungen der Gesundheit zu verhindern oder frühzeitig erkennen zu können.

Trotz aller Maßnahmen des technischen Arbeitsschutzes und der Verwendung persönlicher Schutzausrüstungen kann es unter den Bedingungen der Praxis zu einer Gefährdung der Gesundheit durch biologische, chemische oder physikalische Einwirkungen kommen.

Mit Hilfe arbeitsmedizinischer Vorsorgeuntersuchungen sollen die Arbeitnehmer vor Gesundheitsgefahren am Arbeitsplatz geschützt werden. Entsprechend ihrem gesetzlichen Auftrag, vor diesen Gesundheitsgefahren zu bewahren, werden die Berufsgenossenschaften sowie sonstige Träger der gesetzlichen Unfallversicherung vorbeugend tätig. Sie haben mit der **Unfallverhütungsvorschrift „Arbeitsmedizinische Vorsorge" (VBG 100)** und mit den **Berufsgenossenschaftlichen Grundsätzen für arbeitsmedizinische Vorsorgeuntersuchungen** (G-Grundsätze) wirkungsvolle Instrumente geschaffen, um das berufliche Risiko für die Gesundheit des einzelnen so gering wie möglich zu halten. Die rechtliche Verantwortung für den Gesundheitsschutz am Arbeitsplatz liegt grundsätzlich beim Unternehmer, der bei der Erfüllung dieser Aufgabe sowohl berufsgenossenschaftliche als auch staatliche Vorschriften zu beachten hat.

Die Berufsgenossenschaftlichen Grundsätze für arbeitsmedizinische Vorsorgeuntersuchungen, die vom Ausschuß

1 Gefahrstoffliste

ARBEITSMEDIZIN beim Hauptverband der gewerblichen Berufsgenossenschaften erstellt wurden, sind Hinweise für den ermächtigten Arzt. Die Grundsätze wiederholen zwar Untersuchungsfristen aus Arbeitsschutzvorschriften des Staates und der Unfallversicherungsträger, sind aber keine Rechtsnormen.

Durch die Grundsätze soll sichergestellt werden, daß die arbeitsmedizinischen Vorsorgeuntersuchungen bei Einwirkung des gleichen Arbeitsstoffes und bei bestimmten gefährdenden Tätigkeiten einheitlich durchgeführt werden. Damit soll — unabhängig von regionalen oder branchenspezifischen Besonderheiten — erreicht werden, daß einheitlich nach gleichen Kriterien beurteilt, ausgewertet und die Untersuchungsergebnisse erfaßt werden. Die Grundsätze sollen die ärztliche Handlungsfreiheit im Einzelfall nicht einschränken. Sie sind nach einer einheitlichen Systematik gegliedert, die die praktische Anwendung erleichtert.

Die Grundsätze haben Anerkennung im nationalen und internationalen Bereich gefunden und sollen auch in Zukunft als ein Beitrag zu den präventiv-medizinischen Aufgaben verstanden werden.

In der Spalte 15 weist eine Ziffer auf den vorliegenden G-Grundsatz hin (z.B. „40" für den G 40).

Spalte 16 — Relevante Regeln/ Literatur/Hinweise

In Spalte 16 wird auf spezielle Regeln bzw. Literatur für den jeweiligen Gefahrstoff verwiesen. Allgemeingültige Regeln wie

☐ Gefahrstoffverordnung

☐ Unfallverhütungsvorschrift „Allgemeine Vorschriften" (VBG 1)

☐ Unfallverhütungsvorschrift „Umgang mit krebserzeugenden Gefahrstoffen" (VBG 113)

sind nicht bzw. nur im Einzelfall mit Angabe spezieller Vorschriften aufgeführt.

Die Einträge in Spalte 16 haben im einzelnen folgende Bedeutung:

☐ RL xx/xxx/EG:
Richtlinie der Europäischen Union

☐ GefStoffV...:
Gefahrstoffverordnung (mit jeweils angegebenem Teil bzw. Abschnitt) vom 26. Oktober 1993 in der Fassung vom 15. April 1997

§ 15 Herstellungs- und Verwendungsverbote

§ 15a Allgemeine Beschäftigungsverbote und -beschränkungen
Arbeitnehmer dürfen diesen Stoffen — mit Ausnahmen — nicht ausgesetzt sein.

☐ ChemVerbotsV...:
Chemikalienverbotsverordnung vom 14. Oktober 1993 in der Fassung vom 12. Juni 1996

☐ TRGS...:
Technische Regeln für Gefahrstoffe (mit jeweiliger Nummer)

TRGS 901 Nr.
Das Begründungspapier enthält Erläuterungen zum Grenzwert/Empfehlungswert.

☐ VBG...:
Unfallverhütungsvorschrift UVV (mit jeweiliger VBG-Nummer)

☐ ZH 1/...:
Berufsgenossenschaftliche Richtlinien, Sicherheitsregeln, Grundsätze, Merkblätter und andere Schriften (mit jeweiliger ZH1-Nummer)

Technische Regeln für Gefahrstoffe, VBG-Schriften und ZH1-Schriften sind zu beziehen beim
Carl Heymanns
Verlag KG
Luxemburger Straße 449
50939 Köln

☐ ZVG/FG-Nummer
(zentrale Vergabe-Nummer des Gefahrstoffinformationssystems der gewerblichen Berufsgenossenschaften GESTIS bzw. Fachgruppennummer der Gefahrstoffdatenbank der Länder).

Unter der ZVG-Nummer können weitere arbeits- und umweltschutzrelevante Informationen beim BIA abgerufen werden.

Tel.: 0 22 41 / 2 31 - 27 43
27 44
27 41
27 42

Liste der Gefahrstoffe

Vorbemerkung

1. Empfehlungen der Senatskommission zur Prüfung gesundheitsschädlicher Arbeitsstoffe und der EG sind in Klammern ( ) genannt. Diese erlangen nur Rechtsgültigkeit mit Veröffentlichung im Technischen Regelwerk.

2. An dieser Stelle möchten wir eindringlich darauf hinweisen, daß es sich auch bei einem Stoff, der nicht in dieser Liste aufgeführt wird, um einen **Gefahrstoff** handeln kann. In jedem Fall sollten bei Stoffen, die nicht in dieser Liste aufgeführt sind, weitergehende Informationen vom Hersteller oder Vertreiber über die Eigenschaften (z.B. Sicherheitsdatenblatt) eingeholt werden. Der Hersteller oder Einführer muß Stoffe, die nicht in der Bekanntmachung nach § 4 a aufgeführt sind, nach der GefStoffV, Anhang I, selbst einstufen.

3. Gruppeneinträge
In der Bekanntmachung nach § 4a findet sich eine Reihe von Gruppeneintragungen, ohne daß an geeigneter Stelle in der Liste ein Querverweis gegeben wird. Einige dieser Gruppeneinträge wurden in dieser Liste aufgelöst bzw. Querverweise eingefügt. Darüber hinaus verbleiben jedoch einige Gruppeneinträge wie beispielsweise Acrylate, Alkaliethylate, Alkalimethylate, Aluminiumalkyle, Bleialkyle, Hexafluorsilikate, Methacrylate und Polyethylenamine.

4. Vorschriften- und Regelwerk
Bei Metallen und ihren Verbindungen werden die Hinweise zum Vorschriften- und Regelwerk in der Regel nur unter dem Metall oder unter der Sammelposition Metallverbindungen aufgeführt.

5. „Iso-"
Chemische Verbindungen, die mit dem Präfix „Iso" beginnen, sind je nach Schreibweise entweder unter dem Buchstaben „I" oder unter dem Anfangsbuchstaben des Stammnamens zu finden. Beispiel: **I**sobutan bzw. iso-**B**utan

6. Carbonsäureester
Carbonsäureester sind in der Regel unter der englischen Schreibweise in die Liste aufgenommen worden und nur in einigen Fällen unter der deutschen Schreibweise. Beispiel: Ethylacetat (deutsch: Essigsäureethylester).

7. Chlor/Fluor
Verbindungen, die Chlor und/oder Fluor enthalten, werden im Regelwerk teilweise unter der englischen Schreibweise chloro/fluoro geführt. Beispiel: Alkalihexafluorosilikate aber Hexafluorsilikate (§ 4a). Deshalb sollte auch in dieser Liste unter beiden Möglichkeiten recherchiert werden.

Stoffidentität EG-Nr. CAS-Nr.	Stoff					Zubereitungen	
	Einstufung				Kennzeichnung	Konzentrationsgrenzen	Einstufung/ Kennzeichnung
	krebserz. K	erbgutveränd. M	fort.-pfl.gef. R_E/R_F	Gefahrensymbol R-Sätze	Gefahrensymbol R-Sätze S-Sätze	in Prozent	Gefahrensymbol R-Sätze
1	2	3	4	5	6	7	8
AAT s. 2-Aminoazotoluol							
Acephat (ISO) 250-241-2 30560-19-1				Xn; R22	Xn R: 22 S: (2)-36		
Acetal s. 1,1-Diethoxyethan							
Acetaldehyd 200-836-8 75-07-0	3			F+; R12 R40 Xi; R36/37	F+, Xn R: 12-36/37-40 S: (2)-16-33-36/37		
Acetamid 200-473-5 60-35-5	3			R40	Xn R: 40 S: (2)-36/37		
7-Acetamido-1,2,3,10-tetramethoxy-5,6,7,9-tetrahydrobenzo[a]-heptalen-9-on s. Colchicin							
Acetanhydrid s. Essigsäureanhydrid							
Acetessigsäuremethylester s. Methylacetoacetat							
Aceton 200-662-2 67-64-1				F; R11	F R: 11 S: (2)-9-16-23-33		
Acetoncyanhydrin s. 2-Cyanopropan-2-ol							
Acetonitril 200-835-2 75-05-8				F; R11 T; R23/24/25	F, T R: 11-23/24/25 S: (1/2)-16-27-45	20%≦C 3%≦C<20%	T; R23/24/25 Xn; R20/21/22
Acetophenon 202-708-7 98-86-2				Xn; R22 Xi: R36	Xn R: 22-36 S: (2)-26		
6β-Acetoxy-3β(β-D-glucopyranosyloxy)-8,14-dihydroxybufa-4,20,22-trienolid 208-077-4 507-60-8				T+; R28	T+ R: 28 S: (1/2)-36/37-45		

Grenzwert (Luft)					Meßverfahren		Risikofaktoren nach TRGS 440		Arbeitsmedizin Werte im biolog. Material	relevante Regeln/Literatur Hinweise
mg/m^3	ml/m^3	Spitzenbegrenzung	Art Bemerkungen H, S	Herkunft Staubklasse			W	F		
9	10	11	12	13			14	15		16
							3	1		ZVG 510020
90	50	=1=	MAK	DFG	DFG BIA 6024 OSHA 68		4	4		ZVG 12760
							4	1		ZVG 70330
1 200	500	4	MAK	DFG	BIA 6032 OSHA 69 HSE 72		2	3	BAT	ZVG 11230
70	40	4	MAK H	DFG, EG	NIOSH 1606		4	3		ZVG 13660
							3	1		ZVG 22380
							5	1		ZVG 490216

Stoffidentität EG-Nr. CAS-Nr.	Stoff Einstufung				Stoff Kennzeichnung	Zubereitungen Konzentrationsgrenzen	Zubereitungen Einstufung/ Kennzeichnung
	krebs- erz. K	erbgut- veränd. M	fort.- pfl.gef. R_E/R_F	Gefahren- symbol R-Sätze	Gefahrensymbol R-Sätze S-Sätze	in Prozent	Gefahren- symbol R-Sätze
1	2	3	4	5	6	7	8
Acetylchlorid 200-865-6 75-36-5				F; R11 R14 C; R34	F, C R: 11-14-34 S: (1/2)-9-16-26-45		
Acetylen 200-816-9 74-86-2				R5 R6 F+; R12	F+ R: 5-6-12 S: (2)-9-16-33		
Acetylentetrabromid s. 1,1,2,2-Tetra- bromethan							
Acetylentetrachlorid s. 1,1,2,2-Tetra- chlorethan							
3-Acetyl-6-methyl-2H- pyran-2,4(3H)-dion 208-293-9 520-45-6				Xn; R22	Xn R: 22 S: (2)		
o-Acetylsalicylsäure 200-064-1 50-78-2				Hersteller- einstufung beachten			
Aconitin 206-121-7 302-27-2 Salze von Aconitin Anm. A				T+; R26/28	T+ R: 26/28 S: (1/2)-24-45		
Acrolein s. Acrylaldehyd							
Acrylaldehyd (2-Propenal) 203-453-4 107-02-8				F; R11 T+; R26 T; R25 C; R34	F, T+ R: 11-25-26-34 S: (1/2)-3/9/14-26- 36/37/39-38-45		
Acrylamid Anm. D, E 201-173-7 79-06-1 — Einsatz von festem Acrylamid — im übrigen	2	2		R45, R46 T; R24/25-48/ 23/24/25	T R: 45-46-24/25-48/ 23/24/25 S: 53-45		
Acrylate, mit Ausnahme der namentlich in dieser Liste bezeichneten				Xi; R36/37/38	Xi R: 36/37/38 S: (2)-26-28	10%≤C	Xi; R36/37/38

Grenzwert (Luft)					Meßverfahren	Risikofaktoren nach TRGS 440		Arbeitsmedizin Werte im biolog. Material	relevante Regeln/Literatur Hinweise
mg/m³	ml/m³	Spitzenbegrenzung	Art Bemerkungen H, S	Herkunft Staubklasse		W	F		
9		10	11	12	13	14		15	16
						3	4		ZVG 31420
						2	4		ZVG 13570
						3	1		ZVG 25250
5 E			MAK	AUS — NL L					ZVG 491133
						5	1		ZVG 510021 ZVG 530007
0,25	0,1	=1=	MAK	DFG	BIA 8430 OSHA 52 NIOSH 2501	5	4		ZVG 13480
0,06 0,03		4	TRK H, 7, 29	AGS	ZH...37 BIA 6038 OSHA 21 HSE 57			40 VI, 43	TRGS 901 Nr. 25 ZVG 14300
					*)				*) APPL. OCCUP. Environ. Hyg. 9 (1994), S. 977 ZVG 95380

Stoffidentität EG-Nr. CAS-Nr.	Stoff				Zubereitungen		
	Einstufung				Kennzeichnung	Konzentrationsgrenzen	Einstufung/ Kennzeichnung
	krebs-erz. K	erbgut-veränd. M	fort.-pfl.gef. R_E/R_F	Gefahren-symbol R-Sätze	Gefahrensymbol R-Sätze S-Sätze	in Prozent	Gefahren-symbol R-Sätze
1	2	3	4	5	6	7	8
Acrylnitril Anm. D, E 203-466-5 107-13-1	2			F; R11 R45 T; R23/24/25 Xi; R38	F, T R: 45-11-23/24/25-38 S: 53-45	20%≤C 1%≤C<20% 0,2%≤C<1% 0,1%≤C <0,2%	T; R45-23/24/25-38 T; R45-23/24/25 T; R45-20/21/22 T; R45
Gemisch aus 2-Acryloyl-oxyethylhydrogencyclo-hexan-1,2-dicarboxylat und 2-Methacryloyloxy-ethylhydrogencyclo-hexan-1,2-dicarboxylat 405-360-6				Xi; R38-41 R43 R52-53	Xi R: 38-41-43-52/53 S: (2)-24-26-37/39-61		
Acrylsäure Anm. D 201-177-9 79-10-7				R10 C; R34	C R: 10-34 S: (1/2)-26-36-45	25%≤C 2%≤C<25%	C; R34 Xi; R36/38
Acrylsäure-n-butylester s. Butylacrylat							
Acrylsäureethylester s. Ethylacrylat							
Acrylsäure-2-ethyl-hexylester s. 2-Ethylhexylacrylat							
Acrylsäuremethylester s. Methylacrylat							
Adipinsäure 204-673-3 124-04-9				Xi; R36	Xi R: 36 S: (2)		
Ätznatron s. Natriumhydroxid							
Aktinolith s. Asbest							
Alachlor (ISO) 240-110-8 15972-60-8	3			R40 Xn; R22 R43	Xn R: 22-40-43 S: (2)-36/37/39		

Grenzwert (Luft)					Meßverfahren	Risiko-faktoren nach TRGS 440 W F		Arbeits-medizin Werte im biolog. Material	relevante Regeln/Literatur Hinweise
mg/m³	ml/m³	Spitzen-begren-zung	Art Bemer-kungen H, S	Herkunft Staubklasse					
9		10	11	12	13	14		15	16
7	3	4	TRK H	AGS	ZH...1 DFG OSHA 37 HSE 55, 2, 1 EG			40 VI, 1 EKA	TRGS 901 Nr. 9 ZH 1/302 ZVG 11410
			S			4	1		
					OSHA 28	3	1		ZVG 14360
						2	1		ZVG 12050
			S			4	1		ZVG 510025

Stoffidentität EG-Nr. CAS-Nr.	Stoff					Zubereitungen	
	Einstufung				Kennzeichnung	Konzentrationsgrenzen	Einstufung/ Kennzeichnung
	krebserz. K	erbgutveränd. M	fort.-pfl.gef. R_E/R_F	Gefahrensymbol R-Sätze	Gefahrensymbol R-Sätze S-Sätze	in Prozent	Gefahrensymbol R-Sätze
1	2	3	4	5	6	7	8
Aldicarb (ISO) 204-123-2 116-06-3				T+; R27/28	T+ R: 27/28 S: (1/2)-22-36/37-45		
Aldrin (ISO) 206-215-8 309-00-2		3		T; R24/25-48/ 24/25 R40 N; R50-53	T, N R: 24/25-40-48/ 24/25-50/53 S: (1/2)-22-36/ 37-45-60-61		
Alkali-Chromate s. Chrom(VI)-Verbind.							
Alkaliethylate Anm. A				F; R11 R14 C; R34	F, C R: 11-14-34 S: (1/2)-8-16-26-43-45		
Alkalihexafluorsilikate (Na[1], K[2], NH4[3]) Anm. A (1)240-934-8 16893-85-9 (2)240-896-2 16871-90-2 (3)240-968-3 16919-19-0				T; R23/24/25	T R: 23/24/25 S: (1/2)-26-45	10%≤C 1%≤C<10%	T; R23/24/25 Xn; R20/21/22
Alkalimethylate Anm. A				F; R11 R14 C; R34	F, C R: 11-14-34 S: (1/2)-8-16-26-43-45		
C12-14-tert-Alkylamin, Methylphosphonsäuresalz 404-750-3 119415-07-5				Xn; R22 C; R34 N; R51-53	C, N R: 22-34-51/53 S: (1/2)-26-28-36/ 37/39-45-61		
(C16 oder C18-n-Alkyl) (C16 oder C18-n-alkyl)ammonium-2-([C16 oder C18-n-alkyl] [C16 oder C18-n-alkyl]carbamoyl)benzolsulfonat 402-460-1				Xi; R38 R53 R43	Xi R: 38-43-53 S: (2)-24-37-61		

Grenzwert (Luft)					Meßverfahren	Risikofaktoren nach TRGS 440		Arbeitsmedizin Werte im biolog. Material	relevante Regeln/Literatur Hinweise
mg/m³	ml/m³	Spitzenbegrenzung	Art Bemerkungen H, S	Herkunft Staubklasse		W	F		
9		10	11	12	13	14		15	16
			H		OSHA 74	5	1		ZVG 510026
0,25 E		4	MAK H	DFG	NIOSH 5502	5	1		ZVG 510027
									s. Kaliumchromat s. Natriumchromat
						3	1		ZVG 530008
			H					34 VI, 14	u.U. ist der MAK- und BAT-Wert für Fluoride zu beachten ZH 1/161 ZVG 500031 ZVG 4010
						4	1		ZVG 500032
						3	1		ZVG 530009
						3	1		ZVG 530804
			S			4	1		ZVG 496688

Stoffidentität EG-Nr. CAS-Nr.	Stoff					Zubereitungen	
	Einstufung				Kennzeichnung	Konzentrationsgrenzen	Einstufung/ Kennzeichnung
	krebs- erz. K	erbgut- veränd. M	fort.- pfl.gef. R_E/R_F	Gefahren- symbol R-Sätze	Gefahrensymbol R-Sätze S-Sätze	in Prozent	Gefahren- symbol R-Sätze
1	2	3	4	5	6	7	8
Gemisch aus C12-14- tert-Alkylammoniumdi- phenylthiophosphat und Dinonylsulfid (oder -disulfid) 400-930-0				Xi; R38-41 N; R51-53 R43	Xi, N R: 38-41-43-51/53 S: (2)-24-26-37/ 39-61		
C8-18Alkylbis(2-hydroxy- ethyl)ammoniumbis- (2-ethylhexyl)phosphat 404-690-8 68132-19-4				T; R23 C; R34 R43 N; R50-53	T, N R: 23-34-43-50/53 S: (1/2)-26-36/37/ 39-45-60-61		
Allethrin (ISO) 209-542-4 584-79-2				Xn; R22	Xn R: 22 S: (2)-36		
Allidochlor (ISO) 202-270-7 93-71-0				Xn; R21/22 Xi; R36/38	Xn R: 21/22-36/38 S: (2)-26-28-36/ 37/39		
* Allylalkohol (2-Propen-1-ol) 203-470-7 107-18-6				R10 T; R23/24/25 Xi; R36/37/38 N; R50	T, N R: 10-23/24/25-36/ 37/38-50 S: (1/2)-36/37/ 39-38-45-61		
Allylamin 203-463-9 107-11-9				F; R11 T; R23/24/25 N; R51-53	F, T, N R: 11-23/24/25- 51/53 S: (1/2)-9-16-24/ 25-45-61		
5-Allyl-1,3-benzodioxol, Anm. E 202-345-4 94-59-7	2	3		R45, R40 Xn; R22	T R: 45-22-40 S: 53-45		
Allylchlorid s. 3-Chlorpropen							
Allylglycidylether s. 1-Allyloxy-2,3- epoxypropan							
Allyljodid s. 3-Jodpropen							

Grenzwert (Luft)					Meßverfahren	Risikofaktoren nach TRGS 440		Arbeitsmedizin Werte im biolog. Material	relevante Regeln/Literatur Hinweise
mg/m³	ml/m³	Spitzenbegrenzung	Art Bemerkungen H, S	Herkunft Staubklasse		W	F		
9		10	11	12	13	14		15	16
			S			4	1		ZVG 496635
			S			4	1		ZVG 900542
						3	1		ZVG 510028
			H			3	1		ZVG 510029
4,8		4	MAK H	DFG, EG	NIOSH 1402	4	2		ZVG 24570
5			MAK H	AUS — S		4	4		ZVG 510030
								40 VI, 43	ZVG 490112

Stoffidentität EG-Nr. CAS-Nr.	Stoff					Zubereitungen	
	Einstufung				Kennzeichnung	Konzentrationsgrenzen	Einstufung/ Kennzeichnung
	krebs- erz. K	erbgut- veränd. M	fort.- pfl.gef. R_E/R_F	Gefahren- symbol R-Sätze	Gefahrensymbol R-Sätze S-Sätze	in Prozent	Gefahren- symbol R-Sätze
1	2	3	4	5	6	7	8
(±)-3-Allyl-2-methyl-4-oxocyclopent-2-enyl-(±)-cistrans-chrysanthemat s. Allethrin (ISO)							
(S)-3-Allyl-2-methyl-4-oxocyclopent-2-enyl-(+)-trans-chrysanthemat s. S-Bioallethrin							
(±)-3-Allyl-2-methyl-4-oxocyclopent-2-enyl-(+)-trans-chrysanthemat s. Bioallethrin							
1-[2-(Allyloxy)-2-(2,4-dichlorphenyl)-ethyl]-1H-imidazol 252-615-0 35554-44-0				Xn; R22 Xi; R36	Xn R: 22-36 S: (2)		
1-Allyloxy-2,3-epoxypropan 203-442-4 106-92-3	2			Xn; R20 R43	Xn R: 20-43 S: (2)-24/25	25%≦C 1%≦C<25%	Xn; R20-43 Xi; R43
1-[2-(Allyloxy)ethyl-2-(2,4-dichlorphenyl)]-1H-imidazolium-hydrogensulfat 261-351-5 58594-72-2				Xn; R22 Xi; R41	Xn R: 22-41 S: (2)-26		
Allylpropyldisulfid 218-550-7 2179-59-1				Hersteller- einstufung beachten			
Aluminium (als Metall [231-072-3 7429-90-5])				s. Aluminium- pulver			
Aluminiumalkyle Anm. A				R14 F; R17 C; R34	F, C R: 14-17-34 S: (1/2)-16-43-45		
Aluminiumchlorid, wasserfrei 231-208-1 7446-70-0				C; R34	C R: 34 S: (1/2)-7/8-28-45		

| Grenzwert (Luft) | | | | | Meßverfahren | Risiko-faktoren nach TRGS 440 | | Arbeits-medizin Werte im biolog. Material | relevante Regeln/Literatur Hinweise |
mg/m^3	ml/m^3	Spitzen-begren-zung	Art Bemer-kungen H, S	Herkunft Staubklasse		W	F		
9	10	11	12		13	14		15	16
						3	1		ZVG 496439
			S		NIOSH 2545			40 VI, 43	ZVG 18420
						4	1		ZVG 496440
12	2		MAK	DFG	BIA 6055	2	1		ZVG 570060
6 A			MAK	DFG L	OSHA ID 121 OSHA ID 125			BAT	ZH 1/32 ZVG 7130
						3	1	BAT	ZH 1/299 ZVG 530010
					OSHA ID 121	3	1	BAT	ZVG 3010

Stoffidentität EG-Nr. CAS-Nr.	Stoff					Zubereitungen	
	Einstufung				Kennzeichnung	Konzentrationsgrenzen	Einstufung/ Kennzeichnung
	krebs- erz. K	erbgut- veränd. M	fort.- pfl.gef. R_E/R_F	Gefahren- symbol R-Sätze	Gefahrensymbol R-Sätze S-Sätze	in Prozent	Gefahren- symbol R-Sätze
1	2	3	4	5	6	7	8
Aluminiumhydroxid 244-492-7 21645-51-2							
Aluminiumoxid 215-691-6 1344-28-1; 1302-74-5							
Aluminiumoxid-Rauch 215-691-6 1344-28-1							
Aluminiumphosphid 244-088-0 20859-73-8				F; R15/29 T+; R28 R32	F, T+ R: 15/29-28-32 S: (1/2)-3/9/14- 30-36/37-45		
Aluminiumpulver (nicht stabilisiert) 231-072-3 7429-90-5				F; R15-17	F R: 15-17 S: (2)-7/8-43		
Aluminiumpulver (phlegmatisiert) 231-072-3				F; R15 R10	R: 10-15 S: (2)-7/8-43		
Aluminium-triisopropylat 209-090-8 555-31-7				F; R11	F R: 11 S: (2)-8-16		
Aluminiumtrinatrium- hexafluorid 239-148-8 15096-52-3				Xn; R20/22 T; R48/23/25	T R: 20/22-48/23/25 S: (1/2)-22-37-45		
Ameisensäure ...% Anm. B 200-579-1 64-18-6				C; R35	C R: 35 S: (1/2)-23-26-45	90%≤C 10%≤C<90% 2%≤C<10%	C; R35 C; R34 Xi; R36/38
Ameisensäurebutylester s. Butylformiat							
Ameisensäureethylester s. Ethylformiat							
Ameisensäuremethylester s. Methylformiat							

Grenzwert (Luft)				Meßverfahren	Risiko-faktoren nach TRGS 440		Arbeits-medizin Werte im biolog. Material	relevante Regeln/Literatur Hinweise
mg/m^3 ml/m^3	Spitzen-begren-zung	Art Bemer-kungen H, S	Herkunft Staubklasse		W	F		
9	10	11	12	13	14		15	16
6 A		MAK	DFG L	OSHA ID 121	2	1	BAT	ZVG 3800
6 A		MAK	DFG L	OSHA ID 121	2	1	BAT	ZVG 1280
6 A	4	MAK	DFG L	OSHA ID 121 OSHA ID 188			BAT	ZVG 1280
					5	1	BAT	ZVG 5560
s. Aluminium					2	1	BAT	VBG 56 ZVG 7130
s. Aluminium					2	1	BAT	ZVG 50053
					2	1	BAT	ZVG 510031
							BAT 34 VI, 14	ZVG 1900
9 5 (9,5)	=1=	MAK	DFG, EG	BIA 6070 NIOSH 2011 OSHA ID 112	4	2		ZVG 11490
			ʼ					

Stoffidentität EG-Nr. CAS-Nr.	Stoff					Zubereitungen	
	Einstufung				Kennzeichnung	Konzentrationsgrenzen	Einstufung/ Kennzeichnung
	krebs-erz. K	erbgut-veränd. M	fort.-pfl.gef. R_E/R_F	Gefahren-symbol R-Sätze	Gefahrensymbol R-Sätze S-Sätze	in Prozent	Gefahren-symbol R-Sätze
1	2	3	4	5	6	7	8
Ametryn (ISO) 212-634-7 834-12-8				Xn; R22	Xn R: 22 S: (2)-36		
Amidithion (ISO) 919-76-6				Xn; R22	Xn R: 22 S: (2)-24-36		
Amidosulfonsäure 226-218-8 5329-14-6				Xi; R36/38	Xi R: 36/38 S: (2)-26-28		
4-Aminoazobenzol 200-453-6 60-09-3	2			R45	T R: 45 S: 53-45		
2-Aminoazotoluol (o-) (4-o-Tolylazo-o-toluidin) 202-591-2 97-56-3	2			R45 R43	T R: 45-43 S: 53-45	§ 35 (0,01)	
4-Amino-benzol-sulfonsäure 204-482-5 121-57-3				Xi; R36/38 R43	Xi R: 36/38-43 S: (2)-24-37		
3-Amino-benzol-sulfonsäure 204-473-6 121-47-1				Xn; R20/21/22	Xn R: 20/21/22 S: (2)-25-28		
4-Aminobiphenyl Anm. E 202-177-1 92-67-1 und Salze von 4-Amino-biphenyl Anm. A, E	1			R45 Xn; R22	T R: 45-22 S: 53-45	§ 35 (0,01)	
1-Aminobutan 203-699-2 109-73-9				F; R11 Xn; R20/21/22 C; R35	F, C R: 11-20/21/22-35 S: (1/2)-3-16-26-29-36/37/39-45	C≥25% 10%≤C<25% 5%≤C<10% 1%≤C<5%	C; R20/21/22-35 C; R35 C; R34 Xi; R36/37/38
2-Aminobutan s. sec-Butylamin							

Grenzwert (Luft)				Meßverfahren	Risikofaktoren nach TRGS 440		Arbeitsmedizin Werte im biolog. Material	relevante Regeln/Literatur Hinweise
mg/m^3	ml/m^3	Spitzenbegrenzung	Art Bemerkungen H, S	Herkunft Staubklasse		W F		
9	10	11	12	13	14		15	16
					3	1		ZVG 510032
					3	1		ZVG 510033
					2	1		ZVG 3180
							33 VI, 3	ZVG 16930
			S				33 VI, 3	ZVG 19670
			S		3	1		ZVG 19560
			H		3	1		ZVG 19190
					ZH...2 OSHA 93		33 VI, 3	GefStoffV, § 15, 15a, 43, Anh. III, Nr. 10; IV Nr. 2 ChemVerbotsV, Nr. 7 RL 88/364/EWG und 89/677/EWG ZVG 510036 ZVG 570241
15	5	4	MAK H	DFG	NIOSH 2012	4 3		ZVG 10750

Stoffidentität EG-Nr. CAS-Nr.	Stoff				Zubereitungen	
	Einstufung				Kennzeichnung	Konzentrationsgrenzen	Einstufung/ Kennzeichnung
	krebs-erz. K	erbgut-veränd. M	fort.-pfl.gef. R_E/R_F	Gefahren-symbol R-Sätze	Gefahrensymbol R-Sätze S-Sätze	in Prozent	Gefahren-symbol R-Sätze
1	2	3	4	5	6	7	8
4-Amino-6-tert-butyl-3-methylthio-1,2,4-triazin-5-on s. Metribuzin (ISO)							
Aminocarb (ISO) 217-990-7 2032-59-9				T; R24/25	T R: 24/25 S: (1/2)-28-36/37-45		
7-Amino-3-([5-carboxy-methyl-4-methyl-1,3-thiazol-2-ylthio]methyl)-8-oxo-5-thia-1-azabi-cyclo[4.2.0]oct-2-en-2-carbonsäure 403-690-5 111298-82-9				R42/43 R52-53	Xn R: 42/43-52/53 S: (2)-22-24-37-61		
1-Amino-4-chlorbenzol s. 4-Chloranilin							
1-Amino-3-chlor-6-methylbenzol s. 5-Chlor-o-toluidin							
5-Amino-4-chlor-2-phenylpyridazin-3-on 216-920-2 1698-60-8				R43	Xi R: 43 S: (2)-24-37		
2-Amino-4-chlortoluol s. 5-Chlor-o-toluidin							
2-Amino-5-chlortoluol s. 4-Chlor-o-toluidin							
Aminocyclohexan s. Cyclohexylamin							
4-Amino-N,N-diethylanilin 202-214-1 93-05-0				T; R25 C; R34	T R: 25-34 S: (1/2)-26-36-45		
3- bzw. 4-Amino-N,N-dimethylanilin s. N,N-Dimethyl-phenylendiamin							

| Grenzwert (Luft) | | | | Meßverfahren | Risiko-faktoren nach TRGS 440 | Arbeits-medizin Werte im biolog. Material | relevante Regeln/Literatur Hinweise |
mg/m^3	ml/m^3	Spitzen-begren-zung	Art Bemer-kungen H, S	Herkunft Staubklasse		W F		
9	10	11	12	13	14	15	16	
			H			4 1		ZVG 12320
			S			4 1		ZVG 530742
			S			4 1		ZVG 25000
						4 1		ZVG 14080

Stoffidentität EG-Nr. CAS-Nr.	Stoff					Zubereitungen	
	Einstufung				Kennzeichnung	Konzentrationsgrenzen	Einstufung/ Kennzeichnung
	krebs- erz. K	erbgut- veränd. M	fort.- pfl.gef. R_E/R_F	Gefahren- symbol R-Sätze	Gefahrensymbol R-Sätze S-Sätze	in Prozent	Gefahren- symbol R-Sätze
1	2	3	4	5	6	7	8
4-Amino-2′,3-dimethyl- azobenzol s. 2-Aminoazotoluol							
2-Amino-4,6-dinitro- phenol 202-544-6 96-91-3				E R1 Xn; R20/21/22 R52-53	E, Xn R: 1-20/21/ 22-52/53 S: (2)-35-61		
4-Aminodiphenyl s. 4-Aminobiphenyl							
p-Aminodiphenylamin 202-951-9 101-54-2				Hersteller- einstufung beachten			
2-Aminoethanol 205-483-3 141-43-5				Xn; R20 Xi; R36/37/38	Xn R: 20-36/37/38 S: (2)		
2-Amino-6-ethoxy-4- methylamino-1,3,5-triazin 403-580-7 62096-63-3				Xn; R22	Xn R: 22 S: (2)		
6-Amino-2-ethoxy- naphthalin (CAS o. Angabe)	2			Hersteller- einstufung beachten		§ 35 (0,01)	
3-Amino-9-ethylcarbazol 205-057-7 132-32-1	3			Hersteller- einstufung beachten			
2-Aminoethyldimethylamin 203-541-2 108-00-9				F; R11 Xn; R21/22 C; R35	F, C R: 11-21/22-35 S: (1/2)-16-23-26- 28-36-45		
4-Amino-3-fluorphenol Anm. E 402-230-0 399-95-1			**2**	R45 Xn; R22 R43 N; R51-53	T, N R: 45-22-43-51/53 S: 53-45-61		
1-Amino-2-methoxy- 5-methylbenzol s. p-Kresidin							
3-Amino-4-methoxytoluol s. p-Kresidin							

Grenzwert (Luft)					Meßverfahren	Risiko-faktoren nach TRGS 440		Arbeits-medizin Werte im biolog. Material	relevante Regeln/Literatur Hinweise
mg/m³	ml/m³	Spitzen-begren-zung	Art Bemer-kungen H, S	Herkunft Staubklasse		W	F		
9	10	11	12	13	14		15	16	
			H			3	1	33 VI, 3	ZVG 18000
			S (R 43)						
8 (5)	3	4	MAK (H) (Y)	DFG	NIOSH 2007, 3509	3	1		ZVG 14630
						3	1		ZVG 900357
								33 VI, 3	GefStoffV § 15a, 43 ZVG 530175
						5	1		ZVG 41030
			H			4	2		ZVG 570015
			S					33 VI, 3	ZVG 530357

Stoffidentität EG-Nr. CAS-Nr.	Stoff					Zubereitungen	
	Einstufung				Kennzeichnung	Konzentrationsgrenzen	Einstufung/ Kennzeichnung
	krebs-erz. K	erbgut-veränd. M	fort.-pfl.gef. R_E/R_F	Gefahren-symbol R-Sätze	Gefahrensymbol R-Sätze S-Sätze	in Prozent	Gefahren-symbol R-Sätze
1	2	3	4	5	6	7	8
1-Amino-4-methylbenzol s. p-Toluidin							
3-[3-Amino-5-(1-methyl-guanidino)-1-oxopentyl-amino]-6-(4-amino-2-oxo-2,3-dihydro-pyrimidin-1-yl)-2,3-dihydro-(6H)-pyran-2-carbonsäure 2079-00-7				T+; R28	T+ R: 28 S: (1/2)-24/25-36/37-45		
2-Amino-2-methylpropan s. 1,1-Dimethylethylamin							
2-Amino-2-methyl-propanol 204-709-8 124-68-5				Xi; R36/38	Xi R: 36/38 S: (2)	10%≦C	Xi; R36/38
3-Aminomethyl-3,5,5-trimethylcyclohexylamin s. Isophorondiamin							
1-Aminonaphthalin (α-) s. 1-Naphthylamin							
2-Aminonaphthalin (β-) s. 2-Naphthylamin							
2-Amino-1-naphthalin-sulfonsäure 201-331-5 81-16-3				Hersteller-einstufung beachten			
6-Aminonaphtholether s. 6-Amino-2-ethoxy-naphthalin							
4-Amino-2-nitrophenol s. 2-Nitro-4-amino-phenol							
2-Amino-4-nitrotoluol (Nitrotoluidin) 202-765-8 99-55-8	3			s. Nitrotoluidin	s. Nitrotoluidin		

Grenzwert (Luft)				Meßverfahren	Risiko-faktoren nach TRGS 440 W F	Arbeits-medizin Werte im biolog. Material	relevante Regeln/Literatur Hinweise
mg/m^3 ml/m^3	Spitzen-begren-zung	Art Bemer-kungen H, S	Herkunft Staubklasse				
9	10	11	12	13	14	15	16
					5 1		ZVG 490358
					2 1		ZVG 510037
6 E	4	MAK	ARW	BIA 6130	2 1		> 100 °C Zersetzung zu 2-Naphthylamin ZVG 491975
0,5	4	MAK H	AGS M		4 1	33 VI, 3	TRGS 901 Nr. 34 ZVG 22080

Stoffidentität EG-Nr. CAS-Nr.	Stoff					Zubereitungen	
	Einstufung				Kennzeichnung	Konzentrationsgrenzen	Einstufung/ Kennzeichnung
	krebserz. K	erbgutveränd. M	fort.-pfl.gef. R_E/R_F	Gefahrensymbol R-Sätze	Gefahrensymbol R-Sätze S-Sätze	in Prozent	Gefahrensymbol R-Sätze
1	2	3	4	5	6	7	8
2-Aminophenol (o) 202-431-1 95-55-6		3		Xn; R20/22 R40	Xn R: 20/22-40 S: (2)-28-36/37		
3-Aminophenol (m) 209-711-2 591-27-5				Xn; R20/22 N; R51-53	Xn, N R: 20/22-51/53 S: (2)-28-61		
4-Aminophenol (p) 204-616-2 123-30-8		3		R40 Xn; R20/22 N; R50-53	Xn, N R: 20/22-40-50/53 S: (2)-28-36/37-60-61		
5-Amino-3-phenyl-1,2,4-triazol-1-yl-N,N,N',N'-tetramethylphosphonsäurediamid s. Triamiphos (ISO)					*		
2-Aminopropan 200-860-9 75-31-0				F+; R12 Xi; R36/37/38	F+, Xi R: 12-36/37/38 S: (2)-16-26-29		
1-Aminopropan-2-ol 201-162-7 78-96-6				C; R34	C R: 34 S: (1/2)-23-26-36-45		
3-Aminopropyltriethoxysilan 213-048-4 919-30-2				Xn; R22 C; R34	C R: 22-34 S: (1/2)-26-36/37/39-45		
2-Aminopyridin 207-988-4 504-29-0				Herstellereinstufung beachten			
5-Amino-o-toluidin s. 4-Methyl-m-phenylendiamin							
3-Amino-p-toluidin s. 4-Methyl-m-phenylendiamin							
4-Aminotoluol s. p-Toluidin							
3-Amino-1,2,4-triazol s. Amitrol							

Grenzwert (Luft)					Meßverfahren	Risiko-faktoren nach TRGS 440		Arbeits-medizin Werte im biolog. Material	relevante Regeln/Literatur Hinweise
mg/m^3	ml/m^3	Spitzen-begren-zung	Art Bemer-kungen H, S	Herkunft Staubklasse		W	F		
9	10	11	12		13	14		15	16
						4	1	33 VI, 3	ZVG 25120
						3	1	33 VI, 3	ZVG 510039
						4	1	33 VI, 3	ZVG 24730
12	5	4	MAK	DFG	NIOSH S 147	2	4		ZVG 23480
						3	1		ZVG 14890
						3	1		ZVG 493791
2	0,5		MAK	DFG	NIOSH 5158	2	1		ZVG 41050

Stoffidentität EG-Nr. CAS-Nr.	Stoff					Zubereitungen	
	Einstufung				Kennzeichnung	Konzentrationsgrenzen	Einstufung/ Kennzeichnung
	krebs-erz. K	erbgut-veränd. M	fort.-pfl.gef. R_E/R_F	Gefahren-symbol R-Sätze	Gefahrensymbol R-Sätze S-Sätze	in Prozent	Gefahren-symbol R-Sätze
1	2	3	4	5	6	7	8
Amitraz (ISO) 251-375-4 33089-61-1				Xn; R22	Xn R: 22 S: (2)-22		
Amitrol (ISO) 200-521-5 61-82-5		3		R40 Xn; R48/22 N; R51-53	Xn, N R: 40-48/22-51/53 S: (2)-36-37-61		
Ammoniak, wasserfrei Anm. 5 231-635-3 7664-41-7				R10 T; R23 C; R34 N; R50	T, N R: 10-23-34-50 S: (1/2)-9-16-26-36/37/39-45-61	C≥5% 0,5%≤C<5%	T; R23-34 Xn; R20-36/37/38
Ammoniaklösung ...% Anm. B 215-647-6 1336-21-6				C; R34 N; R50	C, N R: 34-50 S: (1/2)-26-36/37/39-45-61	C≥25% 10%≤C<25% 5%≤C<10%	C; N; R34-50 C; R34 Xi; R36/37/38
Ammoniumbifluorid s. Ammonium-hydrogendifluorid							
Ammoniumbis[1-(3,5-dinitro-2-oxidophenyl-azo)-3-(N-phenyl-carbamoyl)-2-naph-tholato]chromat(1-) 400-110-2				F; R11	F R: 11 S: (2)-33		
Ammoniumbis(2,4,6-trinitrophenyl)amin 220-639-0 2844-92-0				E R1 T+; R26/27/28 R33 N; R51-53	E, T+, N R: 1-26/27/28-33-51/53 S: (1/2)-35-36/37-45-61		
Ammoniumchlorid 235-186-4 12125-02-9				Xn; R22 Xi; R36	Xn R: 22-36 S: (2)-22		
Ammoniumdichromat Anm. 3, E 232-143-1 7789-09-5	2	2		E; R1 O; R8 R49, R46 T+; R26 T; R25 Xn; R21 Xi; R37/38-41 R43 N; R50-53	E, T+, N R: 49-46-1-8-21-25-26-37/38-41-43-50/53 S: 53-45-60-61	C≥7% 0,5%≤C<7% 0,1%≤ C<0,5%	T+; R49-46-21-25-26-37/38-41-43 T; R49-46-43 T; R49-46

Grenzwert (Luft)					Meßverfahren	Risikofaktoren nach TRGS 440		Arbeitsmedizin Werte im biolog. Material	relevante Regeln/Literatur Hinweise
mg/m³	ml/m³	Spitzenbegrenzung	Art Bemerkungen H, S	Herkunft Staubklasse		W	F		
9	10	11	12	13	14		15		16
						3	1		ZVG 490698
0,2 E			MAK	DFG M		4	1		ZVG 16170
35 (14)	50	=1=	MAK Y	DFG	DFG BIA 6150 NIOSH 6015, 6016	4	4		ZVG 1100
35 (14)	50	=1=	MAK Y	DFG	DFG BIA 6150	3	4		ZVG 1750
						2	1		ZVG 496615
			H			5	1		ZVG 490387
						3	1		ZVG 1460
s. Chrom(VI)-Verbindungen			H, S					15 VI, 13 EKA	s. Chrom(VI)-Verbindungen ZVG 5320

Stoffidentität EG-Nr. CAS-Nr.	Stoff					Zubereitungen	
	Einstufung				Kennzeichnung	Konzentrationsgrenzen	Einstufung/ Kennzeichnung
	krebserz. K	erbgutveränd. M	fort.-pfl.gef. R_E/R_F	Gefahrensymbol R-Sätze	Gefahrensymbol R-Sätze S-Sätze	in Prozent	Gefahrensymbol R-Sätze
1	2	3	4	5	6	7	8
Ammoniumfluorid 235-185-9 12125-01-8				T; R23/24/25	T R: 23/24/25 S: (1/2)-26-45		
Ammoniumhexafluorsilikat s. Alkalihexafluorsilikat							
Ammoniumhydrogendifluorid 215-676-4 1341-49-7				T; R25 C; R34	T, C R: 25-34 S: (1/2)-22-26-37-45	10%≤C 1%≤C<10% 0,1%≤C <1%	T, C; R25-34 C; R22-34 Xi; R36/38
Ammoniumperchlorat Anm. G 232-235-1 7790-98-9				O; R9 R44	O R: 9-44 S: (2)-14-16-27-36/37		
Ammoniumperoxydisulfat Ammoniumpersulfat 231-786-5 7727-54-0				Herstellereinstufung beachten			
Ammoniumpolysulfide 235-989-1 9080-17-5				C; R34 R31	C R: 31-34 S: (1/2)-26-45	5%≤C 1%≤C<5%	C; R31-34 Xi; R31-36/38
Ammoniumsulfamat (Ammate) 231-871-7 7773-06-0				Herstellereinstufung beachten			
Ammoniumthioglykolat 226-540-9 5421-46-5				Herstellereinstufung beachten			
Amorphe Kieselsäuren s. Kieselsäuren, amorphe							
Amosit s. Asbest							
Amylacetat s. Pentylacetat							
Amylalkohol (mit Ausnahme von tert-Pentanol) Anm. C 250-378-8 30899-19-5				R10 Xn; R20	Xn R: 10-20 S: (2)-24/25	25%≤C	Xn; R20

Grenzwert (Luft)				Meßverfahren	Risikofaktoren nach TRGS 440		Arbeitsmedizin Werte im biolog. Material	relevante Regeln/Literatur Hinweise
mg/m³ ml/m³	Spitzenbegrenzung	Art Bemerkungen H, S	Herkunft Staubklasse		W	F		
9	10	11	12	13	14		15	16
s. Fluoride		H			4	1	BAT 34 VI, 14	ZVG 500000
s. Fluoride					4	1	BAT 34 VI, 14	ZVG 3850
					2	1		ZVG 500057
		S (R 43)						
					3	1		ZVG 5830
15 E		MAK	DFG L	OSHA ID 204 OSHA ID 188	2	1		ZVG 570069
		S (R 43)						
					3	1		ZVG 530108

Stoffidentität EG-Nr. CAS-Nr.	Stoff					Zubereitungen	
	Einstufung				Kennzeichnung	Konzentrationsgrenzen	Einstufung/ Kennzeichnung
	krebs-erz. K	erbgut-veränd. M	fort.-pfl.gef. R_E/R_F	Gefahrensymbol R-Sätze	Gefahrensymbol R-Sätze S-Sätze	in Prozent	Gefahrensymbol R-Sätze
1	2	3	4	5	6	7	8
iso-Amylalkohol s. 3-Methylbutanol-1							
Amylchlorid s. Chlorpentan							
Amylformiat Anm. C 211-340-6 638-49-3				R10	R: 10 S: (2)		
Amylnitrit s. Pentylnitrit							
Amylpropionat Anm. C 210-852-7 624-54-4				R10	R: 10 S: (2)-23		
Anhydroglucochloral s. Chloralose (INN)							
Anilazin (ISO) 202-910-5 101-05-3				Xi; R36/38	Xi R: 36/38 S: (2)-22		
Anilin 200-539-3 62-53-3	3			R40 T; R48/23/ 24/25 Xn; R20/21/22 N; R50	T, N R: 20/21/22-40-48/ 23/24/25-50 S: (1/2)-28-36/ 37-45-61	1%≤C 0,2%≤C<1%	T; R20/21/22-40-48/23/24/25 Xn; R48/20/21/22
Salze von Anilin Anm. A	3			R40 T; R48/23/24/25 Xn; R20/21/22 N; R50	T, N R: 20/21/22-40-48/ 23/24/25-50 S: (1/2)-28-36/ 37-45-61	1%≤C 0,2%≤C<1%	T; R20/21/22-40-48/23/24/25 Xn; R48/20/21/22
o-Anisidin s. 2-Methoxyanilin							
p-Anisidin s. 4-Methoxyanilin							
Anon s. Cyclohexanon							
Anthophyllit s. Asbest							

Grenzwert (Luft)					Meßverfahren	Risiko-faktoren nach TRGS 440		Arbeits-medizin Werte im biolog. Material	relevante Regeln/Literatur Hinweise
mg/m^3	ml/m^3	Spitzen-begren-zung	Art Bemer-kungen H, S	Herkunft Staubklasse		W	F		
9	10	11	12		13	14		15	16
						2	2		ZVG 510044
						2	1		ZVG 510046
						2	1		ZVG 490129
8	2	4	MAK H	DFG	BIA 6170 HSE 75 NIOSH 2002 ZH ... 51 ZH ... 57	5	1	33 VI, 3 BAT	ZVG 11860
			H			5	1		ZVG 530011

Stoffidentität EG-Nr. CAS-Nr.	Stoff					Zubereitungen	
	Einstufung				Kennzeichnung	Konzentrationsgrenzen	Einstufung/ Kennzeichnung
	krebs-erz. K	erbgut-veränd. M	fort.-pfl.gef. R_E/R_F	Gefahren-symbol R-Sätze	Gefahrensymbol R-Sätze S-Sätze	in Prozent	Gefahren-symbol R-Sätze
1	2	3	4	5	6	7	8
Antimon 231-146-5 7440-36-0				Hersteller-einstufung beachten			
Antimonpentachlorid 231-601-8 7647-18-9				C; R34 Xi; R37	C R: 34-37 S: (1/2)-26-45		
Antimontrichlorid 233-047-2 10025-91-9				C; R34 Xi; R37	C R: 34-37 S: (1/2)-26-45		
Antimontrifluorid 232-009-2 7783-56-4				T; R23/24/25	T R: 23/24/25 S: (1/2)-7-26-45		
Antimontrioxid (Diantimontrioxid) 215-175-0 1309-64-4 — Herstellung von Antimontrioxid, Herstellung von Antimontrioxid-Masterbatches und -Pasten (Wiegen und Mischen von Antimontrioxid-Pulver) — im übrigen	3			R40	Xn R: 40 S: (2)-22-36/37		
Antimonverbindungen, mit Ausnahme von Diantimontetraoxid, Diantimonpentoxid, Diantimontrisulfid, Diantimonpentasulfid sowie der Antimonverbindungen, die in dieser Liste gesondert aufgeführt sind Anm. A, 1				Xn; R20/22	Xn R: 20/22 S: (2)-22* * wenn erforderlich	0,25%≤C	Xn; R20/22
Antimonverbindungen (ausgenommen Antimonwasserstoff und Diantimontrioxid)				siehe oben			
Antimonwasserstoff 7803-52-3				s. Antimonverbindungen	s. Antimonverbindungen		

Grenzwert (Luft)		Spitzen-begrenzung	Art Bemerkungen H, S	Herkunft Staubklasse	Meßverfahren	Risikofaktoren nach TRGS 440		Arbeitsmedizin Werte im biolog. Material	relevante Regeln/Literatur Hinweise
mg/m³	ml/m³					W	F		
9		10	11	12	13	14		15	16
0,5 E		4	MAK	DFG M	BIA 6175 OSHA ID 121, 125, 206	2	1		ZVG 8390
s. Antimon-verbindungen						3	1		ZVG 4650
s. Antimon-verbindungen						3	1		ZVG 500001
s. Antimon-verbindungen			H			4	1		ZVG 500002 u.U. sind die Grenzwerte für Fluoride zu beachten
0,3 E 0,1 E		4	MAK 25	AGS H	ZH...29 BIA 6185	4	1		TRGS 901 Nr. 22 ZVG 3440
s. unten					OSHA ID 121, 125, 206	3	1		ZVG 520008
0,5 E			MAK 25	AUS – GB M					
0,5	0,1	4	MAK	DFG	NIOSH 6008	3	4		ZVG 41070

Stoffidentität EG-Nr. CAS-Nr.	Stoff					Zubereitungen	
	Einstufung				Kennzeichnung	Konzentrationsgrenzen	Einstufung/ Kennzeichnung
	krebserz. K	erbgutveränd. M	fort.-pfl.gef. R_E/R_F	Gefahrensymbol R-Sätze	Gefahrensymbol R-Sätze S-Sätze	in Prozent	Gefahrensymbol R-Sätze
1	2	3	4	5	6	7	8
Antu (ISO) 201-706-3 86-88-4	3			T+; R28 R40	T+ R: 28-40 S: (1/2)-25-36/ 37-45		
Aromatenextrakte aus Erdöldestillat s. Extrakte							
Arprocarb s. Propoxur							
Arsen 231-148-6 7440-38-2				T; R23/25	T R: 23/25 S: (1/2)-20/21-28-45		
Arsenige Säure 36465-76-6 und ihre Salze (Arsenite) *) nur für die Säure	1*)			T; R23/25 s. Arsenverbindungen	T R: 23/25 S: (1/2)-20/21-28-45	0,2%≦C 0,1%≦C <0,2%	T; R23/25 Xn; R20/22
Arsenik s. Diarsentrioxid							
Arsenpentoxid s. Diarsenpentoxid							
Arsensäure und ihre Salze Anm. A, E 231-901-9 7778-39-4	1			R45 T; R23/25	T R: 45-23/25 S: 53-45		
Arsentrioxid s. Diarsentrioxid							
Arsenverbindungen, mit Ausnahme der namentlich in dieser Liste bezeichneten Anm. A, 1				T; R23/25	T R: 23/25 S: (1/2)-20/21-28-45	0,2%≦C 0,1%≦C <0,2%	T; R23/25 Xn; R20/22
Arsenwasserstoff, Arsin 232-066-3 7784-42-1				F+; R12 T+; R26 Xn; R48/20 N; R50-53	F+, T+, N R: 12-26-48/20-50/53 S: (1/2)-9-16-28-33-36/37-45-60-61		

Grenzwert (Luft)					Meßverfahren	Risikofaktoren nach TRGS 440		Arbeitsmedizin Werte im biolog. Material	relevante Regeln/Literatur Hinweise
mg/m^3	ml/m^3	Spitzenbegrenzung	Art Bemerkungen H, S	Herkunft Staubklasse		W	F		
9		10	11	12	13	14		15	16
0,3 E		4	MAK	DFG M	NIOSH S 276	5	1		ZVG 41080
					OSHA ID 105 HSE 41 NIOSH 7900	4	1	16	GefStoffV § 15, 43 Anh. IV, Nr 3 RL 89/677/EWG ZH 1/236 ZVG 8280
0,1 E		4	TRK 2, 5, 25	AGS H	ZH...3 BIA 6195			16 VI, 4	GefStoffV § 15, 43 Anh. IV, Nr 3 TRGS 901 Nr. 21 ChemVerbotsV, Nr. 10 ZVG 500005
0,1 E		4	TRK 2, 5, 25	AGS H	ZH...3 BIA 6195			16 VI, 4	GefStoffV § 15, 43 Anh. IV, Nr 3 TRGS 901 Nr. 21 ChemVerbotsV, Nr. 10 ZVG 500006
					OSHA ID 105 HSE 41 NIOSH 7900, 5022 (org.)	4	1	16	GefStoffV § 15, 43 Anh. IV, Nr 3 ChemVerbotsV, Nr. 10 RL 89/677/EWG ZVG 520009
0,2	0,05	4	MAK	DFG	OSHA ID 105 HSE 34 NIOSH 6001	5	4		ZVG 4900

Stoffidentität EG-Nr. CAS-Nr.	Stoff					Zubereitungen	
	Einstufung				Kennzeichnung	Konzentrationsgrenzen	Einstufung/ Kennzeichnung
	krebs- erz. K	erbgut- veränd. M	fort.- pfl.gef. R_E/R_F	Gefahren- symbol R-Sätze	Gefahrensymbol R-Sätze S-Sätze	in Prozent	Gefahren- symbol R-Sätze
1	2	3	4	5	6	7	8
Arzneistoffe, krebs- erzeugende s. Abschnitt 3.2							
Asbest (Chrysotil) Anm. E 1332-21-4 Amphibol-Asbeste (Aktinolith, Amosit, Antho- phyllit, Kroky- dolith, Tremolit)	1 1			R45 T; R48/23 R45 T; R48/23	T R: 45-48/23 S: 53-45 T R: 45-48/23 S: 53-45		
Atrazin 217-617-8 1912-24-9	3	3		R40 Xn; R20/22 Xi; R36 R43	Xn R: 20/22-36-40-43 S: (2)-36/37-46		
Atropin 200-104-8 51-55-8 Salze von Atropin Anm. A				T+; R26/28 T+; R26/28	T+ R: 26/28 S: (1/2)-25-45 T+ R: 26/28 S: (1/2)-25-45		
Ätzkali s. Kaliumhydroxid							
Auramin 207-762-5 492-80-8 Anm. A [4,4'-Carbonimidoyl- bis(N,N-dimethylanilin)] und seine Salze	3 2*)	3*)	—	R40 Xn; R22 Xi; R36 N; R51-53	Xn, N R: 22-36-40-51/53 S: (2)-36/37-61		
Auramin, Herstellung von s. Abschnitt 3.1	1						
Azaconazol (ISO) 262-102-3 60207-31-0				R44 Xn; R22	Xn R: 22-44 S: (2)-24		
4-Azaheptan-1,7-diamin s. Dipropylentriamin							

Grenzwert (Luft)				Meßverfahren	Risiko-faktoren nach TRGS 440		Arbeits-medizin Werte im biolog. Material	relevante Regeln/Literatur Hinweise
mg/m³ ml/m³	Spitzen-begren-zung	Art Bemer-kungen H, S	Herkunft Staubklasse		W	F		
9	10	11	12	13	14		15	16
							40 VI, 43	ZVG 530156 TRGS 525
aufgehoben s. 50		50	H	ZH...31 ZH...46 BIA 7485 OSHA ID 160 (1993), 191 HSE 39/3, 77 (bulk) BIA 7487			1.2 VI, 5	GefStoffV: § 15, 15a, 36, 39, 43, 54, Anh. III, Nr. 1; IV, Nr. 1 TRGS 519, 901 Nr. 1, 954 RL 83/477/EWG und 91/382/EWG ZH1/511 ChemVerbotsV, Nr. 2 BIA-Handbuch 120 205, 130 260 BK-Report 1/97 ZVG 5040, 520041 BIA-Arbeitsmappe 420
2 E		MAK S	DFG L		4	1		ZVG 41090
					5	1		ZVG 510050 ZVG 530012
0,08 E	4	TRK	AGS H	ZH...50			33 VI, 3	TRGS 901 Nr. 45 TRGS 906 Nr. 25 ZVG 490207 *) Für Auramin und -hydrochlorid
								GefStoffV §35
					3	1		ZVG 490765

Stoffidentität EG-Nr. CAS-Nr.	Stoff					Zubereitungen	
	Einstufung				Kennzeichnung	Konzentrationsgrenzen	Einstufung/ Kennzeichnung
	krebserz. K	erbgutveränd. M	fort.-pfl.gef. R_E/R_F	Gefahrensymbol R-Sätze	Gefahrensymbol R-Sätze S-Sätze	in Prozent	Gefahrensymbol R-Sätze
1	2	3	4	5	6	7	8
3-Azapentan-1,5-diamin 203-865-4 111-40-0				Xn; R21/22 C; R34 R43	C R: 21/22-34-43 S: (1/2)-26-36/ 37/39-45	25%≤C 10%≤C<25% 5%≤C<10% 1%≤C<5%	C; R21/22-34-43 C; R34-43 Xi; R36/38-43 Xi; R43
3-Azidosulfonyl-benzoesäure 405-310-3 15980-11-7				E; R2 Xn; R48/22 Xi; R41 R43	E, Xn R: 2-41-43-48/22 S: (2)-22-26-35-36/ 37/39		
Azinphos-ethyl (ISO) 220-147-6 2642-71-9				T+; R28 T; R24	T+ R: 24-28 S: (1/2)-28-36/ 37-45		
Azinphos-methyl (ISO) 201-676-1 86-50-0				T+; R28 T; R24	T+ R: 24-28 S: (1/2)-28-36/ 37-45		
Aziridin s. Ethylenimin							
Azobenzol 203-102-5 103-33-3	2	3	—	Xn; R20/22	Xn R: 20/22 S: (2)-28		
Azofarbstoffe s. Abschnitt 3.1 s. auch namentlich genannte	1 oder 2			Herstellereinstufung beachten		§ 35 Abs. 4	
Azofarbstoffe auf Benzidinbasis mit Ausnahme der namentlich in dieser Liste genannten Anm. A	**2**			R45	T R: 45 S: 53-45	§ 35 Abs. 4	
Azoimid s. Stickstoffwasserstoffsäure							
Azothoat 227-419-3 5834-96-8				Xn; R20/22	Xn R: 20/22 S: (2)-13		
Azoxybenzol 207-802-1 495-48-7				Xn; R20/22	Xn R: 20/22 S: (2)-28		

Grenzwert (Luft)					Meßverfahren	Risikofaktoren nach TRGS 440		Arbeitsmedizin Werte im biolog. Material	relevante Regeln/Literatur Hinweise
mg/m³	ml/m³	Spitzenbegrenzung	Art Bemerkungen H, S	Herkunft Staubklasse		W	F		
9	10	11	12	13	14	15			16
			H, S		NIOSH 2540 OSHA 60	4	1		ZVG 13400
			S			4	1		ZVG 536635
			H			5	1		ZVG 11390
0,2 E		4	MAK H	DFG	NIOSH 5600	5	1		ZVG 11360
								33 VI, 3	ZVG 14690
								33 VI, 3	GefStoffV § 35 TRGS 614 BIA-Arbeitsmappe 0422 Gefahrstoffe — Reinhalt. Luft 57 (1997), S. 139 BIA-Handbuch 120 237
								33 VI, 3	GefStoffV § 35 TRGS 614
						3	1		ZVG 510054
						3	1		ZVG 510055

Stoffidentität EG-Nr. CAS-Nr.	Stoff					Zubereitungen	
	Einstufung				Kennzeichnung	Konzentrationsgrenzen	Einstufung/ Kennzeichnung
	krebs- erz. K	erbgut- veränd. M	fort.- pfl.gef. R_E/R_F	Gefahren- symbol R-Sätze	Gefahrensymbol R-Sätze S-Sätze	in Prozent	Gefahren- symbol R-Sätze
1	2	3	4	5	6	7	8
Barban (ISO) 202-930-4 101-27-9				Xn; R22 R43	Xn R: 22-43 S: (2)-24-36/37		
Barium, lösliche Verbindungen 208-167-3 13477-00-9				s. Bariumsalze	s. Bariumsalze		
Bariumcarbonat 208-167-3 513-77-9				Xn; R22	Xn R: 22 S: (2)-24/25		
Bariumchlorat 236-760-7 13477-00-4				O; R9 Xn; R20/22	O, Xn R: 9-20/22 S: (2)-13-27		
Bariumchlorid 233-788-1 10361-37-2				T; R25 Xn; R20	T R: 20-25 S: (1/2)-45		
Bariumperchlorat 236-710-4 13465-95-7				O; R9 Xn; R20/22	O, Xn R: 9-20/22 S: (2)-27		
Bariumperoxid 215-128-4 1304-29-6				O; R8 Xn; R20/22	O, Xn R: 8-20/22 S: (2)-13-27		
Bariumpolysulfide 256-814-3 50864-67-0				R31 Xi; R36/37/38	Xi R: 31-36/37/38 S: (2)-28		
Bariumsalze, mit Ausnahme des Bariumsulfats und der namentlich in dieser Liste bezeichneten Salze*) Anm. A, 1				Xn; R20/22	Xn R: 20/22 S: (2)-28	1%≦C	Xn; R20/22
Bariumsulfid 244-214-4 21109-95-5				R31 Xn; R20/22	Xn R: 20/22-31 S: (2)-28		
Baumwollstaub							
Benazolin (ISO) 223-297-0 3813-05-6				Xi; R36/38	Xi R: 36/38 S: (2)-22		

Grenzwert (Luft)				Meßverfahren	Risiko- faktoren nach TRGS 440		Arbeits- medizin Werte im biolog. Mate- rial	relevante Regeln/Literatur Hinweise
mg/m^3	ml/m^3	Spitzen- begren- zung	Art Bemer- kungen H, S	Herkunft Staubklasse		W F		
9	10	11	12	13	14		15	16
			S		4	1		ZVG 510056
0,5 E		4	MAK 1, 25	DFG, EG M	BIA 6233 NIOSH 7056 OSHA ID 121			
s. Barium- verbindungen					3	1		ZVG 1690
s. Barium- verbindungen					3	1		ZVG 500012
s. Barium- verbindungen					4	1		ZVG 1960
s. Barium- verbindungen					3	1		ZVG 500013
					3	1		ZVG 500014
					2	1		ZVG 4640
s. Barium- verbindungen					3	1		ZVG 82780 *) ausgenommen sind auch Salze der 1-Azo-2-hydroxy- naphthalenylarylsulfonsäuren
					3	1		ZVG 4660
1,5 E			MAK 18 (Y)	DFG L				ZVG 530147
					2	1		ZVG 490415

Stoffidentität EG-Nr. CAS-Nr.	Stoff					Zubereitungen	
	Einstufung				Kennzeichnung	Konzentrationsgrenzen	Einstufung/ Kennzeichnung
	krebs-erz. K	erbgut-veränd. M	fort.-pfl.gef. R_E/R_F	Gefahrensymbol R-Sätze	Gefahrensymbol R-Sätze S-Sätze	in Prozent	Gefahrensymbol R-Sätze
1	2	3	4	5	6	7	8
Bendiocarb (ISO) 245-216-8 22781-23-3				T; R25 Xn; R21	T R: 21-25 S: (1/2)-22-36/37-45		
Benomyl (ISO) 241-775-7 17804-35-2		3		R40	Xn R: 40 S: (2)-36/37		
Benquinox (ISO) 207-807-9 495-73-8				T; R25 Xn; R21	T R: 21-25 S: (1/2)-36/37-45		
Bensulid (ISO) 212-010-4 741-58-2				Xn; R22	Xn R: 22 S: (2)-24-36		
Bentazon (ISO) 246-585-8 25057-89-0				Xn; R22 Xi; R36	Xn R: 22-36 S: (2)-26		
Benzalchlorid s. α,α-Dichlortoluol							
Benzaldehyd 202-860-4 100-52-7				Xn; R22	Xn R: 22 S: (2)-24		
Benzalkoniumchlorid 8001-54-5				Herstellereinstufung beachten			
Benzidin Anm. E 202-199-1 92-87-5 und Salze von Benzidin Anm. A, E	1			R45 Xn; R22 N; R50-53	T, N R: 45-22-50/53 S: 53-45-60-61	§ 35 (0,01)	
Benzin s. Kohlenwasserstoffgemische							
1,2-Benzisothiazol-3(2H)-on 220-120-9 2634-33-5				Xn; R22 Xi; R38 R43	Xn R: 22-38-43 S: (2)-24-37		
Benzo[e]acephenanthrylen s. Benzo[b]fluoranthen							

Grenzwert (Luft)				Meßverfahren	Risikofaktoren nach TRGS 440 W F	Arbeitsmedizin Werte im biolog. Material	relevante Regeln/Literatur Hinweise
mg/m³ ml/m³	Spitzenbegrenzung	Art Bemerkungen H, S	Herkunft Staubklasse				
9	10	11	12	13	14	15	16
		H			4 1		ZVG 510059
					4 1		ZVG 510441
		H			4 1		ZVG 510058
					3 1		ZVG 510060
					3 1		ZVG 510061
					3 1		ZVG 13380
		S (R 43)					
		(H)		BIA 6075 OSHA 65		33 VI, 3	GefStoffV §§ 15, 15a, 43 Anh. III, Nr. 10; IV, Nr. 2 ChemVerbotsV, Nr. 7 RL 88/364/EWG und 89/677/EWG ZVG 15310, 530015
							bezieht sich nicht auf Ottokraftstoffe
		S			4 1		ZVG 35240

Stoffidentität EG-Nr. CAS-Nr.	Stoff					Zubereitungen	
	Einstufung			Kennzeichnung		Konzentrationsgrenzen	Einstufung/ Kennzeichnung
	krebs- erz. K	erbgut- veränd. M	fort.- pfl.gef. R_E/R_F	Gefahren- symbol R-Sätze	Gefahrensymbol R-Sätze S-Sätze	in Prozent	Gefahren- symbol R-Sätze
1	2	3	4	5	6	7	8
Benzo[a]anthracen 200-280-6 56-55-3	2			R45	T R: 45 S: 53-45		
p-Benzochinon 203-405-2 106-51-4				T; R23/25 Xi; R36/37/38	T R: 23/25-36/37/38 S: (1/2)-26-28-45		
p-Benzochinon-1- benzoylhydrazon-4-oxim s. Benquinox (ISO)							
Benzo[d,e,f]chrysen s. Benzo[a]pyren							
Benzo[b]fluoranthen 205-911-9 205-99-2	2			R45	T R: 45 S: 53-45		
Benzo[j]fluoranthen 205-910-3 205-82-3	2			R45	T R: 45 S: 53-45		
Benzo[k]fluoranthen 205-916-6 207-08-9	2			R45	T R: 45 S: 53-45		
Benzoguanamin s. 6-Phenyl-1,3,5- triazin-2,4-diamin							
* Benzol Anm. E 200-753-7 71-43-2 — Kokereien Dickteer- scheider, Kondensa- tion, Gassaugerhaus) — Tankfeld in der Mineralölindustrie — Reparatur und Wartung von benzol- führenden Teilen in der chemischen Industrie und Mineralölindustrie, Ottokraftstoffversor- gungsräume für Prüfstände — im übrigen	1	2		F; R11 R45 T; R48/23/ 24/25	F, T R: 45-11-48/23/ 24/25 S: 53-45		

Grenzwert (Luft)					Meßverfahren	Risikofaktoren nach TRGS 440		Arbeitsmedizin Werte im biolog. Material	relevante Regeln/Literatur Hinweise
mg/m³	ml/m³	Spitzenbegrenzung	Art Bemerkungen H, S	Herkunft Staubklasse		W	F		
9	10	11	12	13	14	15		16	17
					NIOSH 5506 5515			40 VI, 43	ZVG 490058
0,4	0,1	=1=	MAK	DFG	NIOSH S 181	4	1		ZVG 24020
					NIOSH 5506 5515			40 VI, 43	ZVG 490186
								40 VI, 43	ZVG 490185
					NIOSH 5506 5515			40 VI, 43	ZVG 490187
		4	TRK H 33	AGS	ZH...4 DFG BIA 6265 OSHA 12 HSE 50, 22			8 VI, 6 EKA	GefStoffV § 15, 37, 43 Anh. IV, Nr. 4 VBG 113, ZH 1/135 BIA-Arbeitsmappe 0651 TRGS 901 Nr. 15 ChemVerbotsV, Nr. 6 RL 89/677/EWG BIA-Report 3/93 BIA-Handbuch 120 260 ZVG 10060 [1] gilt auch als Wert nach § 28 (2) GefStoffV
8	2,5								
8	2,5								
8	2,5								
3,2	1[1]								

Stoffidentität EG-Nr. CAS-Nr.	Stoff					Zubereitungen	
	Einstufung				Kennzeichnung	Konzentrationsgrenzen	Einstufung/ Kennzeichnung
	krebserz. K	erbgutveränd. M	fort.-pfl.gef. R_E/R_F	Gefahrensymbol R-Sätze	Gefahrensymbol R-Sätze S-Sätze	in Prozent	Gefahrensymbol R-Sätze
1	2	3	4	5	6	7	8
Benzol-1,2(bzw. 1,3 und 1,4)-diamindihydrochlorid s. o(bzw. m und p)-Phenylendiamindihydrochlorid							
Benzol-1,3-dicarbonitril 210-933-7 626-17-5					Herstellereinstufung beachten		
α- und β-Benzolhexachlorid s. 1,2,3,4,5,6-Hexachlorcyclohexan							
1,2,4,5-Benzoltetracarbonsäuredianhydrid s. Pyromellitsäuredianhydrid							
1,2,4-Benzoltricarbonsäureanhydrid s. Trimellitsäureanhydrid							
Benzolthiol 203-635-3 108-98-5					Herstellereinstufung beachten		
Benzonitril 202-855-7 100-47-0				Xn; R21/22	Xn R: 21/22 S: (2)-23		
3,3',4,4'-Benzophenontetracarbonsäuredianhydrid 219-348-1 2421-28-5				Xi; R36/37	Xi R: 36/37 S: (2)-25	1%≦C	Xi; R36/37
Benzo[a]pyren 200-028-5 50-32-8 — Strangpechherstellung und -verladung Ofenbereich von Kokereien — im übrigen	2	2	2 (R_E) 2 (R_F)	R45 R46 R60-61	T R: 45-46-60-61 S: 53-45	§ 35 (0,005)	
Benzothiazol-2-thiol 205-736-8 149-30-4				R43 N; R50-53	Xi, N R: 43-50/53 S: (2)-24-37-60-61		

Grenzwert (Luft)				Meßverfahren	Risikofaktoren nach TRGS 440		Arbeitsmedizin Werte im biolog. Material	relevante Regeln/Literatur Hinweise
mg/m^3 ml/m^3	Spitzen-begren-zung	Art Bemer-kungen H, S	Herkunft Staubklasse		W	F		
9	10	11	12	13	14		15	16
5 E		MAK	AUS — NL					
2		MAK	AUS — NL	DFG				ZVG 23990
		H			3	1		ZVG 26150
					2	1		ZVG 510063
0,005 0,002	4	TRK 6	AGS H	ZH…25 DFG OSHA 58 NIOSH 5506, 5515			40 VI, 7	TRGS 901 Nr. 23 TRGS 551 ZVG 22500
		S		OSHA	4			ZVG 14800

Stoffidentität EG-Nr. CAS-Nr.	Stoff Einstufung				Stoff Kennzeichnung		Zubereitungen Konzentrationsgrenzen	Zubereitungen Einstufung/ Kennzeichnung
	krebs-erz. K	erbgut-veränd. M	fort.-pfl.gef. R_E/R_F	Gefahren-symbol R-Sätze	Gefahrensymbol R-Sätze S-Sätze		in Prozent	Gefahrensymbol R-Sätze
1	2	3	4	5	6		7	8
1-Benzothiazol-2-yl-3-methylharnstoff s. Benzthiazuron (ISO)								
(Benzothiazol-2-ylthio)-bernsteinsäure 401-450-4 95154-01-1				R43	Xi R: 43 S: (2)-24-37			
Gemisch aus α-3-[3-(2H-Benzotriazol-2-yl)-5-tert-butyl-4-hydroxy-phenyl]propionyl-omega-hydroxypoly-(oxyethylen) und α-3-[3-(2H-Benzotriazol-2-yl)-5-tert-butyl-4-hydroxyphenyl]pro-pionylomega-3-[3-(2H-benzotriazol-2-yl)-5-tert-butyl-4-hydroxyphenyl)-propionyloxypoly(oxy-ethylen) 400-830-7				Xn; R48/22 R43 N; R51-53	Xn, N R: 43-48/22-51/53 S: (2)-36/37-61			
Benzotrichlorid s. α,α,α-Trichlortoluol								
Benzoylchlorid 202-710-8 98-88-4	—	—	—	C; R34	C R: 34 S: (1/2)-26-45			
Benzoylperoxid s. Dibenzoylperoxid								
Benzoylprop-ethyl (ISO) 33878-50-1				Xn; R22	Xn R: 22 S: (2)-24			
Benzthiazuron (ISO) 217-685-9 1929-88-0				Xn; R22	Xn R: 22 S: (2)-24/25			
Benzylalkohol 202-859-9 100-51-6				Xn; R20/22	Xn R: 20/22 S: (2)-26		25%≤C	Xn; R20/22

Grenzwert (Luft)					Meßverfahren	Risikofaktoren nach TRGS 440		Arbeitsmedizin Werte im biolog. Material	relevante Regeln/Literatur Hinweise
mg/m³	ml/m³	Spitzenbegrenzung	Art Bemerkungen H, S	Herkunft Staubklasse		W	F		
9	10	11	12	13	14		15	16	
			S			4	1		ZVG 496649
			S			4	1		ZVG 496633
2,8			MAK	AUS – USA		3	1		ZVG 17150
						3	1		ZVG 490705
						3	1		ZVG 12180
						3	1		ZVG 20370

Stoffidentität EG-Nr. CAS-Nr.	Stoff					Zubereitungen	
	Einstufung				Kennzeichnung	Konzentrationsgrenzen	Einstufung/ Kennzeichnung
	krebserz. K	erbgutveränd. M	fort.-pfl.gef. R_E/R_F	Gefahrensymbol R-Sätze	Gefahrensymbol R-Sätze S-Sätze	in Prozent	Gefahrensymbol R-Sätze
1	2	3	4	5	6	7	8
Benzylamin 202-854-1 100-46-9				Xn; R21/22 C; R34	C R: 21/22-34 S: (1/2)-26-36/37/39-45		
Benzylbenzoat 204-402-9 120-51-4				Xn; R22	Xn R: 22 S: (2)-25		
Benzylbromid s. α-Bromtoluol							
Benzyl-n-butylphthalat 201-622-7 85-68-7				Herstellereinstufung beachten			
Benzylchlorid s. α-Chlortoluol							
Benzyl-chloroformiat 207-925-0 501-53-1				C; R34 Xi; R37	C R: 34-37 S: (1/2)-26-45		
S-Benzyldiisopropyl-thiophosphat 247-449-0 26087-47-8				Xn; R22	Xn R: 22 S: (2)		
Benzyldimethylamin 203-149-1 103-83-3				R10 Xn; R20/21/22 C; R34 R52-53	C R: 10-20/21/22-34-52/53 S: (1/2)-26-36-45-61		
Benzyldimethyloctadecylammonium-3-nitrobenzolsulfonat 405-330-2				Xi; R38-41 N; R50-53	Xi, N R: 38-41-50/53 S: (2)-26-37/39-60-61		
S-Benzyl-N,N-dipropyl-thiocarbamat 401-730-6 52888-80-9				Xn; R22-48/22 N; R51-53	Xn, N R: 22-48/22-51/53 S: (2)-37-61		
(N-Benzyl-N-ethyl)-amino-3'-hydroxyacetophenonhydrochlorid 401-840-4 55845-90-4				Xi; R41 N; R51-53	Xi, N R: 41-51/53 S: (2)-26-39-61		

Grenzwert (Luft)					Meßverfahren	Risiko-faktoren nach TRGS 440		Arbeits-medizin Werte im biolog. Material	relevante Regeln/Literatur Hinweise
mg/m³	ml/m³	Spitzen-begren-zung	Art Bemer-kungen H, S	Herkunft Staubklasse		W	F		
9	10	11	12	13	14		15	16	
			H			3	1		ZVG 16550
						3	1		ZVG 32060
3			MAK	AUS — NL	DFG BIA 6292				ZVG 26960
						3	1		ZVG 510064
						3	1		ZVG 490653
			H			3	1		ZVG 16560
						4	1		ZVG 900557
						4	1		ZVG 530284
						4	1		ZVG 496666

Stoffidentität EG-Nr. CAS-Nr.	Stoff					Zubereitungen	
	Einstufung				Kennzeichnung	Konzentrationsgrenzen	Einstufung/ Kennzeichnung
	krebs-erz. K	erbgut-veränd. M	fort.-pfl.gef. R_E/R_F	Gefahren-symbol R-Sätze	Gefahrensymbol R-Sätze S-Sätze	in Prozent	Gefahren-symbol R-Sätze
1	2	3	4	5	6	7	8
5-Benzyl-3-furylmethyl-(+-)cis-trans-chrysanthemat s. Resmethrin							
Benzyl-2-hydroxydo-decyldimethylammonium-benzoat 402-610-6 113694-52-3				C; R34 Xn; R22 N; R50-53	C, N R: 22-34-50/53 S: (1/2)-26-28-36/ 37/39-45-60-61		
Benzylidenchlorid s. α,α-Dichlortoluol							
Benzyltributylammonium-4-hydroxynaphthalin-1-sulfonat 402-240-5 102561-46-6				Xn; R20 N; R51-53	Xn, N R: 20-51/53 S: (2)-22-61		
Benzyl Violet 4B 216-901-9 1694-09-3	3			R40	Xn R: 40 S: (2)-36/37		
Bernsteinsäureanhydrid 203-570-0 108-30-5				Xi; R36/37	Xi R: 36/37 S: (2)-25	1%≤C	Xi; R36/37
Beryllium Anm. E 231-150-7 7440-41-7 und seine Verbindungen*) Anm. A, E — Schleifen von Beryllium-Metall und -Legierungen — im übrigen	2			R49 T+; R26 T; R25-48/23 Xi; R36/37/38 R43	T+ R: 49-25-26-36/ 37/38-43-48/23 S: 53-45		
BHC (ISO) s. 1,2,3,4,5,6-Hexa-chlorcyclohexane							
Binapacryl (ISO) Anm. E 207-612-9 485-31-4			2 (R_E)	R61 Xn; R21/22	T R: 61-21/22 S: 53-45		

*) Einstufung gilt nicht für Beryllium-Tonerdesilikate

Grenzwert (Luft)					Meßverfahren	Risikofaktoren nach TRGS 440		Arbeitsmedizin Werte im biolog. Material	relevante Regeln/Literatur Hinweise
mg/m³	ml/m³	Spitzen-begrenzung	Art Bemer-kungen H, S	Herkunft Staubklasse		W	F		
9	10	11	12	13		14		15	16
						3	1		ZVG 496694
						3	1		ZVG 496682
						4	1		ZVG 490341
						2	1		ZVG 33430
0,005 E

0,002 E | | 4 | TRK 25 S | AGS H | ZH...13 BIA 6300 OSHA ID 125, 206 HSE 29 | | | 40 VI, 43 | TRGS 901 Nr. 2 ZVG 8020 |
| | | | | | | | | | |
| | | | H | | | 5 | 1 | | ZVG 510066 |

Stoffidentität EG-Nr. CAS-Nr.	Stoff					Zubereitungen	
	Einstufung				Kennzeichnung	Konzentrationsgrenzen	Einstufung/ Kennzeichnung
	krebserz. K	erbgutveränd. M	fort.pfl.gef. R_E/R_F	Gefahrensymbol R-Sätze	Gefahrensymbol R-Sätze S-Sätze	in Prozent	Gefahrensymbol R-Sätze
1	2	3	4	5	6	7	8
Bioallethrin 209-542-4 584-79-2				Xn; R22	Xn R: 22 S: (2)-24		
S-Bioallethrin 249-013-5 28434-00-6				Xn; R21/22 N; R50-53	Xn, N R: 21/22-50/53 S: (2)-60-61		
Biphenyl 202-163-5 92-52-4				Xi; R36/37/38 N; R50-53	Xi, N R: 36/37/38-50/53 S: (2)-23-60-61		
Biphenylether s. Diphenylether							
Biphenyl-2-ol 201-993-5 90-43-7				Xi; R36/38	Xi R: 36/38 S: (2)-22		
3-(3-Biphenyl-4-yl-1,2,3,4-tetrahydro-1-naphthyl)-4-hydroxy-cumarin 259-978-4 56073-07-5				T+; R28 T; R48/25	T+ R: 28-48/25 S: (1/2)-36/37-45		
3,3',4,4'-Biphenyltetramin s. 3,3'-Diaminobenzidin							
Bis(4-aminophenyl)ether s. 4,4'-Oxydianilin							
Bis(p-aminophenyl)ether s. 4,4'-Oxydianilin							
N,N-Bis(3-aminopropyl)methylamin 203-336-8 105-83-9				T; R23/24 Xn; R22 C; R34	T R: 22-23/24-34 S: (1/2)-26-36/37/39-45		
Bis-2-chlorethylether s. 2,2'-Dichlordiethylether							
Bis(2-chlorethyl)methylamin s. N-Methyl-bis(2-chlorethyl)amin							

86

Grenzwert (Luft)					Meßverfahren	Risikofaktoren nach TRGS 440		Arbeitsmedizin Werte im biolog. Material	relevante Regeln/Literatur Hinweise
mg/m^3	ml/m^3	Spitzenbegrenzung	Art Bemerkungen H, S	Herkunft Staubklasse		W	F		
9	10	11	12		13	14		15	16
						3	1		ZVG 510028
			H			3	1		ZVG 490679
1	0,2		MAK	DFG	NIOSH 2530	2	1		ZVG 13450
						2	1		ZVG 20480
						5	1		ZVG 510429
			H			4	1		ZVG 14660

Stoffidentität EG-Nr. CAS-Nr.	Stoff					Zubereitungen	
	Einstufung				Kennzeichnung	Konzentrationsgrenzen	Einstufung/ Kennzeichnung
	krebs-erz. K	erbgut-veränd. M	fort.-pfl.gef. R_E/R_F	Gefahren-symbol R-Sätze	Gefahrensymbol R-Sätze S-Sätze	in Prozent	Gefahren-symbol R-Sätze
1	2	3	4	5	6	7	8
Bis(2-chlorethyl)sulfid s. 2,2'-Dichlordiethylsulfid							
Bis(chlormethyl)ether Anm. E 208-832-8 542-88-1	1			R10 R45 T+; R26 T; R24 Xn; R22	T+ R: 45-10-22-24-26 S: 53-45	§ 35 (0,0005)	
1,1-Bis(4-chlorphenyl)-ethanol s. Chlorfenethol (ISO)							
O,O-Bis(4-chlorphenyl)-N-acetimidoylthiophos-phoramidat s. Phosacetim (ISO)							
Bis(3,5-di-tert-butyl-salicylato-O1,O2)zink 403-360-0 42405-40-3				F; R11 Xn; R22 N; R50-53	F, Xn, N R: 11-22-50/53 S: (2)-7-22-60-61		
2,9-Bis[3-(diethylamino)-propylsulfamoyl]chino-(2,3-b)acridin-7,14-dion 404-230-6				R43 R53	Xi R: 43-53 S: (2)-24-37-61		
4,4'-Bis(dimethylamino)-benzophenon s. Michlers Keton							
Bis(2-dimethylamino-ethyl)methylamin 221-201-1 3030-47-5				T; R24 Xn; R22 C; R34	T R: 22-24-34 S: (1/2)-26-36/37/39-45		
Bis[4-(dimethylamino)-phenyl]methanon s. Michlers Keton							
2,5-Bis(1,1-dimethyl-butyl)hydrochinon 400-220-0				N; R51-53	N R: 51/53 S: 61		
1,1'-Bis(3,5-dimethyl-morpholinocarbonyl-methyl)-4,4'-bipyridilium s. Morfamquat (ISO)							

Grenzwert (Luft)				Meßverfahren	Risiko-faktoren nach TRGS 440		Arbeits-medizin Werte im biolog. Material	relevante Regeln/Literatur Hinweise
mg/m³	ml/m³	Spitzen-begren-zung	Art Bemer-kungen H, S	Herkunft Staubklasse		W	F	
9	10	11	12	13	14		15	16
			H		DFG OSHA 10 EG ZH...6 (97)			40 VI, 43	GefStoffV § 15a, 43 ZH 1/130 ZVG 37690
					3	1		ZVG 530594
			S		4	1		ZVG 900447
			H		4	1		ZVG 16610
					2	1		ZVG 530354

Stoffidentität EG-Nr. CAS-Nr.	Stoff					Zubereitungen	
	Einstufung				Kennzeichnung	Konzentrationsgrenzen	Einstufung/ Kennzeichnung
	krebserz. K	erbgutveränd. M	fort.-pfl.gef. R_E/R_F	Gefahrensymbol R-Sätze	Gefahrensymbol R-Sätze S-Sätze	in Prozent	Gefahrensymbol R-Sätze
1	2	3	4	5	6	7	8
Bis(dimethylthiocarbamoyl)disulfid s. Thiram							
Bis(4-dodecylphenyl)-iodoniumhexafluorantimonat 404-420-9 71786-70-4				R43 R52-53	Xi R: 43-52/53 S: (2)-24-37-61		
1,3-Bis(2,3-epoxypropoxy)benzol (Diglycidylresorcinether) 202-987-5 101-90-6	2			T; R23/24/25 Xn; R40 R43	T R: 23/24/25-40-43 S: (1/2)-23-24-25	1%≦C 0,1%≦C<1%	T; R23/24/25-40-43 Xn; R20/21/22
1,4-Bis(2,3-epoxypropoxy)butan 219-371-7 2425-79-8				Xn; R20/21 Xi; R36/38 R43	Xn R: 20/21-36/38-43 S: (2)-26-28-37/39	25%≦C 20%≦C<25% 1%≦C<20%	Xn; R20/21-36/38-43 Xi; R36/38-43 Xi; R43
1,3-Bis(2,3-epoxypropoxy)-2,2-dimethylpropan 241-536-7 17557-23-2				Xi; R38 R43	Xi R: 38-43 S: (2)-24-37		
1,2-Bis(ethoxycarbonyl)ethyl-O,O-dimethyldithiophosphat s. Malathion (ISO)							
2,4-Bis(ethylamino)-6-methylthio-1,3,5-triazin s. Simetryn (ISO)							
3-[Bis(2-ethylhexyl)aminomethyl]benzothiazol-2(3H)-thion 402-540-6 105254-85-1				C; R34 R43 N; R50-53	C, N R: 34-43-50/53 S: (1/2)-26-28-36/ 37/39-45-60-61		
Bis(2-ethylhexyl)-dithiodiacetat 404-510-8 62268-47-7				Xn; R22 R43 N; R51-53	Xn, N R: 22-43-51/53 S: (2)-24/25-37-61		

Grenzwert (Luft)				Meßverfahren	Risikofaktoren nach TRGS 440		Arbeitsmedizin Werte im biolog. Material	relevante Regeln/Literatur Hinweise
mg/m^3	ml/m^3	Spitzenbegrenzung	Art Bemerkungen H, S	Herkunft Staubklasse		W	F	
9	10	11	12	13	14		15	16
s. Antimonverbindungen			S		4	1		ZVG 900425
			H, S				40 VI, 43	ZVG 510067
			H, S		4	2		ZVG 510068
			S		4	1		ZVG 530353
			S		4	1		ZVG 496693
			S		4	1		ZVG 530943

Stoffidentität EG-Nr. CAS-Nr.	Stoff					Zubereitungen	
	Einstufung				Kennzeichnung	Konzentrationsgrenzen	Einstufung/ Kennzeichnung
	krebs-erz. K	erbgut-veränd. M	fort.-pfl.gef. R_E/R_F	Gefahren-symbol R-Sätze	Gefahrensymbol R-Sätze S-Sätze	in Prozent	Gefahren-symbol R-Sätze
1	2	3	4	5	6	7	8
N,N-Bis(2-ethylhexyl)-[(1,2,4-triazol-1-yl)-methyl]amin 401-280-0 91273-04-0				C; R34 R43 N; R51-53	C, N R: 34-43-51/53 S: (1/2)-26-28-36/37/39-45-61		
Bis(4-fluorphenyl)-methyl-(1,2,4-triazol-4-yl-methyl)silanhydrochlorid 401-380-4				Xi; R36 N; R51-53	Xi, N R: 36-51/53 S: (2)-26-61		
Bis(4,4'-glycidyloxy-phenyl)propan s. 4,4'-Methylendi-phenyldiglycidylether							
Bis(8-hydroxychino-linium)sulfat 205-137-1 134-31-6				Xn; R22	Xn R: 22 S: (2)-36		
Bis(1-hydroxycyclohexyl)-peroxid, Mischung Anm. C 235-527-7 12262-58-7				E; R2 O; R7 C; R34 Xn; R22	E, C R: 2-7-22-34 S: (1/2)-3/7-14-36/37/39-45	25%≤C 10%≤C<25% 5%≤C<10%	C; R22-34 C; R34 Xi; R36/37/38
Bis(2-hydroxyethyl)ether s. Diethylenglykol							
Bis(hydroxyethyl)ether-dinitrat 211-745-8 693-21-0				E; R3 T+; R26/27/28 R33	E, T+ R: 3-26/27/28-33 S: (1/2)-33-35-36/37-45		
Bis(hydroxyl-ammonium)sulfat s. Hydroxyl-ammoniumchlorid							
2,5-Bis(hydroxymethyl)-tetrahydrofuran 203-239-0 104-80-3				Xi; R36/37/38	Xi R: 36/37/38 S: (2)-39	10%≤C	Xi; R36/37/38
Bis(2-methoxyethyl)ether s. Diethylenglykol-dimethylether							

Grenzwert (Luft)				Meßverfahren	Risiko-faktoren nach TRGS 440		Arbeits-medizin Werte im biolog. Material	relevante Regeln/Literatur Hinweise
mg/m^3	ml/m^3	Spitzen-begren-zung	Art Bemer-kungen H, S	Herkunft Staubklasse		W	F	
9		10	11	12	13	14		15	16
			S			4	1		ZVG 496644
						2	1		ZVG 496647
						3	1		ZVG 510258
						3	1		ZVG 510069
			H		BIA 7078	5	1		ZVG 510791
						2	1		ZVG 510070

Stoffidentität EG-Nr. CAS-Nr.	Stoff					Zubereitungen	
	Einstufung				Kennzeichnung	Konzentrationsgrenzen	Einstufung/ Kennzeichnung
	krebs-erz. K	erbgut-veränd. M	fort.-pfl.gef. R_E/R_F	Gefahren-symbol R-Sätze	Gefahrensymbol R-Sätze S-Sätze	in Prozent	Gefahren-symbol R-Sätze
1	2	3	4	5	6	7	8
Bis(2-methoxyethyl)-phthalat 204-212-6 117-82-8			2 (R_E) 3 (R_F)	R61 R62	T R: 61-62 S: 53-45		
Bis-2-methoxy-propylether s. Dipropylenglykolmono-methylether							
Bis(methoxy-thiocar-bonoyl)disulfid s. Dimexano							
Bisphenol A 201-245-8 80-05-7					Hersteller-einstufung beachten		
Reaktionsprodukt: Bisphenol-A-Epichlor-hydrinharze mit durch-schnittlichem Molekular-gewicht ≦ 700 25068-38-6				Xi; R36/38 R43	Xi R: 36/38-43 S: (2)-28-37/39	5%≦C 1%≦C<5%	Xi; R36/38-43 Xi; R43
N,N-Bis(phosphono-methyl)glycin s. Glyphosin (ISO)							
Bis(piperidinothio-carbonyl)disulfid 202-328-1 94-37-1				Xi; R36/37/38 R43	Xi R: 36/37/38-43 S: (2)-24-26-37		
Bis(2,2,6,6-tetramethyl-4-piperidyl)succinat 402-940-0 62782-03-0				Xi; R36 R52-53	Xi R: 36-52/53 S: (2)-26-61		
Bis(tributylzinn)oxid 200-268-0 56-35-9				s. Tributylzinn-verbindungen		s. Tributylzinn-verbindungen	
Bis[3-(trimethoxysilyl)-propyl]amin 403-480-3				Xi; R41 N; R51-53	Xi, N R: 41-51/53 S: (2)-24-26-39-61		
Bis(2,4,6-trinitro-phenyl)amin 205-037-8 131-73-7				E; R2 T+; R26/27/28 R33 N; R51-53	E, T+, N R: 2-26/27/28-33-51/53 S: (1/2)-35-36-45-61		

Grenzwert (Luft)					Meßverfahren	Risiko-faktoren nach TRGS 440		Arbeits-medizin Werte im biolog. Material	relevante Regeln/Literatur Hinweise
mg/m³	ml/m³	Spitzen-begren-zung	Art Bemer-kungen H, S	Herkunft Staubklasse		W	F		
9		10	11	12	13	14		15	16
(5) E		(I)	(S) (Y)	DFG (L)	NIOSH 333	4	1		ZVG 13980
			S			4	1		ZVG 510071
			S						
						2	1		ZVG 496703
0,05	0,002	4	MAK Y, H	DFG					ZVG 36850
						4	1		ZVG 495008
			H			5	1		ZVG 510603

Stoffidentität EG-Nr. CAS-Nr.	Stoff					Zubereitungen	
	Einstufung				Kennzeichnung	Konzentrationsgrenzen	Einstufung/ Kennzeichnung
	krebs-erz. K	erbgut-veränd. M	fort.-pfl.gef. R_E/R_F	Gefahren-symbol R-Sätze	Gefahrensymbol R-Sätze S-Sätze	in Prozent	Gefahrensymbol R-Sätze
1	2	3	4	5	6	7	8
Bis[tris(2-methyl-2-phenylpropyl)zinn]oxid 236-407-7 13356-08-6				Xn; R21 Xi; R36/38	Xn R: 21-36/38 S: (2)-36/37		
Bis(1,2,3-trithiacyclo-hexyldimethylammo-nium)oxalat 250-859-2 31895-22-4				Xn; R21/22	Xn R: 21/22 S: (2)-36/37-46		
N,N-Bis(2,4-xylylimino-methyl)methylamin s. Amitraz (ISO)							
Bithionol 97-18-7							
4,4'-Bi-o-toluidin s. 3,3'-Dimethylbenzidin							
Bitumen 232-490-9 8052-42-4 — Verarbeitung in Innenräumen*) — im übrigen*)					Hersteller-einstufung beachten		
Blasticidin-S s. 3-[3-Amino-5-(1-methylguanidino)-1-oxo-pentylamino-6-(4-amino-2-oxo-2,3-dihydro-pyri-midin-1-yl)-2,3-di-hydro-(6H)-pyran-2]-carbonsäure							
Blausäure s. Cyanwasserstoff							
Blausäure ...% s. Cyanwasserstoff ...%							
Salze der Blausäure mit Ausnahme der komple-xen Cyanide, z.B. Cya-noferrate (II) und (III) und Quecksilberoxid-cyanid Anm. A				T+; R26/27/28 R32	T+ R: 26/27/28-32 S: (1/2)-7-28-29-45		

| Grenzwert (Luft) | | | | Meßverfahren | | Risikofaktoren nach TRGS 440 | | Arbeitsmedizin Werte im biolog. Material | relevante Regeln/Literatur Hinweise |
mg/m³ ml/m³	Spitzenbegrenzung	Art Bemerkungen H, S	Herkunft Staubklasse			W	F		
9	10	11	12	13		14		15	16
s. Zinnverbindungen, organische		H				3	1		ZVG 510241
		H				3	1		ZVG 490694
		(S)							ZVG 570079
20 15		MAK 7, 29, 30	AGS	BIA 6305					ZVG 90230 TRGS 901 Nr. 77 *) Summe der Dämpfe und Aerosole aus Bitumen bei der Heißverarbeitung
5 E	4	MAK H	DFG L	BIA 6715 OSHA ID 120 NIOSH 7904		5	1		ZH 1/129.1 ZVG 520010

Stoffidentität EG-Nr. CAS-Nr.	Stoff					Zubereitungen	
	Einstufung				Kennzeichnung	Konzentrationsgrenzen	Einstufung/ Kennzeichnung
	krebserz. K	erbgutveränd. M	fort.-pfl.gef. R_E/R_F	Gefahrensymbol R-Sätze	Gefahrensymbol R-Sätze S-Sätze	in Prozent	Gefahrensymbol R-Sätze
1	2	3	4	5	6	7	8
* Blei 231-100-4 7439-92-1 [1)] bioverfügbar			1 (R_E) 3 (R_F) [1)]	Herstellereinstufung beachten			
Bleiverbindungen mit Ausnahme der namentlich in dieser Liste bezeichneten Anm. A, E, 1			1 (R_E) 3 (R_F)	R61 R62 Xn; R20/22 R33	T R: 61-62-20/22-33 S: 53-45	C≥5 % 1 %≤C<5 % 0,5 %≤C<1%	T; R61-62-20/22-33 T; R61-20/22-33 T; R61-33
Bleiacetat, basisch Anm. E, 1 215-630-3 1335-32-6	3		1 (R_E) 3 (R_F)	R61 R62 R40 Xn; R48/22 R33	T R: 61-62-33-40-48/22 S: 53-45		
Bleialkyle (methyl bis pentyl) Anm. A, E, 1 s. auch Bleitetraethyl und -methyl			1 (R_E) 3 (R_F)	R61 R62 T+; R26/27/28 R33 N; R50-53	T+, N R: 61-62-26/27/28-33-50/53 S: 53-45-60-61	C≥5% 0,5%≤C<5% 0,1%≤C <0,5% 0,05%≤C <0,1%	T+; R61-62-26/27/28-33 T+; R61-26/27/28-33 T; R61-23/24/25-33 Xn; R20/21/22-33
Bleiazid Anm. E, 1 236-542-1 13424-46-9			1 (R_E) 3 (R_F)	E; R3 R61 R62 Xn; R20/22 R33	E, T R: 61-62-3-20/22-33 S: 53-45		
Bleichromat, Anm. 1 231-846-0 7758-97-6	3		1 (R_E) 3 (R_F)	R61 R62 R40 R33 N; R50-53	T, N R: 61-62-33-40-50/53 S: 53-45-60-61		
Bleichromatmolybdatsulfatrot, Anm. 1 235-759-9 12656-85-8	3		1 (R_E) 3 (R_F)	R61 R62 R40 R33	T R: 61-62-33-40 S: 53-45		
Bleidi(acetat) Anm. E, 1 206-104-4 301-04-2			1 (R_E) 3 (R_F)	R61 R62 Xn; R48/22 R33	T R: 61-62-33-48/22 S: 53-45		

Grenzwert (Luft)				Meßverfahren	Risikofaktoren nach TRGS 440		Arbeitsmedizin Werte im biolog. Material	relevante Regeln/Literatur Hinweise
mg/m^3 ml/m^3	Spitzenbegrenzung	Art Bemerkungen H, S	Herkunft Staubklasse		W	F		
9	10	11	12	13	14		15	16
0,1 E	4	MAK	DFG H	DFG BIA 6310 OSHA ID 121,125	5	1	2 VI, 44 BAT	RL 82/605/EWG GefStoffV Anh. III, Nr. 2; IV, Nr. 6; V, MuSchRiV § 5 TRGS 505, ZVG 8510
0,1 E	4	MAK 25	DFG H	DFG OSHA ID 121, 125 HSE 8, 7, 6	5	1	2 VI, 44 BAT	GefStoffV Anh. III, Nr. 2; IV, Nr. 6; V ChemVerbotsV, Nr. 8 RL 82/605/EWG und 89/677/EWG, ZVG 82810
s. Bleiverbindungen				DFG	5	1	2 VI, 44 BAT	ZVG 491357
		H		HSE 18, 9	5	1	2 VI, 44	ZVG 530016
s. Bleiverbindungen				DFG OSHA ID 211	5	1	2 VI, 44 BAT	ZVG 490539
s. 12	4	MAK 12	AGS H	ZH...5 BIA 6665	5	1	2 VI, 44 BAT	TRGS 901 Nr. 3 ZVG 2140
s. Bleiverbindungen					5	1	2 VI, 44 BAT	ZVG 530192
s. Bleiverbindungen				DFG	5	1	2 VI, 44 BAT	ZVG 510072

Stoffidentität EG-Nr. CAS-Nr.	Stoff					Zubereitungen	
	Einstufung			Kennzeichnung		Konzentrationsgrenzen	Einstufung/ Kennzeichnung
	krebs- erz. K	erbgut- veränd. M	fort.- pfl.gef. R_E/R_F	Gefahren- symbol R-Sätze	Gefahrensymbol R-Sätze S-Sätze	in Prozent	Gefahren- symbol R-Sätze
1	2	3	4	5	6	7	8
Bleihexafluorsilikat Anm. E, 1 247-278-1 25808-74-6			1 (R_E) 3 (R_F)	R61 R62 Xn; R20/22 R33	T R: 61-62-20/22-33 S: 53-45		
Bleihydrogenarsenat Anm. E, 1 232-064-2 7784-40-9	1		1 (R_E) 3 (R_F)	R45 R61 R62 T; R23/25 R33	T R: 45-61-62-23/ 25-33 S: 53-45		
Blei(II)methansulfonat Anm. E, 1 401-750-5 17570-76-2			1 (R_E) 3 (R_F)	R61 R62 Xn; R20/22-48/ 20/22 Xi; R38-41 N; R58 R33	T, N R: 61-62-20/22-33- 38-41-48/20/22-58 S: 53-45-57-61		
Bleisulfochromatgelb Anm. 1 215-693-7 1344-37-2	3		1 (R_E) 3 (R_F)	R61 R62 R40 R33	T R: 61-62-33-40 S: 53-45		
Bleitetraethyl 201-075-4 78-00-2			1 (R_E) 3 (R_F)	s. Bleialkyle	s. Bleialkyle		
Bleitetramethyl 200-897-0 75-74-1			1 (R_E) 3 (R_F)	s. Bleialkyle	s. Bleialkyle		
Blei-2,4,6-trinitro- resorcinat Anm. E, 1 239-290-0 15245-44-0			1 (R_E) 3 (R_F)	E; R3 R61 R62 Xn; R20/22 R33	E, T R: 61-62-3- 20/22-33 S: 53-45		
Borfluorwasser- stoffsäure ...% s. Tetrafluor- borsäure ...%							
Boroxid 215-125-8 1303-86-2				Hersteller- einstufung beachten			

Grenzwert (Luft)				Meßverfahren	Risiko-faktoren nach TRGS 440		Arbeits-medizin Werte im biolog. Material	relevante Regeln/Literatur Hinweise
mg/m^3 ml/m^3	Spitzen-begren-zung	Art Bemer-kungen H, S	Herkunft Staubklasse		W	F		
9	10	11	12	13	14		15	16
s. Bleiverbindungen				DFG	5	1	2 VI, 44 BAT	u.U. ist der MAK- und BAT-Wert für Fluorid zu beachten ZVG 500021
s. Arsensäure s. Bleiverbindungen							16 VI, 4 BAT	s. Arsensäure ZVG 570080
s. Bleiverbindungen				DFG	5	1	2 VI, 44 BAT	ZVG 496662
s. Bleiverbindungen					5	1	2 VI, 44 BAT	ZVG 530199
0,05	4	MAK H, 25	DFG	HSE 18, 9 NIOSH 2533	5	1	3 VI, 8 BAT	ZVG 13430
0,05	4	MAK H, 25	DFG	HSE 18, 9 NIOSH 2534	5	2	3 VI, 9 BAT	ZVG 16120
s. Bleiverbindungen				DFG	5	1	2 VI, 44 BAT	ZVG 490561
15 E	4	MAK	DFG L		2	1		ZVG 1830

Stoffidentität EG-Nr. CAS-Nr.	Stoff					Zubereitungen	
	Einstufung				Kennzeichnung	Konzentrationsgrenzen	Einstufung/ Kennzeichnung
	krebs- erz. K	erbgut- veränd. M	fort.- pfl.gef. R_E/R_F	Gefahren- symbol R-Sätze	Gefahrensymbol R-Sätze S-Sätze	in Prozent	Gefahren- symbol R-Sätze
1	2	3	4	5	6	7	8
Bortribromid 233-657-9 10294-33-4				R14 T+; R26/28 C; R35	T+, C R: 14-26/28-35 S: (1/2)-9-26-28- 36/37/39-45		
Bortrichlorid 233-658-4 10294-34-5				R14 T+; R26/28 C; R34	T+ R: 14-26/28-34 S: (1/2)-9-26-28- 36/37/39-45		
Bortrifluorid 231-569-5 7637-07-2				R14 T+; R26 C; R35	T+, C R: 14-26-35 S: (1/2)-9-26-28- 36/37/39-45		
Braunkohlenteer s. Abschnitt 3.1				s. Bekannt- machung nach § 4a GefStoffV vom 08.01.96			
Braunstein s. Mangandioxid							
Brenzcatechin s. 1,2-Dihydroxybenzol							
Brodifacoum s. 4-Hydroxy-3-[3-(4'- brom-4-biphenylyl)]- 1,2,3,4-tetrahydro-1- naphthyl)cumarin							
Brom 231-778-1 7726-95-6				T+; R26 C; R35	T+, C R: 26-35 S: (1/2)-7/9-26-45		
Brombenzol 203-623-8 108-86-1				R10 Xi; R38 N; R51-53	Xi, N R: 10-38-51/53 S: (2)-61		
Brombenzylbromtoluol, Isomerengemisch 402-210-1 99688-47-8				Xn; R48/22 R43 N; R50-53	Xn, N R: 43-48/22-50/53 S: (2)-24-37-41- 60-61		
2-Brom-2-(brom- methyl)pentandinitril 252-681-0 35691-65-7				Hersteller- einstufung beachten			

Grenzwert (Luft)					Meßverfahren	Risiko-faktoren nach TRGS 440		Arbeits-medizin Werte im biolog. Material	relevante Regeln/Literatur Hinweise
mg/m^3	ml/m^3	Spitzen-begren-zung	Art Bemer-kungen H, S	Herkunft Staubklasse		W	F		
9	10	11	12		13	14		15	16
10			MAK	AUS — NL		5	3		ZVG 500022
						5	4		ZVG 6060
3	1	=1=	MAK	DFG		5	4	34 VI, 14	ZVG 4050 u.U. ist der Grenzwert für Fluorwasserstoff zu beachten
								40 VI, 43	TRGS 551 ZVG 491090
0,7	0,1	=1=	MAK	DFG, EG	OSHA ID 108	5	3		ZH 1/334 ZVG 1000
						2	1		ZVG 510075
			S			4	1		ZVG 496681
			S (R 43)						ZVG 139996

Stoffidentität EG-Nr. CAS-Nr.	Stoff					Zubereitungen	
	Einstufung				Kennzeichnung	Konzentrationsgrenzen	Einstufung/ Kennzeichnung
	krebserz. K	erbgutveränd. M	fort.-pfl.gef. R_E/R_F	Gefahrensymbol R-Sätze	Gefahrensymbol R-Sätze S-Sätze	in Prozent	Gefahrensymbol R-Sätze
1	2	3	4	5	6	7	8
Bromchlormethan 200-826-3 74-97-5				Herstellereinstufung beachten			
O-(4-Brom-2-chlorphenyl)-O-ethyl-S-propylthiophosphat 255-255-2 41198-08-7				Xn; R20/21/22	Xn R: 20/21/22 S: (2)-36/37		
Bromchlortrifluorethan s. 2-Brom-2-chlor-1,1,1-trifluorethan							
2-Brom-2-chlor-1,1,1-trifluorethan 205-796-5 151-67-7			2 (R_E) — (R_F)	Herstellereinstufung beachten			
O-4-Brom-2,5-dichlorphenyl-O-methylphenylthiophosphonat s. Leptophos (ISO)							
O-4-Brom-2,5-dichlorphenyl-O,O-diethylthiophosphat s. Bromophos-ethyl (ISO)							
O,4-Brom-2,5-dichlorphenyl-O,O-dimethylthiophosphat s. Bromophos (ISO)							
Bromessigsäure 201-175-8 79-08-3				T; R23/24/25 C; R35	T, C R: 23/24/25-35 S: (1/2)-36/37/39-45		
Bromethan 200-825-8 74-96-4		2		Xn; R20/21/22	Xn R: 20/21/22 S: (2)-28		
Bromethen s. Bromethylen							
2-(2-Bromethoxy)anisol 402-010-4 4463-59-6				Xn; R22 R52-53	Xn R: 22-52/53 S: (2)-22-61		

Grenzwert (Luft)					Meßverfahren	Risikofaktoren nach TRGS 440		Arbeitsmedizin Werte im biolog. Material	relevante Regeln/Literatur Hinweise
mg/m³	ml/m³	Spitzenbegrenzung	Art Bemerkungen H, S	Herkunft Staubklasse		W	F		
9	10	11	12	13		14	15		16
1 050	200	4	MAK	DFG	NIOSH 1003	3	3		ZVG 41110
			H			3	1		ZVG 510335
40	5	4	MAK	DFG	DFG BIA 6355 OSHA 29	5	3	BAT	ZVG 510430 TRGS 906 Nr. 2
			H			4	1		ZVG 24480
			H		OSHA 7 NIOSH 1011			40 VI, 43	ZVG 24510
						3	1		ZVG 496673

105

Stoffidentität EG-Nr. CAS-Nr.	Stoff					Zubereitungen	
	Einstufung				Kennzeichnung	Konzentrationsgrenzen	Einstufung/ Kennzeichnung
	krebs- erz. K	erbgut- veränd. M	fort.- pfl.gef. R_E/R_F	Gefahren- symbol R-Sätze	Gefahrensymbol R-Sätze S-Sätze	in Prozent	Gefahren- symbol R-Sätze
1	2	3	4	5	6	7	8
Bromethylen 209-800-6 593-60-2	2			F+; R12 R45	F+, T R: 45-12 S: 53-45		
Brommethan 200-813-2 74-83-9	3			T; R23 Xi; R36/37/38 N; R50-53 N; R59	T, N R: 23-36/37/ 38-50/53-59 S: (1/2)-15-27-36/ 37/39-38-45-59-61		
2-Brom-2-nitropropan- 1,3-diol s. Bronopol (INN)							
Bromofenoxim 236-129-6 13181-17-4				Xn; R22	Xn R: 22 S: (2)-25		
Bromoform s. Tribrommethan							
Bromophos (ISO) 218-277-3 2104-96-3				Xn; R22	Xn R: 22 S: (2)-36		
Bromophos-ethyl (ISO) 225-399-0 4824-78-6				T; R25 Xn; R21 N; R50-53	T, N R: 21-25-50/53 S: (1/2)-28-36/ 37-45-60-61		
Bromoxynil (ISO) 216-882-7 1689-84-5			3 (R_E)	R63 T; R25	T R: 25-63 S: (1/2)-36/37-45		
Bromoxyniloctanoat s. 2,6-Dibrom-4-cyan- phenyloctanoat							
1-Brompropan 203-445-0 106-94-5				R10 Xn; R20	Xn R: 10-20 S: (2)-9-24		
α-Bromtoluol 202-847-3 100-39-0				Xi; R36/37/38	Xi R: 36/37/38 S: (2)-39		
Bromtrifluormethan (R13B1) 200-887-6 75-63-8				Hersteller- einstufung beachten			

Grenzwert (Luft)					Meßverfahren	Risikofaktoren nach TRGS 440		Arbeitsmedizin Werte im biolog. Material	relevante Regeln/Literatur Hinweise
mg/m^3	ml/m^3	Spitzen-begrenzung	Art Bemerkungen H, S	Herkunft Staubklasse		W	F		
9	10	11	12	13		14		15	16
					OSHA 8 NIOSH 1009			40 VI, 43	ZVG 510076
			(H)		NIOSH 2520 DFG	4	4		TRGS 512 ZVG 31600
						3	1		ZVG 510077
						3	1		ZVG 510078
			H			4	1		ZVG 510079
					NIOSH 5010	4	1		ZVG 510080
						3	3		ZVG 24520
						2	1		ZVG 510081
6 100	1 000	4	MAK Y	DFG	NIOSH 1017	2	4		ZVG 33540

Stoffidentität EG-Nr. CAS-Nr.	Stoff					Zubereitungen	
	Einstufung				Kennzeichnung	Konzentrationsgrenzen	Einstufung/ Kennzeichnung
	krebs-erz. K	erbgut-veränd. M	fort.-pfl.gef. R_E/R_F	Gefahren-symbol R-Sätze	Gefahrensymbol R-Sätze S-Sätze	in Prozent	Gefahren-symbol R-Sätze
1	2	3	4	5	6	7	8
Bromwasserstoff ...% Anm. B 233-113-0 10035-10-6				C; R34 Xi; R37	C R: 34-37 S: (1/2)-7/9-26-45	40%≦C 10%≦C<40%	C; R34-37 Xi; R36/37/38
Bromwasserstoff (Hydrogenbromid) 233-113-0 10035-10-6				C; R35 Xi; R37	C R: 35-37 S: (1/2)-7/9-26-45		
Bronopol (INN) 200-143-0 52-51-7				Xn; R21/22 Xi; R37/38-41 N; R50-53	Xn, N R: 21/22-37/ 38-41-50/53 S: (2)-26-37/39-60-61		
Brucin 206-614-7 357-57-3 und Brucinsalze Anm. A				T+; R26/28	T+ R: 26/28 S: (1/2)-13-45		
Buchenholzstaub s. Abschnitt 3.1	1 R49						
Bufencarb (ISO) 8065-36-9				T; R24/25	T R: 24/25 S: (1/2)-28-36/ 37-45		
1,3-Butadien Anm. D. 203-450-8 106-99-0 — Aufarbeitung nach Polymerisation, Verladung — im übrigen	2			F+; R12 R45	F+, T R: 45-12 S: 53-45		
Butadiendiepoxid s. 1,2,3,4-Diepoxybutan							
n-Butan Anm. C 203-448-7 106-97-8				F+; R12	F+ R: 12 S: (2)-9-16		

Grenzwert (Luft)					Meßverfahren	Risikofaktoren nach TRGS 440		Arbeitsmedizin Werte im biolog. Material	relevante Regeln/Literatur Hinweise
mg/m³	ml/m³	Spitzenbegrenzung	Art Bemerkungen H, S	Herkunft Staubklasse		W	F		
9		10	11	12	13	14		15	16
17 (6,7)	5	=1=	MAK	DFG	BIA 6370 NIOSH 7903 OSHA ID 165 G	3	4		ZVG 520039
17 (6,7)	5	=1=	MAK	DFG	BIA 6370 NIOSH 7903 OSHA ID 165 G	4	4		ZVG 1060
			H			4	1		ZVG 34210
						5	1		ZVG 510082 ZVG 530017
2 E		4	TRK 4	AGS H	ZH ... 41 BIA 7630			44 VI, 43	GefStoffV § 35 TRGS 553 ZVG 530159
			H			4	1		ZVG 490502
34 11	15 5	4	TRK	AGS	ZH...26 OSHA 56 HSE 63, 53 NIOSH 1024			40 VI, 43	TRGS 901 Nr. 18 ZH1/107 ZVG 11430
2 350	1 000	4	MAK	DFG		2	4		ZVG 10030

Stoffidentität EG-Nr. CAS-Nr.	Stoff					Zubereitungen	
	Einstufung				Kennzeichnung	Konzentrationsgrenzen	Einstufung/ Kennzeichnung
	krebserz. K	erbgutveränd. M	fort.-pfl.gef. R_E/R_F	Gefahrensymbol R-Sätze	Gefahrensymbol R-Sätze S-Sätze	in Prozent	Gefahrensymbol R-Sätze
1	2	3	4	5	6	7	8
iso-Butan, Anm. C 200-857-2 75-28-5				F+; R12	F+ R: 12 S: (2)-9-16		
Butanal s. Butyraldehyd							
1,4-Butandiol 203-786-5 110-63-4					Herstellereinstufung beachten		
1,3-Butandioldiacrylat Anm. D 243-105-9 19485-03-1				Xn; R21 C; R34 R43	C R: 21-34-43 S: (1/2)-26-36/ 37/39-45	25%≦C 10%≦C<25% 5%≦C<10% 1%≦C<5%	C; R21-34-43 C; R34-43 Xi; R36/38-43 Xi; R43
1,4-Butandioldiacrylat Anm. D 213-979-6 1070-70-8				Xn; R21 C; R34 R43	C R: 21-34-43 S: (1/2)-26-36/ 37/39-45	25%≦C 10%≦C<25% 5%≦C<10% 1%≦C<5%	C; R21-34-43 C; R34-43 Xi; R36/38-43 Xi; R43
1,4-Butandiol-diglycidylether s. 1,4-Bis(2,3-epoxypropoxy)butan							
1-Butanol (n-) Anm. C 200-751-6 71-36-3				R10 Xn; R20	Xn R: 10-20 S: (2)-16	25%≦C	Xn; R20
2-Butanol (sec-) Anm. C 201-158-5 78-92-2				R10 Xn; R20	Xn R: 10-20 S: (2)-16	25%≦C	Xn; R20
iso-Butanol Anm. C 201-148-0 78-83-1				R10 Xn; R20	Xn R: 10-20 S: (2)-16	25%≦C	Xn; R20
tert-Butanol s. 2-Methylpropanol-2							
Butanon-2 201-159-0 78-93-3			— (R_E)	F; R11 Xi; R36/37	F, Xi R: 11-36/37 S: (2)-9-16-25-33		

Grenzwert (Luft)					Meßverfahren	Risiko-faktoren nach TRGS 440		Arbeits-medizin Werte im biolog. Material	relevante Regeln/Literatur Hinweise
mg/m³	ml/m³	Spitzen-begren-zung	Art Bemer-kungen H, S	Herkunft Staubklasse		W	F		
9	10	11	12		13	14		15	16
2 350	1 000	4	MAK	DFG		2	4		ZVG 25040
200	50	4	MAK	ARW	BIA 6380	2	1		ZVG 15800
			H, S			4	1		ZVG 510086
			H, S			4	1		ZVG 510087
300	100	4	MAK	DFG	HSE 72 OSHA 7 NIOSH 1401 BIA 6385	3	1		ZVG 12650
300	100	4	MAK	DFG	OSHA 7 NIOSH 1401 BIA 6386	3	2		ZVG 27200
300	100	4	MAK Y	DFG	HSE 72 OSHA 7 NIOSH 1401 BIA 6387	3	2		ZVG 15690
590	200	4	MAK H, (Y)	DFG	DFG, HSE 72 BIA 6395 OSHA 84, 16 NIOSH 2500	2	3	BAT	ZVG 13330

Stoffidentität EG-Nr. CAS-Nr.	Stoff					Zubereitungen	
	Einstufung				Kennzeichnung	Konzentrationsgrenzen	Einstufung/ Kennzeichnung
	krebserz. K	erbgutveränd. M	fort.-pfl.gef. R_E/R_F	Gefahrensymbol R-Sätze	Gefahrensymbol R-Sätze S-Sätze	in Prozent	Gefahrensymbol R-Sätze
1	2	3	4	5	6	7	8
2-Butanonoxim 202-496-6 96-29-7				Xi; R36 R43	Xi R: 36-43 S: (2)-23-24		
Butansulfon s. 1,4-Butansulton							
1,4-Butansulton 216-647-9 1633-83-6	3			Herstellereinstufung beachten			
2,4-Butansulton 214-325-2 1121-03-5	2			Herstellereinstufung beachten		§ 35 (0,01)	
δ-Butansulton s. 1,4-Butansulton							
Butanthiol 203-705-3 109-79-5							
Buten Anm. C (1) 203-449-2 (1-) 106-98-9 (2) 203-452-9 (2-) 107-01-7 (3) 204-066-3 (iso-) 115-11-7				F+; R12	F+ R: 12 S: (2)-9-16-33		
2-Butenal (E, Z) 224-030-0 4170-30-3	—	3	—	F; R11 T; R23 Xi; R36/37/38	F, T R: 11-23-36/37/38 S: (1/2)-29-33-45		
1,2-Butenoxid s. 1,2-Epoxybutan							
3-(But-2-enyl)-2-methyl-4-oxocyclopent-2-enyl-2,2-dimethyl-3-(3-methoxy-2-methyl-3-oxoprop-1-enyl)cyclopropancarboxylat 204-454-2 121-20-0				Xn; R22	Xn R: 22 S: (2)		

Grenzwert (Luft)					Meßverfahren	Risikofaktoren nach TRGS 440		Arbeitsmedizin Werte im biolog. Material	relevante Regeln/Literatur Hinweise
mg/m^3	ml/m^3	Spitzenbegrenzung	Art Bemerkungen H, S	Herkunft Staubklasse		W	F		
9	10	11	12		13	14		15	16
			S			4	2		ZVG 16770
						4	1		ZVG 25630
			51	AGS				40 VI, 43	ZVG 510774 TRGS 901 Nr. 84
1,5	0,5	=1=	MAK	DFG	NIOSH 2542, 2525	3	2		ZVG 38680
						2	4		ZVG 510088 ZVG 38140 ZVG 13720
1	0,34	4	MAK H	AGS	DFG OSHA 81 NIOSH 3516	4	1		ZVG 20020 TRGS 901 Nr. 62
						3	1		ZVG 510123

Stoffidentität EG-Nr. CAS-Nr.	Stoff					Zubereitungen	
	Einstufung				Kennzeichnung	Konzentrationsgrenzen	Einstufung/ Kennzeichnung
	krebs- erz. K	erbgut- veränd. M	fort.- pfl.gef. R_E/R_F	Gefahren- symbol R-Sätze	Gefahrensymbol R-Sätze S-Sätze	in Prozent	Gefahren- symbol R-Sätze
1	2	3	4	5	6	7	8
3-(But-2-enyl)-2-methyl-4-oxocyclopent-2-enyl-2,2-dimethyl-3-(2-methyl-prop-1-enyl)cyclopropan-carboxylat 246-948-0 25402-06-6				Xn; R22	Xn R: 22 S: (2)		
Butoxydiethylenglykol s. Butyldiglykol							
But-2-in-1,4-diol 203-788-6 110-65-6				T; R25 C; R34	T R: 25-34 S: (1/2)-22-36-45		
2-Butin-1,4-diol s. But-2-in-1,4-diol							
1-n-Butoxy-2,3-epoxy-propan 219-376-4 2426-08-6	—	2	—	Xn; R20 R43	Xn R: 20-43 S: (2)-24/25	25%≦C 1%≦C<25%	Xn; R20-43 Xi; R43
1-tert-Butoxy-2,3-epoxypropan 231-640-0 7665-72-7	—	3	—	Hersteller-einstufung beachten			
2-Butoxyethanol 203-905-0 111-76-2				Xn; R20/21/22 Xi; R37	Xn R: 20/21/22-37 S: (2)-24/25	20%≦C 12.5%≦C <20%	Xn; R20/21/22-37 Xn; R20/21/22
2-(2-Butoxyethoxy)-ethanol (Butyldiglykol) 203-961-6 112-34-5				Xi; R36	Xi R: 36 S: (2)-26		
2-(2-Butoxyethoxy)-ethylthiocyanat 203-985-7 112-56-1				R10 T; R24/25	T R: 10-24/25 S: (1/2)-13-36/ 37-45		
2-Butoxyethylacetat 203-933-3 112-07-2				Xn; R20/21	Xn R: 20/21 S: (2)-24	25%≦C	Xn; R20/21
3-Butoxy-2-propanol 225-878-4 5131-66-8				Xi; R36/38	Xi R: 36/38 S: (2)	20%≦C	Xi; R36/38

Grenzwert (Luft)					Meßverfahren	Risiko-faktoren nach TRGS 440		Arbeits-medizin Werte im biolog. Material	relevante Regeln/Literatur Hinweise
mg/m³	ml/m³	Spitzen-begren-zung	Art Bemer-kungen H, S	Herkunft Staubklasse		W	F		
9	10	11	12	13		14		15	16
						3	1		ZVG 510122
						4	1		ZVG 29180
		S, H 51	AGS		OSHA 7 NIOSH 1616				ZVG 38670 TRGS 906 Nr. 3 TRGS 901 Nr. 86
		H				4	1		ZVG 510798 TRGS 906 Nr. 4
100	20	4	MAK Y, H	DFG	OSHA 83 HSE 23, 21 DFG	3	1	BAT	ZVG 14030
100		=1=	MAK Y (29)	DFG	BIA 6450	2	1		ZVG 22420
		H				4	1		ZVG 490152
135	20	4	MAK Y, H	DFG	BIA 6460 DFG OSHA 83 HSE 23, 21	3	1	BAT	ZVG 22350
						2	1		ZVG 510092

Stoffidentität EG-Nr. CAS-Nr.	Stoff					Zubereitungen	
	Einstufung				Kennzeichnung	Konzentrationsgrenzen	Einstufung/ Kennzeichnung
	krebserz. K	erbgutveränd. M	fort.-pfl.gef. R_E/R_F	Gefahrensymbol R-Sätze	Gefahrensymbol R-Sätze S-Sätze	in Prozent	Gefahrensymbol R-Sätze
1	2	3	4	5	6	7	8
1-(2-Butoxypropoxy)-2-propanol 246-011-6 24083-03-2				Xn; R21/22	Xn R: 21/22 S: (2)	25%≤C	Xn; R21/22
Buttersäure 203-532-3 107-92-6				C; R34	C R: 34 S: (1/2)-26-36-45		
iso-Butylacetat s. Isobutylacetat							
n-Butylacetat 204-658-1 123-86-4			— (R_E)	R10	R: 10 S: (2)		
2-Butylacetat (sec-) Anm. C 203-300-1 105-46-4				F; R11	F R: 11 S: (2)-16-23-29-33		
tert-Butylacetat Anm. C 208-760-7 540-88-5				F; R11	F R: 11 S: (2)-16-23-29-33		
n-Butylacrylat Anm. D 205-480-7 141-32-2				R10 Xi; R36/37/38 R43	Xi R: 10-36/37/38-43 S: (2)-9		
tert-Butylalkohol s. 2-Methylpropanol-2							
Butylalkohol (mit Ausnahme von tert-Butanol) s. Butanol							
iso-Butylamin 201-145-4 78-81-9				Herstellereinstufung beachten			
n-Butylamin s. 1-Aminobutan							
sec-Butylamin 237-732-7 13952-84-6 (2-Aminobutan)				F; R11 Xn; R20/22 C; R35 N; R50	F, C, N R: 11-20/22-35-50 S: (1/2)-9-16-26-28-36/37/39-45-61		

Grenzwert (Luft)					Meßverfahren	Risiko-faktoren nach TRGS 440		Arbeits-medizin Werte im biolog. Material	relevante Regeln/Literatur Hinweise
mg/m³	ml/m³	Spitzen-begren-zung	Art Bemer-kungen H, S	Herkunft Staubklasse		W	F		
9		10	11	12	13	14		15	16
			H			3	1		ZVG 510093
					BIA 6468	3	1		ZVG 12610
950 (480)	200	=1=	MAK	DFG	BIA 6470 HSE 72 OSHA 7	2	2		ZVG 13320
950 (480)	200	=1=	MAK	DFG	OSHA 7 NIOSH 1450	2	2		ZVG 37250
950 (480)	200	=1=	MAK	DFG	OSHA 7 NIOSH 1450	2	2		ZVG 36860
55 (11)	10	=1=	MAK S	DFG	BIA 6475 DFG	4	1		ZVG 14300
15	5	4	MAK H	DFG		4	3		ZVG 16520
15	5	4	MAK H	DFG		4	3		ZVG 510035

Stoffidentität EG-Nr. CAS-Nr.	Stoff					Zubereitungen	
	Einstufung				Kennzeichnung	Konzentrationsgrenzen	Einstufung/ Kennzeichnung
	krebserz. K	erbgutveränd. M	fort.-pfl.gef. R_E/R_F	Gefahrensymbol R-Sätze	Gefahrensymbol R-Sätze S-Sätze	in Prozent	Gefahrensymbol R-Sätze
1	2	3	4	5	6	7	8
tert-Butylamin s. 1,1-Dimethylethylamin							
2-tert-Butylamino-4-ethylamino-6-methoxy-1,3,5-triazin s. Terbumeton (ISO)							
2-sec-Butylamino-4-ethylamino-6-methoxy-1,3,5-triazin s. Secbumeton (ISO)							
2-tert-Butylamino-ethylmethacrylat Anm. D 223-228-4 3775-90-4				Xi; R36/38 R43	Xi R: 36/38-43 S: (2)-26	20%≦C 1%≦C<20%	Xi; R36/38-43 Xi; R43
N-Butyl-1-butanamin s. Di-n-butylamin							
Butylbutyrat Anm. C 203-656-8 109-21-7				R10	R: 10 S: (2)		
5(oder 6)-tert-Butyl-2'-chlor-6'-ethylamino-3',7'-dimethylspiro-(isobenzofuran-1(1H),9'-xanthen)-3-on 400-680-2				Xn; R20 N; R50-53	Xn, N R: 20-50/53 S: (2)-60-61		
Butylchlorformiat (n-) 209-750-5 592-34-7				R10 T; R23 C; R34	T R: 10-23-34 S: (1/2)-26-36-45		
n-Butylchlorid s. 1-Chlorbutan							
4-tert-Butyl-2-chlor-phenyl(methyl)methyl-amidophosphat s. Crufomat (ISO)							
tert-Butyl-8-cumenyl-peroxid 222-389-8 3457-61-2				O, R7 Xi; R38	O, Xi R: 7-38 S: (2)-3/7-14-36/37/39		

Grenzwert (Luft)				Meßverfahren	Risikofaktoren nach TRGS 440		Arbeitsmedizin Werte im biolog. Material	relevante Regeln/Literatur Hinweise
mg/m³ ml/m³	Spitzenbegrenzung	Art Bemerkungen H, S	Herkunft Staubklasse		W	F		
9	10	11	12	13	14		15	16
		S			4	1		ZVG 510096
					2	1		ZVG 510097
					3	1		ZVG 496629
5,6		MAK	AUS – GB		4	1		ZVG 37990
					2	1		ZVG 510098

Stoffidentität EG-Nr. CAS-Nr.	Stoff					Zubereitungen	
	Einstufung				Kennzeichnung	Konzentrationsgrenzen	Einstufung/ Kennzeichnung
	krebs-erz. K	erbgut-veränd. M	fort.-pfl.gef. R_E/R_F	Gefahrensymbol R-Sätze	Gefahrensymbol R-Sätze S-Sätze	in Prozent	Gefahrensymbol R-Sätze
1	2	3	4	5	6	7	8
Butyl[dialkyloxy(di-butoxyphosphoryloxy)-titan]phosphat 401-100-0				F; R11 Xi; R36 N; R51-53	F, Xi, N R: 11-36-51/53 S: (2)-7/9-16-26-43-61		
Butyldiglykol s. 2-(2-Butoxyethoxy)-ethanol							
2-tert-Butyl-4,6-dinitrophenol s. Dinoterb							
2-sec-Butyl-4,6-dinitro-phenylisopropylcarbonat s. Dinobuton (ISO)							
2-sec-Butyl-4,6-dinitro-phenyl-3-methylcrotonat s. Binapacryl (ISO)							
O,O-tert-Butyl-O-doco-sylmonoperoxyoxalat 404-300-6 116753-76-5				O; R7 N; R50-53	O, N R: 7-50/53 S: (2)-7-14-36/37/39-47-60-61		
Butylen s. Buten							
1,2-Butylenoxid s. 1,2-Epoxybutan							
5-Butyl-2-ethylamino-6-methylpyrimidin-4-ol s. Ethirimol (ISO)							
Butylformiat [n-(1), sec-(2),tert-(3)] Anm. C (1) 209-772-5 592-84-7 (2) 589-40-2 (3) 212-105-0 762-75-4				F; R11	F R: 11 S: (2)-9-16-33		
n-Butylglycidylether s. 1-n-Butoxy-2,3-epoxypropan							

Grenzwert (Luft)					Meßverfahren	Risiko-faktoren nach TRGS 440		Arbeits-medizin Werte im biolog. Material	relevante Regeln/Literatur Hinweise
mg/m³	ml/m³	Spitzen-begren-zung	Art Bemer-kungen H, S	Herkunft Staubklasse		W	F		
9	10	11	12		13	14		15	16
						2	1		ZVG 496639
						2	1		ZVG 530775
						2	3		ZVG 510099
						2	2		ZVG 510100
						2	2		ZVG 510101

Stoffidentität EG-Nr. CAS-Nr.	Stoff					Zubereitungen	
	Einstufung			Kennzeichnung		Konzentrationsgrenzen	Einstufung/ Kennzeichnung
	krebserz. K	erbgutveränd. M	fort.-pfl.gef. R_E/R_F	Gefahrensymbol R-Sätze	Gefahrensymbol R-Sätze S-Sätze	in Prozent	Gefahrensymbol R-Sätze
1	2	3	4	5	6	7	8
Butylglycidylether s. 1-n-Butoxy-2,3-epoxypropan							
tert-Butylglycidylether s. 1-tert-Butoxy-2,3-epoxypropan							
Butylglykol s. 2-Butoxyethanol oder 2-(2-Butoxyethoxy)-ethanol							
Butylglykolacetat s. 2-Butoxyethylacetat							
3-(3-tert-Butyl-4-hydroxyphenyl)propionsäure 403-920-4 107551-67-7				Xn; R22 Xi; R36	Xn R: 22-36 S: (2)-25-26-36		
5-tert-Butyl-3-isoxazolyl-aminhydrochlorid 404-840-2				Xn; R22-48/22 Xi; R41 R52-53	Xn R: 22-41-48/ 22-52/53 S: (2)-26-36/39-61		
Butylmercaptan s. Butanthiol							
n-Butyl-methacrylat Anm. D 202-615-1 97-88-1				R10 Xi; R36/37/38 R43	Xi R: 10-36/37/38-43 S: (2)		
6-tert-Butyl-3-methyl-2,4-dinitrophenylacetat s. Medinoterbacetat (ISO)							
1-Butyl-2-methylpyridiniumbromid 402-680-8 26576-84-1				Xn; R22 R52-53	Xn R: 22-52/53 S: (2)-61		
Butylnitrit 208-862-1 544-16-1				F; R11 T; R23/25	F, T R: 11-23/25 S: (1/2)-16-24-45		

Grenzwert (Luft)					Meßverfahren	Risiko-faktoren nach TRGS 440		Arbeits-medizin Werte im biolog. Material	relevante Regeln/Literatur Hinweise
mg/m^3	ml/m^3	Spitzen-begren-zung	Art Bemer-kungen H, S	Herkunft Staubklasse		W	F		
9	10	11	12	13	14			15	16
						3	1		ZVG 530725
						4	1		ZVG 900435
			S		ECETOC Nr. 36	4	1		ZVG 24070
						3	1		ZVG 496696
						4	3		ZVG 49345

Stoffidentität EG-Nr. CAS-Nr.	Stoff					Zubereitungen	
	Einstufung				Kennzeichnung	Konzentrationsgrenzen	Einstufung/ Kennzeichnung
	krebserz. K	erbgutveränd. M	fort.-pfl.gef. R_E/R_F	Gefahrensymbol R-Sätze	Gefahrensymbol R-Sätze S-Sätze	in Prozent	Gefahrensymbol R-Sätze
	2	3	4	5	6	7	8
sec-Butylnitrit 213-104-8 924-43-6				F; R11 Xn; R20/22	F, Xn R: 11-20/22 S: (2)-16-24-46		
tert-Butylnitrit 208-757-0 540-80-7				F; R11 Xn; R20/22	F, Xn R: 11-20/22 S: (2)-16-24-46		
2-sec-Butylphenol 201-933-8 89-72-5				Herstellereinstufung beachten			
p-tert-Butylphenol 202-679-0 98-54-4				Herstellereinstufung beachten			
2-(4-tert-Butylphenoxy)-cyclohexylprop-2-ynylsulfit s. Propargit (ISO)							
2-sec-Butylphenyl-methylcarbamat 223-188-8 3766-81-2				Herstellereinstufung beachten			
Butylpropionat [n-(1),sec-(2),tert-(3),iso-(4)] Anm. C (1) 209-669-5 590-01-2 (2) 591-34-4 (3) 20487-40-5 (4) 208-746-0 540-42-1				R10	R: 10 S: (2)		
1-(5-tert-Butyl-1,3,4-thiadiazol-2-yl)-1,3-dimethylharnstoff s. Tebuthiuron (ISO)							
S-tert-Butylthiomethyl-O,O-diethyldithiophosphat 235-963-8 13071-79-9				T+; R27/28	T+ R: 27/28 S: (1/2)-36/37-45		
p-tert-Butyltoluol 202-675-9 98-51-1				Herstellereinstufung beachten			

Grenzwert (Luft)					Meßverfahren	Risikofaktoren nach TRGS 440		Arbeitsmedizin Werte im biolog. Material	relevante Regeln/Literatur Hinweise
mg/m³	ml/m³	Spitzenbegrenzung	Art Bemerkungen H, S	Herkunft Staubklasse		W	F		
9		10	11	12	13	14		15	16
						3	3		ZVG 530343
						3	1		ZVG 493227
30			MAK H	AUS — NL					ZVG 11580
0,5	0,08	4	MAK H	DFG		2	1	BAT	ZVG 16680
5			MAK H	AUS — JAP					
						2	1		ZVG 493224 (iso) ZVG 510102 (n)
					NIOSH 5600	5	1		ZVG 510366
60	10	=1=	MAK	DFG	OSHA 7 NIOSH 1501	4	1		ZVG 37030

125

Stoffidentität EG-Nr. CAS-Nr.	Stoff					Zubereitungen	
	Einstufung				Kennzeichnung	Konzentrationsgrenzen	Einstufung/ Kennzeichnung
	krebserz. K	erbgutveränd. M	fort.- pfl.gef. R_E/R_F	Gefahrensymbol R-Sätze	Gefahrensymbol R-Sätze S-Sätze	in Prozent	Gefahrensymbol R-Sätze
1	2	3	4	5	6	7	8
Butyraldehyd 204-646-6 123-72-8				F; R11	F R: 11 S: (2)-9-29-33		
Butyraldehydroxim 203-792-8 110-69-0				T; R24 Xn; R22 Xi; R36	T R: 22-24-36 S: (1/2)-23-36-45		
n-Butyronitril 203-700-6 109-74-0				R10 T; R23/24/25	T R: 10-23/24/25 S: (1/2)-45		
Butyrylchlorid 205-498-5 141-75-3				F; R11 C; R34	F, C R: 11-34 S: (1/2)-16-23- 26-36-45		

Grenzwert (Luft)					Meßverfahren	Risiko-faktoren nach TRGS 440		Arbeits-medizin Werte im biolog. Material	relevante Regeln/Literatur Hinweise
mg/m^3	ml/m^3	Spitzen-begren-zung	Art Bemer-kungen H, S	Herkunft Staubklasse		W	F		
9	10	11	12		13	14		15	16
64	20	=1=	MAK	ARW	DFG BIA 6495	2	3		ZVG 28130
			H			4	1		ZVG 28140
			H			4	2		ZVG 38640
						3	2		ZVG 510535

Stoffidentität EG-Nr. CAS-Nr.	Stoff					Zubereitungen	
	Einstufung				Kennzeichnung	Konzentrationsgrenzen	Einstufung/ Kennzeichnung
	krebserz. K	erbgutveränd. M	fort.-pfl.gef. R_E/R_F	Gefahrensymbol R-Sätze	Gefahrensymbol R-Sätze S-Sätze	in Prozent	Gefahrensymbol R-Sätze
1	2	3	4	5	6	7	8
Cadmium 231-152-8 7440-43-9 — Batterieherstellung, thermische Zink-, Blei- und Kupfergewinnung, Schweißen cadmiumhaltiger Legierungen — im übrigen	2**)						
Cadmiumverbindungen 1) mit Ausnahme von Cadmiumselenosulfid (xCdS, yCdSe) und Mischungen von Cadmium und Zinksulfid (xCdS.yZnS), Mischungen von Cadmium und Quecksilbersulfid (xCdS.yHgS) sowie der in dieser Liste gesondert aufgeführten Cadmiumverbindungen Anm. A, 1	2**)			Xn; R20/21/22 1)	Xn R: 20/21/22 S: (2)-22*) *) wenn erforderlich	0,1%≦C	Xn; R20/21/22
Cadmiumchlorid Anm. E 233-296-7 10108-64-2	2			R45 T; R48/23/25	T R: 45-48/23/25 S: 53-45	§ 35 (0,01)	
Cadmiumcyanid 208-829-1 542-83-6	2			T+; R26/27/28 R32 R33 Xn; R40	T+ R: 26/27/28-32-33-40 S: (1/2)-7-28-29-45	7%≦C 1%≦C<7% 0,1%≦C<1%	T+; R26/27/28-32-33-40 T; R23/24/25-32-33-40 Xn; R20/21/22-33
* Cadmiumfluorid 232-222-0 7790-79-6	2	3	2 (R_E) 2 (R_F)	T; R23/25 R33 Xn; R40	T R: 23/25-33-40 S: (1/2)-22-45	10%≦C 1%≦C<10% 0,1%≦C<1%	T; R23/25-33-40 Xn; R20/22-33-40 Xn; R20/22-33
Cadmiumformiat 224-729-0 4464-23-7	2			T; R23/25 R33 Xn; R40	T R: 23/25-33-40 S: (1/2)-22-45	10%≦C 1%≦C<10% 0,1%≦C<1%	T; R23/25-33-40 Xn; R20/22-33-40 Xn; R20/22-33
Cadmiumhexafluorsilikat 241-084-0 17010-21-8	2			T; R23/25 R33 Xn; R40	T R: 23/25-33-40 S: (1/2)-22-45	10%≦C 1%≦C<10% 0,1%≦C<1%	T; R23/25-33-40 Xn; R20/22-33-40 Xn; R20/22-33

Grenzwert (Luft)					Meßverfahren	Risikofaktoren nach TRGS 440		Arbeitsmedizin Werte im biolog. Material	relevante Regeln/Literatur Hinweise
mg/m^3	ml/m^3	Spitzenbegrenzung	Art Bemerkungen H, S	Herkunft Staubklasse		W	F		
9		10	11	12	13	14		15	16
0,03 E 0,015 E		4	TRK 25	AGS H	BIA 6502 OSHA ID 121, 125, 206, 189 (AAS) HSE 11, 10, 10/2 ZH...54			32 VI, 10	GefStoffV §§ 15, Anh. III, Nr. 3; IV, Nr. 17 ZH 1/136 TRGS 901 Nr. 80 ChemVerbotsV, Nr. 18 RL 91/338/EWG BIA-Handbuch 120 217 **) bioverfügbar, in Form atembarer Stäube/Aerosole ZVG 8360
s. Cadmium			H			3	1		**) bioverfügbar, in Form atembarer Stäube/Aerosole ZVG 82820
s. Cadmium					ZH...14 BIA 6502 EG			32 VI, 10	GefStoffV § 15a, 43 ZVG 3310
s. Cadmium			H		BIA 6502 ZH...54			32 VI, 10	ZVG 500023
s. Cadmium					BIA 6502 ZH...54			32 VI, 10	ZVG 500024
s. Cadmium					BIA 6502 ZH...54			32 VI, 10	ZVG 510103
s. Cadmium					BIA 6502 ZH...54			32 VI, 10	ZVG 500025

Stoffidentität EG-Nr. CAS-Nr.	Stoff					Zubereitungen	
	Einstufung				Kennzeichnung	Konzentrationsgrenzen	Einstufung/ Kennzeichnung
	krebserz. K	erbgutveränd. M	fort.-pfl.gef. R_E/R_F	Gefahrensymbol R-Sätze	Gefahrensymbol R-Sätze S-Sätze	in Prozent	Gefahrensymbol R-Sätze
1	2	3	4	5	6	7	8
Cadmiumiodid 232-223-6 7790-80-9	2			T; R23/25 R33 Xn; R40	T R: 23/25-33-40 S: (1/2)-22-45	10%≤C 1%≤C<10% 0,1%≤C<1%	T; R23/25-33-40 Xn; R20/22-33-40 Xn; R20/22-33
Cadmiumoxid Anm. E 215-146-2 1306-19-0	2			R49 T; R48/23/25 Xn; R22	T R: 49-22-48/23/25 S: 53-45		
Cadmiumsulfat Anm. E 233-331-6 10124-36-4	2			R49 T; R48/23/25 Xn; R22	T R: 49-22-48/23/25 S: 53-45		
Cadmiumsulfid Anm. 1 215-147-8 1306-23-6	2	3		R40 T; R48/23/25 Xn; R22	T R: 22-40-48/23/25 S: (1/2)-22-36/ 37-45	10%≤C 1%≤C<10% 0,1%≤C<1%	T; R22-40-48/23/25 Xn; R40-48/20/22 Xn; R48/20/22
Caesiumhydroxid 244-344-1 21351-79-1					Herstellereinstufung beachten		
Calcium 231-179-5 7440-70-2				F, R15	F R: 15 S: (2)-8-24/25-43		
Calciumarsenat s. Arsensäuresalze							
Calciumcarbid 200-848-3 75-20-7				F; R15	F R: 15 S: (2)-8-43		
Calciumcarbimid s. Calciumcyanamid							
Calciumchlorid 233-140-8 10043-52-4				Xi; R36	Xi R: 36 S: (2)-22-24		
Calciumchromat Anm. E 237-366-8 13765-19-0	2			R45 Xn; R22 N; R50-53	T, N R: 45-22-50/53 S: 53-45-60-61		
Calciumcyanamid 205-861-8 156-62-7				Xn; R22 Xi; R37-41	Xn R: 22-37-41 S: (2)-22-36/ 37/39		

Grenzwert (Luft)				Meßverfahren	Risiko-faktoren nach TRGS 440 W F		Arbeits-medizin Werte im biolog. Material	relevante Regeln/Literatur Hinweise
mg/m³ ml/m³	Spitzen-begren-zung	Art Bemer-kungen H, S	Herkunft Staubklasse					
9	10	11	12	13	14		15	16
s. Cadmium				BIA 6502 ZH...54			32 VI, 10	ZVG 500026
s. Cadmium				BIA 6502 ZH...54			32 VI, 10	ZVG 4510
s. Cadmium				BIA 6502 ZH...54			32 VI, 10	ZVG 3340
s. Cadmium				BIA 6502 ZH...54			32 VI, 10	ZVG 2150
2 E		MAK	AUS — NL L	OSHA ID 121				
					2	1		ZVG 8160
					2	1		ZVG 1980
					2	1		ZVG 1910
s. Chrom(VI)-Verbindungen		TRK	AGS H	EG			15 VI, 11	ZVG 5350
1 E	4	MAK H	DFG M	OSHA ID 121	4	1		ZVG 3410

Stoffidentität EG-Nr. CAS-Nr.	Stoff					Zubereitungen	
	Einstufung				Kennzeichnung	Konzentrationsgrenzen	Einstufung/ Kennzeichnung
	krebs-erz. K	erbgut-veränd. M	fort.-pfl.gef. R_E/R_F	Gefahren-symbol R-Sätze	Gefahrensymbol R-Sätze S-Sätze	in Prozent	Gefahren-symbol R-Sätze
1	2	3	4	5	6	7	8
Calciumcyanid 209-740-0 592-01-8				T+; R28 R32	T+ R: 28-32 S: (1/2)-7/8-23-36/37-45		
Calcium-2,5-dichlor-4-[4-([5-chlor-4-methyl-2-sulfonatophenyl]azo)-5-hydroxy-3-methylpyrazol-1-yl]benzolsulfonat 400-710-4				Xn; R20	Xn R: 20 S: (2)		
Calciumdihydroxid 215-137-3 1305-62-0				Hersteller-einstufung beachten			
Calciumhydrid 232-189-2 7789-78-8				F; R15	F R: 15 S: (2)-7/8-24/25-43		
Calciumhypochlorit ...% Cl aktiv > 39% 231-908-7 7778-54-3				O; R8 R31 C; R34	O, C R: 8-31-34 S: (1/2)-26-43-45		
Calciumjodylbenzoat Anm. C				E; R1	E R: 1 S: (2)-35		
Calciumoctadecyl-xylolsulfonat 402-040-8				C; R34 N; R51-53	C, N R: 34-51/53 S: (1/2)-26-28-36/37/39-61-45		
Calciumoxid 215-138-9 1305-78-8				Hersteller-einstufung beachten			
Calciumphosphid 215-142-0 1305-99-3				F; R15/29 T+; R28	F, T+ R: 15/29-28 S: (1/2)-22-43-45		
Calciumpolysulfide 215-709-2 1344-81-6				R31 Xi; R36/37/38	Xi R: 31-36/37/38 S: (2)-28		
Calciumsulfat 231-900-3 7778-18-9							

Grenzwert (Luft)				Meßverfahren	Risikofaktoren nach TRGS 440		Arbeitsmedizin Werte im biolog. Material	relevante Regeln/Literatur Hinweise
mg/m^3 ml/m^3	Spitzenbegrenzung	Art Bemerkungen H, S	Herkunft Staubklasse		W	F		
9	10	11	12	13	14		15	16
s. Blausäuresalze					5	1		ZVG 500055
					3	1		ZVG 496630
5 E		MAK	EG L	NIOSH 7020	3	1		ZVG 1150
					2	1		ZVG 500027
					3	1		ZVG 5630
					2	1		ZVG 496612
					3	1		ZVG 496675
5 E	=1=	MAK	DFG L	OSHA ID 121	3	1		ZVG 1200
					5	1		ZVG 500028
					2	1		ZVG 500029
6 A		MAK	DFG L		2	1		ZVG 1170

Stoffidentität EG-Nr. CAS-Nr.	Stoff					Zubereitungen	
	Einstufung				Kennzeichnung	Konzentrationsgrenzen	Einstufung/ Kennzeichnung
	krebserz. K	erbgutveränd. M	fort.-pfl.gef. R_E/R_F	Gefahrensymbol R-Sätze	Gefahrensymbol R-Sätze S-Sätze	in Prozent	Gefahrensymbol R-Sätze
1	2	3	4	5	6	7	8
Calciumsulfid 243-873-5 20548-54-3				R31 Xi; R36/37/38	Xi R: 31-36/37/38 S: (2)-28		
Camphechlor*) (Chloriertes Camphen) 232-283-3 8001-35-2	3			R40 T; R25 Xn; R21 Xi; R37/38 N; R50-53	T, N R: 21-25-37/38- 40-50/53 S: (1/2)-36/37- 45-60-61		
Campher s. Kampfer							
ε-Caprolactam 203-313-2 105-60-2				Xn; R20/22 Xi; R36/37/38	Xn R: 20/22-36/37/38 S: (2)		
Captafol (ISO) 219-363-3 2425-06-1	2			R45 R43	T R: 45-43 S: 53-45		
* Captan (ISO) 205-087-0 133-06-2	3			R40 Xi; R36 R43	Xn R: 36-40-43 S: (2)-36/37		
Carbadox (INN) Anm. E 229-879-0 6804-07-5	2			F; R11 R45 Xn; R22	F, T R: 45-11-22 S: 53-45		
Carbamidsäureethylester s. Urethan							
Carbamonitril s. Cyanamid							
Carbamonitril, Calciumsalz (1:1) s. Calciumcyanamid							
Carbanil s. Phenylisocyanat							
Carbaryl (ISO) 200-555-0 63-25-2				Xn; R22	Xn R: 22 S: (2)-22-24		
9H-Carbazol-3- amino-9-ethyl s. 3-Amino-9-ethyl- carbazol							

Grenzwert (Luft)					Meßverfahren	Risiko-faktoren nach TRGS 440		Arbeits-medizin Werte im biolog. Material	relevante Regeln/Literatur Hinweise
mg/m³	ml/m³	Spitzen-begren-zung	Art Bemer-kungen H, S	Herkunft Staubklasse		W	F		
9		10	11	12	13	14		15	16
						2	1		ZVG 4420
0,5 E		4	MAK H (29)	DFG	NIOSH 5039	4	1		ZVG 510104 *) 67 - 69 % Chlor
5 E			MAK Y (29)	DFG	DFG	3	1		ZVG 13240
			S					40 VI, 43	ZVG 510459
5			MAK S	AUS — NL		4	1		ZVG 10870
								40 VI, 43	ZVG 490463
5 E			MAK H	DFG L	OSHA 63 NIOSH 5006	3	1		ZVG 27790

Stoffidentität EG-Nr. CAS-Nr.	Stoff					Zubereitungen	
	Einstufung				Kennzeichnung	Konzentrationsgrenzen	Einstufung/ Kennzeichnung
	krebserz. K	erbgutveränd. M	fort.-pfl.gef. R_E/R_F	Gefahrensymbol R-Sätze	Gefahrensymbol R-Sätze S-Sätze	in Prozent	Gefahrensymbol R-Sätze
1	2	3	4	5	6	7	8
Carbendazim (ISO) 234-232-0 10605-21-7		3		R40	Xn R: 40 S: (2-)36/37		
Carbofuran (ISO) 216-353-0 1563-66-2				T+, R26/28	T+ R: 26/28 S: (1/2-)36/37-45		
4,4'-Carbonimidoylbis-(N,N-dimethylanilin) s. Auramin							
Carbonylchlorid Anm. 5 200-870-3 75-44-5				T+; R26 C; R34	T+ R: 26-34 S: (1/2-)9-26-36/37/39-45	C≧5% 1%≦C<5% 0,5%≦C<1% 0,2%≦C <0,5% 0,02%≦C <0,2%	T+; R26-34 T+; R26-36/37/38 T; R23-36/37/38 T; R23 Xn; R20
4,4'-Carbonyldiphthalsäureanhydrid s. 3,3',4,4'-Benzophenontetracarbonsäuredianhydrid							
Carbophenothion (ISO) 212-324-1 786-19-6				T; R24/25 N; R50-53	T, N R: 24/25-50/53 S: (1/2-)28-36/37-45-60-61		
Cartaphydrochlorid 239-309-2 15263-52-2				Xn; R21/22	Xn R: 21/22 S: (2-)36/37		
Chinon s. p-Benzochinon							
S,S-Chinoxalin-2,3-diyl-trithiocarbonat s. Thiochinox							
Chlor 231-959-5 7782-50-5				T; R23 Xi; R36/37/38 N; R50	T, N R: 23-36/37/38-50 S: (1/2-)9-45-61		
Chloracetaldehyd 203-472-8 107-20-0							

Grenzwert (Luft)					Meßverfahren	Risikofaktoren nach TRGS 440		Arbeitsmedizin Werte im biolog. Material	relevante Regeln/Literatur Hinweise
mg/m^3	ml/m^3	Spitzenbegrenzung	Art Bemerkungen H, S	Herkunft Staubklasse		W	F		
9		10	11	12	13	14		15	16
						4	1		ZVG 31690
0,1 E			MAK	AUS — NL H		5	1		ZVG 510105
0,4 (0,08)	0,1	4	MAK (Y)	DFG	OSHA 61	5	4		ZH 1/298 ZVG 1340
			H			4	1		ZVG 510106
			H			3	1		ZVG 490562
1,5	0,5	=1=	MAK Y	DFG	DFG OSHA ID 101	4	4		ZH 1/230 ZVG 7170
3	1	=1=	MAK	DFG	OSHA 76 NIOSH 511	4	3		ZVG 19990

Stoffidentität EG-Nr. CAS-Nr.	Stoff					Zubereitungen	
	Einstufung				Kennzeichnung	Konzentrationsgrenzen	Einstufung/ Kennzeichnung
	krebs-erz. K	erbgut-veränd. M	fort.-pfl.gef. R_E/R_F	Gefahren-symbol R-Sätze	Gefahrensymbol R-Sätze S-Sätze	in Prozent	Gefahren-symbol R-Sätze
1	2	3	4	5	6	7	8
Chloracetamid 202-174-2 79-07-2				Herstellereinstufung beachten			
Chloracetamid-N-methylol s. N-Methylol-chloracetamid							
Chloraceton 201-161-1 78-95-5				Herstellereinstufung beachten			
Chloracetonitril 203-467-0 107-14-2				T; R23/24/25	T R: 23/24/25 S: (1/2)-45		
2-Chloracetophenon 208-531-1 532-27-4				Herstellereinstufung beachten			
Chloracetylchlorid 201-171-6 79-04-9				C; R34 Xi; R37	C R: 34-37 S: (1/2)-9-26-45		
2-Chloracrylnitril 213-055-2 920-37-6	–	–	– (R_E) – (R_F)	Herstellereinstufung beachten			
Chloralhydrat 206-117-5 302-17-0				T; R25 Xi; R36/38	T R: 25-36/38 S: (1/2)-25-45		
γ-Chlorallylchlorid s. 1,3-Dichlorpropen							
2-Chlorallyldiethyl-dithiocarbamat s. Sulfallat (ISO)							
Chloralose (INN) 240-016-7 15879-93-3				Xn; R20/22	Xn R: 20/22 S: (2)-16-24/25-28		
Chlorameisensäure-propylester s. n-Propylchlorformiat							
Chlorameisensäure-butylester s. Butylchlorformiat							

Grenzwert (Luft)					Meßverfahren	Risikofaktoren nach TRGS 440		Arbeitsmedizin Werte im biolog. Material	relevante Regeln/Literatur Hinweise
mg/m^3	ml/m^3	Spitzenbegrenzung	Art Bemerkungen H, S	Herkunft Staubklasse		W	F		
9	10	11	12	13	14		15	16	
			S (R 43)						
3,8			MAK H	AUS — AUS					ZVG 31220
			H			4	2		ZVG 510107
0,3			MAK	AUS — NL	NIOSH 291				ZVG 37810
0,2			MAK H	AUS — NL		3	2		ZVG 23430
									ZVG 570021
						4	1		ZVG 510108
						3	1		ZVG 510109

Stoffidentität EG-Nr. CAS-Nr.	Stoff					Zubereitungen	
	Einstufung				Kennzeichnung	Konzentrationsgrenzen	Einstufung/ Kennzeichnung
	krebs- erz. K	erbgut- veränd. M	fort.- pfl.gef. R_E/R_F	Gefahren- symbol R-Sätze	Gefahrensymbol R-Sätze S-Sätze	in Prozent	Gefahren- symbol R-Sätze
1	2	3	4	5	6	7	8
Chloramin T 204-854-7 127-65-1				Xi; R36/37/38	Xi R: 36/37/38 S: (2)-7-15		
4-Chlor-2-aminotoluol s. 5-Chlor-o-toluidin							
5-Chlor-2-aminotoluol s. 4-Chlor-o-toluidin							
Chloranil s. Tetrachlor-p- benzochinon							
4-Chloranilin (p-) Anm. C 203-401-0 106-47-8	2			T; R23/24/25 R33 N; R50-53	T, N R: 23/24/25-33- 50/53 S: (1/2)-28-36/ 37-45-60-61		
Chloranilin [mono-(1),di-(2),tri-(3)] Anm. C				T; R23/24/25 R33 N; R50-53	T, N R: 23/24/25-33- 50/53 S: (1/2)-28-36/ 37-45-60-61		
2-Chlorbenzaldehyd 201-956-3 89-98-5				C; R34	C R: 34 S: (1/2)-26-45		
Chlorbenzol 203-628-5 108-90-7				R10 Xn; R20 N; R51-53	Xn, N R: 10-20-51/53 S: (2)-24/25-61	5%≦C	Xn; R20
2-Chlorbenzonitril 212-836-5 873-32-5				Xn; R21/22 Xi; R36	Xn R: 21/22-36 S: (2)-23		
4-Chlorbenzo- trichlorid (p-) 226-009-1 5216-25-1	2	—	2 (R_F) — (R_E)	Hersteller- einstufung beachten			
S-4-Chlorbenzyldiethyl- thiocarbamat 248-924-5 28249-77-6				Xn; R22	Xn R: 22 S: (2)		

Grenzwert (Luft)					Meßverfahren	Risikofaktoren nach TRGS 440		Arbeitsmedizin Werte im biolog. Material	relevante Regeln/Literatur Hinweise
mg/m^3	ml/m^3	Spitzenbegrenzung	Art Bemerkungen H, S	Herkunft Staubklasse		W	F		
9		10	11	12	13	14		15	16
						2	1		ZVG 510110
0,2	0,04	4	TRK H 7, 29	AGS	ZH...52			33 VI, 3	TRGS 901 Nr. 64 ZVG 11830 TRGS 906 Nr. 15
			H		HSE 75 [o-(1)] analog ZH...52	4 4	1 1	33 VI, 3	(1) ZVG 510111 (3) ZVG 531257
						3	1		ZVG 15960
46	10	4	MAK Y	DFG	HSE 28 OSHA 7 NIOSH 1003	3	2	BAT	ZVG 11950
			H			3	1		ZVG 13960
			H					40 VI, 43	ZVG 16030 TRGS 906 Nr. 16
						3	1		ZVG 490676

Stoffidentität EG-Nr. CAS-Nr.	Stoff					Zubereitungen	
	Einstufung				Kennzeichnung	Konzentrationsgrenzen	Einstufung/ Kennzeichnung
	krebserz. K	erbgutveränd. M	fort.-pfl.gef. R_E/R_F	Gefahrensymbol R-Sätze	Gefahrensymbol R-Sätze S-Sätze	in Prozent	Gefahrensymbol R-Sätze
1	2	3	4	5	6	7	8
o-Chlorbenzylidenmalonodinitril s. [(2-Chlorphenyl)-methylen]malonodinitril							
7-Chlorbicyclo(3.2.0)-hepta-2,6-dien-6-yldimethylphosphat s. Heptenophos (ISO)							
Chlorbrommethan s. Bromchlormethan							
2-Chlor-1,3-butadien (2-Chorbuta-1,3-dien) Anm. D 204-818-0 126-99-8				F; R11 Xn; R20/22 Xi; R36	F, Xn R: 11-20/22-36 S: (2)-16		
1-Chlorbutan 203-696-6 109-69-3				F; R11	F R: 11 S: (2)-9-16-29		
(4-Chlorbut-2-inyl)-3-chlorphenylcarbamat s. Barban (ISO)							
3-Chlor-6-cyan-bicyclo-(2.2.1)heptan-2-on-O-(N-methylcarbamoyl)oxim 15271-41-7				T+; R28 T; R24	T+ R: 24-28 S: (1/2)-28-36/37-45		
Chlordan (ISO) 200-349-0 57-74-9	3			R40 Xn; R21/22 N; R50-53	Xn, N R: 21/22-40-50/53 S: (2)-36/37-60-61		
Chlordecon (ISO) 205-601-3 143-50-0	3			T; R24/25 R40	T R: 24/25-40 S: (1/2)-22-36/37-45		
2-Chlor-1-(2,4-dichlorphenyl)vinyldiethylphosphat s. Chlorfenvinphos (ISO)							
2-Chlor-N-(4,6-dichlor-1,3,5-triazin-2-yl)anilin s. Anilazin (ISO)							

Grenzwert (Luft)		Spitzen-begren-zung	Art Bemer-kungen H, S	Herkunft Staubklasse	Meßverfahren	Risiko-faktoren nach TRGS 440 W F		Arbeits-medizin Werte im biolog. Material	relevante Regeln/Literatur Hinweise
mg/m^3	ml/m^3					W	F		
9		10	11	12	13	14		15	16
18	5	4	MAK H	DFG	OSHA 7 NIOSH 1002	3	3		ZVG 11630
95,5	25	=1=	MAK	ARW	BIA 6568	2	3		ZVG 26510
			H			5	1		ZVG 490563
0,5 E		4	MAK H	DFG M	OSHA 67 NIOSH 5510	4	1		ZVG 510113
			H		NIOSH 5508	4	1		ZVG 35490

Stoffidentität EG-Nr. CAS-Nr.	Stoff					Zubereitungen	
	Einstufung				Kennzeichnung	Konzentrationsgrenzen	Einstufung/ Kennzeichnung
	krebs-erz. K	erbgut-veränd. M	fort.-pfl.gef. R_E/R_F	Gefahrensymbol R-Sätze	Gefahrensymbol R-Sätze S-Sätze	in Prozent	Gefahrensymbol R-Sätze
1	2	3	4	5	6	7	8
(2-Chlor-3-diethylamino-1-methyl-3-oxo-prop-1-enyl)dimethylphosphat s. Phosphamidon							
2-Chlor-2',6'-diethyl-N-(methoxymethyl)acetanilid s. Alachlor (ISO)							
1-Chlor-1,1-difluorethan (R 142 b) 200-891-8 75-68-3				Hersteller-einstufung beachten			
Chlordifluormethan s. Monochlordi-fluormethan							
2-Chlor-1-(difluor-methoxy)-1,1,2-tri-fluorethan s. 2-Chlor-1,1,2-trifluor-ethyldifluormethylether							
Chlordimeform (ISO) 228-200-5 6164-98-3	3			R40 Xn; R21/22	Xn R: 21/22-40 S: (2)-22-36/37		
Chlordimeform-hydrochlorid 243-269-1 19750-95-9	3			R40 Xn; R22	Xn R: 22-40 S: (2)-22-36/37		
2-Chlor-10-[3-(di-methylamino)propyl]-phenothiazin 200-045-8 50-53-3				Hersteller-einstufung beachten			
Chlordimethylether s. Chlormethyl-methylether							
Chlordinitrobenzol Anm. C				T; R23/24/25 R33 N; R50-53	T, N R: 23/24/25-33-50/53 S: (1/2)-28-36/37-45-60-61		

Grenzwert (Luft)					Meßverfahren	Risikofaktoren nach TRGS 440		Arbeitsmedizin Werte im biolog. Material	relevante Regeln/Literatur Hinweise
mg/m^3	ml/m^3	Spitzenbegrenzung	Art Bemerkungen H, S	Herkunft Staubklasse		W	F		
9	10	11	12		13	14		15	16
4 170	1 000	4	MAK	DFG		2	4		ZVG 38760
			H			4	1		ZVG 510114
						4	1		ZVG 570097
			S (R 43)						
			H (S, 2,4-)			4	1		ZVG 21380

Stoffidentität EG-Nr. CAS-Nr.	Stoff					Zubereitungen	
	Einstufung				Kennzeichnung	Konzentrationsgrenzen	Einstufung/ Kennzeichnung
	krebserz. K	erbgutveränd. M	fort.-pfl.gef. R_E/R_F	Gefahrensymbol R-Sätze	Gefahrensymbol R-Sätze S-Sätze	in Prozent	Gefahrensymbol R-Sätze
1	2	3	4	5	6	7	8
Chlordioxid 233-162-8 10049-04-4					Herstellereinstufung beachten		
1-Chlor-2,3-epoxypropan Anm. E 203-439-8 106-89-8	2			R10 R45 T; R23/24/25 C; R34 R43	T R: 45-10-23/24/ 25-34-43 S: 53-45	10%≦C 5%≦C<10% 1%≦C<5% 0,1%≦C<1%	T; R45-23/24/ 25-34-43 T; R45-23/24/ 25-36/38-43 T; R45-23/24/25-43 Xn; R20/21/22
Chloressigsäure 201-178-4 79-11-8 s. auch Natriumsalz von ...				T; R25 C; R34 N; R50	T, N R: 25-34-50 S: (1/2)-23-37-45-61		
Chloressigsäuremethylester s. Methylchloracetat							
Chloressigsäureethylester s. Ethylchloracetat							
Chlorethan 200-830-5 75-00-3	3			F+; R12 R40 R52-53	F+, Xn R: 12-40-52/53 S: (2)-9-16-33-36/37-61		
2-Chlorethanol 203-459-7 107-07-3				T+; R26/27/28	T+ R: 26/27/28 S: (1/2)-7/9-28-45	7%≦C 1%≦C<7% 0,1%≦C<1%	T+; R26/27/28 T; R23/24/25 Xn; R20/21/22
2-(4-Chlor-6-ethylamino-1,3,5-triazin-2-ylamino)-2-methylpropionitril s. Cyanazin (ISO)							
Gemisch aus 2-Chlorethyl-chlorpropyl-2-chlorethylphosphonat, Isomerengemisch, und 2-Chlorethyl-chlorpropyl-2-chlorpropylphosphonat, Isomerengemisch 401-740-0				Xn; R22	Xn R: 22 S: (2)		
Chlorethylen s. Vinylchlorid							

Grenzwert (Luft)					Meßverfahren	Risikofaktoren nach TRGS 440		Arbeitsmedizin Werte im biolog. Material	relevante Regeln/Literatur Hinweise
mg/m^3	ml/m^3	Spitzenbegrenzung	Art Bemerkungen H, S	Herkunft Staubklasse		W	F		
9	10	11	12		13	14		15	16
0,3	0,1	=1=	MAK	DFG	OSHA ID 202	2	1		ZVG 1640
12	3	4	TRK H, S	AGS	BIA 6585 EG OSHA 7 NIOSH 1010 ZH...8 DFG			40 VI, 43	TRGS 901 Nr. 5 ZH 1/126 ZVG 13370
4	1	=1=	MAK H	ARW	NIOSH 2008	4	1		ZVG 10910
25	9	4	MAK	AGS	NIOSH 2519	4	4		TRGS 901 Nr. 58 ZVG 18540 TRGS 906 Nr. 7
3	1	4	MAK Y, H	DFG	DFG OSHA 7 NIOSH 2513	5	1		ZVG 19000
						3	1		ZVG 496661

Stoffidentität EG-Nr. CAS-Nr.	Stoff				Zubereitungen		
	Einstufung				Kennzeichnung	Konzentrationsgrenzen	Einstufung/ Kennzeichnung
	krebserz. K	erbgutveränd. M	fort.-pfl.gef. R_E/R_F	Gefahrensymbol R-Sätze	Gefahrensymbol R-Sätze S-Sätze	in Prozent	Gefahrensymbol R-Sätze
1	2	3	4	5	6	7	8
2-Chlorethyltrimethylammoniumchlorid s. Chlormequatchlorid (ISO)							
Chlorfenac (ISO) 201-599-3 85-34-7				Xn; R22	Xn R: 22 S: (2)-36		
Chlorfenethol (ISO) 201-246-3 80-06-8				Xn; R22	Xn R: 22 S: (2)-36		
Chlorfenpropmethyl (ISO) 238-413-5 14437-17-3				Xn; R21/22	Xn R: 21/22 S: (2)-36/37		
Chlorfenson (ISO) 201-270-4 80-33-1				Xn; R22 Xi; R38	Xn R: 22-38 S: (2)-37		
Chlorfenvinphos (ISO) 207-432-0 470-90-6				T+; R28 T; R24 N; R50-53	T+, N R: 24-28-50/53 S: (1/2)-28-36/ 37-45-60-61		
Chlorfluormethan (R 31) 209-803-2 593-70-4	2			Herstellereinstufung beachten			
N-Chlorformyl-morpholin s. Morpholin-4-carbonylchlorid							
2-Chlor-N-hydroxymethylacetamid s. N-Methylolchloracetamid							
Chloridazon s. 5-Amino-4-chlor-2-phenylpyridazin-3-on							
* Chlorierte Biphenyle (42% Chlor) 53469-21-9	3		2 (R_E) 2 (R_F)	s. Polychlorierte Biphenyle			

mg/m³	ml/m³	Spitzen-begrenzung	Art Bemerkungen H, S	Herkunft Staubklasse	Meßverfahren	Risikofaktoren nach TRGS 440 W F	Arbeitsmedizin Werte im biolog. Material	relevante Regeln/Literatur Hinweise
9	10	11	12	13	14	15	16	
						3 1		ZVG 510117
						3 1		ZVG 510116
			H			3 1		ZVG 12560
						3 1		ZVG 490098
			H			5 1		ZVG 510118
1,4	0,5	4	TRK	AGS			40 VI, 43	TRGS 901 Nr. 46 ZVG 510777
1	0,1	4	MAK H (29) R 64	DFG	DFG	4 1		GefStoffV §§ 15, 43, 54, Anh. III, Nr. 11; IV, Nr. 14 ChemVerbotsV, Nr. 13 TRGS 518, 616 ZVG 530151

Stoffidentität EG-Nr. CAS-Nr.	Stoff					Zubereitungen	
	Einstufung				Kennzeichnung	Konzentrationsgrenzen	Einstufung/ Kennzeichnung
	krebs-erz. K	erbgut-veränd. M	fort.-pfl.gef. R_E/R_F	Gefahrensymbol R-Sätze	Gefahrensymbol R-Sätze S-Sätze	in Prozent	Gefahrensymbol R-Sätze
1	2	3	4	5	6	7	8
* Chlorierte Biphenyle (54% Chlor) 11097-69-1	3		2 (R_E) 2 (R_F)	s. Polychlorierte Biphenyle			
Chloriertes Camphen s. Camphechlor							
Chloriertes Diphenyloxid 55720-99-5					Hersteller-einstufung beachten		
4-Chlor-m-kresol Chlorkresol s. 4-Chlor-3-methyl-phenol							
Chlormephos (ISO) 246-538-1 24934-91-6				T+; R27/28	T+ R: 27/28 S: (1/2)-28-36/ 37-45		
Chlormequatchlorid (ISO) 213-666-4 999-81-5				Xn; R21/22	Xn R: 21/22 S: (2)-36/37		
Chlormethan 200-817-4 74-87-3	3			F+; R12 R40 Xn; R48/20	F+, Xn R: 12-40-48/20 S: (2)-9-16-33		
Chlormethyl s. Chlormethan							
3-Chlor-6-methylanilin s. 5-Chlor-o-toluidin							
(Chlormethyl)bis(4-fluor-phenyl)methylsilan 401-200-4 85491-26-5				N; R51-53	N R: 51/53 S: 61		
O-3-Chlor-4-methyl-cumarin-7-yl-O,O-diethylthiophosphat s. Coumaphos (ISO)							
S-Chlormethyl-O,O-diethyldithiophosphat s. Chlormephos (ISO)							

Grenzwert (Luft)					Meßverfahren	Risiko-faktoren nach TRGS 440		Arbeits-medizin Werte im biolog. Material	relevante Regeln/Literatur Hinweise
mg/m^3	ml/m^3	Spitzen-begren-zung	Art Bemer-kungen H, S	Herkunft Staubklasse		W	F		
9		10	11	12	13	14		15	16
0,5	0,05	4	MAK H R 64 (29)	DFG	DFG	4	1		GefStoffV §§ 15, 43, 54, Anh. III, Nr. 11; IV, Nr. 14 ChemVerbotsV, Nr. 13 TRGS 518, 616 ZVG 530146
0,5 E			MAK H	DFG M	NIOSH 5025	2	1		ZVG 530157
			H			5	1		ZVG 510408
			H			3	1		ZVG 27820
105	50	4	MAK	DFG		4	4	28 VI, 19	ZVG 11220
						2	1		ZVG 530344

151

Stoffidentität EG-Nr. CAS-Nr.	Stoff					Zubereitungen	
	Einstufung				Kennzeichnung	Konzentrationsgrenzen	Einstufung/ Kennzeichnung
	krebs-erz. K	erbgut-veränd. M	fort.-pflgef. R_E/R_F	Gefahrensymbol R-Sätze	Gefahrensymbol R-Sätze S-Sätze	in Prozent	Gefahrensymbol R-Sätze
1	2	3	4	5	6	7	8
5-Chlor-2-methyl-2,3-dihydroisothiazol-3-on 247-500-7 26172-55-4 und 2-Methyl-2,3-dihydro-isothiazol-3-on 220-239-6 2682-20-4 Gemisch im Verhältnis 3:1					Herstellereinstufung beachten		
Chlormethyl-methylether Anm. E (Monochlordimethylether) 203-480-1 107-30-2	1			F; R11 R45 Xn; R20/21/22	F, T R: 45-11-20/21/22 S: 53-45	§ 35 (0,01)	
4-Chlor-3-methylphenol 200-431-6 59-50-7				Xn; R21/22 Xi; R41 R43 N; R50	Xn, N R: 21/22-41-43-50 S: (2)-26-36/37/39-61	10%≤C 5%≤C<10% 1%≤C<5%	Xn; R21/22-41-43 Xn; R21/22-36-43 Xi; R43
3-Chlor-2-methylpropen 209-251-2 563-47-3		3		F; R11 Xn; R20/22 C; R34 R43 N; R51-53	F, C, N R: 11-20/22-34-43-51/53 S: (2)-9-16-26-29-36/37/39-45-61		
2-Chlor-6-methyl-pyrimidin-4-yl-dimethylamin s. Crimidine (ISO)							
1-Chlornaphthalin 201-967-3 90-13-1					Herstellereinstufung beachten		
2-Chlornaphthalin 202-079-9 91-58-7					Herstellereinstufung beachten		
Chlornitroanilin mit Ausnahme der namentlich in dieser Liste benannten Anm. C				T+; R26/27/28 R33 N; R51-53	T+, N R: 26/27/28-33-51/53 S: (1/2)-28-36/37-45-61		
2-Chlor-4-nitroanilin 204-502-2 121-87-9				Xn; R22 N; R51-53	Xn, N R: 22-51/53 S: (2)-22-24-61		

Grenzwert (Luft)				Meßverfahren	Risikofaktoren nach TRGS 440		Arbeitsmedizin Werte im biolog. Material	relevante Regeln/Literatur Hinweise
mg/m³ ml/m³	Spitzenbegrenzung	Art Bemerkungen H, S	Herkunft Staubklasse		W	F		
9	10	11	12	13	14		15	16
0,05		MAK S (R 43)	DFG		4	1		ZVG 570057
								ZVG 570030
		H		OSHA 10 EG			40 VI, 43	GefStoffV § 15a, 43 ZH 1/130 ZVG 23080
		H, S			4	1		ZVG 510424
		S			4	3		ZVG 40450
0,2		MAK	AUS – S					
0,2		MAK	AUS – FIN					
		H			5	1	33 VI, 3	ZVG 530019

Stoffidentität EG-Nr. CAS-Nr.	Stoff					Zubereitungen	
	Einstufung				Kennzeichnung	Konzentrationsgrenzen	Einstufung/ Kennzeichnung
	krebserz. K	erbgutveränd. M	fort.-pfl.gef. R_E/R_F	Gefahrensymbol R-Sätze	Gefahrensymbol R-Sätze S-Sätze	in Prozent	Gefahrensymbol R-Sätze
1	2	3	4	5	6	7	8
1-Chlor-2-nitrobenzol 201-854-9 88-73-3	3	–	3 (R_F) – (R_E)	Herstellereinstufung beachten			
1-Chlor-4-nitrobenzol 202-809-6 100-00-5	3	3	–	T; R23/24/25 R33	T R: 23/24/25-33 S: (1/2)-28-37-45		
2-Chlor-6-nitro-3-phenoxyanilin 277-704-1 74070-46-5				N; R50-53	N R: 50/53 S: 60-61		
O-(3-Chlor-4-nitrophenyl)-O,O-dimethylthiophosphat s. Chlorthion (nicht als ISO-Kurzname anerkannt)							
O-(4-Chlor-3-nitrophenyl)-O,O-dimethylthiophosphat s. Phosnichlor							
1-Chlor-1-nitropropan 209-990-0 600-25-9				Xn; R20/22	Xn R: 20/22 S: (2)	5%≦C	Xn; R20/22
Chlorobenzilat (ISO) 208-110-2 510-15-6				Xn; R22	Xn R: 22 S: (2)		
Chloroform s. Trichlormethan							
Chlorophacinon (ISO) 223-003-0 3691-35-8				T+; R27/28 T; R23-48/24/25	T+ R: 23-27/28-48/ 24/25 S: (1/2)-36/37-45		
Chloropren s. 2-Chlor-1,3-butadien							
Chlorothalonil (ISO) (Chlorthalonil) 217-588-1 1897-45-6		3		R40	Xn R: 40 S: (2)-36/37		
4-Chlor-2-oxobenzothiazolin-3-ylessigsäure s. Benazolin (ISO)							

Grenzwert (Luft)					Meßverfahren	Risiko-faktoren nach TRGS 440		Arbeits-medizin Werte im biolog. Material	relevante Regeln/Literatur Hinweise
mg/m^3	ml/m^3	Spitzen-begrenzung	Art Bemerkungen H, S	Herkunft Staubklasse		W	F		
9	10	11	12	13	14		15		16
			(H)			4	2	33 VI, 3	ZVG 15320
0,5	0,075	4	MAK H 7, 29	AGS	NIOSH 2005	4	1	33 VI, 3	TRGS 901 Nr. 68 ZVG 11140
100	20		MAK	DFG	NIOSH S 211	3	2		ZVG 38720
						3	1		ZVG 510548
			H			5	1		ZVG 510115
			(S)			4	1		ZVG 510428

Stoffidentität EG-Nr. CAS-Nr.	Stoff					Zubereitungen	
	Einstufung				Kennzeichnung	Konzentrationsgrenzen	Einstufung/ Kennzeichnung
	krebserz. K	erbgutveränd. M	fort.-pfl.gef. R_E/R_F	Gefahrensymbol R-Sätze	Gefahrensymbol R-Sätze S-Sätze	in Prozent	Gefahrensymbol R-Sätze
1	2	3	4	5	6	7	8
Chlorparaffine, von $C_{10}H_{22-n}Cl_n$ bis $C_{30}H_{62-n}Cl_n$, unverzweigt, n = 1-28 (Chlorgehalt 20% - 70%)				Herstellereinstufung beachten			
3-Chlor-4,5-α,α,α-pentafluortoluol 401-930-3 77227-99-7				R10 Xn; R20/22 N; R50-58	Xn, N R: 10-20/22-50-58 S: (2)-51-60-61		
1-Chlorpentan Anm. C 208-846-4 543-59-9 2-Chlorpentan 210-885-7 625-29-6 3-Chlorpentan 210-467-4 616-20-6				F; R11 Xn; R20/21/22	F, Xn R: 11-20/21/22 S: (2)-9-29	25≤C	Xn; R20/21/22
Chlorphenol (o,m,p) Anm. C 246-691-4 25167-80-0 (o) 202-433-2 95-57-8 (m) 203-582-6 108-43-0 (p) 203-402-6 106-48-9				Xn; R20/21/22	Xn R: 20/21/22 S: (2)-28		
1-(4-Chlorphenoxy)-3,3-dimethyl-1-(1,2,4-triazol-1-yl)-butanon s. Triadimefon (ISO)							
4-Chlorphenoxyessigsäure s. 4-CPA							
O-4-(4-Chlorphenyl-azo)-phenyl-O,O-dimethyl-thiophosphat s. Azothoat							

Grenzwert (Luft)				Meßverfahren	Risikofaktoren nach TRGS 440	Arbeitsmedizin Werte im biolog. Material	relevante Regeln/Literatur Hinweise
mg/m³ ml/m³	Spitzenbegrenzung	Art Bemerkungen H, S	Herkunft Staubklasse		W F		
9	10	11	12	13	14	15	16
							ZVG 491129
					3 1		ZVG 496668
		H			3 2		ZVG 38750
		H		NIOSH 2014 (p-) NIOSH 337 (o-)	3 1		ZVG 530020 ZVG 11600 ZVG 38730 ZVG 19950

Stoffidentität EG-Nr. CAS-Nr.	Stoff					Zubereitungen	
	Einstufung				Kennzeichnung	Konzentrationsgrenzen	Einstufung/ Kennzeichnung
	krebserz. K	erbgutveränd. M	fort.- pfl.gef. R_E/R_F	Gefahrensymbol R-Sätze	Gefahrensymbol R-Sätze S-Sätze	in Prozent	Gefahrensymbol R-Sätze
1	2	3	4	5	6	7	8
(4-Chlorphenyl)- benzolsulfonat s. Fenson							
4-Chlorphenyl-4-chlor- benzolsulfonat s. Chlorfenson (ISO)							
(Chlorphenyl)(chlortolyl)- methan, Isomerengemisch 400-140-6				N; R50-53	N R: 50/53 S: 60-61		
2-[4-(3-[4-Chlorphenyl]- 4,5-dihydropyrazolyl)- phenylsulfonyl]ethyldi- methylammoniumhydro- genphosphonat 402-490-5 106359-93-7				Xi; R36 N; R50-53	Xi, N R: 36-50/53 S: (2)-26-60-61		
4-[3-(4-Chlorphenyl)-3- (3,4-dimethoxyphenyl)- acryloyl]morpholin 404-200-2 110488-70-5				N; R51-53	N R: 51/53 S: 61		
3-(4-Chlorphenyl)-1,1- dimethylharnstoff s. Monuron (ISO)							
3-(4-Chlorphenyl)-1,1- dimethyluronium- trichloracetat 140-41-0	3			R40 Xi; R36/38	Xn R: 36/38-40 S: (2)-36/37		
4-(2-Chlorphenylhydrazo- no)-3-methyl-5-isoxazolon s. Drazoxolon (ISO)							
3-(4-Chlorphenyl)-1- methoxy-1-methylharnstoff s. Monolinuron (ISO)							
[[(2-Chlorphenyl)- methylen]malononitril 220-278-9 2698-41-1					Herstellereinstufung beachten		

Grenzwert (Luft)				Meßverfahren	Risiko-faktoren nach TRGS 440		Arbeits-medizin Werte im biolog. Material	relevante Regeln/Literatur Hinweise
mg/m^3 ml/m^3	Spitzen-begren-zung	Art Bemer-kungen H, S	Herkunft Staubklasse		W	F		
9	10	11	12	13	14		15	16
					2	1		ZVG 530365
					2	1		ZVG 496690
					2	1		ZVG 900420
					4	1		ZVG 490172
0,4		MAK H	AUS — NL	NIOSH 304				

Stoffidentität EG-Nr. CAS-Nr.	Stoff					Zubereitungen	
	Einstufung				Kennzeichnung	Konzentrationsgrenzen	Einstufung/ Kennzeichnung
	krebserz. K	erbgutveränd. M	fort.-pfl.gef. R_E/R_F	Gefahrensymbol R-Sätze	Gefahrensymbol R-Sätze S-Sätze	in Prozent	Gefahrensymbol R-Sätze
1	2	3	4	5	6	7	8
3-[1-(4-Chlorphenyl)-3-oxobutyl]-4-hydroxycumarin s. Coumachlor (ISO)							
2-[α-(4-Chlorphenyl)-phenylacetyl]indan-1,3-dion s. Chlorophacinon (ISO)							
2-[4-(3-[4-Chlorphenyl]-2-pyrazolin-1-yl)phenylsulfonyl]ethyldimethylammoniumformiat 402-120-2				C; R34 Xn; R48/22 R43 N; R50-53	C, N R: 34-43-48/ 22-50/53 S: (1/2)-24-26-28-37/39-45-60-61		
4-Chlorphenylthiomethyl-O,O-diethyldithiophosphat s. Carbophenothion (ISO)							
S-(Chlorphenylthiomethyl)-O,O-dimethyldithiophosphat 953-17-3				T; R24/25	T R: 24/25 S: (1/2)-28-36/ 37-45		
Chlorphoniumchlorid (ISO) 204-105-4 115-78-6				T; R25 Xn; R21 Xi; R36/38	T R: 21-25-36/38 S: (1/2)-36/37/ 39-45		
2-Chlor-1-phthalimido-ethyl-O,O-diethyldithiophosphat s. Dialifos (ISO)							
Chlorpikrin s. Trichlornitromethan							
Chlorpromazin s. 2-Chlor-10-[3-(dimethylamino)propyl]-phenothiazin							
1-Chlorpropan Anm. C 208-749-7 540-54-5				F; R11 Xn; R20/21/22	F, Xn R: 11-20/21/22 S: (2)-9-29	25%≤C	Xn; R20/21/22

Grenzwert (Luft)					Meßverfahren	Risiko-faktoren nach TRGS 440		Arbeits-medizin Werte im biolog. Material	relevante Regeln/Literatur Hinweise
mg/m^3	ml/m^3	Spitzen-begren-zung	Art Bemer-kungen H, S	Herkunft Staubklasse		W	F		
9	10	11	12		13	14		15	16
			S			4	1		ZVG 530370
			H			4	1		ZVG 510640
			H			4	1		ZVG 530018
			H			3	4		ZVG 530021

Stoffidentität EG-Nr. CAS-Nr.	Stoff					Zubereitungen	
	Einstufung				Kennzeichnung	Konzentrationsgrenzen	Einstufung/ Kennzeichnung
	krebs-erz. K	erbgut-veränd. M	fort.-pfl.gef. R_E/R_F	Gefahrensymbol R-Sätze	Gefahrensymbol R-Sätze S-Sätze	in Prozent	Gefahrensymbol R-Sätze
1	2	3	4	5	6	7	8
2-Chlorpropan Anm. C 200-858-8 75-29-6				F; R11 Xn; R20/21/22	F, Xn R: 11-20/21/22 S: (2)-9-29	25%≦C	Xn; R20/21/22
3-Chlorpropen Anm. D 203-457-6 107-05-1				F; R11 T+; R26 N; R50	F, T+, N R: 11-26-50 S: (1/2)-16-29-33-45-61		
3-Chlor-1-propen s. 3-Chlorpropen							
2-Chlorpropionsäure 209-952-3 598-78-7				Xn; R22 C; R35	C R: 22-35 S: (1/2)-23-26-28-36-45		
Chlorpyriphos (ISO) 220-864-4 2921-88-2				T; R24/25 N; R50-53	T, N R: 24/25-50/53 S: (1/2)-28-36/37-45-60-61		
Chlorschwefelsäure 232-234-6 7790-94-5				R14 C; R35 Xi; R37	C R: 14-35-37 S: (1/2)-26-45		
Chlorstyrol (o, m, p) 215-557-7 1331-28-8				Herstellereinstufung beachten			
Chlorsulfonsäure s. Chlorschwefelsäure							
Chlorthalonil s. Chlorothalonil							
Chlorthiamid (ISO) 217-637-7 1918-13-4				Xn; R22	Xn R: 22 S: (2)-36		
Chlorthion (nicht als ISO-Kurzname anerkannt) 207-902-5 500-28-7				Xn; R20/21/22	Xn R: 20/21/22 S: (2)-13		
Chlorthiophos (ISO) 244-663-6 21923-23-9				T+; R28 T; R24	T+ R: 24-28 S: (1/2)-28-36/37-45		

Grenzwert (Luft)					Meßverfahren	Risiko-faktoren nach TRGS 440		Arbeits-medizin Werte im biolog. Material	relevante Regeln/Literatur Hinweise
mg/m^3	ml/m^3	Spitzen-begren-zung	Art Bemer-kungen H, S	Herkunft Staubklasse		W	F		
9	10	11	12		13	14		15	16
3	1	=1=	MAK	DFG	NIOSH 1000 OSHA 7	5	4		ZVG 24580
0,44			MAK H	AUS — USA		4	1		ZVG 10920
0,2			MAK H	AUS — NL	OSHA 62 NIOSH 5600	4	1		ZVG 510119
						4	1		ZVG 2460 Hydrolyseprodukte H_2SO_4 und HCl
285			MAK H	AUS — FIN					
						3	1		ZVG 510120
			H			3	1		ZVG 510121
			H			5	1		ZVG 510420

Stoffidentität EG-Nr. CAS-Nr.	Stoff					Zubereitungen	
	Einstufung				Kennzeichnung	Konzentrationsgrenzen	Einstufung/ Kennzeichnung
	krebserz. K	erbgutveränd. M	fort.-pfl.gef. R_E/R_F	Gefahrensymbol R-Sätze	Gefahrensymbol R-Sätze S-Sätze	in Prozent	Gefahrensymbol R-Sätze
1	2	3	4	5	6	7	8
4-Chlor-o-toluidin 202-441-6 95-69-2	1			Herstellereinstufung beachten		§ 35 (0,01)	
5-Chlor-o-toluidin 202-452-6 95-79-4	3			Herstellereinstufung beachten			
Chlortoluol (2-, 3-, 4-) Anm. C 246-698-2 25168-05-2 (2-) 202-424-3 (o) 95-49-8 (3-) 203-580-5 (m) 108-41-8 (4-) 203-397-0 (p) 106-43-4				Xn; R20 N; R51-53	Xn, N R: 20-51/53 S: (2)-24/25-61		
α-Chlortoluol s. auch α-Chlortoluole 202-853-6 100-44-7	2 **3**	3	3 (R_E) — (R_F)	R40 T; R23 Xn; R22 Xi; R37/38-41	T R: 22-23-37/ 38-40-41 S: (1/2)-36/ 37-38-45		
* α-Chlortoluole: Gemisch aus α-Chlortoluol 100-44-7 α,α-Dichlortoluol 98-87-3 α,α,α-Trichlortoluol 98-07-7	1						
N-(4-Chlor-o-tolyl)-N',N'-dimethylformamidin s. Chlordimeform (ISO)							
N-(4-Chlor-o-tolyl)-N',N'-dimethylformamidinhydrochlorid s. Chlordimeformhydrochlorid							
4-(4-Chlor-o-tolyloxy)buttersäure s. MCPB (ISO)							

Grenzwert (Luft)					Meßverfahren	Risikofaktoren nach TRGS 440		Arbeitsmedizin Werte im biolog. Material	relevante Regeln/Literatur Hinweise
mg/m^3	ml/m^3	Spitzenbegrenzung	Art Bemerkungen H, S	Herkunft Staubklasse		W	F		
9	10	11	12		13	14		15	16
0,01			EW 51, H	AGS				33 VI, 3	TRGS 901 Nr. 35 ZVG 17520
						4	1		ZVG 17530
						3	1		ZVG 15740 ZVG 13950 ZVG 38740 ZVG 16000
0,2	4		TRK 32	AGS	OSHA 7 NIOSH 1003 DFG ZH ... 59			40 VI, 43	ZH1/67 ZVG 23070 TRGS 901 Nr. 75 TRGS 906 Nr. 8
s. TRGS 901 Nr. 83					ZH ... 42 DFG			40 VI, 43	ZH1/67 ZVG 530174 TRGS 901 Nr. 83 TRGS 906 Nr. 32

Stoffidentität EG-Nr. CAS-Nr.	Stoff					Zubereitungen	
	Einstufung				Kennzeichnung	Konzentrationsgrenzen	Einstufung/ Kennzeichnung
	krebs- erz. K	erbgut- veränd. M	fort.- pfl.gef. R_E/R_F	Gefahren- symbol R-Sätze	Gefahrensymbol R-Sätze S-Sätze	in Prozent	Gefahren- symbol R-Sätze
1	2	3	4	5	6	7	8
4-Chlor-o-tyloxy- essigsäure s. MCPA (ISO)							
2-(4-Chlor-o-tolyloxy)- propionsäure s. Mecoprop (ISO)							
4-Chlor-1-trichlor- methylbenzol s. 4-Chlorbenzotrichlorid							
2-Chlor-6-trichlor- methylpyridin s. Nitrapyrin (ISO)							
2-Chlor-1,1,2-trifluorethyl- difluormethylether 237-553-4 13838-16-9				Hersteller- einstufung beachten			
Chlortrifluorid 232-230-4 7790-91-2				Hersteller- einstufung beachten			
Chlortrifluormethan (R 13) 200-894-4 75-72-9				Hersteller- einstufung beachten			
4-(2-Chlor-4-trifluor- methyl)phenoxy-2-fluor- anilinhydrochlorid 402-190-4				T; R48/25 Xn; R22 Xi; R41 N; R50-53 R43	T, N R: 22-41-43-48/ 25-50/53 S: (1/2)-26-36/37/ 39-45-60-61		
3-Chlor-5-trifluormethyl- 2-pyridylamin 401-670-0 79456-26-1				Xn; R22 R52-53	Xn R: 22-52/53 S: (2)-61		
Chlortrinitrobenzol (Gemisch) Anm. C 28260-61-9				E; R2 T+; R26/27/28	E, T+ R: 2-26/27/28 S: (1/2)-35-45		
Chlorvinylbenzol s. Chlorstyrol							

Grenzwert (Luft)					Meßverfahren	Risiko-faktoren nach TRGS 440		Arbeits-medizin Werte im biolog. Material	relevante Regeln/Literatur Hinweise
mg/m^3	ml/m^3	Spitzen-begrenzung	Art Bemerkungen H, S	Herkunft Staubklasse		W	F		
9	10	11	12		13	14		15	16
150	20	4	MAK Y	DFG	BIA 6577 OSHA 7, 29 DFG				ZVG 510432
0,4	0,1	=1=	MAK	DFG		2	4		ZVG 570099 u.U. ist der Grenzwert für Fluorwasserstoff bzw. Chlor zu beachten
4 330	1 000	4	MAK	DFG		2	4		ZVG 31360
			S			5	1		ZVG 496680
						3	1		ZVG 496658
			H			5	1	33 VI, 3	ZVG 490677

Stoffidentität EG-Nr. CAS-Nr.	Stoff					Zubereitungen	
	Einstufung				Kennzeichnung	Konzentrationsgrenzen	Einstufung/ Kennzeichnung
	krebserz. K	erbgutveränd. M	fort.-pfl.gef. R_E/R_F	Gefahrensymbol R-Sätze	Gefahrensymbol R-Sätze S-Sätze	in Prozent	Gefahrensymbol R-Sätze
1	2	3	4	5	6	7	8
* Chlorwasserstoff, wasserfrei Anm. 5 231-595-7 7647-01-0				T; R23 C; R35	T, C R: 23-35 S: (1/2)-9-26-36/37/39-45	C≧5% 1%≦C<5% 0,5%≦C<1% 0,2%≦C <0,5% 0,02%≦C <0,2%	T; C; R23-35 C; R20-35 C; R20-34 C; R34 Xi; R36/37/38
Chromcarbonyl 235-852-4 13007-92-6					Herstellereinstufung beachten		
Chrom(III)chromat s. auch Chrom(VI)-Verbindungen 246-356-2 24613-89-6	2			O; R8 R45 C; R35 R43 N; R50-53	O, T, C, N R: 45-8-35-43-50/53 S: 53-45-60-61		
Chromdioxiddichlorid s. Chromoxychlorid							
Chromdioxychlorid s. Chromoxychlorid							
Chromgelb s. Bleichromat							
Chromoxychlorid s. auch Chrom(VI)-Verbindungen Anm. 3 239-056-8 14977-61-8	2	2		O; R8 R49, R46 C; R35 R43 N; R50-53	O, T, C, N R: 49-46-8-35-43-50/53 S: 53-45-60-61	C≧10% 5%≦C<10% 0,5%≦C<5% 0,1%≦ C<0,5%	T; C; R49-46-35-43 T; R49-46-34-43 T; R49-46-36/37/38-43 T; R49-46
Chromsäure (Anhydrid) s. Chromtrioxid							
Chromsäureanhyrid s. Chromtrioxid							
Chrom(III)-Salz der Chrom(VI)-Säure s. Chrom(III)chromat							
Chromtrioxid Anm. E s. auch Chrom(VI)-Verbindungen 215-607-8 1333-82-0	1			R49 O; R8 T; R25 C; R35 R43 N; R50-53	O, T, C, N R: 49-8-25-35-43-50/53 S: 53-45-60-61		

Grenzwert (Luft)				Meßverfahren	Risiko-faktoren nach TRGS 440		Arbeits-medizin Werte im biolog. Material	relevante Regeln/Literatur Hinweise
mg/m³	ml/m³	Spitzen-begren-zung	Art Bemer-kungen H, S	Herkunft Staubklasse				
					W	F		
9	10	11	12	13	14		15	16
8		=1=	MAK Y	DFG, EG	BIA 6640 DFG NIOSH 7903	4	4		s. auch Salzsäure ZVG 1050
								ZVG 570102
s. Chrom(VI)-Verbindungen			S				15 VI, 12	s. Chrom(VI)-Verbindungen ZVG 5360
s. Chrom(VI)-Verbindungen			S				15 VI, 13	ZVG 6380
s. Chrom(VI)-Verbindungen			S				15 VI, 13	s. Chrom(VI)-Verbindungen ZVG 2300

Stoffidentität EG-Nr. CAS-Nr.	Stoff					Zubereitungen	
	Einstufung				Kennzeichnung	Konzentrationsgrenzen	Einstufung/ Kennzeichnung
	krebs- erz. K	erbgut- veränd. M	fort.- pfl.gef. R_E/R_F	Gefahren- symbol R-Sätze	Gefahrensymbol R-Sätze S-Sätze	in Prozent	Gefahren- symbol R-Sätze
1	2	3	4	5	6	7	8
Chrom(VI)-Verbindungen (in Form von Stäuben/ Aerosolen, ausgenommen die in Wasser praktisch unlöslichen wie z.B. Bariumchromat) Anm. A, E — Lichtbogenhand- schweißen mit umhüll- ten Stabelektroden, Herstellung von lös- lichen Chrom(VI)- Verbindungen — im übrigen	2 *)			R49 R43 N; R50-53	T, N R: 49-43-50/53 S: 53-45-60-61		
Chromyldichlorid s. Chromoxychlorid							
Chrysen 205-923-4 218-01-9 s. Abschnitt 3.1							
Chrysotil s. Asbest							
Cinerin I s. 3-(But-2-enyl)-2- methyl-4-oxocyclopent- 2-enyl-2,2-dimethyl-3- (2-methylprop-1-enyl)- cyclopropancarboxylat							
Cinerin II s. 3-(But-2-enyl)-2- methyl-4-oxocyclopent- 2-enyl-2,2-dimethyl-3- (3-methoxy-2-methyl-3- oxoprop-1-enyl)cyclo- propancarboxylat							
C.I. Direct Black 38 217-710-3 1937-37-7	2		3 (R_E)	R45 R63	T R: 45-63 S: 53-45	§ 35 Abs. 4	

*) zur Einstufung und zum Grenzwert von Bleichromat: s. Bleichromat. Von der Einstufung ausgenommen sind namentlich genannte (Zinkchromat, Calciumchromat, Chrom(III)chromat, Chromtrioxid, Strontiumchromat, Ammoniumdichromat, Natriumdichromat, Kaliumdichromat, Kaliumchromat, Chromoxychlorid siehe dort)

Grenzwert (Luft)				Meßverfahren	Risikofaktoren nach TRGS 440		Arbeitsmedizin Werte im biolog. Material	relevante Regeln/Literatur Hinweise
mg/m^3	ml/m^3	Spitzenbegrenzung	Art Bemerkungen H, S	Herkunft Staubklasse	W	F		
9	10	11	12	13	14		15	16
0,1 E 0,05 E		4 12, 15, 26 S	TRK	AGS H	ZH...5 BIA 6665 OSHA ID 103 HSE 61 EG BIA 6666 (Materialproben)		15 VI, 13 EKA	TRGS 602, 613 (Zement) TRGS 901 Nr. 3 ZH 1/88 BIA-Arbeitsmappe 1010 Staub — Reinhalt. Luft 54 (1994), S. 409 (Zement) ZVG 82830 BIA-Handbuch 120 215
				OSHA 58			40 VI, 43	ZVG 35700
				NIOSH 5013			33 VI, 3	GefStoffV § 35 TRGS 614 s. Azofarbstoffe

Stoffidentität EG-Nr. CAS-Nr.	Stoff					Zubereitungen	
	Einstufung				Kennzeichnung	Konzentrationsgrenzen	Einstufung/ Kennzeichnung
	krebs-erz. K	erbgut-veränd. M	fort.-pfl.gef. R_E/R_F	Gefahren-symbol R-Sätze	Gefahrensymbol R-Sätze S-Sätze	in Prozent	Gefahren-symbol R-Sätze
1	2	3	4	5	6	7	8
C.I. Direct Blue 6 220-012-1 2602-46-2	2		3 (R_E)	R45 R63	T R: 45-63 S: 53-45	§ 35 Abs. 4	
C.I. Direct blue 218 73070-37-8	3						
C.I. Direct Red 28 209-358-4 573-58-0	2		3 (R_E)	R45 R63	T R: 45-63 S: 53-45	§ 35 Abs. 4	
C.I. Disperse Blue 1 s. 1,4,5,8-Tetraaminoanthrachinon							
C.I. Pigment red 104 s. Bleichromatmolybdatsulfatrot							
C.I. Pigment Yellow 34 s. Bleisulfochromatgelb							
C.I. Solvent Yellow 14 s. 1-Phenylazo-2-naphthol							
Citral 226-394-6 5392-40-5				Xi; R38 R43	Xi R: 38-43 S: (2)-24/25-37		
Clofenotan (INN) s. DDT							
Cobalt 231-158-0 7440-48-4 — Herstellung von Cobaltpulver und Katalysatoren, Hartmetall- und Magnetherstellung (Pulveraufbereitung, Pressen und mechanische Bearbeitung nicht gesinterter Werkstücke) — im übrigen	3*)			R42/43	Xn R: 42/43 S: (2)-22-24-37		

*) bioverfügbar, in Form atembarer Stäube/Aerosole)

Grenzwert (Luft)				Meßverfahren	Risiko-faktoren nach TRGS 440		Arbeits-medizin Werte im biolog. Material	relevante Regeln/Literatur Hinweise
mg/m^3	ml/m^3	Spitzen-begren-zung	Art Bemer-kungen H, S	Herkunft Staubklasse				
					W	F		
9	10	11	12	13	14		15	16
				NIOSH 5013			33 VI, 3	GefStoffV § 35 TRGS 614 s. Azofarbstoffe
				NIOSH 5013			33 VI, 3	GefStoffV § 35 TRGS 614 s. Azofarbstoffe
			S		4	1		ZVG 70250
0,5 E		4	MAK 2, 3, 25 S	AGS H	ZH...15 BIA 6690 OSHA ID 121, 125, 213 (ICP) HSE 30 DFG	4	1	EKA	TRGS 901 Nr. 12 ZVG 7270
0,1 E								

Stoffidentität EG-Nr. CAS-Nr.	Stoff					Zubereitungen	
	Einstufung				Kennzeichnung	Konzentrationsgrenzen	Einstufung/ Kennzeichnung
	krebserz. K	erbgutveränd. M	fort.-pfl.gef. R_E/R_F	Gefahrensymbol R-Sätze	Gefahrensymbol R-Sätze S-Sätze	in Prozent	Gefahrensymbol R-Sätze
1	2	3	4	5	6	7	8
Cobaltverbindungen ausgenommen namentlich genannte	3*)			Herstellereinstufung beachten			
Cobaltoxid 215-154-6 1307-96-6	3*)			Xn; R22 R43	Xn R: 22-43 S: (2)-24-37		
Cobaltsulfid 215-273-3 1317-42-6	3*)			R43	Xi R: 43 S: (2)-24-37		
Coffein 200-362-1 58-08-2				Xn; R22	Xn R: 22 S: (2)		
Colchicin 200-598-5 64-86-8				T+; R26/28	T+ R: 26/28 S: (1/2)-13-45		
Colophonium 232-475-7 8050-09-7				R43	Xi R: 43 S: (2)-24-37		
Coumachlor (ISO) 201-378-1 81-82-3				Xn; R48/22	Xn R: 48/22 S: (2)-37		
Coumafuryl 204-195-5 117-52-2				T; R25-48/25	T R: 25-48/25 S: (1/2)-37-45		
Coumaphos (ISO) 200-285-3 56-72-4				T+; R28 Xn; R21 N; R50-53	T+, N R: 21-28-50/53 S: (1/2)-28-36/ 37-45-60-61		
Coumatetralyl (ISO) 227-424-0 5836-29-3				T+; R27/28 T; R48/24/25	T+ R: 27/28-48/24/25 S: (1/2)-36/37-45		
Coumithoat (ISO) 572-48-5				T; R25	T R: 25 S: (1/2)-28-36/ 37-45		

*) bioverfügbar, in Form atembarer Stäube/Aerosole)

Grenzwert (Luft)				Meßverfahren	Risikofaktoren nach TRGS 440		Arbeitsmedizin Werte im biolog. Material	relevante Regeln/Literatur Hinweise
mg/m^3	ml/m^3	Spitzenbegrenzung	Art Bemerkungen H, S	Herkunft Staubklasse		W	F	
9	10	11	12	13	14		15	16
			2					ZVG 82860
s. Cobalt			S		ZH...15 BIA 6690	4	1	EKA	TRGS 901 Nr. 12 ZVG 3600
s. Cobalt			S		ZH...15 BIA 6690	4	1	EKA	TRGS 901 Nr. 12 ZVG 500064
						4	1		ZVG 14120
						5	1		ZVG 510124
			S			4	1		ZVG 492147 Zersetzung zu Formaldehyd möglich
						4	1		ZVG 510128
						5	1		ZVG 510129
			H			5	1		ZVG 12230
			H			5	1		ZVG 26410
						4	1		ZVG 510130

Stoffidentität EG-Nr. CAS-Nr.	Stoff					Zubereitungen	
	Einstufung				Kennzeichnung	Konzentrationsgrenzen	Einstufung/ Kennzeichnung
	krebserz. K	erbgutveränd. M	fort.-pfl.gef. R_E/R_F	Gefahrensymbol R-Sätze	Gefahrensymbol R-Sätze S-Sätze	in Prozent	Gefahrensymbol R-Sätze
1	2	3	4	5	6	7	8
4-CPA (4-Chlorphenoxyessigsäure) 204-581-3 122-88-3 Salze von 4-CPA s. Diethanolamin				Xn; R22	Xn R: 22 S: (2)		
Crimidine (ISO) 208-622-6 535-89-7				T+; R28	T+ R: 28 S: (1/2)-36/37-45		
Cristobalit 238-455-4 14464-46-1							
Crotonaldehyd s. 2-Butenal							
Crotoxyphos (ISO) 231-720-5 7700-17-6				T; R24/25	T R: 24/25 S: (1/2)-28-36/ 37-45		
Crufomat (ISO) 206-083-1 299-86-5				Xn; R21/22 N; R50-53	Xn, N R: 21/22-50/53 S: (2)-36/37-60-61		
Cryolit s. Aluminiumtrinatriumhexafluorid							
o-Cumenylmethylcarbamat s. Isoprocarb (ISO)							
Cumol s. Isopropylbenzol							
Cumolhydroperoxid 80% s. α,α-Dimethylbenzylhydroperoxid 80%							
Cyanacrylsäureethylester 7085-85-0					Herstellereinstufung beachten		
Cyanacrylsäuremethylester 205-275-2 137-05-3					Herstellereinstufung beachten		

Grenzwert (Luft)					Meßverfahren	Risikofaktoren nach TRGS 440		Arbeitsmedizin Werte im biolog. Material	relevante Regeln/Literatur Hinweise
mg/m^3	ml/m^3	Spitzenbegrenzung	Art Bemerkungen H, S	Herkunft Staubklasse		W	F		
9		10	11	12	13	14		15	16
						3	1		ZVG 510125
						5	1		ZVG 510126
0,15 A			MAK 24	DFG M	BIA 8522 HSE 76				TRGS 508 und VBG 119 ZVG 570103
			H			4	1		ZVG 510202
5 E			MAK H	AUS — NL L		3	1		ZVG 510127
					OSHA 55				ZVG 510793
8	2		MAK	DFG	OSHA 55	2	1		ZVG 41150

Stoffidentität EG-Nr. CAS-Nr.	Stoff					Zubereitungen	
	Einstufung				Kennzeichnung	Konzentrationsgrenzen	Einstufung/ Kennzeichnung
	krebserz. K	erbgutveränd. M	fort.-pfl.gef. R_E/R_F	Gefahrensymbol R-Sätze	Gefahrensymbol R-Sätze S-Sätze	in Prozent	Gefahrensymbol R-Sätze
1	2	3	4	5	6	7	8
Cyanamid 206-992-3 420-04-2				T; R25 Xn; R21 Xi; R36/38 R43	T R: 21-25-36/38-43 S: (1/2)-3-22-36/ 37-45		
Cyanazin (ISO) 244-544-9 21725-46-2				Xn; R22	Xn R: 22 S: (2)-37		
4-Cyan-2,6-diiodophenyl-octanoat 223-375-4 3861-47-0			3 (R_E)	R63 Xn; R22	Xn R: 22-63 S: (2)-36/37		
2'-(2-Cyan-4,6-dinitrophenylazo)-5'-(N,N-dipropylamino)-propionanilid 403-010-7 106359-94-8				R43 R52-53	Xi R: 43-52/53 S: (2)-22-24-37-61		
Cyanide s. Blausäuresalze							
S-[N-(1-Cyan-1-methyl-ethyl)carbamoylmethyl]-O,O-diethylthiophosphat s. Cyanthoat (ISO)							
2-[4-(4-Cyan-3-methyl-isothiazol-5-ylazo)-N-ethyl-3-methylanilino]-ethylacetat 405-480-9				Xn; R22-48/22 Xi; R38 R53	Xn R: 22-38-48/22-53 S: (2)-22-36/37-61		
Cyanofenphos (ISO) 13067-93-1				T; R25-39/25 Xn; R21 Xi; R36	T R: 21-25-36-39/25 S: (1/2)-36/37-45		
Cyanogen s. Oxalsäuredinitril							
Cyanogenchlorid 208-052-8 506-77-4				Herstellereinstufung beachten			
O-4-Cyanophenyl-O-ethylphenylthio-phosphonat s. Cyanofenphos (ISO)							

| Grenzwert (Luft) | | | | Meßverfahren | Risiko-faktoren nach TRGS 440 | | Arbeits-medizin Werte im biolog. Material | relevante Regeln/Literatur Hinweise |
mg/m³	ml/m³	Spitzen-begren-zung	Art Bemer-kungen H, S	Herkunft Staubklasse		W	F		
9	10	11	12	13	14		15	16
2 E			MAK H, S	EG L		4	1		ZVG 16160
						3	1		ZVG 510131
						3	1		ZVG 510262
			S			4	1		ZVG 530717
						4	1		ZVG 900561
			H			4	1		ZVG 490531
0,75			MAK	AUS – NL					ZVG 14460

Stoffidentität EG-Nr. CAS-Nr.	Stoff					Zubereitungen	
	Einstufung				Kennzeichnung	Konzentrationsgrenzen	Einstufung/ Kennzeichnung
	krebs- erz. K	erbgut- veränd. M	fort.- pfl.gef. R_E/R_F	Gefahren- symbol R-Sätze	Gefahrensymbol R-Sätze S-Sätze	in Prozent	Gefahren- symbol R-Sätze
1	2	3	4	5	6	7	8
Cyanophos (ISO) 220-130-3 2636-26-2				Xn; R21/22 N; R50-53	Xn, N R: 21/22-50/53 S: (2)-36/37-60-61		
2-Cyanopropan-2-ol 200-909-4 75-86-5				T+; R26/27/28 N; R50	T+, N R: 26/27/28-50 S: (1/2)-7/9-27- 45-61		
O-4-Cyanphenyl-O,O- dimethylthiophosphat s. Cyanophos (ISO)							
N-[4-(3-[4-Cyanphenyl]- ureido)-3-hydroxyphenyl]- 2-(2,4-di-tert-pentyl- phenoxy)octanamid 403-790-9 108673-51-4				R43 R53	Xi R: 43-53 S: (2)-24-37-61		
Cyanthoat (ISO) 223-099-4 3734-95-0				T+; R28 T; R24	T+ R: 24-28 S: (1/2)-36/37-45		
Cyanurylchlorid s. 2,4,6-Trichlor- 1,3,5-triazin							
Cyanwasserstoff 200-821-6 74-90-8				T+; R26 F+; R12	F+, T+ R: 12-26 S: (1/2)-7/9-16-36/ 37-38-45		
Cyanwasserstoff ...% Anm. B				T+; R26/27/28	T+ R: 26/27/28 S: (1/2)-7/9-16-36/ 37-38-45	7%≦C 1%≦C<7% 0,1%≦C<1%	T+; R26/27/28 T; R23/24/25 Xn; R20/21/22
Salze s. Salze der Blausäure							
Cyclobutan-1,3-dion 15506-53-3				F; R11	F R: 11 S: (2)-9-16-33		
4-Cyclododecyl-2,6- dimethylmorpholin s. Dodemorph (ISO)							
Cyclohexan 203-806-2 110-82-7				F; R11	F R: 11 S: (2)-9-16-33		

Grenzwert (Luft)					Meßverfahren		Risikofaktoren nach TRGS 440		Arbeitsmedizin Werte im biolog. Material	relevante Regeln/Literatur Hinweise
mg/m^3	ml/m^3	Spitzenbegrenzung	Art Bemerkungen H, S	Herkunft Staubklasse			W	F		
9	10	11	12		13		14		15	16
			H				3	1		ZVG 510132
			H		NIOSH 2506		5	1		ZVG 27250
			S				4	1		ZVG 900332
			H				5	1		ZVG 510133
11	10	4	MAK H	DFG	BIA 6725 OSHA ID 120		5	4		GefStoffV § 15d ZH 1/129.1 TRGS 512 ZVG 12450
			H				5	1		ZVG 530373
							2	2		ZVG 510134
1 050 (700)	300	4	MAK	DFG	BIA 6730 OSHA 7 NIOSH 1500		2	3		ZVG 13790

181

Stoffidentität EG-Nr. CAS-Nr.	Stoff					Zubereitungen	
	Einstufung				Kennzeichnung	Konzentrationsgrenzen	Einstufung/ Kennzeichnung
	krebs-erz. K	erbgut-veränd. M	fort.-pfl.gef. R_E/R_F	Gefahrensymbol R-Sätze	Gefahrensymbol R-Sätze S-Sätze	in Prozent	Gefahrensymbol R-Sätze
1	2	3	4	5	6	7	8
1,2-Cyclohexandicarbonsäureanhydrid 201-604-9 85-42-7				Xi; R36/37/38	Xi R: 36/37/38 S: (2)-23-39	1%≦C	Xi; R36/37/38
Cyclohexanol 203-630-6 108-93-0				Xn; R20/22 Xi; R37/38	Xn R: 20/22-37/38 S: (2)-24/25	25%≦C 20%≦C<25%	Xn; R20/22-37/38 Xi; R37/38
Cyclohexanon 203-631-1 108-94-1	—			R10 Xn; R20	Xn R: 10-20 S: (2)-25	25%≦C	Xn; R20
Cyclohexen 203-807-8 110-83-8				Herstellereinstufung beachten			
Cyclohexylacrylat Anm. D 221-319-3 3066-71-5				Xi; R37/38	Xi R: 37/38 S: (2)	10%≦C	Xi; R37/38
Cyclohexylamin 203-629-0 108-91-8				R10 Xn; R21/22 C; R34	C R: 10-21/22-34 S: (1/2)-36/37/39-45	25%≦C 10%≦C<25% 2%≦C<10%	C; R21/22-34 C; R34 Xi; R36/38
Cyclohexyldimethoxymethylsilan 402-140-1 17865-32-6				Xi; R38 N; R51-53	Xi, N R: 38-51/53 S: (2)-24-61		
2-Cyclohexyl-4,6-dinitrophenol s. Dinex							
N-Cyclohexyl-N-methoxy-2,5-dimethyl-3-furamid 262-302-0 60568-05-0		3		R40	Xn R: 40 S: (2)-36/37		
Cyclooct-4-en-1-ylmethylcarbonat 401-620-8 87731-18-8				R43	Xi R: 43 S: (2)-24-37		
1,3-Cyclopentadien 208-835-4 542-92-7				Herstellereinstufung beachten			

Grenzwert (Luft)					Meßverfahren		Risikofaktoren nach TRGS 440		Arbeitsmedizin Werte im biolog. Material	relevante Regeln/Literatur Hinweise
mg/m^3	ml/m^3	Spitzenbegrenzung	Art Bemerkungen H, S	Herkunft Staubklasse			W	F		
9	10	11	12		13		14		15	16
			S (R 42)				4	1		ZVG 510135 TRGS 908 Nr. 1
200	50	4	MAK		DFG		3	1		ZVG 16090
					OSHA 7 NIOSH 1402 BIA 6732					
80	20	=1=	MAK Y, H		AGS		3	1		ZVG 12660 TRGS 906 Nr. 9
					BIA 6734 OSHA 1 HSE 72					
1 015	300	4	MAK		DFG		2	3		ZVG 27890
					OSHA 7 NIOSH 1500					
							2	1		ZVG 510137
40	10	=1=	MAK H		DFG		3	2		ZVG 11880
					NIOSH 221					
							2	1		ZVG 530623
							4	1		ZVG 73830
			S				4	1		ZVG 496653
200	75		MAK		DFG		2	4		ZVG 30540
					NIOSH 2523					

Stoffidentität EG-Nr. CAS-Nr.	Stoff					Zubereitungen	
	Einstufung				Kennzeichnung	Konzentrationsgrenzen	Einstufung/ Kennzeichnung
	krebserz. K	erbgutveränd. M	fort.-pfl.gef. R_E/R_F	Gefahrensymbol R-Sätze	Gefahrensymbol R-Sätze S-Sätze	in Prozent	Gefahrensymbol R-Sätze
1	2	3	4	5	6	7	8
Cyclopentan 206-016-6 287-92-3				F; R11	F R: 11 S: (2)-9-16-29-33		
Cyclopentanon 204-435-9 120-92-3				R10 Xi; R36/38	Xi R: 10-36/38 S: (2)-23		
1,2,3,4-Cyclopentantetra-carbonsäuredianhydrid 227-964-7 6053-68-5				Xi; R36/37	Xi R: 36/37 S: (2)-25	1%≦C	Xi; R36/37
Cyclopropan 200-847-8 75-19-4				F+; R12	F+ R: 12 S: (2)-9-16-33		
N-(Cyclopropylmethyl)-α,α,α-trifluor-2,6-dinitro-N-propyl-p-toluidin s. Profluralin (ISO)							
Cyhexatin (ISO) 236-049-1 13121-70-5				Xn; R20/21/22	Xn R: 20/21/22 S: (2)-13		

Grenzwert (Luft)				Meßverfahren	Risikofaktoren nach TRGS 440		Arbeitsmedizin Werte im biolog. Material	relevante Regeln/Literatur Hinweise
mg/m^3 ml/m^3	Spitzenbegrenzung	Art Bemerkungen H, S	Herkunft Staubklasse		W	F		
9	10	11	12	13	14		15	16
s. Kohlenwasserstoffgemische				TRGS 901 Nr. 72, Teil 2	2	4		ZVG 27960
690		MAK	AUS – DK		2	3		ZVG 27970
					2	1		ZVG 510138
					2	4		ZVG 31000
s. organische Zinnverbindungen		H		NIOSH 5504	3	1		ZVG 510140

Stoffidentität EG-Nr. CAS-Nr.	Stoff Einstufung				Stoff Kennzeichnung		Zubereitungen Konzentrationsgrenzen	Zubereitungen Einstufung/ Kennzeichnung
	krebs-erz. K	erbgut-veränd. M	fort.-pfl.gef. R_E/R_F	Gefahren-symbol R-Sätze	Gefahrensymbol R-Sätze S-Sätze	in Prozent	Gefahren-symbol R-Sätze
1	2	3	4	5	6	7	8
2,4-D (ISO) (2,4-Dichlor-phenoxyessigsäure) 202-361-1 94-75-7 Salze und Ester der 2,4-D Anm. A				Xn; R22 Xi; R36/37/38 Xn; R20/21/22	Xn R: 22-36/37/38 S: (2)-36/37 Xn R: 20/21/22 S: (2)-13		
Dalapon s. 2,2-Dichlor-propionsäure							
Daminozid 216-485-9 1596-84-5	3			R40	Xn R: 40 S: (2)-36/37		
Dapson 201-248-4 80-08-0				Xn; R22	Xn R: 22 S: (2)-22		
Dazomet (ISO) 208-576-7 533-74-4				Xn; R22 Xi; R36	Xn R: 22-36 S: (2)-15-22-24		
2,4-DB [4-(2,4-Dichlor-phenoxy)buttersäure] 202-366-9 94-82-6 Salze von 2,4-DB Anm. A				Xn; R21/22 Xn; R20/21/22	Xn R: 21/22 S: (2)-36/37 Xn R: 20/21/22 S: (2)-13		
DDT 200-024-3 50-29-3	3			T; R25-48/25 R40 N; R50-53	T, N R: 25-40-48/ 25-50/53 S: (1/2)-22-36/ 37-45-60-61		
DDVP s. Dichlorvos							
Decaboran 241-711-8 17702-41-9					Hersteller-einstufung beachten		
Decachlor-pentacyclo-[5.2.1.0^{2,6}.0^{3,9}.0^{5,8}]-decan-4-on s. Chlordecone (ISO)							

Grenzwert (Luft)					Meßverfahren	Risikofaktoren nach TRGS 440		Arbeitsmedizin Werte im biolog. Material	relevante Regeln/Literatur Hinweise
mg/m³	ml/m³	Spitzenbegrenzung	Art Bemerkungen H, S	Herkunft Staubklasse		W	F		
9	10	11	12		13	14		15	16
1 E		4	MAK 19 Y	DFG M	NIOSH 5001	3	1		ZVG 10970
1 E		4	H, Y			3	1		ZVG 530026
						4	1		ZVG 490337
						3	1		ZVG 490097
						3	1		ZVG 510142
			H			3	1		ZVG 510143
			H			3	1		ZVG 530027
1 E		4	MAK H	DFG M	NIOSH S 274	5	1		GefStoffV § 15, 43; Anh. IV, Nr. 20 ChemVerbotsV, Nr. 1 ZVG 12510
0,3	0,05	=1=	MAK H	DFG		2	1		ZVG 570109

Stoffidentität EG-Nr. CAS-Nr.	Stoff					Zubereitungen	
	Einstufung				Kennzeichnung	Konzentrationsgrenzen	Einstufung/ Kennzeichnung
	krebs-erz. K	erbgut-veränd. M	fort.-pfl.gef. R_E/R_F	Gefahren-symbol R-Sätze	Gefahrensymbol R-Sätze S-Sätze	in Prozent	Gefahren-symbol R-Sätze
1	2	3	4	5	6	7	8
Decachlortetra-cyclodecanon s. Chlordecone							
Decarbofuran 1583-67-3				T; R23/24/25	T R: 23/24/25 S: (1/2)-13-36/ 37-45		
Dehydracetsäure s. 3-Acetyl-6-methyl-2H-pyran-2,4(3H)-dion							
Demephion-O (ISO) 211-666-9 682-80-4				T+; R28 T; R24	T+ R: 24-28 S: (1/2)-28-36/ 37-45		
Demephion-S (ISO) 219-971-9 2587-90-8				T+; R28 T; R24	T+ R: 24-28 S: (1/2)-28-36/ 37-45		
Demeton 8065-48-3				T+; R27/28 N; R50	T+, N R: 27/28-50 S: (1/2)-28-36/ 37-45-61		
Demeton-O (ISO) 206-053-8 298-03-3				T+; R27/28 N; R50	T+, N R: 27/28-50 S: (1/2)-28-36/ 37-45-61		
Demeton-S (ISO) 204-801-8 126-75-0				T+; R27/28	T+ R: 27/28 S: (1/2)-28-36/ 37-45		
Demetonmethyl 212-758-1 8022-00-2							
Demeton-O-methyl (ISO) 212-758-1 867-27-6				T; R25	T R: 25 S: (1/2)-24-36/ 37-45		
Demeton-S-methyl (ISO) 213-052-6 919-86-8				T; R24/25 N; R51-53	T, N R: 24/25-51/53 S: (1/2)-28-36/ 37-45-61		

Grenzwert (Luft)					Meßverfahren	Risiko-faktoren nach TRGS 440		Arbeits-medizin Werte im biolog. Material	relevante Regeln/Literatur Hinweise
mg/m³	ml/m³	Spitzen-begren-zung	Art Bemer-kungen H, S	Herkunft Staubklasse		W	F		
9		10	11	12	13	14		15	16
			H			4	1		ZVG 510144
			H			5	1		ZVG 490277
			H			5	1		ZVG 510558
0,1	0,01	4	MAK H	DFG	NIOSH 5514	5	1		ZVG 570248
0,1	0,01	4	MAK H			5	1		ZVG 12370
0,1	0,01	4	MAK H			5	1		ZVG 510147
5	0,5	4	MAK H	DFG		4	1		ZVG 510146
5	0,5	4	MAK H			4	1		ZVG 510146
5	0,5	4	MAK H			4	1		ZVG 12530

Stoffidentität EG-Nr. CAS-Nr.	Stoff					Zubereitungen	
	Einstufung				Kennzeichnung	Konzentrationsgrenzen	Einstufung/ Kennzeichnung
	krebs-erz. K	erbgut-veränd. M	fort.-pfl.gef. R_E/R_F	Gefahrensymbol R-Sätze	Gefahrensymbol R-Sätze S-Sätze	in Prozent	Gefahrensymbol R-Sätze
1	2	3	4	5	6	7	8
Demeton-S-methylsulfon 241-109-5 17040-19-6				T; R25 Xn; R21	T R: 21-25 S: (1/2)-22-28-36/37-45		
Desmetryn (ISO) 213-800-1 1014-69-3				Xn; R21/22	Xn R: 21/22 S: (2)-36/37		
Diacetonalkohol s. 4-Hydroxy-4-methyl-pentan-2-on							
Diacetonalkohol, technisch 204-626-7 123-42-2				F; R11 Xi; R36	F, Xi R: 11-36 S: (2)-7-16-24/25	10%≦C	Xi; R36
Diacetonalkohol-methylether s. 4-Methoxy-4-methyl-2-pentanon							
N,N'-Diacetylbenzidin 210-338-2 613-35-4				Xn; R20/21/22	Xn R: 20/21/22 S: (2)-22-36		
Dialifos (ISO) 233-689-3 10311-84-9				T+; R28 T; R24 N; R50-53	T+, N R: 24-28-50/53 S: (1/2)-28-36/37-45-60-61		
Diallat (ISO) 218-961-1 2303-16-4		3		Xn; R22 R40	Xn R: 22-40 S: (2)-25-36/37		
N,N'-Diallylchloracetamid s. Allidochlor (ISO)							
Diallylphthalat 205-016-3 131-17-9				Xn; R22	Xn R: 22 S: (2)-24/25	25%≦C	Xn; R22
Diamindiisocyanatozink 401-610-3				Xn; R22 Xi; R41 N; R50 R42/43	Xn, N R: 22-41-42/43-50 S: (2)-22-26/37/39-41-61		

Grenzwert (Luft)					Meßverfahren	Risiko-faktoren nach TRGS 440		Arbeits-medizin Werte im biolog. Material	relevante Regeln/Literatur Hinweise
mg/m^3	ml/m^3	Spitzen-begrenzung	Art Bemer-kungen H, S	Herkunft Staubklasse		W	F		
9		10	11	12	13	14		15	16
			H			4	1		ZVG 12390
			H			3	1		ZVG 510148
240	50		MAK	DFG	OSHA 7 NIOSH 1402	2	1		ZVG 530119
			H			3	1		ZVG 510150
			H			5	1		ZVG 510151
			⌒			4	1		ZVG 510152
5			MAK	AUS — NL		3	1		ZVG 36910
			S			4	1		ZVG 530350

Stoffidentität EG-Nr. CAS-Nr.	Stoff					Zubereitungen	
	Einstufung				Kennzeichnung	Konzentrationsgrenzen	Einstufung/ Kennzeichnung
	krebs- erz. K	erbgut- veränd. M	fort.- pfl.gef. R_E/R_F	Gefahren- symbol R-Sätze	Gefahrensymbol R-Sätze S-Sätze	in Prozent	Gefahren- symbol R-Sätze
1	2	3	4	5	6	7	8
2,4-Diaminoanisol 210-406-1 615-05-4	2			Hersteller- einstufung beachten			
3,3'-Diaminobenzidin 202-110-6 91-95-2 und seine Salze	3			Hersteller- einstufung beachten			
1,2-Diaminobenzol s. o-Phenylendiamin							
1,3-Diaminobenzol s. m-Phenylendiamin							
1,4-Diaminobenzol s. p-Phenylendiamin							
4,4'-Diaminobiphenyl s. Benzidin							
4,4'-Diamino-3,3'- dichlordiphenylmethan s. 4,4'-Methylen- bis(2-chloranilin)							
4,4'-Diaminodiphenyl s. Benzidin							
4,4'-Diaminodiphenylether s. 4,4'-Oxydianilin							
4,4'-Diaminodi- phenylmethan Anm. E 202-974-4 101-77-9	2			R45 Xn; R20/21/22- 48/20/21 R43 N; R51-53	T, N R: 45-20/21/22-43- 48/20/21-51/53 S: 53-45-61		
4,4'-Diaminodiphenylsulfid s. 4,4'-Thiodianilin							
4,4'-Diaminodi- phenylsulfon s. Dapson							
1,2-Diaminoethan 203-468-6 107-15-3				R10 Xn; R21/22 C; R34 R42/43	C R: 10-21/22-34- 42/43 S: (1/2)-23-26-36/ 37/39-45	25%≦C 10%≦C<25% 2%≦C<10% 1%≦C<2%	C; R21/22-34- 42/43 C; R34-42/43 Xn; R36/38-42/43 Xn; R42/43

Grenzwert (Luft)					Meßverfahren	Risiko-faktoren nach TRGS 440		Arbeits-medizin Werte im biolog. Material	relevante Regeln/Literatur Hinweise
mg/m³	ml/m³	Spitzen-begren-zung	Art Bemer-kungen H, S	Herkunft Staubklasse		W	F		
9		10	11	12	13	14		15	16
0,5			EW 51, H	AGS	BIA 6075			33 VI, 3	TRGS 901 Nr. 47 ZVG 17970
0,003 E	0,03	4	MAK H	AGS H	BIA 6075	4	1	33 VI, 3	TRGS 901 Nr. 48 ZVG 491125
0,1 E		4	TRK H, S	AGS H	ZH...39 (94) BIA 6075 OSHA 57 HSE 75			33 VI, 3	TRGS 901 Nr. 24 ZVG 26450
25	10	4	MAK H, S	DFG	OSHA 60 NIOSH 2540	4	2		ZVG 32650

Stoffidentität EG-Nr. CAS-Nr.	Stoff					Zubereitungen	
	Einstufung				Kennzeichnung	Konzentrationsgrenzen	Einstufung/ Kennzeichnung
	krebserz. K	erbgutveränd. M	fort.-pfl.gef. R_E/R_F	Gefahrensymbol R-Sätze	Gefahrensymbol R-Sätze S-Sätze	in Prozent	Gefahrensymbol R-Sätze
1	2	3	4	5	6	7	8
1,3-Diamino-4-methylbenzol s. 2,4-Methyl-m-phenylendiamin							
3-[2-(Diaminomethylen-amino)thiazol-4-yl-methylthio]propiononitril 403-710-2 76823-93-3				Xn; R22 R52-53	Xn R: 22-52/53 S: (2)-22-61		
2,4-Diaminotoluol s. 4-Methyl-m-phenylendiamin							
2,4-Diaminotoluol-sulfat s. 4-Methyl-m-phenylendiaminsulfat							
2,5-Diaminotoluol-sulfat s. 2-Methyl-p-phenylendiaminsulfat							
S-[(4,6-Diamino-1,3,5-triazin-2-yl)-methyl]-O,O-dimethyl-dithiophosphat s. Menazon							
α,α'-Diamino-1,3-xylol 216-032-5 1477-55-0				Herstellereinstufung beachten			
o-Dianisidin s. 3,3'-Dimethoxybenzidin							
Diantimontrioxid s. Antimontrioxid							
Diarsenpentaoxid Anm. E (Arsenpentoxid) 215-116-9 1303-28-2	1			R45 T; R23/25	T R: 45-23/25 S: 53-45		
Diarsentrioxid Anm. E (Arsentrioxid) 215-481-4 1327-53-3	1			R45 T+; R28 C; R34	T+ R: 45-28-34 S: 53-45		

Grenzwert (Luft)				Meßverfahren	Risikofaktoren nach TRGS 440 W F	Arbeitsmedizin Werte im biolog. Material	relevante Regeln/Literatur Hinweise
mg/m³ ml/m³	Spitzenbegrenzung	Art Bemerkungen H, S	Herkunft Staubklasse				
9	10	11	12	13	14	15	16
					3 1		ZVG 900401
0,1		MAK	AUS — NL	OSHA 105 (m, p)		33 VI, 3	ZVG 491362
0,1 E	4	TRK 2, 5, 25	AGS H	ZH...3 BIA 6195		16 VI, 4	GefStoffV § 15, Anh. IV, Nr. 3 TRGS 901 Nr. 21 ChemVerbotsV, Nr. 10 ZVG 70440
0,1 E	4	TRK 2, 5, 25	AGS H	ZH...3 BIA 6195 EG NIOSH 7901	EKA	16 VI, 4	GefStoffV § 15, Anh. IV, Nr. 3 TRGS 901 Nr. 21 ChemVerbotsV, Nr. 10 ZVG 2100

Stoffidentität EG-Nr. CAS-Nr.	Stoff					Zubereitungen	
	Einstufung				Kennzeichnung	Konzentrationsgrenzen	Einstufung/ Kennzeichnung
	krebserz. K	erbgutveränd. M	fort.-pfl.gef. R_E/R_F	Gefahrensymbol R-Sätze	Gefahrensymbol R-Sätze S-Sätze	in Prozent	Gefahrensymbol R-Sätze
1	2	3	4	5	6	7	8
3,6-Diazaoctan-1,8-diamin 203-950-6 112-24-3				Xn; R21 C; R34 R43 R52-53	C R: 21-34-43-52/53 S: (1/2)-26-36/37/39-45-61	25%≤C 10%≤C<25% 5%≤C<10% 1%≤C<5%	C; R21-34-43 C; R34-43 Xi; R36/38-43 Xi; R43
Diazinon (ISO) 206-373-8 333-41-5				Xn; R22 N; R50-53	Xn, N R: 22-50/53 S: (2)-24/25-60-61		
Diazomethan 206-382-7 334-88-3	2			R45	T R: 45 S: 53-45		
Dibenz[a,h]anthracen 200-181-8 53-70-3	2			R45	T R: 45 S: 53-45		
Dibenz[b,e](1,4)dioxin s. 2,3,7,8-Tetrachlordibenzo-p-dioxin							
Dibenzodioxine und -furane, chlorierte s. auch 2,3,7,8-Tetrachlordibenzo-p-dioxin							
* Dibenzodioxine und -furane, polybromierte							
Dibenzo[a,e]pyren 192-65-4 Dibenzo[a,h]pyren 189-64-0 Dibenzo[a,i]pyren 189-55-9 s. Abschnitt 3.1							
Dibenzo[a,l]pyren 191-30-0 s. Abschnitt 3.1							
Dibenzoylperoxid 202-327-6 94-36-0				E; R2 O; R7 Xi; R36 R43	E, Xi R: 2-7-36-43 S: (2)-3/7-14-36/37/39		

Grenzwert (Luft)				Meßverfahren	Risiko-faktoren nach TRGS 440		Arbeits-medizin Werte im biolog. Material	relevante Regeln/Literatur Hinweise
mg/m^3	ml/m^3	Spitzen-begren-zung	Art Bemer-kungen H, S	Herkunft Staubklasse				
					W	F		
9	10	11	12	13	14		15	16
			H, S	NIOSH 2540 OSHA 60	4	1		ZVG 13410
0,1 E		4	MAK Y, H	DFG	OSHA 62 NIOSH 5600	3	1		ZVG 510154
0,01			EW 51	AGS	NIOSH 2515			40 VI, 43	TRGS 901 Nr. 49 ZVG 34010
								40 VI, 43	TRGS 551 ZVG 70450
50 pg/m^3		4	TRK 7, 14, 15, 29	AGS	ZH...47 (97) BIA 6880				GefStoffV § 41 TRGS 557, 518, 901 Nr. 42 Report „Dioxine am Arbeitsplatz" (Hrsg. HVBG) ZVG 530408 ChemVerbotsV, Nr. 4 BIA-Handbuch 120 245
50 pg/m^3			EW	AGS	BIA 6880				TRGS 901 Nr. 81
								40 VI, 43	TRGS 551 ZVG 530428 ZVG 530429 ZVG 530430
								40 VI, 43	TRGS 551 ZVG 530431
5 E		=1=	MAK S	DFG	BIA 6885 NIOSH 5009	4	1		ZVG 21630

Stoffidentität EG-Nr. CAS-Nr.	Stoff					Zubereitungen	
	Einstufung				Kennzeichnung	Konzentrationsgrenzen	Einstufung/ Kennzeichnung
	krebs- erz. K	erbgut- veränd. M	fort.- pfl.gef. R_E/R_F	Gefahren- symbol R-Sätze	Gefahrensymbol R-Sätze S-Sätze	in Prozent	Gefahren- symbol R-Sätze
1	2	3	4	5	6	7	8
Dibenzylphthalat 208-344-5 523-31-9				Hersteller- einstufung beachten			
Diboran 242-940-6 19287-45-7				Hersteller- einstufung beachten			
Dibrom s. Naled							
1,2-Dibrom-3-chlorpropan Anm. E 202-479-3 96-12-8	2	2	1 (R$_F$)	R45 R46, R60 T; R25 Xn; R48/20/22 R52-53	T R: 45-46-60-25- 48/20/22-52/53 S: 53-45-61		
2,6-Dibrom-4-cyan- phenyloctanoat 216-885-3 1689-99-2			3 (R$_E$)	R63 Xn; R21/22	Xn R: 21/22-63 S: (2)-36/37		
1,2-Dibrom-2,2-dichlor- ethyldimethylphosphat s. Naled (ISO)							
1,2-Dibrom-2,4- dicyanbutan s. 2-Brom-2-(brom- methyl)pentandinitril							
Dibromdifluormethan 200-885-5 75-61-6				Hersteller- einstufung beachten			
1,2-Dibromethan Anm. E 203-444-5 106-93-4	2			R45 T; R23/24/25 Xi; R36/37/38 N; R51-53	T, N R: 45-23/24/25- 36/37/38-51/53 S: 53-45-61	20%≦C 1%≦C<20% 0,1%≦C<1%	T; R45-23/24/ 25-36/37/38 T; R45-23/24/25 T; R45-20/21/22
3,5-Dibrom-4-hydroxy- benzaldehyd-O-(2,4- dinitrophenyl)oxim s. Bromofenoxim							
3,5-Dibrom-4- hydroxybenzonitril s. Bromoxynil (ISO)							

Grenzwert (Luft)					Meßverfahren	Risikofaktoren nach TRGS 440		Arbeitsmedizin Werte im biolog. Material	relevante Regeln/Literatur Hinweise
mg/m^3	ml/m^3	Spitzenbegrenzung	Art Bemerkungen H, S	Herkunft Staubklasse		W	F		
9	10	11	12	13	14		15	16	
3			MAK	AUS – S					
0,1	0,1	=1=	MAK	DFG	NIOSH 6006	5	4		ZVG 570112
0,05	0,005		EW 51	AGS	EG			40 VI, 43	TRGS 901 Nr. 29 ZVG 34020
			H		NIOSH 5010	3	1		ZVG 490340
860	100	4	MAK	DFG	OSHA 7 NIOSH 1012	2	4		ZVG 38910
0,8	0,1	4	TRK H	AGS	ZH...16 OSHA 2 HSE 45 EG			40 VI, 43	TRGS 901 Nr. 11 ZVG 13440

Stoffidentität EG-Nr. CAS-Nr.	Stoff					Zubereitungen	
	Einstufung				Kennzeichnung	Konzentrationsgrenzen	Einstufung/ Kennzeichnung
	krebserz. K	erbgutveränd. M	fort.-pfl.gef. R_E/R_F	Gefahrensymbol R-Sätze	Gefahrensymbol R-Sätze S-Sätze	in Prozent	Gefahrensymbol R-Sätze
1	2	3	4	5	6	7	8
Dibrommethan 200-824-2 74-95-3				Xn; R20 R52-53	Xn R: 20-52/53 S: (2)-24-61	12,5%≦C	Xn; R20
Di-n-butylamin 203-921-8 111-92-2				R10 Xn; R20/21/22	Xn R: 10-20/21/22 S: (2)		
Di-sec-butylamin 210-937-9 626-23-3				R10 Xn; R20/21/22	Xn R: 10-20/21-22 S: (2)		
2-(Di-n-butylamino)-ethanol 203-057-1 102-81-8				Herstellereinstufung beachten			
2,4-Di-tert-butyl-cyclohexanon 405-340-7 13019-04-0				Xi; R38 N; R51-53	Xi, N R: 38-51/53 S: (2)-37-61		
Di-n-butylether 205-575-3 142-96-1				R10 Xi; R36/37/38	Xi R: 10-36/37/38 S: (2)	10%≦C	Xi; R36/37/38
Di-n-butylhydrogen-phosphat 203-509-8 107-66-4				Herstellereinstufung beachten			
N,N-Di-n-butylnitrosamin s. N-Nitrosodi-n-butylamin							
Di-tert-butylperoxid 203-733-6 110-05-4				O; R7 F; R11	O, F R: 7-11 S: (2)-3/7-14-16-36/37/39		
2,6-Di-tert-butyl-p-kresol 204-881-4 128-37-0				Herstellereinstufung beachten			
Di-n-butylphenylphosphat 219-772-7 2528-36-1				Herstellereinstufung beachten			

Grenzwert (Luft)					Meßverfahren	Risiko-faktoren nach TRGS 440		Arbeits-medizin Werte im biolog. Material	relevante Regeln/Literatur Hinweise
mg/m^3	ml/m^3	Spitzen-begren-zung	Art Bemer-kungen H, S	Herkunft Staubklasse		W	F		
9	10	11	12		13	14		15	16
						3	2		ZVG 30900
29	5	=1=	MAK H 20	ARW		3	1		ZVG 27780
			H 20			3	1		ZVG 510155
14			MAK H	AUS − NL	NIOSH 2007				ZVG 71190
						2	1		ZVG 900410
						2	2		ZVG 28060
5			MAK	AUS − NL	NIOSH 5017				ZVG 20430
						2	2		ZVG 19060
10 E			MAK 29	AUS − NL L	NIOSH 226				ZVG 14260
3,5			MAK H	AUS − USA					

Stoffidentität EG-Nr. CAS-Nr.	Stoff					Zubereitungen	
	Einstufung				Kennzeichnung	Konzentrationsgrenzen	Einstufung/ Kennzeichnung
	krebserz. K	erbgutveränd. M	fort.- pfl.gef. R_E/R_F	Gefahrensymbol R-Sätze	Gefahrensymbol R-Sätze S-Sätze	in Prozent	Gefahrensymbol R-Sätze
1	2	3	4	5	6	7	8
Dibutylzinnhydrogenborat 401-040-5 75113-37-0				T; R48/25 Xn; R21/22 Xi; R41 N; R50-53 R43	T, N R: 21/22-41-43-48/ 25-50/53 S: (1/2)-22-26-36/ 37-45-60-61		
Dichlofenthion (ISO) 202-564-5 97-17-6				Xn; R22 N; R50-53	Xn, N R: 22-50/53 S: (2)-60-61		
Dichlofluanid (ISO) 214-118-7 1085-98-9				Xi; R36 R43 N; R50-53	Xi, N R: 36-43-50/53 S: (2)-22-24-60-61		
Dichlon (ISO) 204-210-5 117-80-6				Xn; R22 Xi; R36/38	Xn R: 22-36/38 S: (2)-26		
Dichloracetylchlorid 201-199-9 79-36-7				C; R35	C R: 35 S: (1/2)-9-26-45		
Dichloracetylen (Dichloroacetylen) 7572-29-4	2 **3**			E; R2 R40 Xn; R48/20	E, Xn R: 2-40-48/20 S: (2)-36/37		
S-2,3-Dichlorallyldiisopropylthiocarbamat s. Diallat (ISO)							
Dichloraniline s. Chloranilin 27134-27-6							
Dichlorbenil (ISO) 214-787-5 1194-65-6				Xn; R21	Xn R: 21 S: (2)-36/37		
3,3'-Dichlorbenzidin Anm. E 202-109-0 91-94-1	**2**			R45 Xn; R21 R43 N; R50-53	T, N R: 45-21-43-50/53 S: 53-45-60-61		
Salze von 3,3'- Dichlorbenzidin Anm. A, E	**2**			R45 Xn; R21 R43 N; R50-53	T, N R: 45-21-43-50/53 S: 53-45-60-61		

Grenzwert (Luft)					Meßverfahren	Risiko-faktoren nach TRGS 440		Arbeits-medizin Werte im biolog. Material	relevante Regeln/Literatur Hinweise
mg/m³	ml/m³	Spitzen-begren-zung	Art Bemer-kungen H, S	Herkunft Staubklasse		W	F		
9	10	11	12	13		14		15	16
s. organische Zinnverbindungen			H, S			5	1		ZVG 496637
						3	1		ZVG 510157
			S		BIA 6928	4	1		ZVG 12130
						3	1		ZVG 510156
						4	2		ZVG 25420
			51	AGS				40 VI, 43	TRGS 901 Nr. 30 ZVG 30710
			H			3	1		ZVG 27490
0,03 E	0,003	4	TRK H, S	AGS H	ZH...17 BIA 6075 OSHA 65 EG			33 VI, 3	TRGS 901 Nr. 13 ZVG 34090 ZVG 570238

Stoffidentität EG-Nr. CAS-Nr.	Stoff					Zubereitungen	
	Einstufung			Kennzeichnung		Konzentrationsgrenzen	Einstufung/ Kennzeichnung
	krebserz. K	erbgutveränd. M	fort.-pfl.gef. R_E/R_F	Gefahrensymbol R-Sätze	Gefahrensymbol R-Sätze S-Sätze	in Prozent	Gefahrensymbol R-Sätze
1	2	3	4	5	6	7	8
1,2-Dichlorbenzol (o-) 202-425-9 95-50-1				Xn; R22 Xi; R36/37/38 N; R50-53	Xn, N R: 22-36/37/38-50/53 S: (2)-23-60-61	20%≦C 5%≦C<20%	Xn; R22-36/37/38 Xn; R22
1,3-Dichlorbenzol (m-) 208-792-1 541-73-1				Xn; R22 N; R51-53	Xn, N R: 22-51/53 S: (2)-61		
* 1,4-Dichlorbenzol (p-) 203-400-5 106-46-7				Xn; R22 Xi; R36/38	Xn R: 22-36/38 S: (2)-22-24/25-46		
2,6-Dichlorbenzonitril s. Dichlobenil (ISO)							
1,4-Dichlorbut-2-en Anm. E 212-121-8 764-41-0	2			R45 T+; R26 T; R24/25 C; R34 N; R50-53	T+, N R: 45-24/25-26-34-50/53 S: 53-45-60-61	§ 35 (0,01)	
3,7-Dichlorchinolin-8-carbonsäure 402-780-1 84087-01-4				R43	Xi R: 43 S: (2)-24-37		
Dichlor[(dichlorphenyl)-methyl]methylbenzol, Isomerengemisch 278-404-3 76253-60-6				N; R50-53	N R: 50/53 S: 60-61		
2,2'-Dichlordiethylether 203-870-1 111-44-4				R10 T+; R26/27/28 Xn; R40	T+ R: 10-26/27/28-40 S: (1/2)-7/9-27-38-45	7%≦C 1%≦C<7% 0,1%≦C<1%	T+; R26/27/28-40 T; R23/24/25-40 Xn; R20/21/22
2,2'-Dichlordiethylsulfid 505-60-2	1			Herstellereinstufung beachten		§ 35 (0,01)	
3,5-Dichlor-2,4-difluor-benzoylfluorid 401-800-6 101513-70-6				T; R23 C; R34 Xn; R22 R43 R29 R52-53	T, C R: 22-23-29-34-43-52/53 S: (1/2)-26-36/37/39-45-61		

Grenzwert (Luft)					Meßverfahren	Risiko-faktoren nach TRGS 440		Arbeits-medizin Werte im biolog. Material	relevante Regeln/Literatur Hinweise
mg/m³	ml/m³	Spitzen-begren-zung	Art Bemer-kungen H, S	Herkunft Staubklasse		W	F		
9		10	11	12	13	14		15	16
300	50	4	MAK Y, H	DFG	DFG, HSE 28 OSHA 7 NIOSH 1003	3	1		ZVG 11820
20	3,3	4	MAK H	ARW		3	1		ZVG 34510
300	50	4	MAK Y	DFG	OSHA 7 NIOSH 1003 DFG	3	1	BAT	ZVG 15430
0,05	0,01	4	TRK H	AGS	ZH...32			40 VI, 43	TRGS 901 Nr. 36 ZVG 39160
			S			4	1		ZVG 496699
						2	1		ZVG 530351
60	10	4	MAK H	DFG	NIOSH 1004	5	1		ZVG 37680
			H, 51	AGS				40 VI, 43	TRGS 901 Nr. 59 ZVG 510748
			S			4	1		ZVG 496665

205

Stoffidentität EG-Nr. CAS-Nr.	Stoff					Zubereitungen	
	Einstufung				Kennzeichnung	Konzentrationsgrenzen	Einstufung/ Kennzeichnung
	krebserz. K	erbgutveränd. M	fort.-pfl.gef. R_E/R_F	Gefahrensymbol R-Sätze	Gefahrensymbol R-Sätze S-Sätze	in Prozent	Gefahrensymbol R-Sätze
1	2	3	4	5	6	7	8
Dichlordifluormethan (R 12) 200-893-9 75-71-8				Herstellereinstufung beachten			
Dichlordimethylether s. Bis(chlormethyl)ether							
α,α-Dichlordimethylether s. Bis(chlormethyl)ether							
1,3-Dichlor-5,5-dimethylhydantoin 204-258-7 118-52-5				Herstellereinstufung beachten			
Dichlordiphenyl-trichlorethan s. DDT							
Dichloressigsäure 201-207-0 79-43-6				C; R35	C R: 35 S: (1/2)-26-45		
1,1-Dichlorethan 200-863-5 75-34-3				F; R11 Xn; R22 Xi; R36/37 R52-53	F, Xn R: 11-22-36/37-52/53 S: (2)-16-23-61	20%≦C 12,5%≦C <20%	Xn; R22-36/37 Xn; R22
1,2-Dichlorethan Anm. E 203-458-1 107-06-2	2			F; R11 R45 Xn; R22 Xi; R36/37/38	F, T R: 45-11-22-36/37/38 S: 53-45	25%≦C 20%≦C<25% 0,1%≦C<20%	T; R45-22-36/37/38 T; R45-36/37/38 T; R45
1,1-Dichlorethen Anm. D 200-864-0 75-35-4	3			F+; R12 Xn; R20-40	F+, Xn R: 12-20-40 S: (2)-7-16-29	12,5%≦C 1%≦C<12,5%	Xn; R20-40 Xn; R40
1,2-Dichlorethen Anm. C 208-750-2 540-59-0				F; R11 Xn; R20 R52-53	F, Xn R: 11-20-52/53 S: (2)-7-16-29-61	12,5%≦C	Xn; R20
Dichlorethin s. Dichloracetylen							
1,2-Dichlorethylen s. 1,2-Dichlorethen							

Grenzwert (Luft)					Meßverfahren	Risikofaktoren nach TRGS 440		Arbeitsmedizin Werte im biolog. Material	relevante Regeln/Literatur Hinweise
mg/m^3	ml/m^3	Spitzenbegrenzung	Art Bemerkungen H, S	Herkunft Staubklasse		W	F		
9	10	11	12	13	14			15	16
5 000	1 000	4	MAK Y	DFG	NIOSH 1018 DFG	2	4		ZVG 26210
0,2 E			MAK	AUS – NL M					
						4	1		ZVG 24970
400	100	4	MAK	DFG	BIA 6975 HSE 28 OSHA 7	3	3		ZVG 30340
20	5	4	TRK	AGS	ZH...48 DFG BIA 6976 OSHA 3			40 VI, 43	TRGS 901 Nr. 43 ZVG 10500
8	2	4	MAK Y	DFG	BIA 6978 OSHA 19 HSE 28 NIOSH 1015	4	4		ZVG 13230 ChemVerbotsV Nr. 16 GefStoffV, Anh. III Nr. 14
790	200	4	MAK	DFG	BIA 6979 HSE 28 OSHA 7	3	4		ZVG 20780 ZVG 510749 (c) ZVG 510750 (t)

Stoffidentität EG-Nr. CAS-Nr.	Stoff					Zubereitungen	
	Einstufung				Kennzeichnung	Konzentrationsgrenzen	Einstufung/ Kennzeichnung
	krebserz. K	erbgutveränd. M	fort.-pfl.gef. R_E/R_F	Gefahrensymbol R-Sätze	Gefahrensymbol R-Sätze S-Sätze	in Prozent	Gefahrensymbol R-Sätze
1	2	3	4	5	6	7	8
1,1-Dichlorethylen s. 1,1-Dichlorethen							
1,2-Dichlorethylmethylether s. 1,2-Dichlormethoxyethan							
α,β-Dichlorethylmethylether s. 1,2-Dichlormethoxyethan							
1,3-Dichlor-5-ethyl-5-methylimidazolidin-2,4-dion 401-570-7 89415-87-2				O; R8 T+; R26 C; R34 Xn; R22 R43 N; R50	O, T+, N R: 8-22-26-34-43-50 S: (1/2)-8-26-36/39-45-61		
2,4-Dichlor-3-ethylphenol 401-060-4				C; R34 N; R50-53	C, N R: 34-50/53 S: (1/2)-26-36/39-45-60-61		
Dichlorfluormethan (R 21) 200-869-8 75-43-4				Herstellereinstufung beachten			
N-Dichlorfluormethyl-thio-N',N'-dimethyl-N-phenylsulfamid s. Dichlofluanid (ISO)							
N-(Dichlorfluormethyl-thio)phthalimid 211-952-3 719-96-0				Xi; R38	Xi R: 38 S: (2)-28		
α-Dichlorhydrin s. 1,3-Dichlor-2-propanol							

Grenzwert (Luft)					Meßverfahren	Risiko-faktoren nach TRGS 440		Arbeits-medizin Werte im biolog. Material	relevante Regeln/Literatur Hinweise
mg/m^3	ml/m^3	Spitzen-begren-zung	Art Bemer-kungen H, S	Herkunft Staubklasse		W	F		
9	10	11	12	13	14			15	16
			S			5	1		ZVG 496652
						3	1		ZVG 496638
43	10	4	MAK	DFG	NIOSH 2516	3	4		ZVG 38940
						2	1		ZVG 510158

Stoffidentität EG-Nr. CAS-Nr.	Stoff					Zubereitungen	
	Einstufung				Kennzeichnung	Konzentrationsgrenzen	Einstufung/ Kennzeichnung
	krebserz. K	erbgutveränd. M	fort.-pfl.gef. R_E/R_F	Gefahrensymbol R-Sätze	Gefahrensymbol R-Sätze S-Sätze	in Prozent	Gefahrensymbol R-Sätze
1	2	3	4	5	6	7	8
Dichlorisocyanursäure 220-487-5 2782-57-2				O; R8 Xn; R22 R31 Xi; R36/37	O, Xn R: 8-22-31-36/37 S: (2)-8-26-41		
Dichlorisocyanursäure, Natriumsalz 220-767-7 2893-78-9				O; R8 Xn; R22 R31 Xi; R36/37	O, Xn R: 8-22-31-36/37 S: (2)-8-26-41	10%≦C	Xn; R22/31-36/37
Dichlorisocyanursäure, Kaliumsalz 218-828-8 2244-21-5				O; R8 Xn; R22 R31 Xi; R36/37	O, Xn R: 8-22-31-36/37 S: (2)-8-26-41	10%≦C	Xn; R22/31-36/37
Dichlormethan 200-838-9 75-09-2		3		R40	Xn R: 40 S: (2)-23-24/25-36/37		
1,2-Dichlormethoxyethan 41683-62-9	—	3	—	Herstellereinstufung beachten			
1,3-Dichlor-4-methylbenzol s. 2,4-Dichlortoluol							
Dichlormethylbenzole s. Dichlortoluol (Isomerengemisch)							
2,2'-Dichlor-4.4'-methylendianilin s. 4,4'-Methylen-bis-(2-chloranilin)							
4,4-Dichlor-2,2'-methylendiphenol s. Dichlorophen (ISO)							
3-[2,4-Dichlor-5-(1-methylethoxy)phenyl]-5-(1,1-dimethylethyl)-1,3,4-oxadiazol-2(3H)-on S. Oxadiazon							
2,3-Dichlor-1,4-naphthochinon s. Dichlon (ISO)							

Grenzwert (Luft)					Meßverfahren	Risiko-faktoren nach TRGS 440		Arbeits-medizin Werte im biolog. Material	relevante Regeln/Literatur Hinweise
mg/m³	ml/m³	Spitzen-begren-zung	Art Bemer-kungen H, S	Herkunft Staubklasse		W	F		
9	10	11	12	13		14	15	16	
						3	1		ZVG 510159
						3	1		s. auch Natriumdichlor-isocyanurdihydrat ZVG 510160
						3	1		ZVG 510161
360	100	4	MAK	DFG	DFG BIA 7000 OSHA 59, 80 HSE 28	4	4	BAT	TRGS 612 ZH 1/194 ZVG 12630 BIA-Arbeitsmappe 1015
			(H)			4	2		ZVG 530440 TRGS 906 Nr. 10

Stoffidentität EG-Nr. CAS-Nr.	Stoff					Zubereitungen	
	Einstufung				Kennzeichnung	Konzentrationsgrenzen	Einstufung/ Kennzeichnung
	krebserz. K	erbgutveränd. M	fort.-pfl.gef. R_E/R_F	Gefahrensymbol R-Sätze	Gefahrensymbol R-Sätze S-Sätze	in Prozent	Gefahrensymbol R-Sätze
1	2	3	4	5	6	7	8
2,6-Dichlor-4-nitroanisol 403-350-6 17742-69-7				T; R25 N; R51-53	T, N R: 25-51/53 S: (1/2)-36/37-45-61		
1,1-Dichlor-1-nitroethan 209-854-0 594-72-9				T; R23/24/25	T R: 23/24/25 S: (1/2)-26-45		
Dichlorodiphenyltrichlorethan s. DDT							
Dichlorophen (ISO) 202-567-1 97-23-4				Xn; R22 Xi; R36	Xn R: 22-36 S: (2)-26		
2,4-Dichlorphenol 204-429-6 120-83-2				Xn; R21/22 C; R34 N; R51-53	C, N R: 21/22-34-51/53 S: (1/2)-26-36/37/39-45-61		
4-(2,4-Dichlorphenoxy)-buttersäure s. 2,4-DB							
2,4-Dichlorphenoxyessigsäure s. 2,4-D (ISO)							
2-(2,4-Dichlorphenoxy)-ethylhydrogensulfat s. Disul							
(+)-R-2-(2,4-Dichlorphenoxy)propionsäure 403-980-1 15165-67-0				Xn; R22 Xi; R38-41 R43	Xn R: 22-38-41-43 S: (2)-24-26-37/39		
2-(2,4-Dichlorphenoxy)-propionsäure 204-390-5 120-36-5				Xn; R21/22 Xi; R38-41	Xn R: 21/22-38-41 S: (2)-26-36/37		
Salze von 2-(2,4-Dichlorphenoxypropionsäure Anm. A				Xn; R20/21/22	Xn R: 20/21/22 S: (2)-13		

Grenzwert (Luft)					Meßverfahren		Risiko-faktoren nach TRGS 440		Arbeits-medizin Werte im biolog. Material	relevante Regeln/Literatur Hinweise
mg/m^3	ml/m^3	Spitzen-begren-zung	Art Bemer-kungen H, S	Herkunft Staubklasse			W	F		
9	10	11	12		13		14		15	16
							4	1		
60	10		MAK H	DFG			4	2		ZVG 41180
					OSHA 7 NIOSH 1601					
							3	1		ZVG 21910
			H				3	1		ZVG 10880
			S				4	1		ZVG 530251
			H				4	1		ZVG 10980
			H				3	1		ZVG 530031

Stoffidentität EG-Nr. CAS-Nr.	Stoff					Zubereitungen	
	Einstufung				Kennzeichnung	Konzentrationsgrenzen	Einstufung/ Kennzeichnung
	krebs- erz. K	erbgut- veränd. M	fort.- pfl.gef. R_E/R_F	Gefahren- symbol R-Sätze	Gefahrensymbol R-Sätze S-Sätze	in Prozent	Gefahren- symbol R-Sätze
1	2	3	4	5	6	7	8
1-[(2-[2,4-Dichlorphenyl]- 1,3-dioxolan-2-yl)methyl]- 1H-1,2,4-triazol s. Azaconazol (ISO)							
1-(3,4-Dichlorphenyl- imino)thiosemicarbazid 5836-73-7				T+; R28	T+ R: 28 S: (1/2)-22-36/ 37-45		
3-(3,4-Dichlorphenyl)-1- methoxy-1-methylharnstoff s. Linuron (ISO)							
2-(3,4-Dichlorphenyl)- 4-methyl-1,2,4-oxadi- azolidindion 243-761-6 20354-26-1				Xn; R21/22 Xi; R36/38	Xn R: 21/22-36/38 S: (2)-36/37		
2,4-Dichlorphenyl- 4-nitrophenylether s. Nitrofen (ISO)							
O-2,4-Dichlorphenyl- O,O-diethylthiophosphat s. Dichlofenthion (ISO)							
α-2,4-Dichlorphenyl- α-phenylpyrimidin-5- yl-methanol s. Triarimol							
S-(2,5-Dichlorphenyl- thio)methyl-O,O-di- ethyl-dithiophosphat s. Phenkapton							
Dichlorprop (ISO) s. 2-(2,4-Dichlor- phenoxy)propionsäure							
1,2-Dichlorpropan 201-152-2 78-87-5	3			F; R11 Xn; R20/22	F, Xn R: 11-20/22 S: (2)-16-24		
1,3-Dichlor-2-propanol Anm. E 202-491-9 96-23-1	2			R45 T; R25 Xn; R21	T R: 45-21-25 S: 53-45		

Grenzwert (Luft)				Meßverfahren	Risiko-faktoren nach TRGS 440		Arbeits-medizin Werte im biolog. Material	relevante Regeln/Literatur Hinweise
mg/m^3	ml/m^3	Spitzen-begren-zung	Art Bemer-kungen H, S	Herkunft Staubklasse		W	F	
9	10	11	12	13	14		15	16
					5	1		ZVG 510337
			H		3	1		ZVG 490609
				HSE 28 OSHA 7 NIOSH 1013	4	3		ZVG 13500
			H				40 VI, 43	ZVG 32050

Stoffidentität EG-Nr. CAS-Nr.	Stoff					Zubereitungen	
	Einstufung				Kennzeichnung	Konzentrationsgrenzen	Einstufung/ Kennzeichnung
	krebserz. K	erbgutveränd. M	fort.-pfl.gef. R_E/R_F	Gefahrensymbol R-Sätze	Gefahrensymbol R-Sätze S-Sätze	in Prozent	Gefahrensymbol R-Sätze
1	2	3	4	5	6	7	8
Dichlorpropen (alle Isomeren außer 1,1- und 1,3-Dichlor-1-propen) 248-134-0 26952-23-8					Herstellereinstufung beachten		
1,1-Dichlorpropen 209-253-3 563-58-6				F; R11 T; R25 R52-53	F, T R: 11-25-52/53 S: (1/2)-16-29-33-45-61		
1,3-Dichlorpropen Anm. C, D 208-826-5 542-75-6 233-195-8 (Z-) 10061-01-5 (Z-)	2[1]	3[1]	—	R10 T; R25 Xn; R20/21 Xi; R36/37/38 R43 N; R50-53	T, N R: 10-20/21-25-36/37/38-43-50/53 S: (1/2)-36/37-45-60-61		
3',4'-Dichlorpropionanilid s. Propanil (ISO)							
2,2-Dichlorpropionsäure 200-923-0 75-99-0				Xn; R22 Xi; R38-41	Xn R: 22-38-41 S: (2)-26-39		
Natriumsalz der 2,2-Dichlorpropionsäure 204-828-5 127-20-8					Herstellereinstufung beachten		
3,6-Dichlorpyridin-2-carbonsäure 216-935-4 1702-17-6				Xi; R41 N; R51-53	Xi, N R: 41-51/53 S: (2)-26-39-61		
1,2-Dichlor-1,1,2,2-tetrafluorethan (R 114) 200-937-7 76-14-2					Herstellereinstufung beachten		
3,5-Dichlor-4-(1,1,2,2-tetrafluorethoxy)anilin 401-790-3 104147-32-2				Xn; R22 N; R50-53	Xn, N R: 22-50/53 S: (2)-24/25-26-57-60-61		
2,6-Dichlor(thio)benzamid s. Chlorthiamid (ISO)							

Grenzwert (Luft)					Meßverfahren	Risikofaktoren nach TRGS 440 W F	Arbeitsmedizin Werte im biolog. Material	relevante Regeln/Literatur Hinweise
mg/m^{-3}	ml/m^{-3}	Spitzenbegrenzung	Art Bemerkungen H, S	Herkunft Staubklasse				
9		10	11	12	13	14	15	16
5			MAK H	AUS — DK				ZVG 27370
5			MAK H	AUS — DK		4 3		ZVG 510425
0,5[1)]	0,11	4	TRK H, S	AGS	ZH...55		40 VI, 43	ZVG 38900 TRGS 901 Nr. 69 [1)] technisches Gemisch
6	1		MAK	DFG		4 1		ZVG 27510
6	1		MAK	DFG		2 1		ZVG 30380
7 000	1 000	4	MAK	DFG	DFG NIOSH 1018	2 4		ZVG 38930
						3 1		ZVG 496664

Stoffidentität EG-Nr. CAS-Nr.	Stoff					Zubereitungen	
	Einstufung				Kennzeichnung	Konzentrationsgrenzen	Einstufung/ Kennzeichnung
	krebs-erz. K	erbgut-veränd. M	fort.-pfl.gef. R_E/R_F	Gefahrensymbol R-Sätze	Gefahrensymbol R-Sätze S-Sätze	in Prozent	Gefahrensymbol R-Sätze
1	2	3	4	5	6	7	8
α,α-Dichlortoluol 202-709-2 98-87-3	3			R40 T; R23 Xn; R22 Xi; R37/38-41	T R: 22-23-37/ 38-40-41 S: (1/2)-36/ 37-38-45		
2,4-Dichlortoluol 202-445-8 95-73-8					Herstellereinstufung beachten		
Dichlortoluol*) (Isomerengemisch) 249-854-8 29797-40-8					Herstellereinstufung beachten		
1,3-Dichlor-5H-(1,3,5)-triazin-2,4,6-trion s. Dichlorisocyanursäure							
1,3-Dichlor-5H-(1,3,5)-triazin-2,4,6-trion, Kaliumsalz s. Dichlorisocyanursäure, Kaliumsalz							
1,3-Dichlor-5H-(1,3,5)-triazin-2,4,6-trion, Natriumsalz s. Dichlorisocyanursäure, Natriumsalz							
2,2-Dichlor-1,1,1-trifluorethan (R 123) (1,1-Dichlor-2,2,2-trifluorethan) 206-190-3 306-83-2	3	—	—		Herstellereinstufung beachten		
2,2-Dichlorvinyldimethylphosphat s. Dichlorvos (ISO)							
O-(2,2-Dichlorvinyl)-O-methyl-O-(2-ethyl-sulfinylethyl)phosphat 7076-53-1				T; R23/24/25	T R: 23/24/25 S: (1/2)-13-45		

Grenzwert (Luft)					Meßverfahren	Risiko-faktoren nach TRGS 440		Arbeits-medizin Werte im biolog. Material	relevante Regeln/Literatur Hinweise
mg/m^3	ml/m^3	Spitzen-begren-zung	Art Bemer-kungen H, S	Herkunft Staubklasse		W	F		
9	10	11	12		13	14		15	16
0,1	0,015	4	MAK	AGS	ZH...42 (96) DFG	4	1		TRGS 901 Nr. 44 ZH1/67 ZVG 32080
30	5	4	MAK H	ARW		2	1		ZVG 15280
30	5	4	MAK H	ARW					ZVG 492189 *) ringsubstituiert
									ZVG 531292 TRGS 906 Nr. 11
			H			4	1		ZVG 510165

Stoffidentität EG-Nr. CAS-Nr.	Stoff					Zubereitungen	
	Einstufung				Kennzeichnung	Konzentrationsgrenzen	Einstufung/ Kennzeichnung
	krebserz. K	erbgutveränd. M	fort.-pfl.gef. R_E/R_F	Gefahrensymbol R-Sätze	Gefahrensymbol R-Sätze S-Sätze	in Prozent	Gefahrensymbol R-Sätze
1	2	3	4	5	6	7	8
Dichlorvos (ISO) 200-547-7 62-73-7				T; R24/25	T R: 24/25 S: (1/2)-23-36/ 37-45		
Dichromtris(chromat) s. Chrom(III)chromat							
Dicofol (ISO) 204-082-0 115-32-2				Xn; R21/22 Xi; R38 R43	Xn R: 21/22-38-43 S: (2)-36/37		
Dicophan s. DDT							
Dicrotophos (ISO) 205-494-3 141-66-2				T+; R28 T; R24 N; R50-53	T+, N R: 24-28-50/53 S: (1/2)-28-36/ 37-45-60-61		
Dicumarin 200-632-9 66-76-2				T; R48/25 Xn; R22	T R: 22-48/25 S: (1/2)-37-45		
8,8'-Dicumenylperoxid 201-279-3 80-43-3				O; R7 Xi; R36/38	O, Xi R: 7-36/38 S: (2)-3/7-14-36/ 37/39		
Dicumylperoxid s. 8,8-Dicumenylperoxid							
Dicyan s. Oxalsäuredinitril							
Dicyclohexylamin 202-980-7 101-83-7				Xn; R22 C; R34 N; R50-53	C, N R: 22-34-50/53 S: (1/2)-26-36/ 37/39-45-60-61	25%≤C 10%≤C<25% 2%≤C<10%	C; R22-34 C; R34 Xi; R36/38
Dicyclohexylammoniumnitrit 221-515-9 3129-91-7				Xn; R20/22	Xn R: 20/22 S: (2)-15-41	10%≤C	Xn; R20/22
Dicyclohexylcarbodiimid 208-704-1 538-75-0				T; R24 Xn; R22 Xi; R41 R43	T R: 22-24-41-43 S: (1/2)-24-26- 37/39-45		

Grenzwert (Luft)					Meßverfahren	Risikofaktoren nach TRGS 440		Arbeitsmedizin Werte im biolog. Material	relevante Regeln/Literatur Hinweise
mg/m³	ml/m³	Spitzenbegrenzung	Art Bemerkungen H, S	Herkunft Staubklasse		W	F		
9		10	11	12	13	14		15	16
1	0,1	4	MAK Y, H	DFG	OSHA 62	4	1		ZVG 12500
			H, S			4	1		ZVG 51066
0,25			MAK H	AUS — NL	NIOSH 5600	5	1		ZVG 510167
						5	1		ZVG 510168
						2	1		ZVG 33620
			(H)			3	1		ZVG 14910
						3	1		ZVG 510169
			H, S						ZVG 570117

Stoffidentität EG-Nr. CAS-Nr.	Stoff					Zubereitungen	
	Einstufung				Kennzeichnung	Konzentrationsgrenzen	Einstufung/ Kennzeichnung
	krebs-erz. K	erbgut-veränd. M	fort.-pfl.gef. R_E/R_F	Gefahren-symbol R-Sätze	Gefahrensymbol R-Sätze S-Sätze	in Prozent	Gefahren-symbol R-Sätze
1	2	3	4	5	6	7	8
*Dicyclohexylmethan-4,4'-diisocyanat 225-863-2 5124-30-1 Anm. 2				T; R23 Xi; R36/37/38 R42/43	T R: 23-36/37/ 38-42/43 S: (1/2)-26-28-38-45	20%≦C 2%≦C<20% 0,5%≦C<2%	T; R23-36/37/ 38-42/43 T; R23-42/43 Xn; R20-42/43
Dicyclohexylphthalat 201-545-9 84-61-7					Hersteller-einstufung beachten		
Dicyclopentadien s. 3a,4,7,7a-Tetrahydro-4,7-methanoinden							
Dieldrin (ISO) 200-484-5 60-57-1	3			T+; R27 T; R25-48/25 R40 N; R50-53	T+, N R: 25-27-40-48/ 25-50/53 S: (1/2)-22-36/ 37-45-60-61		
1,2,3,4-Diepoxybutan 215-979-1 1464-53-5	2	2	3 (R_F)	T; R23/24/25 Xi; R36/37/38 Xn; R40 R42/43	T R: 23/24/25-36/ 37/38-40-42/43 S: (1/2)-23-24-45	20%≦C 1%≦C<20% 0,1%≦C<1%	T; R23/24/25-36/ 37/38-40-42/43 T; R23/24/25-40-42/43 Xn; R20/21/ 22-42/43
1,3-Di-(2,3-epoxy-propoxy)benzol s. 1,3-Bis(2,3-epoxy-propoxy)benzol							
Dieselmotor-Emissionen s. Abschnitt 3.1 — Nichtkohlebergbau und Bauarbeiten unter Tage — im übrigen	2						
Diethanolamin 203-868-0 111-42-2 Salz von Diethanolamin von 4-CPA				Xi; R36/38 Xn; R22	Xi R: 36/38 S: (2)-26 Xn R: 22 S: (2)	10%≦C	Xi; R36/38
N-N-Diethanolnitrosamin s. N-Nitrosodi-ethanolamin							

Grenzwert (Luft)		Spitzenbegrenzung	Art Bemerkungen H, S	Herkunft Staubklasse	Meßverfahren	Risikofaktoren nach TRGS 440 W F		Arbeitsmedizin Werte im biolog. Material	relevante Regeln/Literatur Hinweise
mg/m^3	ml/m^3								
9	10	11	12	13	14		15	16
0,054			MAK H, S 29	AUS — NL		4	1	27 VI, 16	ZVG 510170
5			MAK	AUS — NL					
0,25 E		4	MAK H	DFG M	NIOSH S 283	5	1		ZVG 510171
			H, S					40 VI, 43	ZVG 510172 TRGS 906 Nr. 22
0,1 ALS 0,3 A 0,1 A		4	TRK 9	AGS H	ZH...44 (95) BIA 7050 DFG NIOSH 5040			40 VI, 43	GefStoffV §§ 35, 37, 54 TRGS 901 Nr. 27 TRGS 554 (96) BIA-Handbuch 120 270 ZVG 520054 BIA-Arbeitsmappe 468
15 E			MAK H, 20	AUS — NL	NIOSH 3509	2 3	1 1		ZVG 10730 ZVG 496707

Stoffidentität EG-Nr. CAS-Nr.	Stoff					Zubereitungen	
	Einstufung				Kennzeichnung	Konzentrationsgrenzen	Einstufung/ Kennzeichnung
	krebs-erz. K	erbgut-veränd. M	fort.-pfl.gef. R_E/R_F	Gefahren-symbol R-Sätze	Gefahrensymbol R-Sätze S-Sätze	in Prozent	Gefahren-symbol R-Sätze
1	2	3	4	5	6	7	8
1,1-Diethoxyethan 203-310-6 105-57-7				F; R11 Xi; R36/38	F, Xi R: 11-36/38 S: (2)-9-16-33	10%≦C	Xi; R36/38
α-(Diethoxyphosphino-thioylimino)phenyl-acetonitril s. Phoxim (ISO)							
Diethylamin 203-716-3 109-89-7				F; R11 Xn; R20/21/22 C; R35	F, C R: 11-20/21/22-35 S: (1/2)-3-16-26-29-36/37/39-45	C≧25% 10%≦C<25% 5%≦C<10% 1%≦C<5%	C; R20/21/22-35 C; R35 C; R34 Xi; R36/37/38
2-Diethylaminoethanol 202-845-2 100-37-8				Xi; R36/37/38	Xi R: 36/37/38 S: (2)-28		
2-Diethylaminoethyl-methacrylat, Anm. D 203-275-7 105-16-8				Xn; R20 Xi; R36/38 R43	Xn R: 20-36/38-43 S: (2)-26	25%≦C 10%≦C<25% 1%≦C<10%	Xn; R20-36/38-43 Xi; R36/38-43 Xi; R43
O-(2-Diethylamino-6-methylpyrimidin-4-yl)-O,O-dimethylthio-phosphat s. Pirimiphos-methyl (ISO)							
3-Diethylaminopropylamin s. N,N-Diethyl-1,3-diaminopropan							
2-[4-(Diethylaminopropyl-carbamoyl)phenylazo]-3-oxo-N-(2,3-dihydro-2-oxobenzimidazol-5-yl)-butyramid 404-910-2				R43 N; R51-53	Xi, N R: 43-51/53 S: (2)-24-37-61		
2,6-Diethylanilin 209-445-7 579-66-8				Xn; R22	Xn R: 22 S: (2)-23-24		
N,N-Diethylanilin 202-088-8 91-66-7				T; R23/24/25 R33 N; R51-53	T, N R: 23/24/25-33-51/53 S: (1/2)-28-37-45-61	5%≦C 1%≦C<5%	T; R23/24/25-33 Xn; R20/21/22-33

224

Grenzwert (Luft)					Meßverfahren	Risikofaktoren nach TRGS 440		Arbeitsmedizin Werte im biolog. Material	relevante Regeln/Literatur Hinweise
mg/m^3	ml/m^3	Spitzenbegrenzung	Art Bemerkungen H, S	Herkunft Staubklasse		W	F		
9	10	11	12		13	14		15	16
						2	2		ZVG 20050
30 (15)	10	=1=	MAK H, 20	DFG, EG	BIA 7055 OSHA 41 NIOSH 2010	4	4		ZVG 13900
50 (24)	10		MAK H	DFG	NIOSH 2007	2	1		ZVG 23860
			S			4	1		ZVG 510173
			S			4	1		ZVG 900471
						3	1		ZVG 13860
			H			4	1		ZVG 16870

Stoffidentität EG-Nr. CAS-Nr.	Stoff					Zubereitungen	
	Einstufung				Kennzeichnung	Konzentrationsgrenzen	Einstufung/ Kennzeichnung
	krebserz. K	erbgutveränd. M	fort.-pfl.gef. R_E/R_F	Gefahrensymbol R-Sätze	Gefahrensymbol R-Sätze S-Sätze	in Prozent	Gefahrensymbol R-Sätze
1	2	3	4	5	6	7	8
Diethylcarbamoylchlorid (Diethylcarbamidsäurechlorid) 201-798-5 88-10-8	3			R40 Xn; R20/22 Xi; R36/37/38	Xn R: 20/22-36/37/ 38-40 S: (2)-26-36/37		
O,O-Diethyl-O-chinoxalin-2-yl-thiophosphat s. Quinalfos (ISO)							
O,O-Diethyl-S-(6-chlor-2-oxobenz(b)-1,3-oxazolin-3-yl)methyldithio-phosphat s. Phosalon							
N,N-Diethyl-1,3-diaminopropan 203-236-4 104-78-9				R10 Xn; R21/22 C; R34 R43	C R: 10-21/22-34-43 S: (1/2)-26-36/ 37/39-45	25%≤C 10%≤C<25% 5%≤C<10% 1%≤C<5%	C; R21/22-34-43 C; R34-43 Xi; R36/38-43 Xi; R43
O,O-Diethyl-O-(2-diethyl-amino-6-methylpyrimidin-4-yl)thiophosphat s. Pirimphos-ethyl (ISO)							
O,O-Diethyl-O-(1,6-dihydro-6-oxo-1-phenylpyridazin-3-yl)-thiophosphat 204-298-5 119-12-0					Herstellereinstufung beachten		
Diethyl-2,4-dihydroxy-cyclodisiloxan-2,4-diyl-bis(trimethylen)dis-phosphonat, Tetranatrium-salz; Reaktionsprodukte mit Dinatriummetasilikat 401-770-4				C; R34 Xn; R22	C R: 22-34 S: (1/2)-26-36/ 37/39-45		
Diethyl-1,3-dithietan-2-ylidenphosphoramidat 244-437-7 21548-32-3				T+; R27/28	T+ R: 27/28 S: (1/2)-36/37-45		
O,O-Diethyldithiobis-(thioformiat) s. Dixanthogen							

Grenzwert (Luft)					Meßverfahren	Risiko-faktoren nach TRGS 440		Arbeits-medizin Werte im biolog. Material	relevante Regeln/Literatur Hinweise
mg/m³	ml/m³	Spitzen-begren-zung	Art Bemer-kungen H, S	Herkunft Staubklasse		W	F		
9	10	11	12		13	14		15	16
1			EW 51	AGS	ZH...35	4	1		TRGS 901 Nr. 50 ZVG 41210
			H, S			4	1		ZVG 27750
0,2			MAK H	AUS — JAP					ZVG 510350
						3	1		ZVG 496663
			H			5	1		ZVG 490614

Stoffidentität EG-Nr. CAS-Nr.	Stoff					Zubereitungen	
	Einstufung				Kennzeichnung	Konzentrationsgrenzen	Einstufung/ Kennzeichnung
	krebs- erz. K	erbgut- veränd. M	fort.- pfl.gef. R_E/R_F	Gefahren- symbol R-Sätze	Gefahrensymbol R-Sätze S-Sätze	in Prozent	Gefahren- symbol R-Sätze
1	2	3	4	5	6	7	8
Diethyl-1,3-dithiolan-2-ylidenphosphoramidat s. Phospholan (ISO)							
Diethylendioxid s. 1,4-Dioxan							
Diethylenglykol 203-872-2 111-46-6					Herstellereinstufung beachten		
Diethylenglykoldiacrylat Anm. D 223-791-6 4074-88-8				T; R24 Xi; R36/38 R43	T R: 24-36/38-43 S: (1/2)-28-39-45	20%≦C 2%≦C<20% 0,2%≦C<2%	T; R24-36/38-43 T; R24-43 Xn; R21-43
Diethylenglykol- dimethylether 203-924-4 111-96-6					Herstellereinstufung beachten		
Diethylenglykoldinitrat s. Bis(hydroxyethyl)- etherdinitrat							
Diethylenglykolmono- butylether s. 2-(2-Butoxyethoxy)- ethanol							
Diethylentriamin s. 3-Azapentan-1,5-diamin							
Diethylether 200-467-2 60-29-7				F+, R12 R19	F+ R: 12-19 S: (2)-9-16-29-33		
O,O-Diethyl-O-(6-ethoxy-carbonyl-5-methyl-pyrazolo(2,3-a)pyrimidin-2-yl)thiophosphat s. Pyrazophos (ISO)							
Diethyl(ethyldimethyl-silanolato)aluminium 401-160-8 55426-95-4				F; R14/15-17 C; R35	F, C R: 14/15-17-35 S: (1/2)-6-16-30-36/39-43-45		

Grenzwert (Luft)					Meßverfahren	Risiko-faktoren nach TRGS 440		Arbeits-medizin Werte im biolog. Material	relevante Regeln/Literatur Hinweise
mg/m³	ml/m³	Spitzen-begren-zung	Art Bemer-kungen H, S	Herkunft Staubklasse		W	F		
9	10	11	12		13	14		15	16
44	10	4	MAK Y		DFG	NIOSH 5523			ZVG 11970
			H, S						ZVG 510174
27	5	4	MAK H		DFG		4	1	ZVG 37380
1 200	400	4	MAK		DFG	NIOSH 1610	2	4	ZVG 13600
						4	1		ZVG 496640

Stoffidentität EG-Nr. CAS-Nr.	Stoff					Zubereitungen	
	Einstufung				Kennzeichnung	Konzentrationsgrenzen	Einstufung/ Kennzeichnung
	krebserz. K	erbgutveränd. M	fort.- pfl.gef. R_E/R_F	Gefahrensymbol R-Sätze	Gefahrensymbol R-Sätze S-Sätze	in Prozent	Gefahrensymbol R-Sätze
1	2	3	4	5	6	7	8
O,O-Diethyl-S-2-ethylsulfinylethyldithiophosphat s. Oxydisulfoton							
O,O-Diethyl-2-ethylthioethyldithiophosphat s. Disulfoton (ISO)							
O,O-Diethyl-O-2-ethylthioethylthiophosphat s. Demeton-O (ISO)							
Diethyl-S-2-ethylthioethylthiophosphat s. Demeton-S (ISO)							
O,O-Diethylethylthiomethyldithiophosphat s. Phorat (ISO)							
Di-(2-ethylhexyl)phthalat (DEHP) 204-211-0 117-81-7				Herstellereinstufung beachten			
O,O-Diethylisopropylcarbamoylmethyldithiophosphat s. Prothoat (ISO)							
O,O-Diethyl-O-(2-isopropyl-6-methylpyrimidin-4-yl)thiophosphat s. Diazinon (ISO)							
Diethylketon s. Pentan-3-on							
O,O-Diethyl-O-(4-methylcumarin-7-yl)-thiophosphat 299-45-6				T+; R26/27/28	T+ R: 26/27/28 S: (1/2)-13-28-45		
Diethyl-4-methyl-1,3-dithiolan-2-ylidenphosphoramidat s. Mephosfolan (ISO)							

Grenzwert (Luft)				Meßverfahren	Risiko-faktoren nach TRGS 440		Arbeits-medizin Werte im biolog. Mate-rial	relevante Regeln/Literatur Hinweise
mg/m^3	ml/m^3	Spitzen-begren-zung	Art Bemer-kungen H, S	Herkunft Staubklasse		W	F		
9		10	11	12	13	14		15	16
10	4	MAK Y	DFG	DFG, HSE 32 BIA 7080 OSHA 104 NIOSH 5020	2	1		ZVG 17700
		H			5	1		ZVG 510175

Stoffidentität EG-Nr. CAS-Nr.	Stoff					Zubereitungen	
	Einstufung				Kennzeichnung	Konzentrationsgrenzen	Einstufung/ Kennzeichnung
	krebserz. K	erbgutveränd. M	fort.- pfl.gef. R_E/R_F	Gefahrensymbol R-Sätze	Gefahrensymbol R-Sätze S-Sätze	in Prozent	Gefahrensymbol R-Sätze
1	2	3	4	5	6	7	8
O,O-Diethyl-O-(3-methyl-1H-pyrazol-5-yl)phosphat s. Pyrazoxon							
O,O-Diethyl-O-4-methyl-sulfinylphenylthiophosphat s. Fensulfothion (ISO)							
O,O-Diethyl-O-(4-nitro-phenyl)thiophosphat s. Parathion (ISO)							
N,N-Diethylnitrosamin s. N-Nitrosodiethylamin							
Diethyloxalat 202-464-1 95-92-1				Xn; R22 Xi; R36	Xn R: 22-36 S: (2)-23		
O,O-Diethyl-4-oxobenzo-triazin-3-ylmethyldithio-phosphat s. Azinphos-ethyl (ISO)							
N,N-Diethyl-p-phenylendiamin s. 4-Amino-N,N-diethylanilin							
O,O-Diethyl-O-(5-phenyl-isoxazol-3-yl)thiophosphat 242-624-8 18854-01-8				T; R24/25	T R: 24/25 S: (1/2)-28-36/ 37-45		
O,O-Diethyl-O-(1-phenyl-1,2,4-triazol-3-yl)thiophosphat s. Triazophos (ISO)							
Diethylphthalat 201-550-6 84-66-2					Herstellereinstufung beachten		
O,O-Diethylphthalimido-thiophosphonat 225-875-8 5131-24-8				Xi; R38 R43	Xi R: 38-43 S: (2)-36/37		

Grenzwert (Luft)				Meßverfahren	Risikofaktoren nach TRGS 440		Arbeitsmedizin Werte im biolog. Material	relevante Regeln/Literatur Hinweise
mg/m^3	ml/m^3	Spitzenbegrenzung	Art Bemerkungen H, S	Herkunft Staubklasse		W	F	
9	10	11	12	13	14		15	16
					3	1		ZVG 38420
			H		4	1		ZVG 490600
3		MAK	AUS — NL	OSHA 104				ZVG 32090
			S					ZVG 510208

233

Stoffidentität EG-Nr. CAS-Nr.	Stoff					Zubereitungen	
	Einstufung				Kennzeichnung	Konzentrationsgrenzen	Einstufung/ Kennzeichnung
	krebserz. K	erbgutveränd. M	fort.- pfl.gef. R_E/R_F	Gefahrensymbol R-Sätze	Gefahrensymbol R-Sätze S-Sätze	in Prozent	Gefahrensymbol R-Sätze
1	2	3	4	5	6	7	8
O,O-Diethyl-O-pyrazin-2-ylthiophosphat 206-049-6 297-97-2				T+; R27/28	T+ R: 27/28 S: (1/2)-36/37/39-38-45		
Diethylsulfat Anm. E 200-589-6 64-67-5	2	2		R45 R46 Xn; R20/21/22 C; R34	T R: 45-46-20/21/22-34 S: 53-45		
O,O-Diethyl-O-(7,8,9,10-tetrahydro-6-oxo-benzo(c)chromen-3-yl)thiophosphat s. Coumithoat (ISO)							
N,N-Diethyl-m-toluamid 205-149-7 134-62-3				Xn; R22 Xi; R36/38	Xn R: 22-36/38 S: (2)		
O,O-Diethyl-O-(3,5,6-trichlor-2-pyridyl)-thiophosphat s. Chlorpyriphos (ISO)							
Difenacoum s. 3-(3-Biphenyl-4-yl-1,2,3,4-tetrahydro-1-naphthyl)-4-hydroxy-cumarin							
Difluordibrommethan s. Dibromdifluormethan							
1,1-Difluorethen (R 1132a) 200-867-7 75-38-7		3			Herstellereinstufung beachten		
1,1-Difluorethylen s. 1,1-Difluorethen							
Difluormonochlorethan s. 1-Chlor-1,1-difluorethan							
Difluormonochlormethan s. Monochlordifluormethan							

Grenzwert (Luft)					Meßverfahren	Risikofaktoren nach TRGS 440		Arbeitsmedizin Werte im biolog. Material	relevante Regeln/Literatur Hinweise
mg/m³	ml/m³	Spitzen-begren-zung	Art Bemer-kungen H, S	Herkunft Staubklasse		W	F		
9	10	11	12		13	14		15	16
			H			5	1		ZVG 510378
0,2	0,03	4	TRK H	AGS	ZH...18 (97) EG			40 VI, 43	TRGS 901 Nr. 10 ZVG 27770
						3	1		ZVG 490166
						4	4		ZVG 41220

Stoffidentität EG-Nr. CAS-Nr.	Stoff					Zubereitungen	
	Einstufung				Kennzeichnung	Konzentrationsgrenzen	Einstufung/ Kennzeichnung
	krebs-erz. K	erbgut-veränd. M	fort.-pfl.gef. R_E/R_F	Gefahren-symbol R-Sätze	Gefahrensymbol R-Sätze S-Sätze	in Prozent	Gefahren-symbol R-Sätze
1	2	3	4	5	6	7	8
Digitoxin 200-760-5 71-63-6				T; R23/25 R33	T R: 23/25-33 S: (1/2)-45		
Diglycidylether 218-802-6 2238-07-5		3		Hersteller-einstufung beachten			
1,3-Diglycidyloxybenzol s. 1,3-Bis(2,3-epoxy-propoxy)benzol							
Diglycidylresorcinether s. 1,3-Bis(2,3-epoxy-propoxy)benzol							
Diglyme s. Diethylenglykol-dimethylether							
Diheptylphthalat (alle Isomeren)				Hersteller-einstufung beachten			
2,3-Dihydro-2,2-di-methylbenzofuran-7-ylmethylcarbamat s. Carbofuran (ISO)							
5,10-Dihydro-5,10-di-oxonaphtho(2,3-b)-(1,4)dithiazin-2,3-dicarbonitril s. Dithianon (ISO)							
2,3-Dihydro-5-methoxy-2-oxo-1,3,4-thiadiazol-3-ylmethyl-O,O-dimethyl-dithiophosphat s. Methidathion (ISO)							
5,6-Dihydro-2-methyl-1,4-oxythiin-3-carboxanilid-4,4-dioxid s. Oxycarboxin (ISO)							
1,2-Dihydro-5-nitro-acenaphthylen s. 5-Nitroacenaphthen							

Grenzwert (Luft)					Meßverfahren	Risiko-faktoren nach TRGS 440		Arbeits-medizin Werte im biolog. Material	relevante Regeln/Literatur Hinweise
mg/m^3	ml/m^3	Spitzen-begren-zung	Art Bemer-kungen H, S	Herkunft Staubklasse		W	F		
9	10	11	12		13	14		15	16
						4	1		ZVG 36190
0,6	0,1	=1=	MAK	DFG		4	1		ZVG 41230
5			MAK	AUS — NL					

Stoffidentität EG-Nr. CAS-Nr.	Stoff					Zubereitungen	
	Einstufung				Kennzeichnung	Konzentrationsgrenzen	Einstufung/ Kennzeichnung
	krebserz. K	erbgutveränd. M	fort.-pfl.gef. R_E/R_F	Gefahrensymbol R-Sätze	Gefahrensymbol R-Sätze S-Sätze	in Prozent	Gefahrensymbol R-Sätze
1	2	3	4	5	6	7	8
1,2-Dihydroxybenzol 204-427-5 120-80-9				Xn; R21/22 Xi; R36/38	Xn R: 21/22-36/38 S: (2)-22-26-37		
1,3-Dihydroxybenzol 203-585-2 108-46-3				Xn; R22 Xi; R36/38 N; R50	Xn, N R: 22-36/38-50 S: (2)-26-61	20%≦C 10%≦C<20%	Xn; R22-36/38 Xn; R22
1,4-Dihydroxybenzol 204-617-8 123-31-9	3	3		Xn; R20/22	Xn R: 20/22 S: (2)-24/25-39		
3β,14β-Dihydroxy-5β-carden-20(22)-olid-3-tridigitoxid s. Digitoxin							
5β,14β-Dihydroxy-3β-(β-D-glucopyranosido-4β-D-glucopyranosido-β-D-cymaropyranosido)-19-oxo-card-20(22)-enolid s. K.-Strophantin							
Gemisch aus 1,1'-[(Dihydroxyphenylen)bis-[azo-3,1-phenylenazo-(1-[3-(dimethylamino)-propyl]-1,2-dihydro-6-hydroxy-4-methyl-2-oxopyridin-5,3-diyl]]-dipyridiniumdichlorid, dihydrochlorid, Isomerengemisch und 1-[1-(3-Dimethylaminopropyl)-5-3-[(4-[1-(3-dimethylaminopropyl)-1,6-dihydro-2-hydroxy-4-methyl-6-oxo-5-pyridinio-3-pyridylazo]-phenylazo)-2,4(oder 2,6 oder 3,5)-dihydroxyphenylazo]phenylazo)-1,2-dihydro-6-hydroxy-4-methyl-2-oxo-3-pyridyl]pyridiniumdichlorid 404-540-1				R43	Xi R: 43 S: (2)-22-24-37		

Grenzwert (Luft)					Meßverfahren	Risikofaktoren nach TRGS 440		Arbeitsmedizin Werte im biolog. Material	relevante Regeln/Literatur Hinweise
mg/m^3	ml/m^3	Spitzenbegrenzung	Art Bemerkungen H, S	Herkunft Staubklasse		W	F		
9	10	11	12	13	14		15	16	
20 E			MAK H (29)	AUS — NL		3	1		ZVG 10700
45	10		MAK	EG		3	1		ZVG 10390
2 E		=1=	MAK S	AGS	NIOSH 5004	4	1		ZVG 13050 TRGS 906 Nr. 12
			S			4	1		

Stoffidentität EG-Nr. CAS-Nr.	Stoff					Zubereitungen	
	Einstufung				Kennzeichnung	Konzentrationsgrenzen	Einstufung/ Kennzeichnung
	krebserz. K	erbgutveränd. M	fort.-pfl.gef. R_E/R_F	Gefahrensymbol R-Sätze	Gefahrensymbol R-Sätze S-Sätze	in Prozent	Gefahrensymbol R-Sätze
1	2	3	4	5	6	7	8
Diisobutylketon s. 2,6-Dimethyl-heptan-4-on							
2,4-Diisocyanattoluol Anm. C, 2 209-544-5 584-84-9				T; R23 Xi; R36/37/38 R42	T R: 23-36/37/38-42 S: (1/2)-23-26-28-38-45	20%≤C 2%≤C<20% 0,5%≤C<2%	T; R23-36/37/38-42 T; R23-42 Xn; R20-42
2,6-Diisocyanattoluol Anm. C, 2 202-039-0 91-08-7				T; R23 Xi; R36/37/38 R42	T R: 23-36/37/38-42 S: (1/2)-23-26-28-38-45	20%≤C 2%≤C<20% 0,5%≤C<2%	T; R23-36/37/38-42 T; R23-42 Xn; R20-42
Diisodecylphthalat 247-977-1 26761-40-0					Herstellereinstufung beachten		
Di-(isooctyl)phthalat s. Di-(2-ethylhexyl)-phthalat							
Diisopropanolamin s. 1,1'-Iminodi-propan-2-ol							
Di-isopropylamin 203-558-5 108-18-9				F; R11 Xn; R20/22 C; R34	F, C R: 11-20/22-34 S: (1/2)-16-26-36/37/39-45	C≥25% 10%≤C<25% 5%≤C<10%	C; R20/22-34 C; R34 Xi; R36/37/38
N,N'-Diisopropyl-di-amidophosphorsäure-fluorid s. Mipafox							
Di-isopropylether 203-560-6 108-20-3				F; R11 R19	F R: 11-19 S: (2)-9-16-33		
Diisopropylketon s. 2,4-Dimethyl-3-pentanon							
N,N-Diisopropyl-nitrosamin s. N-Nitrosodi-i-propylamin							

Grenzwert (Luft)					Meßverfahren		Risiko-faktoren nach TRGS 440		Arbeits-medizin Werte im biolog. Material	relevante Regeln/Literatur Hinweise
mg/m^3	ml/m^3	Spitzen-begrenzung	Art Bemer-kungen H, S	Herkunft Staubklasse			W	F		
9	10	11	12		13		14		15	16
0,07	0,01	=1=	MAK S		DFG	BIA 7120 OSHA 42 DFG, HSE 49 NIOSH 5521, 5522	4	1	27 VI, 16	ZH 1/34 ZVG 11810 BIA-Report 4/95
0,07	0,01	=1=	MAK S		DFG	BIA 7122 OSHA 42 DFG, HSE 49 NIOSH 5521, 5522	4	1	27 VI, 16	ZH 1/34 ZVG 26200 BIA-Report 4/95
3			MAK		AUS – NL					ZVG 35170
20			MAK H, 20		AUS – NL	NIOSH S 141	3	3		ZVG 27560
2 100	500		MAK		DFG	OSHA 7 NIOSH 1618	2	3		ZVG 30570

Stoffidentität EG-Nr. CAS-Nr.	Stoff						Zubereitungen	
	Einstufung				Kennzeichnung		Konzentrationsgrenzen	Einstufung/ Kennzeichnung
	krebs-erz. K	erbgutveränd. M	fort.-pfl.gef. R_E/R_F	Gefahrensymbol R-Sätze	Gefahrensymbol R-Sätze S-Sätze		in Prozent	Gefahrensymbol R-Sätze
1	2	3	4	5	6		7	8
Gemisch aus O,O'-Diisopropyl(pentathio)-dithioformiat und O,O'-Diisopropyl(tetrathio)-dithioformiat und O,O'-Diisopropyl(trithio)-dithioformiat 403-030-6				Xn; R22 Xi; R38 R43 N; R50-53	Xn, N R: 22-38-43-50/53 S: (2)-36/37-60-61			
O,O-Diisopropyl-2-phenylsulfonylaminoethyl-dithiophosphat s. Bensulid (ISO)								
Diketen s. 4-Methylen-2-oxetanon								
Dikupferoxid 215-270-7 1317-39-1				Xn; R22	Xn R: 22 S: (2)-22			
Dilauroylperoxid 203-326-3 105-74-8				O; R7	O R: 7 S: (2)-3/7-14-36/37/39			
Dilithium-6-acetamido-4-hydroxy-3-[4-([2-sulfonatooxy]ethylsulfonyl)-phenylazo]naphthalin-2-sulfonat 401-010-1				R43	Xi R: 43 S: (2)-24-37			
Dimefox (ISO) 204-076-8 115-26-4				T+; R27/28	T+ R: 27/28 S: (1/2)-23-28-36/37-38-45			
Dimepranol (INN) s. 1-Dimethyl-aminopropan-2-ol								
Dimethoat (ISO) 200-480-3 60-51-5				Xn; R21/22	Xn R: 21/22 S: (2)-36/37			

Grenzwert (Luft)					Meßverfahren	Risikofaktoren nach TRGS 440		Arbeitsmedizin Werte im biolog. Material	relevante Regeln/Literatur Hinweise
mg/m^3	ml/m^3	Spitzenbegrenzung	Art Bemerkungen H, S	Herkunft Staubklasse		W	F		
9	10	11	12	13	14		15		16
			S			4	1		ZVG 900381
s. Kupferverbindungen						3	1		ZVG 4790
						2	1		ZVG 19070
			S			2	1		ZVG 496636
						5	1		ZVG 510178
			H			3	1		ZVG 12520

Stoffidentität EG-Nr. CAS-Nr.	Stoff					Zubereitungen	
	Einstufung				Kennzeichnung	Konzentrationsgrenzen	Einstufung/ Kennzeichnung
	krebserz. K	erbgutveränd. M	fort.-pfl.gef. R_E/R_F	Gefahrensymbol R-Sätze	Gefahrensymbol R-Sätze S-Sätze	in Prozent	Gefahrensymbol R-Sätze
1	2	3	4	5	6	7	8
3,3'-Dimethoxybenzidin Anm. E 204-355-4 119-90-4	2			R45 Xn; R22	T R: 45-22 S: 53-45	§ 35 (0,05)	
Salze von 3,3'-Dimethoxybenzidin Anm. A, E	2			R45 Xn; R22	T R: 45-22 S: 53-45	§ 35 (0,05)	
1-(3',4'-Dimethoxy-benzyl)-6,7-dimethoxy-isochinolin s. Papaverin							
1,1-Dimethoxyethan 208-589-8 534-15-6				F; R11	F R: 11 S: (2)-9-16-33		
1,2-Dimethoxyethan 203-794-9 110-71-4				R10 R19 Xn; R20	Xn R: 10-19-20 S: (2)-24/25		
Dimethoxymethan 203-714-2 109-87-5				Herstellereinstufung beachten			
1,2-Dimethoxypropan 404-630-0 7778-85-0				F; R11-19	F R: 11-19 S: (2)-9-16-24/ 25-33		
2,3-Dimethoxystrychnin s. Brucin							
Dimethylacetal s. 1,1-Dimethoxyethan							
* N,N-Dimethylacetamid 204-826-4 127-19-5				Xn; R20/21 Xi; R36	Xn R: 20/21-36 S: (2)-26-28-36	20%≤C 12,5%≤C<20%	Xn; R20/21-36 Xn; R20/21
O,S-Dimethylacetamido-thiophosphat s. Acephat (ISO)							
O,S-Dimethylamido-thiophosphat s. Methamidophos (ISO)							

Grenzwert (Luft)					Meßverfahren	Risikofaktoren nach TRGS 440		Arbeitsmedizin Werte im biolog. Material	relevante Regeln/Literatur Hinweise
mg/m^3	ml/m^3	Spitzenbegrenzung	Art Bemerkungen H, S	Herkunft Staubklasse		W	F		
9		10	11	12	13	14		15	16
0,03 E	0,003	4	TRK H	AGS H	OSHA 71 EG			33 VI, 3	TRGS 901 Nr. 51 ZVG 17850
0,03 E	0,003	4	TRK H	AGS H					ZVG 570239
						2	3		ZVG 510180
						3	3		ZVG 30730
3 100	1 000		MAK	DFG	OSHA 7 NIOSH 1611	2	4		ZVG 14060
						2	3		ZVG 510792
36		4	MAK H, Y	DFG, EG	NIOSH 2004	3	1		ZVG 26970

Stoffidentität EG-Nr. CAS-Nr.	Stoff					Zubereitungen	
	Einstufung				Kennzeichnung	Konzentrationsgrenzen	Einstufung/ Kennzeichnung
	krebs- erz. K	erbgut- veränd. M	fort.- pfl.gef. R_E/R_F	Gefahren- symbol R-Sätze	Gefahrensymbol R-Sätze S-Sätze	in Prozent	Gefahren- symbol R-Sätze
1	2	3	4	5	6	7	8
Dimethylamin (Methylamin), Anm. 5 204-697-4 124-40-3				F+; R12 Xn; R20 Xi; R37/38-41	F+, Xn R: 12-20-37/38-41 S: (2)-16-26-39	C≥5% 0,5%≤C<5%	Xn; R20-37/38-41 Xi; R36
Dimethylamin ...% Anm. B				F+; R12 Xn; R20/22 C; R34	F+, C R: 12-20/22-34 S: (1/2)-3-16-26- 29-36/37/39-45	C≥15% 10%≤C<15% 5%≤C<10%	C; R20/22-34 C; R34 Xi; R36/37/38
4-Dimethylaminobenzol- diazonium-3-carboxy-4- hydroxybenzolsulfonat 404-980-4				E; R2 T; R23/25 Xn; R21-48/22 Xi; R41 R43 N; R50-53	E, T, N R: 2-21-23/25-41- 43-48/22-50/53 S: (1/2)-3-12-26- 35-36/37/39-45-61		
4,4'-Dimethylamino- benzophenonimid- hydrochlorid s. Auramin							
2-Dimethylaminoethanol 203-542-8 108-01-0				R10 Xi; R36/37/38	Xi R: 10-36/37/38 S: (2)-28		
2-Dimethylamino- ethylamin s. 2-Aminoethyldi- methylamin							
2-Dimethylamino- ethylmethacrylat Anm. D 220-688-8 2867-47-2				Xn; R21/22 Xi; R36/38 R43	Xn R: 21/22-36/38-43 S: (2)-26-28	25%≤C 10%≤C<25% 1%≤C<10%	Xn; R21/22-36/ 38-43 Xi; R36/38-43 Xi; R43
α-[4-(4-Dimethylamino- α-[4-(ethyl[3-natriosulfo- natobenzyl]amino)- phenyl]benzyliden)cyclo- hexa-2,5-dienyliden- [ethyl]ammonio]toluol- 3-sulfonat s. Benzyl Violet 4B							
3-(N',N'-Dimethylamino- methylen)amino-phenyl- N-methylcarbamat s. Formetanat							

Grenzwert (Luft)					Meßverfahren	Risiko-faktoren nach TRGS 440		Arbeits-medizin Werte im biolog. Material	relevante Regeln/Literatur Hinweise
mg/m^3	ml/m^3	Spitzen-begren-zung	Art Bemer-kungen H, S	Herkunft Staubklasse		W	F		
9		10	11	12	13	14		15	16
4 (3,8)	2	=1=	MAK 20	DFG (EG)	OSHA 34 NIOSH 2010	4	4		ZVG 11030
						4	4		ZVG 11030
			H, S			4	1		ZVG 900475
					BIA 7163	2	1		ZVG 23090
			H, S			4	1		ZVG 32000

Stoffidentität EG-Nr. CAS-Nr.	Stoff					Zubereitungen	
	Einstufung				Kennzeichnung	Konzentrationsgrenzen	Einstufung/Kennzeichnung
	krebserz. K	erbgutveränd. M	fort.-pfl.gef. R_E/R_F	Gefahrensymbol R-Sätze	Gefahrensymbol R-Sätze S-Sätze	in Prozent	Gefahrensymbol R-Sätze
1	2	3	4	5	6	7	8
1-Dimethylamino-propan-2-ol 203-556-4 108-16-7				R10 Xn; R22 C; R34	C R: 10-22-34 S: (1/2)-23-26-36-45		
3-Dimethylaminopropylamin s. N,N-Dimethyl-1,3-diaminopropan							
3-(Dimethylamino)-propylharnstoff 401-950-2 31506-43-1				Xi; R41	Xi R: 41 S: (2)-26-39		
Dimethylaminosulfochlorid s. Dimethylsulfamoylchlorid							
Dimethylaminosulfonylchlorid s. Dimethylsulfamoylchlorid							
Dimethylaminotoluol s. N,N-Dimethyltoluidin							
4-Dimethylamino-3-tolylmethylcarbamat s. Aminocarb (ISO)							
4-Dimethylamino-3,5-xylylmethylcarbamat s. Mexacarbat (ISO)							
N,N-Dimethylanilin 204-493-5 121-69-7		3		R40 T; R23/24/25 N; R51-53	T, N R: 23/24/25-40-51/53 S: (1/2)-28-36/37-45-61		
Dimethylaniline s. Xylidine							
2,2'-Dimethyl-2,2'-azodipropiononitril 201-132-3 78-67-1				E; R2 F; R11 Xn; R20/22	E, Xn R: 2-11-20/22 S: (2)-39-41-47		

mg/m³	ml/m³	Spitzen-begrenzung	Art Bemerkungen H, S	Herkunft Staubklasse	Meßverfahren	Risikofaktoren nach TRGS 440 W	F	Arbeitsmedizin Werte im biolog. Material	relevante Regeln/Literatur Hinweise
9	10	11	12		13	14		15	16
						3	1		ZVG 570001
						4	1		ZVG 496670
25	5	4	MAK H	DFG	OSHA 7 NIOSH 2002	4	1		ZVG 16830
						3	1		ZVG 12740

Stoffidentität EG-Nr. CAS-Nr.	Stoff					Zubereitungen	
	Einstufung				Kennzeichnung	Konzentrationsgrenzen	Einstufung/ Kennzeichnung
	krebserz. K	erbgutveränd. M	fort.-pfl.gef. R_E/R_F	Gefahrensymbol R-Sätze	Gefahrensymbol R-Sätze S-Sätze	in Prozent	Gefahrensymbol R-Sätze
1	2	3	4	5	6	7	8
3,3'-Dimethylbenzidin Anm. E 204-358-0 119-93-7	2			R45 Xn; R22 N; R51-53	T, N R: 45-22-51/53 S: 53-45-61	§ 35 (0,05)	
Salze von 3,3'-Dimethylbenzidin Anm. A, E	2			R45 Xn; R22 N; R51-53	T, N R: 45-22-51/53 S: 53-45-61	§ 35 (0,05)	
N,N'-Dimethylbenzidin 2810-74-4				Xn; R20/21/22	Xn R: 20/21/22 S: (2)-22-36		
2,2-Dimethyl-1,3-benzodioxol-4-ol 22961-82-6				Xi; R41	Xi R: 41 S: (2)-24-26-39		
2,2-Dimethyl-1,3-benzodioxol-4-ylmethylcarbamat s. Bendiocarb (ISO)							
N,N-Dimethylbenzol-1,3-diamin s. N,N-Dimethylphenylendiamin							
N,N-Dimethylbenzol-1,4-diamin s. N,N-Dimethylphenylendiamin							
N,N-Dimethylbenzylamin s. Benzyldimethylamin							
α,α-Dimethylbenzylhydroperoxid 80% 201-254-7 80-15-9				O; R7 C; R34 Xn; R20/22	O, C R: 7-20/22-34 S: (1/2)-3/7-14-36/37/39-45-50	25%≦C 10%≦C<25% 5%≦C<10%	C; R20/22-34 C; R34 Xi; R36/37/38
1,1'-Dimethyl-4,4'-bipyridinium s. Paraquat (ISO)							
2,2-Dimethylbutan 200-906-8 75-83-2				s. Hexan			
2,3-Dimethylbutan 201-193-6 79-29-8				s. Hexan			

Grenzwert (Luft)					Meßverfahren	Risikofaktoren nach TRGS 440		Arbeitsmedizin Werte im biolog. Material	relevante Regeln/Literatur Hinweise
mg/m³	ml/m³	Spitzenbegrenzung	Art Bemerkungen H, S	Herkunft Staubklasse		W	F		
9	10	11	12	13	14		15		16
0,03 E	0,003	4	TRK H	AGS H	BIA 6075 OSHA 71 EG			33 VI, 3	TRGS 901 Nr. 52 ZVG 17950
0,03 E	0,003	4	TRK H	AGS H					ZVG 570240
			H			3	1		ZVG 510181
						4	1		ZVG 496634
						3	1		ZVG 33600
700	200	4	MAK	DFG		2	3		ZVG 491197
700	200	4	MAK	DFG		2	3		ZVG 491198

Stoffidentität EG-Nr. CAS-Nr.	Stoff					Zubereitungen	
	Einstufung				Kennzeichnung	Konzentrationsgrenzen	Einstufung/ Kennzeichnung
	krebserz. K	erbgutveränd. M	fort.-pfl.gef. R_E/R_F	Gefahrensymbol R-Sätze	Gefahrensymbol R-Sätze S-Sätze	in Prozent	Gefahrensymbol R-Sätze
1	2	3	4	5	6	7	8
1,3-Dimethylbutylacetat 203-621-7 108-84-9				Herstellereinstufung beachten			
Dimethylcarbamidsäurechlorid Anm. E 201-208-6 79-44-7	2			R45 T; R23 Xn; R22 Xi; R36/37/38	T R: 45-22-23-36/ 37/38 S: 53-45	§ 35 (0,0005)	
Dimethylcarbamoylchlorid s. Dimethylcarbamidsäurechlorid							
1-Dimethylcarbamoyl-5-methylpyrazol-3-yl-dimethylcarbamat 211-420-0 644-64-4				T; R25 Xn; R21	T R: 21-25 S: (1/2)-36/37-45		
N',N'-Dimethylcarbamoyl(methylthio)methylen-amin-N-methylcarbamat 245-445-3 23135-22-0				T+; R26/28 Xn; R21	T+ R: 21-26/28 S: (1/2)-36/37-45		
(Z)-2-Dimethylcarbamoyl-1-methylvinyldimethylphosphat s. Dicrotophos (ISO)							
Dimethylcarbonat 210-478-4 616-38-6				F; R11	F R: 11 S: (2)-9-16		
N,N-Dimethyl-2-[3-(4-chlorphenyl)-4,5-dihydropyrazol-1-yl]phenylsulfonyl]ethylamin 401-410-6 10357-99-0				Xn; R48/22 R43 N; R51-53	Xn, N R: 43-48/22-51/53 S: (2)-24-37-61		
1,4-Dimethylcyclohexan 209-663-2 589-90-2				F; R11	F R: 11 S: (2)-9-16-33		
3,3'-Dimethyl-4,4'-diaminodiphenylmethan s. 4,4'-Methylendi-o-toluidin							

Grenzwert (Luft)					Meßverfahren	Risiko-faktoren nach TRGS 440		Arbeits-medizin Werte im biolog. Material	relevante Regeln/Literatur Hinweise
mg/m^3	ml/m^3	Spitzen-begren-zung	Art Bemer-kungen H, S	Herkunft Staubklasse		W	F		
9	10	11	12		13	14		15	16
300	50	=1=	MAK	DFG	OSHA 7	2	1		ZVG 37260
					ZH...35 EG			40 VI, 43	GefStoffV § 15a, 43 ZH 1/85 ZVG 27630
			H			4	1		ZVG 510191
			H			5	1		ZVG 510313
						2	1		ZVG 510182
			S			4	1		ZVG 496648
						2	2		ZVG 510183

Stoffidentität EG-Nr. CAS-Nr.	Stoff					Zubereitungen	
	Einstufung			Kennzeichnung		Konzentrationsgrenzen	Einstufung/ Kennzeichnung
	krebserz. K	erbgutveränd. M	fort.-pfl.gef. R_E/R_F	Gefahrensymbol R-Sätze	Gefahrensymbol R-Sätze S-Sätze	in Prozent	Gefahrensymbol R-Sätze
1	2	3	4	5	6	7	8
N,N-Dimethyl-1,3-diaminopropan 203-680-9 109-55-7				R10 Xn; R22 C; R34 R43	C R: 10-22-34-43 S: (1/2)-26-36/37/39-45	25%≦C 10%≦C<25% 5%≦C<10% 1%≦C<5%	C; R22-34-43 C; R34-43 Xi; R36/38-43 Xi; R43
Dimethyldichlorsilan 200-901-0 75-78-5				F; R11 Xi; R36/37/38	F, Xi R: 11-36/37/38 S: (2)		
5,5-Dimethyldihydroresorcindimethylcarbamat s. 5,5-Dimethyl-3-oxocyclohex-1-enyldimethylcarbamat							
5,6-Dimethyl-2-dimethylaminopyrimidin-4-yl-N,N-dimethylcarbamat s. Pirimicarb							
Dimethyldioctadecylammoniumhydrogensulfat 404-050-8 123312-54-9				Xi; R36 R53	Xi R: 36-53 S: (2)-26-39-61		
2-(4,4-Dimethyl-2,5-dioxooxazolidin-1-yl)-2'-chlor-5'-[2-(2,4-di-tert-pentylphenoxy)butyramido]-4,4-dimethyl-3-oxovaleranilid 420-260-4				E; R2 R53	E R: 2-53 S: (2)-61		
N,N-Dimethyl-2,2-diphenylacetamid s. Diphenamid (ISO)							
1,2-Dimethyl-3,5-diphenylpyrazoliummethylsulfat 256-152-5 43222-48-6				Xn; R22	Xn R: 22 S: (2)		
Dimethylether 204-065-8 115-10-6				F+; R12	F+ R: 12 S: (2)-9-16-33		

Grenzwert (Luft)				Meßverfahren	Risiko-faktoren nach TRGS 440		Arbeits-medizin Werte im biolog. Material	relevante Regeln/Literatur Hinweise
mg/m^3	ml/m^3	Spitzen-begren-zung	Art Bemer-kungen H, S	Herkunft Staubklasse		W	F	
9	10	11	12	13	14		15	16
			S		4	1		ZVG 510184
					2	3		ZVG 2770
					2	1		ZVG 900335
					2	1		ZVG 496683
					3	1		ZVG 510176
1 910	1 000	4	MAK	DFG		2	4		ZVG 25460

Stoffidentität EG-Nr. CAS-Nr.	Stoff					Zubereitungen	
	Einstufung				Kennzeichnung	Konzentrationsgrenzen	Einstufung/ Kennzeichnung
	krebserz. K	erbgutveränd. M	fort.-pfl.gef. R_E/R_F	Gefahrensymbol R-Sätze	Gefahrensymbol R-Sätze S-Sätze	in Prozent	Gefahrensymbol R-Sätze
1	2	3	4	5	6	7	8
1,1-Dimethylethylamin (tert-Butylamin) 200-888-1 75-64-9				Herstellereinstufung beachten			
N,N-Dimethylethylamin s. Ethyldimethylamin							
N,N-Dimethylformamid Anm. E 200-679-5 68-12-2			2 (R_E)	R61 Xn; R20/21 Xi; R36	T R: 61-20/21-36 S: 53-45		
Dimethylglykol s. 1,2-Dimethoxyethan							
2,6-Dimethylheptan-4-on 203-620-1 108-83-8				R10 Xi; R37	Xi R: 10-37 S: (2)-24	10%≦C	Xi; R37
1,2-Dimethylhydrazin Anm. E 540-73-8	2			R45 T; R23/24/25	T R: 45-23/24/25 S: 53-45	§ 35 (0,01)	
N,N-Dimethylhydrazin (1,1-) Anm. E 200-316-0 57-14-7	2			F; R11 R45 T; R23/25 C; R34	F, T R: 45-11-23/25-34 S: 53-45		
Dimethylhydrogenphosphit 212-783-8 868-85-9	3						
Dimethylhydrogenphosphonat s. Dimethylhydrogenphosphit							
1,2-Dimethylimidazol 217-101-2 1739-84-0				Xn; R22 Xi; R38-41	Xn R: 22-38-41 S: (2)-24-26		
6-(2,3-Dimethylmaleimido)hexylmethacrylat 404-870-6 63740-41-0				R43 N; R51-53	Xi, N R: 43-51/53 S: (2)-24-37-61		

Grenzwert (Luft)					Meßverfahren	Risiko-faktoren nach TRGS 440		Arbeits-medizin Werte im biolog. Material	relevante Regeln/Literatur Hinweise
mg/m³	ml/m³	Spitzen-begren-zung	Art Bemer-kungen H, S	Herkunft Staubklasse		W	F		
9		10	11	12	13	14		15	16
15	5	4	MAK H	DFG		4	4		ZVG 70070
30	10	4	MAK H	DFG	OSHA 66 NIOSH 2004 DFG	5	1	BAT	ZVG 12220
290	50		MAK	DFG	OSHA 7 NIOSH 1300	2	1		ZVG 22370
			H, (S)					40 VI, 43	ZVG 34110
0,1			EW (H, S) 51	AGS	EG NIOSH 3515			40 VI, 43	TRGS 901 Nr. 53 ZVG 34100
					BIA 7215	4	1		ZVG 18850
						4	1		ZVG 570008
			S			4	1		ZVG 530948

Stoffidentität EG-Nr. CAS-Nr.	Stoff					Zubereitungen	
	Einstufung				Kennzeichnung	Konzentrationsgrenzen	Einstufung/ Kennzeichnung
	krebserz. K	erbgutveränd. M	fort.- pfl.gef. R_E/R_F	Gefahrensymbol R-Sätze	Gefahrensymbol R-Sätze S-Sätze	in Prozent	Gefahrensymbol R-Sätze
1	2	3	4	5	6	7	8
2,2-Dimethyl-3-(3-methoxy-2-methyl-3-oxo-prop-1-enyl)-cyclopropan-carbonsäure-O-(+)cis-4-[3-methyl-2,2-(penta-2,4-dienyl)cyclopent-2-en-1-on]ester s. Pyrethrin II							
Dimethyl-S-2-(1-methyl-carbamoylethylthio)ethyl-thiophosphat s. Vamidothion (ISO)							
O,O-Dimethyl-S-methyl-carbamoylmethylthio-phosphat s. Omethoat (ISO)							
O,O-Dimethylmethyl-carbamoylmethyldi-thiophosphat s. Dimethoat (ISO)							
2,2'-Dimethyl-4,4'-methylenbis(cyclo-hexylamin) 229-962-1 6864-37-5				T; R23/24 Xn; R22 C; R35 N; R51-53	T, C, N R: 22-23/24-35-51/53 S: (1/2)-26-36/37/39-45-61		
Dimethyl-1-methyl-2-(methylcarbamoyl)-vinylphosphat s. Monocrotophos (ISO)							
Dimethyl[3-methyl-4-(5-nitro-3-ethoxy-carbonyl-2-thienyl)azo]-phenylnitrilodipropionat 400-460-6				R43 R52-53	Xi R: 43-52/53 S: (2)-24-37-61		
2,2-Dimethyl-3-(2-methyl-prop-1-enyl)cyclopropan-carbonsäure-O-(+)cis-4-[3-methyl-2-(penta-2,4-dienyl)cyclopent-2-en-1-on]ester s. Pyrethrin I							

Grenzwert (Luft)				Meßverfahren	Risiko- faktoren nach TRGS 440		Arbeits- medizin Werte im biolog. Mate- rial	relevante Regeln/Literatur Hinweise
mg/m^3	ml/m^3	Spitzen- begren- zung	Art Bemer- kungen H, S	Herkunft Staubklasse				
					W	F		
9	10	11	12	13	14		15	16
		H			4	1		ZVG 496560
		S			4	1		ZVG 496624

Stoffidentität EG-Nr. CAS-Nr.	Stoff					Zubereitungen	
	Einstufung				Kennzeichnung	Konzentrationsgrenzen	Einstufung/ Kennzeichnung
	krebs-erz. K	erbgut-veränd. M	fort.-pfl.gef. R_E/R_F	Gefahrensymbol R-Sätze	Gefahrensymbol R-Sätze S-Sätze	in Prozent	Gefahrensymbol R-Sätze
1	2	3	4	5	6	7	8
3,3-Dimethyl-1-(methylthio)butanon-O-(N-methylcarbamoyl)oxim 254-346-4 39196-18-4				T+; R27/28	T+ R: 27/28 S: (1/2)-27-36/ 37-45		
O,O-Dimethyl-O-2-methylthioethylthiophosphat s. Demephion-O (ISO)							
Dimethyl-S-2-methylthioethylthiophosphat s. Demephion-S (ISO)							
O,O-Dimethyl-O-(4-methylthio-m-tolyl)-thiophosphat s. Fenthion (ISO)							
Dimethyl-4-(methylthio)-phenylphosphat 3254-63-5				T+; R27/28	T+ R: 27/28 S: (1/2)-28-36/ 37-45		
O,O-Dimethyl-S-(morpholinocarbonyl)-methyldithiophosphat s. Morphothion							
O,O-Dimethyl-O-4-nitrophenylthiophosphat s. Parathion-methyl (ISO)							
Dimethylnitrosamin s. N-Nitrosodimethylamin							
O,O-Dimethyl-O-4-nitro-m-tolylthiophosphat s. Fenitrothion (ISO)							
7,7-Dimethyl-3-oxa-6-azaoctan-1-ol 400-390-6				C; R35 Xn; R22	C R: 22-35 S: (1/2)-26-28-36/ 37/39-45		
O,O-Dimethyl-4-oxobenzotriazin-3-ylmethyldithiophosphat s. Azinphos-methyl (ISO)							

mg/m³	ml/m³	Spitzen-begren-zung	Art Bemer-kungen H, S	Herkunft Staubklasse	Meßverfahren	Risiko-faktoren nach TRGS 440 W F		Arbeits-medizin Werte im biolog. Mate-rial	relevante Regeln/Literatur Hinweise
		Grenzwert (Luft)							
9		10	11	12	13	14		15	16
			H			5	1		ZVG 490716
			H			5	1		ZVG 490396
						4	1		ZVG 496622

Stoffidentität EG-Nr. CAS-Nr.	Stoff					Zubereitungen	
	Einstufung				Kennzeichnung	Konzentrationsgrenzen	Einstufung/ Kennzeichnung
	krebserz. K	erbgutveränd. M	fort.-pfl.gef. R_E/R_F	Gefahrensymbol R-Sätze	Gefahrensymbol R-Sätze S-Sätze	in Prozent	Gefahrensymbol R-Sätze
1	2	3	4	5	6	7	8
5,5-Dimethyl-3-oxocyclohex-1-enyl-dimethylcarbamat 204-525-8 122-15-6				T; R25	T R: 25 S: (1/2)-36/37-45		
2,4-Dimethyl-3-pentanon 209-294-7 565-80-0				F; R11	F R: 11 S: (2)-16-23		
1,1-Dimethyl-3-(perhydro-4,7-methano-inden-5-yl)harnstoff s. Noruron (ISO)							
N,N-Dimethylphenylendiamin (m,p) Anm. C (m) 220-623-3 2836-04-6 (p) 202-807-5 99-98-9				T; R23/24/25	T R: 23/24/25 S: (1/2)-28-45		
1,1-Dimethylphenyl-uroniumtrichloracetat 4482-55-7				Xi; R38	Xi R: 38 S: (2)		
Dimethylphosphit s. Dimethylhydrogenphosphit							
Dimethylphosphonat s. Dimethylhydrogenphosphit							
O,O-Dimethylphthal-imidomethyldithio-phosphat s. Phosmet (ISO)							
Dimethylpropan 207-343-7 463-82-1				F+; R12	F+ R: 12 S: (2)-9-16-33		
2,2-Dimethylpropandiol-1,3-diacrylat Anm. D 218-741-5 2223-82-7				T; R24 Xi; R36/38 R43	T R: 24-36/38-43 S: (1/2)-28-39-45	20%≦C 5%≦C<20% 1%≦C<5% 0,2%≦C<1%	T; R24-36/38-43 T; R24-43 Xn; R21-43 Xn; R21

Grenzwert (Luft)					Meßverfahren	Risiko-faktoren nach TRGS 440		Arbeits-medizin Werte im biolog. Material	relevante Regeln/Literatur Hinweise
mg/m^3	ml/m^3	Spitzen-begren-zung	Art Bemer-kungen H, S	Herkunft Staubklasse		W	F		
9	10	11	12		13	14		15	16
						4	1		ZVG 510179
						2	1		ZVG 510185
			H						ZVG 530433
									ZVG 510186
						4	1		ZVG 10320
						2	1		ZVG 490432
2 950	1 000	4	MAK	DFG		2	4		ZVG 510188
			H, S			4	1		ZVG 510189

Stoffidentität EG-Nr. CAS-Nr.	Stoff					Zubereitungen	
	Einstufung				Kennzeichnung	Konzentrationsgrenzen	Einstufung/ Kennzeichnung
	krebs- erz. K	erbgut- veränd. M	fort.- pfl.gef. R_E/R_F	Gefahren- symbol R-Sätze	Gefahrensymbol R-Sätze S-Sätze	in Prozent	Gefahren- symbol R-Sätze
1	2	3	4	5	6	7	8
2,2-Dimethyl-1-propanol 200-907-3 75-84-3				s. Amylalkohol			
N,N'-(2,2-Dimethyl- propyliden)hexa- methylendiamin 401-660-6 1000-78-8				Xi; R38 R43	Xi R: 38-43 S: (2)-24-37		
Dimethylsulfamoylchlorid Anm. E 236-412-4 13360-57-1	2			R45 T+; R26 Xn; R21/22 C; R34	T+ R: 45-21/22-26-34 S: 53-45		
Dimethylsulfat Anm. E 201-058-1 77-78-1 — Herstellung — Verwendung	2			R45 T+; R26 T; R25 C; R34	T+ R: 45-25-26-34 S: 53-45		
Dimethylsulfoxid 200-664-3 67-68-5					Hersteller- einstufung beachten		
N,N-Dimethyltoluidin Anm. C (o, m, p bzw. 2, 3, 4)				T; R23/24/25 R33 R52-53	T R: 23/24/25-33- 52/53 S: (1/2)-28-36/ 37-45-61	5%≦C 1%≦C<5%	T; R23/24/25-33 Xn; R20/21/22-33
Dimethyl-2,2,2-trichlor-1- hydroxyethylphosphonat s. Trichlorfon (ISO)							
O,O-Dimethyl-O-2,4,5-tri- chlorphenylthiophosphat s. Fenchlorphos (ISO)							
2,6-Dimethyl-4-tri- decylmorpholin s. Tridemorph (ISO)							
1,3-Dimethyl-1-(5-tri- fluormethyl-1,3,4-thia- diazol-2-yl)harnstoff s. Thiazfluron (ISO)							

Grenzwert (Luft)					Meßverfahren	Risiko-faktoren nach TRGS 440		Arbeits-medizin Werte im biolog. Material	relevante Regeln/Literatur Hinweise
mg/m^3	ml/m^3	Spitzen-begren-zung	Art Bemer-kungen H, S	Herkunft Staubklasse		W	F		
9	10	11	12		13	14		15	16
360			MAK	AUS – DK					ZVG 28280
			S			4	1		ZVG 496657
0,1		4	TRK H	AGS	ZH...43			40 VI, 43	TRGS 901 Nr. 31 ZVG 22010
0,1 0,2	0,02 0,04	4	TRK H	AGS	ZH...7 (97) EG NIOSH 2524			40 VI, 43 EKA	TRGS 901 Nr. 4 ZH 1/128 ZVG 10580
160			MAK H	AUS – CH					ZVG 27190
			H		NIOSH 2002 (p-)	4	1		ZVG 510190

Stoffidentität EG-Nr. CAS-Nr.	Stoff					Zubereitungen	
	Einstufung				Kennzeichnung	Konzentrationsgrenzen	Einstufung/ Kennzeichnung
	krebserz. K	erbgutveränd. M	fort.-pfl.gef. R_E/R_F	Gefahrensymbol R-Sätze	Gefahrensymbol R-Sätze S-Sätze	in Prozent	Gefahrensymbol R-Sätze
1	2	3	4	5	6	7	8
Dimexano 215-993-8 1468-37-7				Xn; R22	Xn R: 22 S: (2)		
Dinatrium-1-amino-4-(4-benzolsulfonamido-3-sulfonatoanilino)anthrachinon-2-sulfonat 400-350-8 85153-93-1				Xi; R41 R52-53	Xi R: 41-52/53 S: (2)-26-39-61		
Dinatrium-4-amino-3-[(4'-[(diaminophenyl)-azo]-[1,1'-biphenyl]-4-yl)azo]-5-hydroxy-6-(phenylazo)naphthalin-2,7-disulfonat s. C.I. Direct black 38							
Dinatrium-3-3'-[(1,1'-biphenyl)-4,4'-diylbis-(azo)]bis(4-aminonaphthalin-1-sulfonat) s. C.I. Direct red 28							
Dinatrium-N-carboxymethyl-N-[2-(2-hydroxyethoxy)ethyl]glycinat 402-360-8 92511-22-3				Xi; R41	Xi R: 41 S: (2)-26-39		
Dinatrium-6-[[4-chlor-6-(N-methyl)-2-toluidino]-1,3,5-triazin-2-ylamino]-1-hydroxy-2-(4-methoxy-2-sulfonatophenylazo)-naphthalin-3-sulfonat 400-380-1 86393-35-3				R43	Xi R: 43 S: (2)-22-24-37		
Dinatrium-7-(4,6-dichlor-1,3,5-triazin-2-ylamino)-4-hydroxy-3-[4-(2-[sulfonatooxy]ethylsulfonyl)phenylazo]-naphthalin-2-sulfonat 404-600-7				R43	Xi R: 43 S: (2)-22-24-37		

Grenzwert (Luft)					Meßverfahren	Risikofaktoren nach TRGS 440		Arbeitsmedizin Werte im biolog. Material	relevante Regeln/Literatur Hinweise
mg/m^3	ml/m^3	Spitzenbegrenzung	Art Bemerkungen H, S	Herkunft Staubklasse		W	F		
9	10	11	12		13	14		15	16
						3	1		ZVG 510203
						4	1		ZVG 496620
						4	1		ZVG 530362
		S				4	1		ZVG 496621
		S				4	1		ZVG 900540

Stoffidentität EG-Nr. CAS-Nr.	Stoff					Zubereitungen	
	Einstufung				Kennzeichnung	Konzentrationsgrenzen	Einstufung/ Kennzeichnung
	krebs- erz. K	erbgut- veränd. M	fort.- pfl.gef. R_E/R_F	Gefahren- symbol R-Sätze	Gefahrensymbol R-Sätze S-Sätze	in Prozent	Gefahren- symbol R-Sätze
1	2	3	4	5	6	7	8
Dinatrium-[5-([4'-([2,6-di-hydroxy-3-([2-hydroxy-5-sulfophenyl]azo)-phenyl]azo)(1,1'-bi-phenyl)-4-yl]azo)-salicylato(4-)]cuprat(2-) 240-221-1 16071-86-6	2			R45	T R: 45 S: 53-45		
Gemisch aus Dinatrium-6-(2,4-di-hydroxyphenylazo)-3-[4-(4-[2,4-dihydroxy-phenylazo]anilino)-3-sulfonatophenylazo]-4-hydroxynaphthalin-2-sulfonat und Di-natrium-6-(2,4-diamino-phenylazo)-3-[4-(4-[2,4-diaminophenyl-azo]anilino)-3-sulfonato-phenylazo]-4-hydroxy-naphthalin-2-sulfonat und Trinatrium-6-(2,4-dihydroxyphenyl-azo)-3-[4-(4-[7-(2,4-dihydroxyphenylazo)-1-hydroxy-3-sulfonato-2-naphthylazo]anilino)-3-sulfonatophenylazo]-4-hydroxynaphthalin-2-sulfonat 400-570-4				Xi; R36	Xi R: 36 S: (2)-26		
Dinatrium-S,S'-hexan-1,6-diyldi(thio-sulfat)dihydrat 401-320-7				R43 R52-53	Xi R: 43-52/53 S: (2)-22-24-37-61		
Dinatriummetasilikat 229-912-9 6834-92-0				C; R34 Xi; R37	C R: 34-37 S: (1/2)-13-24/ 25-36/37/39-45		
Dinatriummethylen-bisdithiocarbamat s. Nabam (ISO)							

Grenzwert (Luft)				Meßverfahren	Risiko-faktoren nach TRGS 440		Arbeits-medizin Werte im biolog. Material	relevante Regeln/Literatur Hinweise
mg/m³	ml/m³	Spitzen-begren-zung	Art Bemer-kungen H, S	Herkunft Staubklasse		W F		
9	10	11	12	13	14		15	16
s. Kupfer-verbindungen							33 VI, 3	ZVG 496435
					2	1		ZVG 496626
		S			4	1		ZVG 496645
					3	1		ZVG 2350

Stoffidentität EG-Nr. CAS-Nr.	Stoff					Zubereitungen	
	Einstufung				Kennzeichnung	Konzentrationsgrenzen	Einstufung/ Kennzeichnung
	krebs- erz. K	erbgut- veränd. M	fort.- pfl.gef. R_E/R_F	Gefahren- symbol R-Sätze	Gefahrensymbol R-Sätze S-Sätze	in Prozent	Gefahren- symbol R-Sätze
1	2	3	4	5	6	7	8
Dinatrium-[3-methyl-4-(5-nitro-2-oxidophenyl-azo)-1-phenylpyrazo-lolato][1-(3-nitro-2-oxido-5-sulfonatophenylazo)-2-naphtholato]chromat(1-) 404-930-1				Xn; R20 Xi; R41 N; R51-53	Xn, N R: 20-41-51-53 S: (2)-26-39-61		
Dinatrium-7-oxabicyclo-(2,2,1)heptan-2,3-dicarboxylat s. Endothalnatrium (ISO)							
Dinex 205-042-5 131-89-5 Salze und Ester des Dinex Anm. A				T; R23/24/25 T; R23/24/25	T R: 23/24/25 S: (1/2)-13-45 T R: 23/24/25 S: (1/2)-13-45		
Dinickeltrioxid 215-217-8 1314-06-3	1			R49 R43	T R: 49-43 S: 53-45		
Dinitolmid 205-706-4 148-01-6				Herstellereinstufung beachten			
2,4-Dinitroanilin 202-553-5 97-02-9				T+; R26/27/28 R33 N; R51-53	T+, N R: 26/27/28-33-51/53 S: (1/2)-28-36/37-45-61		
Dinitrobenzol Anm. C 246-673-6 25154-54-5				T+; R26/27/28 R33 N; R50-53	T+, N R: 26/27/28-33-50/53 S: (1/2)-28-36/37-45-60-61		
* Dinitro-o-kresol (alle Isomeren außer 4,6-)							
4,6-Dinitro-o-kresol s. DNOC							
Dinitronaphthaline (alle Isomeren) 248-484-4 27478-34-8	3			Herstellereinstufung beachten			

Grenzwert (Luft)					Meßverfahren	Risikofaktoren nach TRGS 440		Arbeitsmedizin Werte im biolog. Material	relevante Regeln/Literatur Hinweise
mg/m^3	ml/m^3	Spitzenbegrenzung	Art Bemerkungen H, S	Herkunft Staubklasse		W	F		
9	10	11	12	13	14		15		16
						4	1		ZVG 496717
			H			4	1		ZVG 510192
						4	1		ZVG 530033
s. Nickel			S 2		ZH...10 BIA 8095			38 VI, 20 EKA	ZVG 570205
5 E			MAK	AUS – NL				33 VI, 3	
			H			5	2	33 VI, 3	ZVG 17550
			H 51	AGS	NIOSH S 214	5	1	33 VI, 3	ZVG 530034 TRGS 901 Nr. 87
0,2 E			MAK H	AUS – DK				33 VI, 3	
						4	1		ZVG 41260

Stoffidentität EG-Nr. CAS-Nr.	Stoff					Zubereitungen	
	Einstufung				Kennzeichnung	Konzentrationsgrenzen	Einstufung/ Kennzeichnung
	krebs- erz. K	erbgut- veränd. M	fort.- pfl.gef. R_E/R_F	Gefahren- symbol R-Sätze	Gefahrensymbol R-Sätze S-Sätze	in Prozent	Gefahren- symbol R-Sätze
1	2	3	4	5	6	7	8
4,6-Dinitro-2-(3-octyl)- phenylmethylcarbonat/ 4,6-Dinitro-2-(4-octyl)- phenylmethylcarbonat 8069-76-9				Xn; R22	Xn R: 22 S: (2)		
Dinitrophenol Anm. C 247-096-2 25550-58-7				T; R23/24/25 R33	T R: 23/24/25-33 S: (1/2)-28-37-45		
Salze von Dinitrophenol Anm. A				T; R23/24/25 R33	T R: 23/24/25-33 S: (1/2)-28-37-45		
3,5-Dinitro-o-toluamid s. Dinitolmid							
Dinitrotoluole (alle Isomeren außer 2,6- und 3,4-) Anm. C 246-836-1 25321-14-6	2			T; R23/24/25 R33	T R: 23/24/25-33 S: (1/2)-28-37-45		
2,6-Dinitrotoluol 210-106-0 606-20-2	2			T; R23/24/25 R33	T R: 23/24/25-33 S: (1/2)-28-37-45		
* 3,4-Dinitrotoluol 210-222-1 610-39-9	2			T; R23/24/25 R33	T R: 23/24/25-33 S: (1/2)-28-37-45		
Dinobuton (ISO) 213-546-1 973-21-7				T; R25	T R: 25 S: (1/2)-37-45		
Dinocap (ISO) 254-408-0 39300-45-3				Xn; R22 Xi; R38	Xn R: 22-38 S: (2)-37		
Dinocton: Mischung aus Isomeren: Methyl- (2,6-dinitro-4-octyl- phenyl)carbonat, Methyl- (2,4-dinitro-6-octyl- phenyl)carbonat 63919-26-6				Xn; R22	Xn R: 22 S: (2)		

Grenzwert (Luft)				Meßverfahren	Risiko-faktoren nach TRGS 440		Arbeits-medizin Werte im biolog. Material	relevante Regeln/Literatur Hinweise
mg/m³	ml/m³	Spitzen-begren-zung	Art Bemer-kungen H, S	Herkunft Staubklasse				
9	10	11	12	13	14 W	F	15	16
					3	1		ZVG 490505
			H		4	1	33 VI, 3	ZVG 530035
					4	1		ZVG 530036
			H	OSHA 44 NIOSH S 215 ZH ... 60			33 VI, 3	ZVG 15600
0,05	0,007	4	TRK H	AGS	ZH...40, 60		33 VI, 3	TRGS 901 Nr. 39 ZVG 490251
1,5			TRK H	AUS − DK	ZH ... 60		33 VI, 3	
					4	1		ZVG 510193
					3	1		ZVG 510194
					3	1		ZVG 510195

Stoffidentität EG-Nr. CAS-Nr.	Stoff					Zubereitungen	
	Einstufung				Kennzeichnung	Konzentrationsgrenzen	Einstufung/ Kennzeichnung
	krebs- erz. K	erbgut- veränd. M	fort.- pfl.gef. R_E/R_F	Gefahren- symbol R-Sätze	Gefahrensymbol R-Sätze S-Sätze	in Prozent	Gefahren- symbol R-Sätze
1	2	3	4	5	6	7	8
Dinocton-6 s. 4,6-Dinitro-2(3-octyl)- phenylmethylcarbonat/ 4,6-Dinitro-2-(4-octyl)- phenylmethylcarbonat							
Dinonylphthalat (alle Isomeren außer Diisononylphthalat)					Hersteller- einstufung beachten		
Dinosam 4097-36-3				T; R23/24/25	T R: 23/24/25 S: (1/2)-13-45		
Salze und Ester des Dinosam Anm. A				T; R23/24/25	T R: 23/24/25 S: (1/2)-13-45		
Dinoseb Anm. E 201-861-7 88-85-7			3 (R$_F$) 2 (R$_E$)	R44 T; R24/25 R61, R62 Xi; R36 N; R50-53	T, N R: 61-62-24/25- 36-44-50/53 S: 53-45-60-61		
Salze und Ester des Dinoseb, mit Ausnahme der namentlich in dieser Liste bezeichneten Anm. A, E			3 (R$_F$) 2 (R$_E$)	R44 T; R24/25 R61 R62 Xi; R36	T R: 61-62-24/25- 36-44 S: 53-45		
Dinoterb Anm. E 215-813-8 1420-07-1			2 (R$_E$)	R61 T; R24/25 Xi; R36 R44	T R: 61-24/25-36-44 S: 53-45		
Salze und Ester des Dinoterb Anm. A, E			2 (R$_E$)	T; R23/24/25 R61	T R: 61-23/24/25 S: 53-45		
Dioctylphthalat (alle Isomeren außer Di-n-octylphthalat und Di-(2-ethylhexyl)-phthalat					Hersteller- einstufung beachten		
Di-sec-octylphthalat s. Di-(2-ethylhexyl)- phthalat							

Grenzwert (Luft)				Meßverfahren	Risiko-faktoren nach TRGS 440 W F		Arbeits-medizin Werte im biolog. Material	relevante Regeln/Literatur Hinweise
mg/m³ ml/m³		Spitzen-begren-zung	Art Bemer-kungen H, S	Herkunft Staubklasse				
9		10	11	12	13	14		15	16

9	10	11	12	13	14		15	16
5			MAK	AUS — NL				
			H			4	1		ZVG 510196
						4	1		ZVG 530037
			H			5	1		ZVG 510197
			H			5	1		ZVG 530038
			H			5	1		ZVG 510198
			H			5	1		ZVG 530039
5			MAK	AUS — NL	HSE 32				

Stoffidentität EG-Nr. CAS-Nr.	Stoff					Zubereitungen	
	Einstufung			Kennzeichnung		Konzentrationsgrenzen	Einstufung/ Kennzeichnung
	krebserz. K	erbgutveränd. M	fort.-pfl.gef. R_E/R_F	Gefahrensymbol R-Sätze	Gefahrensymbol R-Sätze S-Sätze	in Prozent	Gefahrensymbol R-Sätze
1	2	3	4	5	6	7	8
Di-n-octylzinn-verbindungen z.B. folgende Verbindungen — Dioctylzinnisooctylthioglykolat 26401-97-8 — Dioctylzinn-2-ethylhexylthioglykolat 15571-58-1 — Dioctylzinnisooctylmaleat 33568-99-9 — Dioctylzinnmaleat 16091-18-2							
Dioxacarb 230-253-4 6988-21-2				T; R25	T R: 25 S: (1/2)-37-45		
Dioxan s. 1,4-Dioxan							
1,4-Dioxan 204-661-8 123-91-1	3			F; R11-19 R40 Xi; R36/37	F, Xn R: 11-19-36/37-40 S: (2)-16-36/37	20%≦C 1%≦C<20%	Xn; R40-36/37 Xn; R40
1,4-Dioxan-2,3-diyl-O,O,O',O'-tetraethyldi-(dithiophosphat) s. Dioxathion (ISO)							
Dioxathion (ISO) 201-107-7 78-34-2				T+; R26/28 T; R24	T+ R: 24-26/28 S: (1/2)-28-36/37-45		
Dioxine s. Dibenzodioxine							
(1,3-Dioxo-2H-benz[d,e]-isochinolin-2-ylpropyl)-hexadecyldimethyl-ammonium-4-toluolsulfonat 405-080-4				Xi; R41 N; R50-53	Xi, N R: 41-50/53 S: (2)-22-26-39-60-61		
1,3-Dioxolan 211-463-5 646-06-0				F; R11	F R: 11 S: (2)-16		

mg/m³	ml/m³	Spitzen-begrenzung	Art Bemerkungen H, S	Herkunft Staubklasse	Meßverfahren	Risikofaktoren nach TRGS 440 W F	Arbeitsmedizin Werte im biolog. Material	relevante Regeln/Literatur Hinweise
9	10	11	12		13	14	15	16
s. Zinnverbindungen, org.								
								ZVG 490661
								ZVG 490573
								ZVG 490703
								ZVG 490585
						4 1		ZVG 510199
180 (72)	50	4	MAK H	DFG	OSHA 7 NIOSH 1602 DFG	4 2		ZVG 31770
0,2			MAK H	AUS — NL		5 1		ZVG 510200
						4 1		ZVG 496718
						2 3		ZVG 510204

Stoffidentität EG-Nr. CAS-Nr.	Stoff						Zubereitungen	
	Einstufung				Kennzeichnung	Konzentrationsgrenzen	Einstufung/Kennzeichnung	
	krebs-erz. K	erbgut-veränd. M	fort.-pfl.gef. R_E/R_F	Gefahren-symbol R-Sätze	Gefahrensymbol R-Sätze S-Sätze	in Prozent	Gefahren-symbol R-Sätze	
1	2	3	4	5	6	7	8	
[2-(1,3-Dioxolan-2-yl)-ethyl]triphenylphosphoniumbromid 404-940-6 86608-70-0				Xn; R22 Xi; R41 R33 R52-53	Xn R: 22-33-41-52/53 S: (2)-22-26-39-61			
2-(1,3-Dioxolan-2-yl)-phenylmethylcarbamat s. Dioxacarb								
Dipenten s. p-Menthadien-1,8(9)								
Diphacinon (ISO) 201-434-5 82-66-6				T+; R28 T; R48/23/24/25	T+ R: 28-48/23/24/25 S: (1/2)-36/37-45			
Diphenamid (ISO) 213-482-4 957-51-7				Xn; R22	Xn R: 22 S: (2)			
Diphenyl s. Biphenyl								
2-Diphenylacetylindan-1,3-dion s. Diphacinon (ISO)								
Diphenylamin 204-539-4 122-39-4				T; R23/24/25 R33 N; R50-53	T, N R: 23/24/25-33-50/53 S: (1/2)-28-36/37-45-60-61			
Diphenylether (Dampf) 202-981-2 101-84-8				Hersteller-einstufung beachten				
Diphenylether/Biphenyl-mischung (Dampf)				Hersteller-einstufung beachten				
1,2-Diphenylhydrazin s. Hydrazobenzol								
Diphenylmethan-4,4'-diisocyanat Anm. C, 2 202-966-0 101-68-8				Xn; R20 Xi; R36/37/38 R42	Xn R: 20-36/37/38-42 S: (2)-26-28-38-45	25%≦C 5%≦C<25% 1%≦C<5%	Xn; R20-36/37/38-42 Xn; R36/37/38-42 Xn; R42	

Grenzwert (Luft)					Meßverfahren	Risiko-faktoren nach TRGS 440		Arbeits-medizin Werte im biolog. Material	relevante Regeln/Literatur Hinweise
mg/m³	ml/m³	Spitzen-begren-zung	Art Bemer-kungen H, S	Herkunft Staubklasse		W	F		
9	10	11	12	13	14	15		16	
						4	1		ZVG 530649
			H			5	1		ZVG 510576
						3	1		ZVG 510177
5 E			MAK H	AUS — NL L	OSHA 22, 78	4	1	33 VI, 3	ZVG 16270
7	1		MAK	DFG	NIOSH 1617	2	1		ZVG 13460
7	1		MAK	DFG	NIOSH 2013				ZVG 491088
0,05	0,005	=1=	MAK S 29	DFG	DFG, HSE 49 OSHA 47 BIA 7270 NIOSH 5521, 5522	4	1	27 VI, 16	ZH 1/34 ZVG 13110 BIA-Report 4/95

Stoffidentität EG-Nr. CAS-Nr.	Stoff					Zubereitungen	
	Einstufung				Kennzeichnung	Konzentrationsgrenzen	Einstufung/ Kennzeichnung
	krebserz. K	erbgutveränd. M	fort.-pfl.gef. R_E/R_F	Gefahrensymbol R-Sätze	Gefahrensymbol R-Sätze S-Sätze	in Prozent	Gefahrensymbol R-Sätze
1	2	3	4	5	6	7	8
Diphenylmethan-2,4'-diisocyanat Anm. C, 2 227-534-9 5873-54-1				Xn; R20 Xi; R36/37/38 R42	Xn R: 20-36/37/38-42 S: (2)-26-28-38-45	25%≦C 5%≦C<25% 1%≦C<5%	Xn; R20-36/37/38-42 Xn; R36/37/38-42 Xn; R42
Diphenylmethan-2,2'-diisocyanat Anm. C, 2 219-799-4 2536-05-2				Xn; R20 Xi; R36/37/38 R42	Xn R: 20-36/37/38-42 S: (2)-26-28-38-45	25%≦C 5%≦C<25% 1%≦C<5%	Xn; R20-36/37/38-42 Xn; R36/37/38-42 Xn; R42
Diphenylmethandiisocyanat, Isomeren und Homologen Anm. C, 2 9016-87-9				Xn; R20 Xi; R36/37/38 R42	Xn R: 20-36/37/38-42 S: (2)-26-28-38-45	25%≦C 5%≦C<25% 1%≦C<5%	Xn; R20-36/37/38-42 Xn; R36/37/38-42 Xn; R42
Diphenyl(4-phenylthiophenyl)sulfoniumhexafluorantimonat 403-500-0				R43 N; R50-53	Xi, N R: 43-50/53 S: (2)-24-37-60-61		
2-(Diphosphonomethyl)-bernsteinsäure 403-070-4 51395-42-7				C; R34 R43	C R: 34-43 S: (1/2)-26-36/37/39-45		
Diphosphorpentasulfid 215-242-4 1314-80-3				F; R11 R29 Xn; R20/22	F, Xn R: 11-20/22-29 S: (2)		
Diphosphorpentoxid s. Phosphorpentoxid							
Dipikrylamin, Ammoniumsalz s. Ammoniumbis(2,4,6-trinitrophenyl)amin							
Di-n-propylamin 205-565-9 142-84-7				F; R11 Xn; R20/21/22 C; R35	F, C R: 11-20/21/22-35 S: (1/2)-16-26-36/37/39-45	C≧25% 10%≦C<25% 5%≦C<10% 1%≦C<5%	C; R20/21/22-35 C; R35 C; R34 Xi; R36/37/38
* Dipropylenglykolmonomethylether (Isomerengemisch) 252-104-2 34590-94-8							

Grenzwert (Luft)					Meßverfahren	Risikofaktoren nach TRGS 440		Arbeitsmedizin Werte im biolog. Material	relevante Regeln/Literatur Hinweise
mg/m^3	ml/m^3	Spitzenbegrenzung	Art Bemerkungen H, S	Herkunft Staubklasse		W	F		
9	10	11	12	13	14		15		16
			S			4	1		ZVG 510205
			S			4	1		ZVG 510426
			S			4	1		s. auch polymeres MDI ZVG 530040
s. Antimonverbindungen			S			4	1		ZVG 900314
			S			4	1		ZVG 530607
1 E		=1=	MAK	DFG, EG		3	1		ZVG 1520
			H 20			4	2		ZVG 38400
308		=1=	MAK	DFG, EG	BIA 7280 OSHA 101 NIOSH S 69	2	1		ZVG 37310

281

Stoffidentität EG-Nr. CAS-Nr.	Stoff					Zubereitungen	
	Einstufung				Kennzeichnung	Konzentrationsgrenzen	Einstufung/ Kennzeichnung
	krebserz. K	erbgutveränd. M	fort.-pfl.gef. R_E/R_F	Gefahrensymbol R-Sätze	Gefahrensymbol R-Sätze S-Sätze	in Prozent	Gefahrensymbol R-Sätze
1	2	3	4	5	6	7	8
Dipropylentriamin 200-261-2 56-18-8				T+; R26 T; R24 Xn; R22 C; R35 R43	T+, C R: 22-24-26-35-43 S: (1/2)-26-28-36/37/39-45		
Di-n-propylether 203-869-6 111-43-3				F; R11 R19	F R: 11-19 S: (2)-9-16-33		
Dipropylketon s. 4-Heptanon							
Dipropyl-6,7-methylendioxy-1,2,3,4-tetrahydro-3-methylnaphthalin-1,2-dicarboxylat 83-59-0				T; R24 Xn; R22	T R: 22-24 S: (1/2)-36/37-45		
N,N-Di-n-propylnitrosamin s. N-Nitrosodi-n-propylamin							
Diquat 220-433-0 2764-72-9				T; R24/25 Xi; R36/37/38	T R: 24/25-36/37/38 S: (1/2)-22-36/37/39-45		
Salze von Diquat Anm. A				T; R24/25 Xi; R36/37/38	T R: 24/25-36/37/38 S: (1/2)-22-36/37/39-45		
Diquatdibromid (ISO) 201-579-4 85-00-7					s. Salze von Diquat		
Diquecksilberdichlorid 233-307-5 10112-91-1				Xn; R22 Xi; R36/37/38	Xn R: 22-36/37/38 S: (2)-13-24/25-46		
Dischwefeldecafluorid s. Schwefelpentafluorid							
Dischwefeldichlorid 233-036-2 10025-67-9				R14 C; R34 Xi; R37	C R: 14-34-37 S: (1/2)-26-45		

Grenzwert (Luft)					Meßverfahren	Risiko-faktoren nach TRGS 440		Arbeits-medizin Werte im biolog. Material	relevante Regeln/Literatur Hinweise
mg/m³	ml/m³	Spitzen-begren-zung	Art Bemer-kungen H, S	Herkunft Staubklasse		W	F		
9	10	11	12		13	14		15	16
			H, S			5	1		ZVG 28590
1050			MAK	AUS – FIN		2	3		ZVG 510206
			H			4	1		ZVG 490100
			H			4	1		ZVG 530389
			H			4	1		ZVG 530387
0,5 E			MAK H	AUS – NL M					ZVG 490104
s. Quecksilber-verbindungen, anorganische						3	1	9 VI, 28 BAT	ZVG 500047
6	1	=1=	MAK	DFG		3	2		ZVG 1560

Stoffidentität EG-Nr. CAS-Nr.	Stoff					Zubereitungen	
	Einstufung				Kennzeichnung	Konzentrationsgrenzen	Einstufung/ Kennzeichnung
	krebserz. K	erbgutveränd. M	fort.- pfl.gef. R_E/R_F	Gefahrensymbol R-Sätze	Gefahrensymbol R-Sätze S-Sätze	in Prozent	Gefahrensymbol R-Sätze
1	2	3	4	5	6	7	8
Distickstoffmonoxid 233-032-0 10024-97-2					Herstellereinstufung beachten		
Distickstofftetraoxid Anm. 5 234-126-4 10544-72-6				T+; R26 C; R34	T+ R: 26-34 S: (1/2)-9-26-28- 36/37/39-45	C≧10% 5%≦C<10% 1%≦C<5% 0,5%≦C<1% 0,1%≦C <0,5%	T+; R26-34 T; R23-34 T; R23-36/37/38 Xn; R20-36/37/38 Xn; R20
Disul 205-259-5 149-26-8				Xn; R22 Xi; R38-41	Xn R: 22-38-41 S: (2)-26		
Disulfiram 202-607-8 97-77-8					Herstellereinstufung beachten		
Disulfoton (ISO) 206-054-3 298-04-4				T+; R27/28 N; R50-53	T+, N R: 27/28-50/53 S: (1/2)-28-36/ 37-45-60-61		
Ditantalpentoxid 215-238-2 1314-61-0					Herstellereinstufung beachten		
Dithalliumsulfat 231-201-3 7446-18-6				T+; R28 Xi; R38 T; R48/25	T+ R: 28-38-48/25 S: (1/2)-13-36/ 37-45		
Dithianon (ISO) 222-098-6 3347-22-6				Xn; R22	Xn R: 22 S: (2)-24		
Diuron 206-354-4 330-54-1				Xn; R48/22	Xn R: 48/22 S: (2)-22-37		
Divinylbenzol (alle Isomeren) 215-325-5 1321-74-0					Herstellereinstufung beachten		
Dixanthogen 207-944-4 502-55-6				Xn; R22	Xn R: 22 S: (2)-24		

Grenzwert (Luft)					Meßverfahren		Risiko-faktoren nach TRGS 440		Arbeits-medizin Werte im biolog. Material	relevante Regeln/Literatur Hinweise
mg/m^3	ml/m^3	Spitzen-begren-zung	Art Bemer-kungen H, S	Herkunft Staubklasse			W	F		
9		10	11	12	13		14		15	16
200	100	4	MAK	DFG	DFG OSHA ID 166		2	4		ZVG 4230
s. Stickstoffdioxid							5	4		ZVG 1950
5 E			MAK (29)	AUS – NL			4	1		ZVG 510207
2 E		4	MAK 20	DFG L			2	1		ZVG 15120
0,1			MAK H	AUS – NL	NIOSH 5600		5	1		ZVG 12150
5 E			MAK	AUS – DK L						ZVG 5910
s. Thallium-verbindungen							5	1		ZVG 500106
							3	1		ZVG 510209
5 E			MAK	AUS – DK L	DFG		4	1		ZVG 12290
50			MAK	AUS – DK	OSHA 89					ZVG 21640
							3	1		ZVG 490212

285

Stoffidentität EG-Nr. CAS-Nr.	Stoff					Zubereitungen	
	Einstufung				Kennzeichnung	Konzentrationsgrenzen	Einstufung/ Kennzeichnung
	krebserz. K	erbgutveränd. M	fort.-pfl.gef. R_E/R_F	Gefahrensymbol R-Sätze	Gefahrensymbol R-Sätze S-Sätze	in Prozent	Gefahrensymbol R-Sätze
1	2	3	4	5	6	7	8
DNOC (4,6-Dinitro-o-kresol) 208-601-1 534-52-1		3		R44 T+; R27/28 R40 Xi; R36 R33	T+ R: 27/28-33-36-40-44 S: (1/2)-36/37-45		
Ammoniumsalz von DNOC 221-037-0 2980-64-5				T+; R26/27/28 R33	T+ R: 26/27/28/-33 S: (1/2)-13-28-45		
Kaliumsalz von DNOC 5787-96-2				T; R23/24/25 R33	T R: 23/24/25-33 S: (1/2)-13-45		
Natriumsalz von DNOC 219-007-7 2312-76-7				T; R23/24/25 R33	T R: 23/24/25-33 S: (1/2)-13-45		
6-Docosyloxy-1-hydroxy-4-[1-(4-hydroxy-3-methyl-phenanthren-1-yl)-3-oxo-2-oxaphenalen-1-yl]-naphthalin-2-carbonsäure 404-550-6				R43 R53	Xi R: 43-53 S: (2)-24-37-61		
Dodecachlorpentacyclo-[5.2.1.0^{2,6}.0^{3,9}.0^{5,8}]-decan 219-196-6 2385-85-5	3		3(R_E) 3(R_F)	R40 R62-63 R64 Xn; R21/22 N; R50/53	Xn, N R: 21/22-40-50/53-62-63-64 S: (2)-13-36/37-46-60-61		
Dodecylguanidinium-acetat s. Dodin (ISO)							
1-Dodecyl-2-pyrrolidon 403-730-1 2687-96-9				C; R34 R43 N; R50-53	C, N R: 34-43-50/53 S: (1/2)-26-36/37/39-45-60-61		
Gemisch aus Dodecyl-3-(2,2,4,4-tetra-methyl-21-oxo-7-oxa-3,20-diazadispiro-(5,1,11,2)henicosan-20-yl)propionat und Tetradecyl-3-(2,2,4,4-tetra-methyl-21-oxo-7-oxa-3,20-diazadispiro-(5,1,11,2)henicosan-20-yl)propionat[1)] 400-580-9				Xi; R38 N; R51-53	Xi, N R: 38-51/53 S: (2)-28-61		

| Grenzwert (Luft) | | | | Meßverfahren | Risiko- faktoren nach TRGS 440 | | Arbeits- medizin Werte im biolog. Mate- rial | relevante Regeln/Literatur Hinweise |
mg/m^3	ml/m^3	Spitzen- begren- zung	Art Bemer- kungen H, S	Herkunft Staubklasse		W	F		
9	10	11	12	13	14		15	16
0,2 E		4	MAK H	DFG	NIOSH S 166	5	1	33 VI, 3	ZVG 38550
			H			5	1		ZVG 510210
			H			4	1		ZVG 510211
			H			4	1		ZVG 510212
			S			4	1		ZVG 900430
			H			4	1		ZVG 510644
			S			4	1		ZVG 900317
						2	1		ZVG 496627 [1]) Ester mit n-$C_{12}H_{25}$ und n-$C_{14}H_{29}$

Stoffidentität EG-Nr. CAS-Nr.	Stoff					Zubereitungen	
	Einstufung				Kennzeichnung	Konzentrationsgrenzen	Einstufung/ Kennzeichnung
	krebserz. K	erbgutveränd. M	fort.-pfl.gef. R_E/R_F	Gefahrensymbol R-Sätze	Gefahrensymbol R-Sätze S-Sätze	in Prozent	Gefahrensymbol R-Sätze
1	2	3	4	5	6	7	8
Dodecyl-3,4,5-tri-hydroxybenzoat 214-620-6 1166-52-5				R43	Xi R: 43 S: (2)-24-37		
Dodemorph (ISO) 216-474-9 1593-77-7				Xi; R36/37/38	Xi R: 36/37/38 S: (2)-26		
Dodin (ISO) 219-459-5 2439-10-3				Xn; R22 Xi; R36/38	Xn R: 22-36/38 S: (2)-26		
DOP s. Di-(2-ethylhexyl)-phthalat							
Drazoxolon (ISO) 227-197-8 5707-69-7				T; R25	T R: 25 S: (1/2)-22-24-36/37-45		

Grenzwert (Luft)				Meßverfahren	Risiko-faktoren nach TRGS 440		Arbeits-medizin Werte im biolog. Material	relevante Regeln/Literatur Hinweise
mg/m^3	ml/m^3	Spitzen-begren-zung	Art Bemer-kungen H, S	Herkunft Staubklasse		W F		
9	10	11	12	13	14		15	16
		S			4	1		ZVG 493932
					2	1		ZVG 490335
					3	1		ZVG 510213
					4	1		ZVG 510214

Stoffidentität EG-Nr. CAS-Nr.	Stoff					Zubereitungen	
	Einstufung				Kennzeichnung	Konzentrationsgrenzen	Einstufung/ Kennzeichnung
	krebs- erz. K	erbgut- veränd. M	fort.- pfl.gef. R_E/R_F	Gefahren- symbol R-Sätze	Gefahrensymbol R-Sätze S-Sätze	in Prozent	Gefahren- symbol R-Sätze
1	2	3	4	5	6	7	8
Echtgranat-GBC-base s. 2-Aminoazotoluol							
Eichenholzstaub s. Abschnitt 3.1	1 R49						
Edifenphos (ISO) 241-178-1 17109-49-8				T; R23/24/25	T R: 23/24/25 S: (1/2)-28-36/ 37-45		
Eisendimethyldi- thiocarbamat s. Ferbam							
Eisen(II)-oxid 215-721-8 1345-25-1							
Eisen(III)-oxid 215-168-2 1309-37-1							
Eisenpentacarbonyl 236-670-8 13463-40-6					Hersteller- einstufung beachten		
Eisentris(dimethyldi- thiocarbamat) s. Ferbam (ISO)							
Endosulfan (ISO) 204-079-9 115-29-7				T; R24/25 Xi; R36 N; R50-53	T, N R: 24/25-36-50/53 S: (1/2)-28-36/ 37-45-60-61		
Endothal 205-660-5 145-73-3				T; R25 Xn; R21 Xi; R36/37/38	T R: 21-25-36/37/38 S: (1/2)-36/ 37/39-45		
Endothalnatrium (ISO) 204-959-8 129-67-9				T; R25 Xn; R21 Xi; R36/37/38	T R: 21-25-36/37/38 S: (1/2)-36/37/ 39-45		
Endothion (ISO) 220-472-3 2778-04-3				T; R24/25	T R: 24/25 S: (1/2)-36/37-45		

Grenzwert (Luft)					Meßverfahren	Risiko-faktoren nach TRGS 440		Arbeits-medizin Werte im biolog. Material	relevante Regeln/Literatur Hinweise
mg/m³	ml/m³	Spitzen-begren-zung	Art Bemer-kungen H, S	Herkunft Staubklasse		W	F		
9	10	11	12	13		14		15	16
2 E		4	TRK 4	AGS H	ZH...41 BIA 7630			44 VI, 43	GefStoffV § 35 TRGS 553 ZVG 530158
			H			4	1		ZVG 490589
6 A			MAK	DFG L	OSHA ID 121, 125	2	1		ZVG 1190
6 A			MAK	DFG L	OSHA ID 121, 125	2	1		ZVG 1860
0,8	0,1	4	MAK			4	2		ZVG 4250
0,1 E			MAK H	AUS – NL H	*)	4	1		ZVG 510215 *) Ann. occup. Hyg. 39 (1995), S. 115
			H			4	1		ZVG 530043
			H			4	1		ZVG 510216
			H			4	1		ZVG 510217

Stoffidentität EG-Nr. CAS-Nr.	Stoff					Zubereitungen	
	Einstufung				Kennzeichnung	Konzentrationsgrenzen	Einstufung/ Kennzeichnung
	krebserz. K	erbgutveränd. M	fort.-pfl.gef. R_E/R_F	Gefahrensymbol R-Sätze	Gefahrensymbol R-Sätze S-Sätze	in Prozent	Gefahrensymbol R-Sätze
1	2	3	4	5	6	7	8
Endrin (ISO) 200-775-7 72-20-8				T+; R28 T; R24 N; R50-53	T+, N R: 24-28-50/53 S: (1/2)-22-36/ 37-45-60-61		
Enfluran s. 2-Chlor-1,1,2-trifluorethyldifluormethylether							
Enzyme s. Anhang 4							
Ephedrin 206-080-5 299-42-3 Salze von Ephedrin Anm. A				Xn; R22 Xn; R22	Xn R: 22 S: (2)-22-25 Xn R: 22 S: (2)-22-25		
Epichlorhydrin s. 1-Chlor-2,3-epoxypropan							
EPN s. O-Ethyl-O-(4-nitrophenylthiophosphonat)							
1,2-Epoxy-3-allyloxypropan s. 1-Allyloxy-2,3-epoxypropan							
1,2-Epoxybutan 203-438-2 106-88-7	2 **3**			F; R11 R40 Xn; R20/21/22 Xi; R36/37/38	F, Xn R: 11-20/21/22-36/37/38-40 S: (2)-9-16-29-36/37		
1,2-Epoxy-4-(epoxyethyl)cyclohexan s. 1-Epoxyethyl-3,4-epoxycyclohexan							
(Epoxyethyl)benzol s. Styroloxid							

Grenzwert (Luft)				Meßverfahren	Risiko-faktoren nach TRGS 440 W F	Arbeits-medizin Werte im biolog. Material	relevante Regeln/Literatur Hinweise
mg/m^3 ml/m^3	Spitzen-begren-zung	Art Bemer-kungen H, S	Herkunft Staubklasse				
9	10	11	12	13	14	15	16
0,1 E	4	MAK H	DFG H	NIOSH 5519	5 1		ZVG 41270
					3 1		ZVG 510218
					3 1		ZVG 530044
		H		BIA 7308 ZH...56		40 VI, 43	ZVG 70290

Stoffidentität EG-Nr. CAS-Nr.	Stoff					Zubereitungen	
	Einstufung				Kennzeichnung	Konzentrationsgrenzen	Einstufung/ Kennzeichnung
	krebserz. K	erbgutveränd. M/E	fort.-pfl.gef. $R_E/R_F/F$	Gefahrensymbol R-Sätze	Gefahrensymbol R-Sätze S-Sätze	in Prozent	Gefahrensymbol R-Sätze
1	2	3	4	5	6	7	8
1-Epoxyethyl-3,4-epoxycyclohexan (4-Vinyl-1,2-cyclohexendiepoxid) 203-437-7 106-87-6	2			T; R23/24/25 Xn; R40	T R: 23/24/25-40 S: (1/2)-23-24-45	1%≦C 0,1%≦C<1%	T; R23/24/25-40 Xn; R20/21/22
2,3-Epoxy-1,4,5,6,7,8,8-heptachlor-3a,4,7,7a-tetrahydro-4,7-methanoindan s. Heptachlorepoxid							
1,2-Epoxy-3-isopropoxypropan s. iso-Propylglycidylether							
1,2-Epoxy-3-phenoxypropan (Phenylglycidylether) 204-557-2 122-60-1	2			Xn; R21 R43	Xn R: 21-43 S: (2)-24/25	25%≦C 1%≦C<25%	Xn; R21-43 Xi; R43
1,2-Epoxypropan s. 1,2-Propylenoxid							
1,3-Epoxypropan 207-964-3 503-30-0				F; R11 Xn; R20/21/22	F, Xn R: 11-20/21/22 S: (2)-9-16-26-29		
* 2,3-Epoxy-1-propanol (Glycidol) 209-128-3 556-52-5	2	3	2 (R_F)	T; R23 Xn; R21/22 Xi; R36/37/38 R42/43	T R: 23-21/22-36/37/ 38-42/43 S: (1/2)-45	20%≦C 5%≦C<20% 1%≦C<5%	T; R21/22-23-36/ 37/38-42/43 T; R21/22-23-42/43 Xn; R20/21/ 22-42/43
2,3-Epoxypropylacrylat Anm. D 203-440-3 106-90-1				T; R23/24/25 C; R34 R43	T R: 23/24/25-34-43 S: (1/2)-26-36/ 37/39-45	10%≦C 5%≦C<10% 2%≦C<5% 0,2%≦C<2%	T; R23/24/25-34-43 T; R23/24/25-36/ 38-43 T; R23/24/25-43 Xn; R20/21/22-43
2,3-Epoxypropylmethacrylat Anm. D 203-441-9 106-91-2				Xn; R20/21/22 Xi; R36/38 R43	Xn R: 20/21/22-36/ 38-43 S: (2)-26-28	25%≦C 10%≦C<25% 1%≦C<10%	Xn; R20/21/22-36/ 38-43 Xi; R36/38-43 Xi; R43

Grenzwert (Luft)					Meßverfahren	Risikofaktoren nach TRGS 440		Arbeitsmedizin Werte im biolog. Material	relevante Regeln/Literatur Hinweise
mg/m³	ml/m³	Spitzenbegrenzung	Art Bemerkungen H, S	Herkunft Staubklasse		W	F		
9	10	11	12		13	14		15	16
			H					40 VI, 43	ZVG 510220 TRGS 906 Nr. 17
1			EW H, S 51	AGS	OSHA 7 NIOSH 1619			40 VI, 43	TRGS 901 Nr. 54 ZVG 29640 TRGS 906 Nr. 5
			H			3	4		ZVG 510221
150	50	=1=	TRK H, S	AGS	OSHA 7 NIOSH 1608			40 VI, 43	ZVG 37230 TRGS 906 Nr. 34
			H, S			4	1		ZVG 510222
			H, S			4	2		ZVG 510223

Stoffidentität EG-Nr. CAS-Nr.	Stoff					Zubereitungen	
	Einstufung				Kennzeichnung	Konzentrationsgrenzen	Einstufung/ Kennzeichnung
	krebs-erz. K	erbgut-veränd. M	fort.-pfl.gef. R_E/R_F	Gefahren-symbol R-Sätze	Gefahrensymbol R-Sätze S-Sätze	in Prozent	Gefahren-symbol R-Sätze
1	2	3	4	5	6	7	8
2,3-Epoxypropyltri-methylammoniumchlorid s. Glycidyltrimethyl-ammoniumchlorid							
1,2-Epoxy-3-(tolyloxy)propan Anm. C 247-711-4 26447-14-3				Xi; R38	Xi R: 38 S: (2)-26-28	2%≦C	Xi; R38
L-6,7-Epoxy-tropyl-tropat s. Scopolamin							
EPTC (ISO) 212-073-8 759-94-4				Xn; R22	Xn R: 22 S: (2)-23		
Erbon (ISO) 136-25-4				Xn; R22	Xn R: 22 S: (2)		
Erdgas Erdöl s. Mineralölderivate, komplexe							
Erionit 12510-42-8	1			R45	T R: 45 S: 53-45		
Eserin 200-332-8 57-47-6 Salze von Eserin Anm. A				T+; R26/28 T+; R26/28	T+ R: 26/28 S: (1/2)-25-45 T+ R: 26/28 S: (1/2)-25-45		
Essigsäure ...% Anm. B 200-580-7 64-19-7				R10 C; R35	C R: 10-35 S: (1/2)-23-26-45	90%≦C 25%≦C<90% 10%≦C<25%	C; R35 C; R34 Xi; R36/38
Essigsäureamylester s. Pentylacetat							
Essigsäureanhydrid 203-564-8 108-24-7				R10 C; R34	C R: 10-34 S: (1/2)-26-45	20%≦C 8%≦C<20%	C; R34 Xi; R36/38

Grenzwert (Luft)					Meßverfahren	Risikofaktoren nach TRGS 440		Arbeitsmedizin Werte im biolog. Material	relevante Regeln/Literatur Hinweise
mg/m³	ml/m³	Spitzenbegrenzung	Art Bemerkungen H, S	Herkunft Staubklasse		W	F		
9	10	11	12		13	14		15	16
70			MAK	AUS — DK		2	1		ZVG 33530
						3	1		ZVG 510224
						3	1		ZVG 510225
									u.a. Diesel, Heizöl und Düsenflugzeugbrennstoffe
								1.2	ZVG 496441
						5	1		ZVG 510226
						5	1		ZVG 530048
25	10	=1=	MAK	DFG, EG	BIA 7320 NIOSH 1603 OSHA ID 118	4	2		ZVG 11400
20	5	=1=	MAK	DFG	OSHA 82, 102	3	1		ZVG 12580

297

Stoffidentität EG-Nr. CAS-Nr.	Stoff					Zubereitungen	
	Einstufung				Kennzeichnung	Konzentrationsgrenzen	Einstufung/ Kennzeichnung
	krebserz. K	erbgutveränd. M	fort.-pfl.gef. R_E/R_F	Gefahrensymbol R-Sätze	Gefahrensymbol R-Sätze S-Sätze	in Prozent	Gefahrensymbol R-Sätze
1	2	3	4	5	6	7	8
Essigsäurebutylester s. Butylacetat							
Essigsäureethylester s. Ethylacetat							
Essigsäure-sec-hexylester s. 1,3-Dimethylbutylacetat							
Essigsäuremethylester s. Methylacetat							
Essigsäurepropylester s. Propylacetat, iso-Propylacetat							
Essigsäurevinylester s. Vinylacetat							
Ethan 200-814-8 74-84-0				F+; R12	F+ R: 12 S: (2)-9-16-33		
Ethanal s. Acetaldehyd							
Ethandiol (1,2-) (Ethylenglykol) 203-473-3 107-21-1				Xn; R22	Xn R: 22 S: (2)	25%≦C	Xn; R22
Ethandiol-1,2-dimethacrylat Anm. D 202-617-2 97-90-5				Xi; R36/37	Xi R: 36/37 S: (2)	10%≦C	Xi; R36/37
Ethanol 200-578-6 64-17-5				F; R11	F R: 11 S: (2)-7-16		
Ethanolamin s. 2-Amino-ethanol							
Ethanthiol 200-837-3 75-08-1				F; R11 Xn; R20	F, Xn R: 11-20 S: (2)-16-25		
Ethen 200-815-3 74-85-1				F+; R12	F+ R: 12 S: (2)-9-16-33		

Grenzwert (Luft)					Meßverfahren	Risikofaktoren nach TRGS 440		Arbeitsmedizin Werte im biolog. Material	relevante Regeln/Literatur Hinweise
mg/m³	ml/m³	Spitzenbegrenzung	Art Bemerkungen H, S	Herkunft Staubklasse		W	F		
9	10	11	12		13	14		15	16
						2	4		ZVG 10010
26	10	=1=	MAK H Y		DFG	BIA 7408 NIOSH 5500, 5523	3	1	ZVG 12060
			(S)			2	1		ZVG 510227
1 900	1 000	4	MAK (Y)		DFG	OSHA 100 NIOSH 1400 BIA 7330	2	3	ZVG 10420
1	0,5	=1=	MAK		DFG	NIOSH 2542	3	4	ZVG 38960
						2	4	EKA	ZVG 12710

Stoffidentität EG-Nr. CAS-Nr.	Stoff					Zubereitungen	
	Einstufung				Kennzeichnung	Konzentrationsgrenzen	Einstufung/ Kennzeichnung
	krebs- erz. K	erbgut- veränd. M	fort.- pfl.gef. R_E/R_F	Gefahren- symbol R-Sätze	Gefahrensymbol R-Sätze S-Sätze	in Prozent	Gefahren- symbol R-Sätze
1	2	3	4	5	6	7	8
Ether s. Diethylether							
Ethin s. Acetylen							
Ethiofencarb (ISO) 249-981-9 29973-13-5				Xn; R22	Xn R: 22 S: (2)		
Ethion (ISO) 209-242-3 563-12-2				T; R25 Xn; R21	T R: 21-25 S: (1/2)-25-36/ 37-45		
Ethirimol (ISO) 245-949-3 23947-60-6				Xn; R21	Xn R: 21 S: (2)-36/37		
Ethoat-methyl (ISO) 204-121-1 116-01-8				Xn; R21/22	Xn R: 21/22 S: (2)-36/37		
Ethoprophos (ISO) 236-152-1 13194-48-4				T+; R27 T; R25	T+ R: 25-27 S: (1/2)-36/37/ 39-45		
2-Ethoxy-6-amino- naphthalin s. 6-Amino-2-ethoxy- naphthalin							
2-Ethoxyanilin Anm. C 202-356-4 94-70-2				T; R23/24/25 R33	T R: 23/24/25-33 S: (1/2)-28-36/ 37-45		
4-Ethoxyanilin Anm. C 205-855-5 156-43-4				T; R23/24/25 R33	T R: 23/24/25-33 S: (1/2)-28-36/ 37-45		
N-Ethoxycarbonyl-N- methylcarbamoylmethyl- O,O-diethyldithio- phosphat s. Mecarbam (ISO)							

Grenzwert (Luft)					Meßverfahren	Risiko-faktoren nach TRGS 440		Arbeits-medizin Werte im biolog. Material	relevante Regeln/Literatur Hinweise
mg/m³	ml/m³	Spitzen-begren-zung	Art Bemer-kungen H, S	Herkunft Staubklasse		W	F		
9	10	11		12	13	14		15	16
						3	1		ZVG 510228
0,4			MAK H	AUS — NL	NIOSH 5600	4	1		ZVG 510229
			H			3	1		ZVG 490633
			H			3	1		ZVG 510230
			H		NIOSH 5600	5	1		ZVG 510580
			H			4	1	33 VI, 3	ZVG 19840
			H			4	1	33 VI, 3	ZVG 14490

Stoffidentität EG-Nr. CAS-Nr.	Stoff					Zubereitungen	
	Einstufung				Kennzeichnung	Konzentrationsgrenzen	Einstufung/ Kennzeichnung
	krebserz. K	erbgutveränd. M	fort.-pfl.gef. R_E/R_F	Gefahrensymbol R-Sätze	Gefahrensymbol R-Sätze S-Sätze	in Prozent	Gefahrensymbol R-Sätze
1	2	3	4	5	6	7	8
Ethoxychin 202-075-7 91-53-2				Xn; R22	Xn R: 22 S: (2)-24		
2-Ethoxyethanol Anm. E 203-804-1 110-80-5			2 (R_E) 2 (R_F)	R10 R60-61 Xn; R20/21/22	T R: 60-61-10-20/21/22 S: 53-45		
2-Ethoxyethylacetat Anm. E 203-839-2 111-15-9			2 (R_E) 2 (R_F)	R60-61 Xn; R20/21/22	T R: 60-61-20/21/22 S: 53-45		
2-Ethoxyethyl-2-[4-(3-chlor-5-trifluormethyl-2-pyridyloxy)phenoxy]-propionat 402-560-5 87237-48-7				Xn; R22 N; R50-53	Xn, N R: 22-50/53 S: (2)-22-36-60-61		
2-Ethoxyethyl-2-[4-(2,6-dihydro-2,6-dioxo-7-phenyl-1,5-dioxaindacen-3-yl)phenoxy]acetat 403-960-2				R43	Xi R: 43 S: (2)-24-37		
O-(6-Ethoxy-2-ethylpyrimidin-4-yl)-O,O-dimethylthiophosphat 253-855-9 38260-54-7				Xn; R22	Xn R: 22 S: (2)		
6-Ethoxy-2,2,4-trimethyl-1,2-dihydrochinolin s. Ethoxychin							
Ethylacetat 205-500-4 141-78-6				F; R11	F R: 11 S: (2)-16-23-29-33		
Ethylacrylat Anm. D 205-438-8 140-88-5				F; R11 Xn; R20/21/22 Xi; R36/37/38 R43	F, Xn R: 11-20/21/22-36/37/38-43 S: (2)-9-16-33-36/37	25%≦C 5%≦C<25% 1%≦C<5%	Xn; R20/21/22-36/37/38-43 Xi; R36/37/38-43 Xi; R43
Ethylalkohol s. Ethanol							

Grenzwert (Luft)					Meßverfahren	Risikofaktoren nach TRGS 440		Arbeitsmedizin Werte im biolog. Material	relevante Regeln/Literatur Hinweise
mg/m^3	ml/m^3	Spitzenbegrenzung	Art Bemerkungen H, S	Herkunft Staubklasse		W	F		
9	10	11	12		13	14		15	16
						3	1		ZVG 14560
19	5	4	MAK H	DFG	DFG OSHA 79 HSE 23, 21 NIOSH 1403	5	1	BAT	ZVG 12880
27	5	4	MAK H	DFG	DFG OSHA 79 HSE 23, 21 NIOSH 1450	5	1	BAT	ZVG 14020
						3	1		ZVG 530265
			S			4	1		ZVG 900399
						3	1		ZVG 510239
1 400	400	=1=	MAK (Y)	DFG	BIA 7365 HSE 72 OSHA 7	2	3		ZVG 12040
20	5	=1=	MAK H, S	DFG	DFG OSHA 92 NIOSH 1450	4	2		ZVG 14350

Stoffidentität EG-Nr. CAS-Nr.	Stoff					Zubereitungen	
	Einstufung				Kennzeichnung	Konzentrationsgrenzen	Einstufung/ Kennzeichnung
	krebserz. K	erbgutveränd. M	fort.-pfl.gef. R_E/R_F	Gefahrensymbol R-Sätze	Gefahrensymbol R-Sätze S-Sätze	in Prozent	Gefahrensymbol R-Sätze
1	2	3	4	5	6	7	8
Ethylamin 200-834-7 75-04-7				F+; R12 Xi; R36/37	F+, Xi R: 12-36/37 S: (2)-16-26-29		
2-Ethylamino-4-isopropylamino-6-methylthio-1,3,5-triazin s. Ametryn (ISO)							
N-Ethylanilin 203-135-5 103-69-5				T; R23/24/25 R33	T R: 23/24/25-33 S: (1/2)-28-37-45		
Ethylate s. Alkaliethylate							
* Ethylbenzol 202-849-4 100-41-4				F; R11 Xn; R20	F, Xn R: 11-20 S: (2)-16-24/25-29	25%≦C	Xn; R20
Ethyl-N-benzoyl-N-(3,4-dichlorphenyl)-DL-alaninat s. Benzoylprop-ethyl (ISO)							
Ethyl-3,3-bis(tert-pentylperoxy)butyrat 403-320-2 67567-23-1				E; R2 N; R51-53	E, N R: 2-51/53 S: (2)-3/7/9-14-27-33-61		
Ethylbromacetat 203-290-9 105-36-2				T+; R26/27/28	T+ R: 26/27/28 S: (1/2)-7/9-26-45		
Ethylbromid s. Bromethan							
2-Ethylbutanol 202-621-4 97-95-0				Xn; R21/22	Xn R: 21/22 S: (2)	25%≦C	Xn; R21/22
Ethylbutylketon s. Heptan-3-on							
Ethylcarbamat s. Urethan (INN)							

Grenzwert (Luft)					Meßverfahren	Risiko-faktoren nach TRGS 440		Arbeits-medizin Werte im biolog. Material	relevante Regeln/Literatur Hinweise
mg/m^3	ml/m^3	Spitzen-begren-zung	Art Bemer-kungen H, S	Herkunft Staubklasse		W	F		
9	10	11	12		13	14		15	16
18 (9,4)	10	=1=	MAK	DFG (EG)	OSHA 36	2	4		ZVG 20540
			H			4	1		ZVG 16880
440	100	=1=	MAK H	DFG	BIA 7385 HSE 72 OSHA 7	3	1	BAT	ZVG 16210
						2	1		ZVG 530603
			H			5	1		ZVG 24490
			H			3	1		ZVG 510232

Stoffidentität EG-Nr. CAS-Nr.	Stoff					Zubereitungen	
	Einstufung				Kennzeichnung	Konzentrationsgrenzen	Einstufung/ Kennzeichnung
	krebs- erz. K	erbgut- veränd. M	fort.- pfl.gef. R_E/R_F	Gefahren- symbol R-Sätze	Gefahrensymbol R-Sätze S-Sätze	in Prozent	Gefahren- symbol R-Sätze
1	2	3	4	5	6	7	8
Ethylcarbamoylmethyl- O,O-dimethyldi- thiophosphat s. Ethoat-methyl (ISO)							
Ethylchloracetat 203-294-0 105-39-5				T; R23/24/25 N; R50	T, N R: 23/24/25-50 S: (1/2)-7/9-45-61		
Ethylchlorformiat 208-778-5 541-41-3				F; R11 T+; R26 Xn; R22 C; R34	F, T+ R: 11-22-26-34 S: (1/2)-9-16-26- 28-33-36/37/39-45		
Ethylchlorid s. Chlorethan							
Ethyl-2-cyanacrylat s. Cyanacryl- säureethylester							
1-(2-Ethylcyclohexan- oxy)-2,3-epoxypropan 130014-35-6				Xi; R36/38 R43	Xi R: 36/38-43 S: (2)-26-28-37/39	20%≦C 1%≦C<20%	Xi; R36/38-43 Xi; R43
Ethylcyclohexyl- glycidylether s. 1-(2-Ethylcyclohexan- oxy)-2,3-epoxypropan							
Ethyl-5-(1,2,3,4,5, 6,7,8,9,10,10- decachlor-4-hydroxy- pentacyclo-(5,2,1,0^{2,6}. 0^{3,9}.0^{5,8}.)dec-4-yl)-4- oxovalerat s. Kelevan (ISO)							
Ethyl-4,4'-dichlorbenzilat s. Chlorobenzilat (ISO)							
Ethyl-2-(dimethoxy- thiophosphinoylthio)- 2-phenylacetat s. Phenthoat (ISO)							
Ethyldimethylamin 209-940-8 598-56-1				F+; R12 Xn; R20/22 C; R34	F+, C R: 12-20/22-34 S: (1/2)-3-16- 26-36-45		

Grenzwert (Luft)					Meßverfahren	Risiko-faktoren nach TRGS 440		Arbeits-medizin Werte im biolog. Material	relevante Regeln/Literatur Hinweise
mg/m³	ml/m³	Spitzen-begren-zung	Art Bemer-kungen H, S	Herkunft Staubklasse		W	F		
9	10	11	12	13	14		15	16	
5	1	=1=	MAK H	ARW		4	1		ZVG 32930
4,4			MAK	AUS – GB		5	3		ZVG 23530
			S			4	1		ZVG 510234
75	25	=1=	MAK	DFG	DFG BIA 7192	3	4		ZVG 31950

Stoffidentität EG-Nr. CAS-Nr.	Stoff					Zubereitungen	
	Einstufung				Kennzeichnung	Konzentrationsgrenzen	Einstufung/ Kennzeichnung
	krebserz. K	erbgutveränd. M	fort.-pfl.gef. R_E/R_F	Gefahrensymbol R-Sätze	Gefahrensymbol R-Sätze S-Sätze	in Prozent	Gefahrensymbol R-Sätze
1	2	3	4	5	6	7	8
Ethyl-trans-3-dimethylaminoacrylat 402-650-4 924-99-2				R43	Xi R: 43 S: (2)-24-37		
S-Ethyl-N-(dimethylaminopropyl)thiocarbamat-hydrochlorid 243-193-9 19622-19-6				Xn; R22	Xn R: 22 S: (2)		
Ethyl-S,S-diphenyldithiophosphat s. Edifenphos (ISO)							
Ethyl-S,S-dipropyldithiophosphat s. Ethoprophos (ISO)							
S-Ethyldipropylthiocarbamat s. EPTC (ISO)							
Ethylen s. Ethen							
1,1'-Ethylen-2,2'-bipyridinium s. Diquat							
Ethylenbis(trichloracetat) 219-732-9 2514-53-6				Xi; R38	Xi R: 38 S: (2)		
N,N'-Ethylenbis(vinylsulfonylacetamid) 404-790-1 66710-66-5				Xi; R41 R43	Xi R: 41-43 S: (2)-24-26-37/39		
Ethylenbromid s. 1,2-Dibromethan							
Ethylenchlorhydrin s. 2-Chlorethanol							
Ethylenchlorid s. 1,2-Dichlorethan							
Ethylendiamin s. 1,2-Diaminoethan							

Grenzwert (Luft)					Meßverfahren	Risiko-faktoren nach TRGS 440		Arbeits-medizin Werte im biolog. Material	relevante Regeln/Literatur Hinweise
mg/m^3	ml/m^3	Spitzen-begren-zung	Art Bemer-kungen H, S	Herkunft Staubklasse		W	F		
9	10	11	12		13	14		15	16
			S			4	1		ZVG 496695
						3	1		ZVG 490603
						2	1		ZVG 490378
			S			4	1		ZVG 900434

Stoffidentität EG-Nr. CAS-Nr.	Stoff					Zubereitungen	
	Einstufung				Kennzeichnung	Konzentrationsgrenzen	Einstufung/ Kennzeichnung
	krebs-erz. K	erbgut-veränd. M	fort.-pfl.gef. R_E/R_F	Gefahren-symbol R-Sätze	Gefahrensymbol R-Sätze S-Sätze	in Prozent	Gefahren-symbol R-Sätze
1	2	3	4	5	6	7	8
Ethylendiammonium-O,O-bis(octyl)dithiophosphat, Isomerengemisch 400-520-1				C; R34 Xn; R22 N; R50-53	C, N R: 22-34-50/53 S: (1/2)-24/25-26-28-39-45-60-61		
Ethylendibromid s. 1,2-Dibromethan							
Ethylenglykol s. Ethandiol							
Ethylenglykol-dimethacrylat s. Ethandiol-1,2-dimethacrylat							
Ethylenglykoldinitrat s. Glykoldinitrat							
Ethylenglykolmono-butylether s. 2-Butoxyethanol							
Ethylenglykolmono-butyletheracetat s. 2-Butoxyethylacetat							
Ethylenglykolmono-ethylether s. 2-Ethoxyethanol							
Ethylenglykolmono-ethyletheracetat s. 2-Ethoxyethylacetat							
Ethylenglykolmono-methylether s. 2-Methoxyethanol							
Ethylenglykolmono-methyletheracetat s. 2-Methoxyethylacetat							
Ethylenimin Anm. D, E 205-793-9 151-56-4	2	2		F; R11 R45, R46 T+; R26/27/28 C; R34 N; R51-53	F, T+, N R: 45-46-11-26/ 27/28-34-51/53 S: 53-45-61		

Grenzwert (Luft)					Meßverfahren	Risiko-faktoren nach TRGS 440		Arbeits-medizin Werte im biolog. Material	relevante Regeln/Literatur Hinweise
mg/m^3	ml/m^3	Spitzen-begren-zung	Art Bemer-kungen H, S	Herkunft Staubklasse		W	F		
9		10	11	12	13	14		15	16
						3	1		ZVG 496625
0,9	0,5	4	TRK H	AGS	ZH...19 EG NIOSH 3514			40 VI, 43	TRGS 901 Nr. 16 ZH 1/84 ZVG 28470

Stoffidentität EG-Nr. CAS-Nr.	Stoff					Zubereitungen	
	Einstufung				Kennzeichnung	Konzentrationsgrenzen	Einstufung/ Kennzeichnung
	krebs- erz. K	erbgut- veränd. M	fort.- pfl.gef. R_E/R_F	Gefahren- symbol R-Sätze	Gefahrensymbol R-Sätze S-Sätze	in Prozent	Gefahren- symbol R-Sätze
1	2	3	4	5	6	7	8
Ethylenoxid Anm. E 200-849-9 75-21-8	2	2		F+; R12 R45 R46 T; R23 Xi; R36/37/38	F+, T R: 45-46-12-23- 36/37/38 S: 53-45		
Ethylenthioharnstoff Anm. E 202-506-9 96-45-7			2 (R_E)	R61 Xn; R22	T R: 61-22 S: 53-45		
Ethylether s. Diethylether							
Ethylformiat 203-721-0 109-94-4				F; R11	F R: 11 S: (2)-9-16-33		
Ethylglykol s. 2-Ethoxyethanol							
Ethylglykolacetat s. 2-Ethoxyethylacetat							
2-Ethylhexan-1,3-diol 202-377-9 94-96-2				Xi; R36	Xi R: 36 S: (2)-26		
2-Ethylhexansäure 205-743-6 149-57-5			3 (R_E)	R63	Xn R: 63 S: (2)-36/37		
2-Ethylhexylacrylat Anm. D 203-080-7 103-11-7				Xi; R37/38 R43	Xi R: 37/38-43 S: (2)-24-37	20%≦C 1%≦C<20%	Xi; R37/38-43 Xi; R43
2-Ethylhexyl[[[3,5-bis(1,1- dimethylethyl)-4-hydroxy- phenyl]methyl]thio]acetat 279-452-8 80387-97-9			2 (R_E)	R61 R43	T R: 61-43 S: 53-45		
2-Ethylhexylchlorformiat 246-278-9 24468-13-1				Hersteller- einstufung beachten			

Grenzwert (Luft)					Meßverfahren	Risikofaktoren nach TRGS 440		Arbeitsmedizin Werte im biolog. Material	relevante Regeln/Literatur Hinweise
mg/m³	ml/m³	Spitzenbegrenzung	Art Bemerkungen H, S	Herkunft Staubklasse		W	F		
9		10	11	12	13	14		15	16
2	1	4	TRK H	AGS	ZH...27 (94) DFG BIA 7420 OSHA 30, 49, 50 HSE 26 EG			40 VI, 43 EKA	GefStoffV §§ 15d, TRGS 513, 901 Nr. 17 ZH 1/54 BIA-Arbeitsmappe 1011 ZVG 12000
					OSHA 95 NIOSH 5011	5	1		ZVG 15080
300	100	=1=	MAK	DFG	OSHA 7 NIOSH 1452	2	4		ZVG 20040
						2	1		ZVG 32440
						3	1		ZVG 33170
82	10	=1=	MAK S	ARW		4	1		ZVG 15610
			S			5	1		ZVG 53064
7,9			MAK	AUS — GB					ZVG 32200

Stoffidentität EG-Nr. CAS-Nr.	Stoff Einstufung				Stoff Kennzeichnung	Zubereitungen Konzentrationsgrenzen	Zubereitungen Einstufung/ Kennzeichnung
	krebs- erz. K	erbgut- veränd. M	fort.- pfl.gef. R_E/R_F	Gefahren- symbol R-Sätze	Gefahrensymbol R-Sätze S-Sätze	in Prozent	Gefahren- symbol R-Sätze
1	2	3	4	5	6	7	8
O-Ethylhydroxylamin 402-030-3 624-86-2				F; R11 T; R23/24/25 Xn; R48/20 Xi; R36 N; R50 R43	F, T, N R: 11-23/24/25-36- 43-48/20-50 S: (1/2)-16-26-36/ 37/39-38-45-61		
Ethylidendichlorid s. 1,1-Dichlorethan							
5-Ethyliden-8,9,10- trinorborn-2-en 240-347-7 16219-75-3					Hersteller- einstufung beachten		
O-Ethyl-O-2-isopropoxy- carbonylphenyl-N-iso- propylthiophosphoramidat s. Isofenphos (ISO)							
O-Ethyl-O-[(2-isopropoxy- carbonyl)-1-methyl]vinyl- (ethylamido)thiophosphat 250-517-2 31218-83-4				T; R25	T R: 25 S: (1/2)-37-45		
Ethyllaktat 202-598-0 97-64-3				R10	R10 S: (2)-23		
Ethylmercaptan s. Ethanthiol							
Ethylmethacrylat Anm. D 202-597-5 97-63-2				F; R11 Xi; R36/37/38 R43	F, Xi R: 11-36/37/38-43 S: (2)-9-16-29-33		
Ethylmethylether 540-67-0				F+; R12	F+ R: 12 S: (2)-9-16-33		
3-Ethyl-4-(1-methyl-imid- azol-5-yl-methyl)tetra- hydrofuran-2-on s. Pilocarpin							
Ethylmethylketon s. Butanon-2							

Grenzwert (Luft)					Meßverfahren	Risikofaktoren nach TRGS 440		Arbeitsmedizin Werte im biolog. Material	relevante Regeln/Literatur Hinweise
mg/m^3	ml/m^3	Spitzenbegrenzung	Art Bemerkungen H, S	Herkunft Staubklasse		W	F		
9	10	11	12		13	14		15	16
			H, S			4	1		ZVG 496674
25			MAK	AUS – NL					
						4	1		ZVG 510341
						2	1		ZVG 510235
250			MAK S	AUS – S		4	2		ZVG 510236
						2	4		ZVG 32840

Stoffidentität EG-Nr. CAS-Nr.	Stoff					Zubereitungen	
	Einstufung				Kennzeichnung	Konzentrationsgrenzen	Einstufung/ Kennzeichnung
	krebs- erz. K	erbgut- veränd. M	fort.- pfl.gef. R_E/R_F	Gefahren- symbol R-Sätze	Gefahrensymbol R-Sätze S-Sätze	in Prozent	Gefahren- symbol R-Sätze
1	2	3	4	5	6	7	8
Ethylmethylketoxim s. 2-Butanonoxim							
Ethyl-4-methylthio-m-tolyl-N-isopropyl-phosphoramidat s. Fenamiphos (ISO)							
4-Ethylmorpholin 202-885-0 100-74-3					Hersteller- einstufung beachten		
Ethylnitrat 210-903-3 625-58-1				E; R2	E R: 2 S: (2)-23-24/25		
Ethylnitrit 203-722-6 109-95-5				E; R2 Xn; R20/21/22	E, Xn R: 2-20/21/22 S: (2)		
O-Ethyl-O-(4-nitrophenyl)- phenylthiophosphonat 218-276-8 2104-64-5				T+; R27/28 N; R50-53	T+, N R: 27/28-50/53 S: (1/2)-22-36/ 37-45-60-61		
N-Ethyl-N-nitrosoanilin s. N-Nitrosoethyl- phenylamin							
N-Ethyl-N-nitroso- ethanamin s. N-Nitrosodiethylamin							
(Ethyl-3-oxobutanoato- O'1,O'3)(2-dimethyl- aminoethanolato)(1- methoxy-2-propanolato)- aluminium(III), dimerisiert 402-370-2				R10 Xi; R41	Xi R: 10-41 S: (2)-26-39		
S-Ethyl-1-perhydro- azepinthioat s. Molinat (ISO)							
O-Ethylphenylethyl- dithiophosphonat s. Fonofos (ISO)							
Ethylpropionat 203-291-4 105-37-3				F; R11	F R: 11 S: (2)-16-23-29-33		

Grenzwert (Luft)				Meßverfahren	Risikofaktoren nach TRGS 440		Arbeitsmedizin Werte im biolog. Material	relevante Regeln/Literatur Hinweise
mg/m³ ml/m³		Spitzenbegrenzung	Art Bemerkungen H, S	Herkunft Staubklasse		W F		
9		10	11	12	13	14	15	16
23			MAK H	AUS — NL				ZVG 28570
						2 1		ZVG 490267
			H			3 4		ZVG 490145
0,5 E		4	MAK H	DFG M	NIOSH 5012	5 1		ZVG 510219
						4 1		ZVG 496686
						2 2		ZVG 28580

Stoffidentität EG-Nr. CAS-Nr.	Stoff					Zubereitungen	
	Einstufung				Kennzeichnung	Konzentrationsgrenzen	Einstufung/ Kennzeichnung
	krebserz. K	erbgutveränd. M	fort.-pfl.gef. R_E/R_F	Gefahrensymbol R-Sätze	Gefahrensymbol R-Sätze S-Sätze	in Prozent	Gefahrensymbol R-Sätze
1	2	3	4	5	6	7	8
N-(1-Ethylpropyl-2,6-dinitro-3,4-xylidin 254-938-2 40487-42-1				Xn; R22	Xn R: 22 S: (2)		
Ethylsilicat s. Tetraethylsilicat							
S-[2-(Ethylsulfinyl)ethyl]-O,O-dimethyldithiophosphat 2703-37-9				T+; R26/27/28	T+ R: 26/27/28 S: (1/2)-13-28-45		
S-[2-(Ethylsulfinyl)ethyl]-O,O-dimethylthiophosphat s. Oxydemethonmethyl							
S-[2-(Ethylsulfinyl)isopropyl]-O,O-dimethylthiophosphat 2635-50-9				T; R23/24/25	T R: 23/24/25 S: (1/2)-13-45		
S-Ethylsulfinylmethyl-O,O-diisopropyldithiophosphat 5827-05-4				T+; R27 T; R25	T+ R: 25-27 S: (1/2)-28-36/37-45		
S-2-Ethylsulfonylethyl-dimethylthiophosphat s. Demeton-S-methylsulfon							
S-2-Ethylthioethyl-O,O-dimethyldithiophosphat s. Thiometon (ISO)							
O-2-Ethylthioethyl-O,O-dimethylthiophosphat s. Demeton-O-methyl (ISO)							
S-2-Ethylthioethyldimethylthiophosphat s. Demeton-S-methyl (ISO)							
2-Ethylthiomethylphenyl-methylcarbamat s. Ethiofencarb (ISO)							

Grenzwert (Luft)					Meßverfahren	Risiko-faktoren nach TRGS 440 W F		Arbeits-medizin Werte im biolog. Material	relevante Regeln/Literatur Hinweise
mg/m^3	ml/m^3	Spitzen-begren-zung	Art Bemer-kungen H, S	Herkunft Staubklasse		W	F		
9	10	11	12		13	14		15	16
						3	1		ZVG 510317
			H			5	1		ZVG 510237
			H			4	1		ZVG 510238
			H			5	1		ZVG 490447

Stoffidentität EG-Nr. CAS-Nr.	Stoff					Zubereitungen	
	Einstufung				Kennzeichnung	Konzentrationsgrenzen	Einstufung/ Kennzeichnung
	krebs- erz. K	erbgut- veränd. M	fort.- pfl.gef. R_E/R_F	Gefahren- symbol R-Sätze	Gefahrensymbol R-Sätze S-Sätze	in Prozent	Gefahren- symbol R-Sätze
1	2	3	4	5	6	7	8
O-Ethyl-O-2,4,5-trichlor- phenylethylthio- phosphonat s. Trichloronat (ISO)							
Etrimphos s. O-6-Ethoxy-2-ethyl- pyrimidin-4-yl-O,O- dimethylthiophosphat							
Ethylurethan s. Urethan							
Extrakte (Erdöl), leichte naphthenhaltige Destillat-Lösungsmittel 265-102-1 64742-03-6	2			R45	T R: 45 S: 53-45		
Extrakte (Erdöl), leichte paraffinhaltige Destillat-Lösungsmittel 265-104-2 64742-05-8	2			R45	T R: 45 S: 53-45		
Extrakte (Erdöl), leichtes Vakuum, Gasöl- Lösungsmittel 295-341-7 91995-78-7	2			R45	T R: 45 S: 53-45		
Extrakte (Erdöl), schwere naphthenhaltige Destillat-Lösungsmittel 265-111-0 64742-11-6	2			R45	T R: 45 S: 53-45		
Extrakte (Erdöl), schwere paraffinhaltige Destillat-Lösungsmittel 265-103-7 64742-04-7	2			R45	T R: 45 S: 53-45		

Grenzwert (Luft)					Meßverfahren	Risikofaktoren nach TRGS 440 W F	Arbeitsmedizin Werte im biolog. Material	relevante Regeln/Literatur Hinweise
mg/m³	ml/m³	Spitzenbegrenzung	Art Bemerkungen H, S	Herkunft Staubklasse				
9		10	11	12	13	14	15	16
							40 VI, 43	ZVG 490782
							40 VI, 43	ZVG 490784
							40 VI, 43	ZVG 530371
							40 VI, 43	ZVG 490785
							40 VI, 43	ZVG 490783

Stoffidentität EG-Nr. CAS-Nr.	Stoff					Zubereitungen	
	Einstufung				Kennzeichnung	Konzentra-tionsgrenzen	Einstufung/ Kennzeichnung
	krebs-erz. K	erbgut-veränd. M	fort.-pfl.gef. R_E/R_F	Gefahren-symbol R-Sätze	Gefahrensymbol R-Sätze S-Sätze	in Prozent	Gefahren-symbol R-Sätze
1	2	3	4	5	6	7	8
Faserstäube s. Abschnitt 3.2							
Fenaminosulf (ISO) 205-419-4 140-56-7				T; R25 Xn; R21	T R: 21-25 S: (1/2)-36/37-45		
Fenamiphos (ISO) 244-848-1 22224-92-6				T+; R28 T; R24	T+ R: 24-28 S: (1/2)-23-28-36/37-45		
Fenazaflor (ISO) 238-134-9 14255-88-0				Xn; R21/22	Xn R: 21/22 S: (2)-36/37		
Fenbutatinoxid s. Bis[tris(2-methyl-2-phenylpropyl)zinn]oxid							
Fenchlorphos (ISO) 206-082-6 299-84-3				Xn; R21/22	Xn R: 21/22 S: (2)-25-36/37		
Fenitrothion (ISO) 204-524-2 122-14-5				Xn; R22 N; R50-53	Xn, N R: 22-50/53 S: (2)-60-61		
Fenobucarb s. 2-sec-Butylphenyl-methylkarbamat							
Fenoprop (ISO) 202-271-2 93-72-1 Salze von Fenoprop Anm. A				Xn; R22 Xi; R38 Xn; R20/21/22	Xn R: 22-38 S: (2)-37 Xn R: 20/21/22 S: (2)-13		
Fenson 201-274-6 80-38-6				Xn; R22 Xi; R36	Xn R: 22-36 S: (2)-24-26		
Fensulfothion (ISO) 204-114-3 115-90-2				T+; R27/28 N; R50-53	T+, N R: 27/28-50/53 S: (1/2)-23-28-36/37-45-60-61		

Grenzwert (Luft)				Meßverfahren	Risikofaktoren nach TRGS 440		Arbeitsmedizin Werte im biolog. Material	relevante Regeln/Literatur Hinweise
mg/m^3 ml/m^3	Spitzenbegrenzung	Art Bemerkungen H, S	Herkunft Staubklasse		W	F		
9	10	11	12	13	14		15	16
s. auch Künstliche Mineralfasern				BIA 7485				TRGS 906 Nr. 1, 521
		H			4	1		ZVG 12340
0,1 E		MAK H	AUS — NL H	NIOSH 5600	5	1		ZVG 510421
		H			3	1		ZVG 510240
5 E		MAK H, 29	AUS — NL L	NIOSH 5600	3	1		ZVG 510242
1		MAK	AUS — JAP	*)	3	1		*) K. Kawata, Bull. Environ. Contam. Toxicol. 52 (1994), S. 419 ZVG 11300
					3	1		ZVG 11020
		H			3	1		ZVG 530050
					3	1		ZVG 510243
0,1		MAK H	AUS — NL		5	1		ZVG 12140

Stoffidentität EG-Nr. CAS-Nr.	Stoff						Zubereitungen	
	Einstufung				Kennzeichnung		Konzentrationsgrenzen	Einstufung/ Kennzeichnung
	krebs- erz. K	erbgut- veränd. M	fort.- pfl.gef. R_E/R_F	Gefahren- symbol R-Sätze	Gefahrensymbol R-Sätze S-Sätze		in Prozent	Gefahren- symbol R-Sätze
1	2	3	4	5	6		7	8
Fenthion (ISO) 200-231-9 55-38-9				T; R25 Xn; R21 N; R50-53	T, N R: 21-25-50/53 S: (1/2)-36/37- 45-60-61			
Fentinacetat (ISO) (Triphenylzinnacetat) 212-984-0 900-95-8				T+; R26 T; R24/25 Xi; R36/38 R43 N; R50-53	T+, N R: 24/25-26-36/ 38-43-50/53 S: (1/2)-36/37- 45-60-61			
Fentinhydroxid (ISO) 200-990-6 76-87-9				T+; R26 T; R24/25 Xi; R36/38 N; R50-53	T+, N R: 24/25-26-36/ 38-50/53 S: (1/2)-36/37- 45-60-61			
Fenuron-TCA s. 1,1-Dimethylphenyl- uroniumtrichloracetat								
Ferbam (ISO) 238-484-2 14484-64-1				Xi; R36/37/38	Xi R: 36/37/38 S: (2)			
Ferrovanadium 12604-58-9								
Ferrocen 203-039-3 102-54-5					Hersteller- einstufung beachten			
Fettsäuren, Tallöl, Reak- tionsprodukte mit Imino- diethanol und Borsäure 400-160-5				Xi; R38 N; R51-53	Xi, N R: 38-51/53 S: (2)-28-37-61			
Fluenetil (ISO) 4301-50-2				T+; R27/28	T+ R: 27/28 S: (1/2)-28-36/ 37-45			
Fluor 231-954-8 7782-41-4				R7 T+; R26 C; R35	T+, C R: 7-26-35 S: (1/2)-9-26- 36/37/39-45			
2-Fluoracetamid 211-363-1 640-19-7				T+; R28 T; R24	T+ R: 24-28 S: (1/2)-36/37-45			

Grenzwert (Luft)				Meßverfahren		Risikofaktoren nach TRGS 440		Arbeitsmedizin Werte im biolog. Material	relevante Regeln/Literatur Hinweise
mg/m³	ml/m³	Spitzenbegrenzung	Art Bemerkungen H, S	Herkunft Staubklasse		W	F		
9	10	11	12	13		14		15	16
0,2 E		4	MAK H	DFG	BIA 7495	4	1		ZVG 11310
s. organische Zinnverbindungen			H, S			5	1		ZVG 510244
s. organische Zinnverbindungen			H			5	1		ZVG 510246
15 E			MAK	DFG L		2	1		ZVG 570139
aufgehoben s. Vanadium									ZVG 520061
5 E			MAK	AUS – NL L					
						2	1		ZVG 496618
			H			5	1		ZVG 510247
0,2	0,1	=1=	MAK	DFG		5	4	34 VI, 14	ZVG 7090
			H			5	1		ZVG 510300

Stoffidentität EG-Nr. CAS-Nr.	Stoff					Zubereitungen	
	Einstufung				Kennzeichnung	Konzentrationsgrenzen	Einstufung/ Kennzeichnung
	krebs-erz. K	erbgut-veränd. M	fort.-pfl.gef. R_E/R_F	Gefahrensymbol R-Sätze	Gefahrensymbol R-Sätze S-Sätze	in Prozent	Gefahrensymbol R-Sätze
1	2	3	4	5	6	7	8
Fluoracetate s. Mono...							
Fluoressigsäure s. Mono...							
2-Fluorethylbiphenyl-4-ylacetat s. Fluenetil (ISO)							
Fluoride (als Fluor berechnet) 16984-48-8				Herstellereinstufung beachten			
Fluoride und Fluorwasserstoff beim gleichzeitigen Vorkommen beider Stoffe							
Fluorsulfonsäure 232-149-4 7789-21-1				Xn; R20 C; R35	C R: 20-35 S: (1/2)-26-45		
Fluortrichlormethan s. Trichlorfluormethan							
2-Fluor-5-trifluormethylpyridin 400-290-2 69045-82-5				R10 R43 R52-53	Xi R: 10-43-52/53 S: (2)-24-37-61		
Fluorwasserstoff 231-634-8 7664-39-3				T+; R26/27/28 C; R35	T+, C R: 26/27/28-35 S: (1/2)-7/9-26-36/37/39-45		
Fluorwasserstoff-säure ...% Anm. B				T+; R26/27/28 C; R35	T+, C R: 26/27/28-35 S: (1/2)-7/9-26-36/37-45	C≥7% 1%≤C<7% 0,1%≤C<1%	T+, C; R26/27/28-35 T, C; R23/24/25-34 Xn; R20/21/22-36
Fluroxen 206-977-1 406-90-6				Herstellereinstufung beachten			
Flußsäure ...% s. Fluorwasserstoff-säure ...%							
Folpet s. N-(Trichlormethylthio)-phthalimid							

Grenzwert (Luft)		Spitzen-begren-zung	Art Bemer-kungen H, S	Herkunft Staubklasse	Meßverfahren	Risiko-faktoren nach TRGS 440		Arbeits-medizin Werte im biolog. Material	relevante Regeln/Literatur Hinweise
mg/m³	ml/m³					W	F		
9		10	11	12	13	14		15	16
2,5 E		4	MAK	DFG L	OSHA ID 110 HSE 35 NIOSH 7902, 7906	2	1	34 VI, 14 BAT	ZH 1/161 ZVG 9020
2,5		=1=	MAK	DFG	BIA 7512			34 VI, 14 BAT	ZH 1/161 ZVG 520072
						4	1		ZVG 500030
			S			4	1		ZVG 496619
2	3	=1=	MAK H	DFG	BIA 7512 OSHA ID 110 HSE 35 NIOSH 7903	5	4	34 VI, 14 BAT	ZH 1/161 ZVG 1040
			H			5	4		ZVG 520038
10			MAK	AUS — DK					ZVG 491006

Stoffidentität EG-Nr. CAS-Nr.	Stoff					Zubereitungen	
	Einstufung				Kennzeichnung	Konzentrationsgrenzen	Einstufung/ Kennzeichnung
	krebserz. K	erbgutveränd. M	fort.pfl.gef. R_E/R_F	Gefahrensymbol R-Sätze	Gefahrensymbol R-Sätze S-Sätze	in Prozent	Gefahrensymbol R-Sätze
1	2	3	4	5	6	7	8
Fonofos (ISO) 213-408-0 944-22-9				T+; R27/28 N; R50-53	T+, N R: 27/28-50/53 S: (1/2)-28-36/ 37-45-60-61		
Formaldehyd ...% Anm. B, D 200-001-8 50-00-0	3			R40 T; R23/24/25 C; R34 R43	T R: 23/24/25-34-40-43 S: (1/2)-26-36/ 37/39-45-51	25%≦C 5%≦C<25% 1%≦C<5% 0,2%≦C<1%	T; R23/24/25-34-40-43 Xn; R20/21/22-36/ 37/38-40-43 Xn; R40-43 Xi; R43
Formaldehyd, Reaktions-Produkte mit Butylphenol 294-145-9 91673-30-2				R43	Xi R: 43 S: (2)-24-37		
Formamid 200-842-0 75-12-7					Herstellereinstufung beachten		
Formetanat 244-879-0 22259-30-9				T+; R28	T+ R: 28 S: (1/2)-22-36/ 37-45		
Formetanathydrochlorid 245-656-0 23422-53-9				T+; R28	T+ R: 28 S: (1/2)-22-36/ 37-45		
Formothion (ISO) 219-818-6 2540-82-1				Xn; R21/22	Xn R: 21/22 S: (2)-36/37		
N-Formyl-N-methyl-carbamoylmethyl-O,O-dimethyldithiophosphat s. Formothion (ISO)							
Fosthietan s. Diethyl-1,3-dithietan-2-ylidenphosphoramidat							
Fuberidazol 223-404-0 3878-19-1				Xn; R22	Xn R: 22 S: (2)-22		

Grenzwert (Luft)					Meßverfahren	Risiko-faktoren nach TRGS 440		Arbeits-medizin Werte im biolog. Material	relevante Regeln/Literatur Hinweise
mg/m^3	ml/m^3	Spitzen-begren-zung	Art Bemer-kungen H, S	Herkunft Staubklasse		W	F		
9		10	11	12	13	14		15	16
0,1			MAK H	AUS — NL	NIOSH 5600	5	1		ZVG 510248
0,6	0,5	=1=	MAK H, S Y	DFG	DFG BIA 7520 OSHA 52, ID 205 HSE 19, 78	4	2		GefStoffV § 15d, Anh. III, Nr. 9, 12 TRGS 512, 513, 522 ZH 1/296 ChemVerbotsV, Nr. 3 ZVG 530414, 10520
			S						
18			MAK H	AUS — NL					ZVG 17710
						5	1		ZVG 510249
						5	1		ZVG 490628
			H			3	1		ZVG 510250
						3	1		ZVG 26400

Stoffidentität EG-Nr. CAS-Nr.	Stoff					Zubereitungen	
	Einstufung				Kennzeichnung	Konzentrationsgrenzen	Einstufung/ Kennzeichnung
	krebs- erz. K	erbgut- veränd. M	fort.- pfl.gef. R_E/R_F	Gefahren- symbol R-Sätze	Gefahrensymbol R-Sätze S-Sätze	in Prozent	Gefahren- symbol R-Sätze
1	2	3	4	5	6	7	8
Fumarsäure 203-743-0 110-17-8				Xi; R36	Xi R: 36 S: (2)-26		
* Furan 203-727-3 110-00-9	3	—	— (R_E) — (R_F)	Hersteller- einstufung beachten			
Furfural s. 2-Furylmethanal							
Furfurylalkohol 202-626-1 98-00-0				Xn; R20/21/22	Xn R: 20/21/22 S: (2)	5%≦C	Xn; R20/21/22
2-(2-Furyl)-benzimid- azol-1,3 s. Fuberidazol							
* 2-Furylmethanal 202-627-7 98-01-1	3	—	—	T; R23/25	T R: 23/25 S: (1/2)-24/25-45	5%≦C 1%≦C<5%	T; R23/25 Xn; R20/22
Futtermittelstäube							

Grenzwert (Luft)					Meßverfahren	Risikofaktoren nach TRGS 440		Arbeitsmedizin Werte im biolog. Material		relevante Regeln/Literatur Hinweise
mg/m^3	ml/m^3	Spitzenbegrenzung	Art Bemerkungen H, S	Herkunft Staubklasse		W	F			
9	10	11	12		13	14		15		16
						2	1			ZVG 33440
40	10		MAK H	DFG	DFG NIOSH 2505	3	1			ZVG 27380
20	5		MAK H, S (R 43)	AGS	BIA 7540 DFG OSHA 72	4	1			ZVG 25010 TRGS 906 Nr. 33
			S (R 42)							TRGS 908 Nr. 2

Stoffidentität EG-Nr. CAS-Nr.	Stoff					Zubereitungen	
	Einstufung				Kennzeichnung	Konzentrationsgrenzen	Einstufung/ Kennzeichnung
	krebs-erz. K	erbgut-veränd. M	fort.-pfl.gef. R_E/R_F	Gefahren-symbol R-Sätze	Gefahrensymbol R-Sätze S-Sätze	in Prozent	Gefahren-symbol R-Sätze
1	2	3	4	5	6	7	8
Germaniumtetrahydrid 231-961-6 7782-65-2				Hersteller-einstufung beachten			
Getreidestäube Getreidemehlstäube							
Glucochloralose s. Chloralose (INN)							
Glutaminsäure, Reaktionsprodukte mit N-(C12-14alkyl)propylen-1,3-diamin 403-950-8				T+; R26 Xn; R22 C; R34 N; R50-53	T+, N R: 22-26-34-50/53 S: (1/2)-26-36/37/39-38-45-60-61		
Glutaral, Glutaraldehyd s. Glutardialdehyd							
Glutardialdehyd 203-856-5 111-30-8				T; R23/25 C; R34 R42/43 N; R50	T, N R: 23/25-34-42/43-50 S: (1/2)-26-36/37/39-45-61	C≧50% 25%≦C<50% 10%≦C<25% 2%≦C<10% 1%≦C<2% 0,5%≦C<1%	T; R23/25-34-42/43 T; R22-23-34-42/43 C; R20/22-34-42/43 Xn; R20/22-37/38-41-42/43 Xn; R36/37/38-42/43 Xi; R36/37/38-43
Glycerin-α,γ-dichlorhydrin s. 1,3-Dichlor-2-propanol							
Glycerintrinitrat 200-240-8 55-63-0				E; R3 T+; R26/27/28 R33	E, T+ R: 3-26/27/28-33 S: (1/2)-33-35-36/37-45		
Glycerylmonothioglykolat 250-264-8 30618-84-9				Hersteller-einstufung beachten			
Glycidol s. 2,3-Epoxy-1-propanol							
Glycidylacrylat s. 2,3-Epoxy-propylacrylat							
Glycidylmethacrylat s. 2,3-Epoxypropyl-methacrylat							

Grenzwert (Luft)					Meßverfahren	Risikofaktoren nach TRGS 440		Arbeitsmedizin Werte im biolog. Material	relevante Regeln/Literatur Hinweise
mg/m^3	ml/m^3	Spitzenbegrenzung	Art Bemerkungen H, S	Herkunft Staubklasse		W	F		
9	10	11	12	13	14		15	16	
0,6			MAK	AUS — NL					ZVG 500075
s. Mehlstaub			S (R 42) S (R 42)						TRGS 908 Nr. 2 TRGS 908 Nr. 3 (Roggen, Weizen)
						5	1		ZVG 900343
0,4	0,1	=1=	MAK S, Y	DFG	DFG BIA 7555 OSHA 64	4	2		ZVG 28680
0,5	0,05	4	MAK 21 H	DFG	OSHA 43 NIOSH 2507 BIA 7560	5	1	5 VI, 23 BAT	VBG 55f. ZVG 41320
			S (R 43)						ZVG 531316

Stoffidentität EG-Nr. CAS-Nr.	Stoff					Zubereitungen	
	Einstufung				Kennzeichnung	Konzentrationsgrenzen	Einstufung/ Kennzeichnung
	krebserz. K	erbgutveränd. M	fort.-pfl.gef. R_E/R_F	Gefahrensymbol R-Sätze	Gefahrensymbol R-Sätze S-Sätze	in Prozent	Gefahrensymbol R-Sätze
1	2	3	4	5	6	7	8
Glycidyltrimethylammoniumchlorid 221-221-0 3033-77-0	2				Herstellereinstufung beachten		
Glykol s. Ethandiol							
Glykoldinitrat (Ethylenglykoldinitrat) 211-063-0 628-96-6				E; R2 T+; R26/27/28 R33	E, T+ R: 2-26/27/28-33 S: (1/2)-33-35-36/ 37-45		
Glyoxal (...%) Anm. B 203-474-9 107-22-2				Xi; R36/38	Xi R: 36/38 S: (2)-26-28	10%≦C	Xi; R36/38
Glyphosin (ISO) 219-468-4 2439-99-8				Xi; R41	Xi R: 41 S: (2)-26		
Graphit 231-955-3 7782-42-5 7440-44-0							
Grotan HD s. N-Methylolchloracetamid							
Guajakol 201-964-7 90-05-1				Xn; R22 Xi; R36/38	Xn R: 22-36/38 S: (2)-26		
Guanidinhydrochlorid s. Guanidiniumchlorid							
Guanidiniumchlorid 200-002-3 50-01-1				Xn; R22 Xi; R36/38	Xn R: 22-36/38 S: (2)-22		
Guazatin (ISO) 236-855-3 13516-27-3				Xn; R21/22 Xi; R36/38 N; R50-53	Xn, N R: 21/22-36/38-50/53 S: (2)-36/37-60-61		

Grenzwert (Luft)					Meßverfahren	Risikofaktoren nach TRGS 440		Arbeitsmedizin Werte im biolog. Material	relevante Regeln/Literatur Hinweise
mg/m³	ml/m³	Spitzenbegrenzung	Art Bemerkungen H, S	Herkunft Staubklasse		W	F		
9	10	11	12	13	14		15	16	
			(H, S)					40 VI, 43	ZVG 33240
0,3	0,05	4	MAK 21 H	DFG	OSHA 43 NIOSH 2507 BIA 7568	5	1	5 VI, 43 BAT	ZVG 41300
					BIA 7575	2	4		ZVG 28700
						4	1		ZVG 490377
6 A			MAK (Y)	DFG L		2	1		ZVG 92330
						3	1		ZVG 492497
						3	1		ZVG 14480
			H			3	1		ZVG 490717

Stoffidentität EG-Nr. CAS-Nr.	Stoff					Zubereitungen	
	Einstufung				Kennzeichnung	Konzentrationsgrenzen	Einstufung/ Kennzeichnung
	krebserz. K	erbgutveränd. M	fort.-pfl.gef. R_E/R_F	Gefahrensymbol R-Sätze	Gefahrensymbol R-Sätze S-Sätze	in Prozent	Gefahrensymbol R-Sätze
1	2	3	4	5	6	7	8
Hafnium und seine Verbindungen 231-166-4 7440-58-6				Herstellereinstufung beachten			
Halothan s. 2-Brom-2-chlor-1,1,1-trifluorethan							
HCH (ISO) s. 1,2,3,4,5,6-Hexachlorcyclohexane							
HDI s. Hexamethylen-1,6-diisocyanat							
Hempa s. Hexamethylphosphorsäuretriamid							
HEOD s. Dieldrin							
HEPA s. Polyethylenpolyamine							
Heptachlor (ISO) 200-962-3 76-44-8	3			T; R24/25 R40 R33 N; R50-53	T, N R: 24/25-33-40-50/53 S: (1/2)-36/37-45-60-61		
Heptachlorepoxid 213-831-0 1024-57-3	3			T; R25 R40 R33 N; R50-53	T, N R: 25-33-40-50/53 S: (1/2)-36/37-45-60-61		
1,4,5,6,7,8,8-Heptachlor-3a,4,7,7a-tetrahydro-4,7-methanoinden s. Heptachlor (ISO)							
Heptan (alle Isomeren)							
Heptan (n-) Anm. C 205-563-8 142-82-5				F; R11	F R: 11 S: (2)-9-16-23-29-33		

Grenzwert (Luft)					Meßverfahren	Risiko-faktoren nach TRGS 440		Arbeits-medizin Werte im biolog. Material	relevante Regeln/Literatur Hinweise
mg/m³	ml/m³	Spitzen-begren-zung	Art Bemer-kungen H, S	Herkunft Staubklasse		W	F		
9		10	11	12	13	14		15	16
0,5 E		4	MAK 25	DFG AUS – FIN M	OSHA ID 121	2	1		ZVG 7720
0,5 E		4	MAK H	DFG M		4	1		ZVG 41330
						4	1		ZVG 510253
2 000	500	4	MAK	DFG	BIA 7585 HSE 72 OSHA 7 NIOSH 1500	2	2		ZVG 13820

Stoffidentität EG-Nr. CAS-Nr.	Stoff					Zubereitungen	
	Einstufung			Kennzeichnung		Konzentrationsgrenzen	Einstufung/ Kennzeichnung
	krebs-erz. K	erbgut-veränd. M	fort.-pfl.gef. R_E/R_F	Gefahren-symbol R-Sätze	Gefahrensymbol R-Sätze S-Sätze	in Prozent	Gefahren-symbol R-Sätze
1	2	3	4	5	6	7	8
* 2-Heptanon 203-767-1 110-43-0				R10 Xn; R22	Xn R: 10-22 S: (2)-23	25%≦C	Xn; R22
Heptan-3-on 203-388-1 106-35-4				R10 Xn; R20 Xi; R36	Xn R: 10-20-36 S: (2)-24		
4-Heptanon 204-608-9 123-19-3				R10	R: 10 S: (2)-23		
Heptansäure 203-838-7 111-14-8				C; R34	C R: 34 S: (1/2)-26-28-36/ 37/39-45		
Heptenophos (ISO) 245-737-0 23560-59-0				T; R25	T R: 25 S: (1/2)-23-28-37-45		
Gemisch aus 5-Heptyl-1,2,4-triazol-3-ylamin und 5-Nonyl-1,2,4-triazol-3-ylamin 401-940-8				Xn; R22 Xi; R36 N; R51-53	Xn, N R: 22-36-51/53 S: (2)-22-26-61		
Hexachloraceton 204-129-5 116-16-5				Xn; R22	Xn R: 22 S: (2)-24/25		
Hexachlorbenzol Anm. E 204-273-9 118-74-1	2			R45 T; R48/25 N; R50-53	T, N R: 45-48/25-50/53 S: 53-45-60-61		
1,1,2,3,4,4-Hexachlor-1,3-butadien 201-765-5 87-68-3	3			Hersteller-einstufung beachten			
γ-1,2,3,4,5,6-Hexa-chlorcyclohexan s. Lindan							

Grenzwert (Luft)				Meßverfahren	Risiko-faktoren nach TRGS 440		Arbeits-medizin Werte im biolog. Material	relevante Regeln/Literatur Hinweise
mg/m³	ml/m³	Spitzen-begren-zung	Art Bemer-kungen H, S	Herkunft Staubklasse		W	F	
9	10	11	12	13	14		15	16
238		4	MAK H	EG	NIOSH 1301 HSE 72	3	1		ZVG 37180
163			MAK	AUS – NL	OSHA 7 NIOSH 1301 HSE 72	3	1		ZVG 37200
238			MAK	AUS – NL		2	1		ZVG 32450
					3	1		ZVG 33160
					4	1		ZVG 510254
					3	1		ZVG 496669
					3	1		ZVG 510255
							40 VI, 43	ZVG 12120
0,1			EW H 51	AGS	NIOSH 2543	4	1		TRGS 901 Nr. 60 ZVG 20200

Stoffidentität EG-Nr. CAS-Nr.	Stoff					Zubereitungen	
	Einstufung				Kennzeichnung	Konzentrationsgrenzen	Einstufung/ Kennzeichnung
	krebserz. K	erbgutveränd. M	fort.-pfl.gef. R_E/R_F	Gefahrensymbol R-Sätze	Gefahrensymbol R-Sätze S-Sätze	in Prozent	Gefahrensymbol R-Sätze
1	2	3	4	5	6	7	8
1,2,3,4,5,6-Hexachlorcyclohexane mit Ausnahme der namentlich in dieser Liste genannten Anm. C	3			R40 T; R25 Xn; R21 N; R50-53	T, N R: 21-25-40-50/53 S: (1/2)-22-36/ 37-45-60-61		
Hexachlorcyclopentadien 201-029-3 77-47-4				T+; R26 T; R24 Xn; R22 C; R34 N; R50-53	T+; N R: 22-24-26-34-50/53 S: (1/2)-25-39-45-53-60-61		
1,2,3,4,10,10-Hexachlor-6,7-epoxy-1,4,4a, 5,6,7,8,8a-octahydro-1,4:5,8-dimethanonaphthalin s. Endrin (ISO)							
Hexachlorethan 200-666-4 67-72-1				Herstellereinstufung beachten			
(1α,4α,4aβ,5β,8β,8aβ)-1,2,3,4,10,10-Hexachlor-1,4,4a,5,8,8a-hexahydro-1,4:5,8-dimethanonaphthalin s. Isodrin							
Hexachlornaphthalin (alle Isomeren) 215-641-3 1335-87-1				Herstellereinstufung beachten			
1,4,5,6,7,7-Hexachlorbicyclo[2.2.1]-hept-5-en-2,3-dicarbonsäureanhydrid 204-077-3 115-27-5				Xi; R36/37/38	Xi R: 36/37/38 S: (2)-25	1%≤C	Xi; R36/37/38
Hexachlorophen s. 2,2'-Methylen-bis-(3,4,6-trichlorphenol)							
1,2,3,4,7,7-Hexachlor-8,9,10-trinorborn-2-en-5,6-ylendimethylsulfit s. Endosulfan (ISO)							

Grenzwert (Luft)					Meßverfahren	Risikofaktoren nach TRGS 440		Arbeitsmedizin Werte im biolog. Material	relevante Regeln/Literatur Hinweise
mg/m³	ml/m³	Spitzenbegrenzung	Art Bemerkungen H, S	Herkunft Staubklasse		W	F		
9	10	11	12	13	14		15		16
0,5 E			MAK 22 H	DFG M		4	1		ZVG 510252
			H		NIOSH 2518				ZVG 34760
10	1		MAK	DFG	OSHA 7 NIOSH 1003	2	1		ZVG 27170
0,2 E			MAK H	AUS — NL M					
						2	1		ZVG 510256

Stoffidentität EG-Nr. CAS-Nr.	Stoff					Zubereitungen	
	Einstufung				Kennzeichnung	Konzentrationsgrenzen	Einstufung/ Kennzeichnung
	krebserz. K	erbgutveränd. M	fort.-pfl.gef. R_E/R_F	Gefahrensymbol R-Sätze	Gefahrensymbol R-Sätze S-Sätze	in Prozent	Gefahrensymbol R-Sätze
1	2	3	4	5	6	7	8
N-Hexadecyl(oder octadecyl)-N-hexadecyl(oder octadecyl)benzamid 401-980-6				Xi; R38 R43	Xi R: 38-43 S: (2)-24-37		
Hexaethylenheptamin s. Polyethylenpolyamine							
Hexafluoraceton 211-676-3 684-16-2					Herstellereinstufung beachten		
Hexafluorkieselsäure ...% Anm. B s. auch Hexafluorsilikate 241-034-8 16961-83-4				C; R34	C R: 34 S: (1/2)-26-27-45	10%≦C 5%≦C<10%	C; R34 Xi; R36/38
Hexafluorpropen 204-127-4 116-15-4				Xn; R20 Xi; R37	Xn R: 20-37 S: (2)-41		
Hexafluorsilikate, mit Ausnahme der namentlich in dieser Liste bezeichneten s. auch Alkalihexa... Anm. A				Xn; R22	Xn R: 22 S: (2)-13-24/25	10%≦C	Xn; R22
Hexahydrophthalsäureanhydrid s. 1,2-Cyclohexandicarbonsäureanhydrid							
1β,3β,5β,11β,14β,19-Hexahydroxy[20(22)]-cardenolid]-3-L-rhamnosid s. g-Strophantin							
Hexakis(tetramethylammonium)-4,4'-vinylenbis[(3-sulfonato-4,1-phenylen)imino(6-morpholino-1,3,5-triazin-4,2-diyl)imino]bis(5-hydroxy-6-phenylazonaphthalin-2,7-disulfonat) 405-160-9 124537-30-0				T; R25 R43 R52-53	T R: 25-43-52/53 S: (1/2)-24-37-45-61		

Grenzwert (Luft)					Meßverfahren	Risiko-faktoren nach TRGS 440 W F		Arbeits-medizin Werte im biolog. Material	relevante Regeln/Literatur Hinweise
mg/m³	ml/m³	Spitzen-begren-zung	Art Bemer-kungen H, S	Herkunft Staubklasse		W	F		
9	10	11	12		13	14		15	16
			S			4	1		ZVG 496672
0,7			MAK H	AUS — NL					ZVG 490965
						3	1	34 VI, 14	ZH 1/161 ZVG 3790
						3	4		ZVG 22580
								34 VI, 14	u.U. ist der MAK- und BAT-Wert für Fluorid zu beachten ZH 1/161 ZVG 520012
			S			4	1		ZVG 530827

Stoffidentität EG-Nr. CAS-Nr.	Stoff					Zubereitungen	
	Einstufung				Kennzeichnung	Konzentrationsgrenzen	Einstufung/ Kennzeichnung
	krebs-erz. K	erbgut-veränd. M	fort.-pfl.gef. R_E/R_F	Gefahrensymbol R-Sätze	Gefahrensymbol R-Sätze S-Sätze	in Prozent	Gefahrensymbol R-Sätze
1	2	3	4	5	6	7	8
Hexamethylendiamin 204-679-6 124-09-4				Xn; R21/22 Xi; R37 C; R34	C R: 21/22-34-37 S: (1/2)-22-26-36/37/39-45		
Hexamethylen-1,6-diisocyanat Anm. 2 212-485-8 822-06-0				T; R23 Xi; R36/37/38 R42/43	T R: 23-36/37/38-42/43 S: (1/2)-26-28-38-45	20%≦C 2%≦C<20% 0,5%≦C<2%	T; R23-36/37/38-42/43 T; R23-42/43 Xn; R20-42/43
Hexamethylentetramin s. Methenamin							
Hexamethylphosphorsäuretriamid 211-653-8 680-31-9	2	2		R45 R46	T R: 45-46 S: 53-45	§ 35 (0,0005)	
n-Hexan 203-777-6 110-54-3 Hexan: Isomerengemisch (mit weniger als 5% n-Hexan) Anm. C				F; R11 Xn; R48/20 F; R11	F, Xn R: 11-48/20 S: (2)-9-16-24/25-29-51 F R: 11 S: (2)-9-16-23-29-33	5%≦C	Xn; R48/20
Hexanatrium-6,13-dichlor-3,10-bis[(4-[2-[2,5-disulfonatoanilino]-6-fluor-1,3,5-triazin-2-ylamino)-prop-3-ylamino]-5,12-dioxa-7,14-diaza-pentacen-4,11-disulfonat 400-050-7 85153-92-0				R42/43	Xn R: 42/43 S: (2)-22-24-37		
Hexanatrium 7-[4-(4-[4-(2,5-disulfonatoanilino)-6-fluor-1,3,5-triazin-2-ylamino]-2-methylphenylazo)-7-sulfonatonaphthylazo]-naphthalin-1,3,5-trisulfonat 401-650-1 85665-96-9				R43	Xi R: 43 S: (2)-22-24-37		

Grenzwert (Luft)				Meßverfahren	Risiko-faktoren nach TRGS 440		Arbeits-medizin Werte im biolog. Material	relevante Regeln/Literatur Hinweise
mg/m^3	ml/m^3	Spitzen-begren-zung	Art Bemer-kungen H, S	Herkunft Staubklasse		W	F	
9	10	11	12	13	14		15	16
2,3 E			MAK H (29)	AUS — USA		3	1		ZVG 14670
0,07 (0,035)	0,01	=1=	MAK S	DFG	DFG, HSE 25 BIA 7610 OSHA 42 NIOSH 5521, 5522	4	1	27 VI, 16	ZH 1/34 ZVG 13120 BIA-Report 4/95
					EG			40 VI, 43	GefStoffV § 15a, 43 ZVG 34040
180 s. Methylpentane, Dimethylbutane	50	4	MAK Y	DFG	BIA 7620 HSE 74 OSHA 7 NIOSH 1500	4 2	3 3	BAT	ZVG 510789 TRGS 906 Nr. 26 ZVG 10050
			S			4	1		ZVG 531002
			S			4	1		ZVG 496656

Stoffidentität EG-Nr. CAS-Nr.	Stoff					Zubereitungen	
	Einstufung				Kennzeichnung	Konzentrationsgrenzen	Einstufung/ Kennzeichnung
	krebs-erz. K	erbgut-veränd. M	fort.-pfl.gef. R_E/R_F	Gefahrensymbol R-Sätze	Gefahrensymbol R-Sätze S-Sätze	in Prozent	Gefahrensymbol R-Sätze
1	2	3	4	5	6	7	8
Hexanatrium-2,2'-vinylenbis[(3-sulfonato-4,1-phenylen)imino-(6-[N-cyanethyl-N-(2-hydroxypropyl)-amino]-1,3,5-triazin-4,2-diyl)imino]dibenzol-1,4-disulfonat 405-280-1 76508-02-6				Xi; R36	Xi R: 36 S: (2)-26		
1,6-Hexandioldiacrylat Anm. D 235-921-9 13048-33-4				Xi; R36/38 R43	Xi R: 36/38-43 S: (2)-39	20%≤C 1%≤C<20%	Xi; R36/38-43 Xi; R43
Hexan-1,6-diylbis[3-(3-benzotriazol-2-yl-5-tert-butyl-4-hydroxy-phenyl)propionat] 402-930-6 84268-08-6				R53	R: 53 S: 61		
Hexanitrodiphenylamin-Ammoniumsalz s. Ammonium-bis(2,4,6-trinitrophenyl)amin							
1-Hexanol 203-852-3 111-27-3				Xn; R22	Xn R: 22 S: (2)-24/25	25%≤C	Xn; R22
2-Hexanon 209-731-1 591-78-6			3 (R_F)	F; R11 T; R48/23	F, T R: 11-48/23 S: (1/2)-9-16-29-45-51	10%≤C 1%≤C<10%	T; R48/23 Xn; R48/20
Hexon s. 4-Methylpentan-2-on							
Hexyl s. Bis(2,4,6-trinitro-phenyl)amin							
sec-Hexylacetat s. 1,3-Dimethyl-butylacetat							

Grenzwert (Luft)					Meßverfahren	Risiko-faktoren nach TRGS 440 W F		Arbeits-medizin Werte im biolog. Material	relevante Regeln/Literatur Hinweise
mg/m^3	ml/m^3	Spitzen-begren-zung	Art Bemer-kungen H, S	Herkunft Staubklasse					
9	10	11	12	13	14		15	16	
						2	1		ZVG 530975
			S		*)	4	1		ZVG 510257 *) s. Acrylate
						2	1		ZVG 496082
						3	1		ZVG 22240
21	5	4	MAK	DFG	DFG OSHA 7 NIOSH 1300	5	1	BAT	ZVG 31940 TRGS 906 Nr. 27

Stoffidentität EG-Nr. CAS-Nr.	Stoff					Zubereitungen	
	Einstufung				Kennzeichnung	Konzentrationsgrenzen	Einstufung/ Kennzeichnung
	krebserz. K	erbgutveränd. M	fort.-pfl.gef. R_E/R_F	Gefahrensymbol R-Sätze	Gefahrensymbol R-Sätze S-Sätze	in Prozent	Gefahrensymbol R-Sätze
1	2	3	4	5	6	7	8
Hexylenglykol 107-41-5							
n-Hexyllithium 404-950-0 21369-64-2				F; R14/15-17 C; R35	F, C R: 14/15-17-35 S: (1/2)-6-16-26-30-36/37/39-43-45		
Holzäther s. Dimethylether							
Holzstaub s. Eichen- und Buchenholzstaub sowie Abschnitt 3.1	3						
Hydrazin Anm. E 206-114-9 302-01-2	2			R10 R45 T; R23/24/25 C; R34 R43	T R: 45-10-23/24/25-34-43 S: 53-45	25%≤C 10%≤C<25% 3%≤C<10% 1%≤C<3% 0,1%≤C<1%	T; R45-23/24/25-34-43 T; R45-20/21/22-34-43 T; R45-20/21/22-36/38-43 T; R45-43 T; R45
Salze von Hydrazin Anm. A, E	2			R45 T; R23/24/25 R43	T R: 45-23/24-25-43 S: 53-45		
Hydrazinbis(3-carboxy-4-hydroxybenzolsulfonat) 405-030-1 Anm. E	2			R45 Xn; R22 C; R34 R43 R52-53	T R: 45-22-34-43-52/53 S: 53-45-61		
N,N-Hydrazino-diessigsäure 403-510-5 19247-05-3				T; R25 Xn; R48/22 R43 R52-53	T R: 25-43-48/22-52/53 S: (1/2)-26-36/37/39-45-61		
Hydrazobenzol Anm. E 204-563-5 122-66-7	2			R45 Xn; R22	T R: 45-22 S: 53-45		
Hydrochinon s. 1,4-Dihydroxybenzol							
Hydrogenbromid s. Bromwasserstoff							

Grenzwert (Luft)					Meßverfahren	Risikofaktoren nach TRGS 440		Arbeitsmedizin Werte im biolog. Material	relevante Regeln/Literatur Hinweise
mg/m^3	ml/m^3	Spitzenbegrenzung	Art Bemerkungen H, S	Herkunft Staubklasse		W	F		
9	10	11		12	13	14		15	16
(49)	(10)	(=1=)		DFG					
						4	1		ZVG 530651
2 E		4	TRK 4, 15 S	AGS	ZH...41 BIA 7630				TRGS 553, 901 Nr. 20 ZVG 96430 TRGS 908 Nr. 4
0,13	0,1	4	TRK H, S	AGS	ZH...20 DFG OSHA 20, 108 NIOSH 3503			40 VI, 43 EKA	TRGS 608, 901 Nr. 6 ZH1/127 ZH1/109 (96) ZVG 2010
			H, S						ZVG 510608
			S					40 VI, 43	
			S			4	1		
								33 VI, 3	ZVG 15290

Stoffidentität EG-Nr. CAS-Nr.	Stoff				Kennzeichnung	Zubereitungen	
	Einstufung					Konzentrationsgrenzen	Einstufung/ Kennzeichnung
	krebs- erz. K	erbgut- veränd. M	fort.- pfl.gef. R_E/R_F	Gefahren- symbol R-Sätze	Gefahrensymbol R-Sätze S-Sätze	in Prozent	Gefahren- symbol R-Sätze
1	2	3	4	5	6	7	8
Hydrogenchlorid s. Chlorwasserstoff							
Hydrogeniodid s. Jodwasserstoff							
Hydrogennatrium-N-carboxylatoethyl-N-octadec-9-enylmaleamat 402-970-4				R43 R52-53	Xi R: 43-52/53 S: (2)-24-37-61		
Hydrogensulfid s. Schwefelwasserstoff							
Hydroxo-[2-(benzol-sulfonamido)benzoato]-zink (II) 403-750-0 113036-91-2				Xn; R20 N; R51-53	Xn, N R: 20-51/53 S: (2)-22-57-61		
2-Hydroxybiphenyl s. Biphenyl-2-ol							
4-Hydroxy-3[3-(4'-brom-4-biphenylyl)-1,2,3,4-tetrahydro-1-naphthyl]-cumarin 259-980-5 56073-10-0				T+; R27/28 T; R48/24/25	T+ R: 27/28-48/24/25 S: (1/2)-36/37-45		
4-Hydroxy-3,5-diiodbenzonitril s. Ioxynil (ISO)							
2-Hydroxyethylacrylat Anm. D 212-454-9 818-61-1				T; R24 C; R34 R43	T R: 24-34-43 S: (1/2)-26-36/ 39-45	10%≦C 5%≦C<10% 2%≦C<5% 0,2%≦C<2%	T; R24-34-43 T; R24-36/38-43 T; R24-43 Xn; R21-43
2-Hydroxyethyl-methacrylat Anm. D 212-782-2 868-77-9				Xi; R36/38 R43	Xi R: 36/38-43 S: (2)-26-28	20%≦C 1%≦C<20%	Xi; R36/38-43 Xi; R43
N-(2-Hydroxyethyl)-3-methyl-2-chinoxalin-carboxamid-1,4-dioxid 245-832-7 23696-28-8	3	2	3 (R_F)	Hersteller-einstufung beachten			

Grenzwert (Luft)				Meßverfahren	Risikofaktoren nach TRGS 440		Arbeitsmedizin Werte im biolog. Material	relevante Regeln/Literatur Hinweise
mg/m^3	ml/m^3	Spitzenbegrenzung	Art Bemerkungen H, S	Herkunft Staubklasse				
					W	F		
9	10	11	12	13	14		15	16
			S		4	1		ZVG 496704
					3	1		ZVG 530754
			H		5	1		ZVG 490752
			H, S		4	1		ZVG 23120
			S		4	1		ZVG 510259
			S					ZVG 490631 TRGS 906 Nr. 21

Stoffidentität EG-Nr. CAS-Nr.	Stoff					Zubereitungen	
	Einstufung				Kennzeichnung	Konzentrationsgrenzen	Einstufung/ Kennzeichnung
	krebserz. K	erbgutveränd. M	fort.-pfl.gef. R_E/R_F	Gefahrensymbol R-Sätze	Gefahrensymbol R-Sätze S-Sätze	in Prozent	Gefahrensymbol R-Sätze
1	2	3	4	5	6	7	8
2-Hydroxyethyloctylsulfid s. 2-(Octylthio)ethanol							
R,R-2-Hydroxy-5-[1-hydroxy-2-(4-phenylbut-2-ylamino)ethyl]benz-amidhydrogen-2,3-bis-(benzoyloxy)succinat 404-390-7				F; R11 R43 R52-53	F, Xi R: 11-43-52/53 S: (2)-24-37-61		
Hydroxylamin 232-259-2 7803-49-8				R5 Xn; R22-48/22 Xi; R37/38-41 R43 N; R50	Xn, N R: 5-22-37/38-41-43-48/22-50 S: (2)-22-26-36/37/39-61		
Hydroxylammoniumchlorid 226-798-2 5470-11-1 Hydroxylammoniumhydrogensulfat 233-154-4 10046-00-1 Bis(hydroxylammonium)-sulfat 233-118-8 10039-54-0				Xn; R22-48/22 Xi; R36/38 R43 N; R50	Xn, N R: 22-36/38-43-48/22-50 S: (2)-22-24-37-61		
N-Hydroxymethyl-chloracetamid s. N-Methylolchlor-acetamid							
4-Hydroxy-4-methylpentan-2-on 204-626-7 123-42-2				Xi; R36	Xi R: 36 S: (2)-24/25	10%≦C	Xi; R36
4-Hydroxy-3-nitroanilin s. 2-Nitro-4-aminophenol							
2-Hydroxymethyl-tetrahydrofuran s. Tetrahydrofur-furylalkohol							
4-Hydroxy-2-[3-oxo-1-(2-furyl)butyl]cumarin s. Coumafuryl							

Grenzwert (Luft)					Meßverfahren	Risiko-faktoren nach TRGS 440		Arbeits-medizin Werte im biolog. Material	relevante Regeln/Literatur Hinweise
mg/m³	ml/m³	Spitzen-begren-zung	Art Bemer-kungen H, S	Herkunft Staubklasse		W	F		
9	10	11	12	13	14			15	16
			S			4	1		
			S			4	1		ZVG 570151
			S			4	1		ZVG 5080
						4	1		
						4	1		ZVG 3020
240	50		MAK	DFG	OSHA 7 NIOSH 1402	2	1		s. auch Diacetonalkohol ZVG 22250

Stoffidentität EG-Nr. CAS-Nr.	Stoff					Zubereitungen	
	Einstufung				Kennzeichnung	Konzentrationsgrenzen	Einstufung/ Kennzeichnung
	krebserz. K	erbgutveränd. M	fort.-pfl.gef. R_E/R_F	Gefahrensymbol R-Sätze	Gefahrensymbol R-Sätze S-Sätze	in Prozent	Gefahrensymbol R-Sätze
1	2	3	4	5	6	7	8
4-Hydroxy-3-(3-oxo-1-phenyl)butylcumarin s. Warfarin							
alpha-Hydroxypoly-[methyl-(3-[2,2,6,6-tetramethylpiperidin-4-yloxy]-propyl)siloxan] 404-920-7				Xn; R21/22 C; R34 N; R51-53	C, N R: 21/22-34-51/53 S: (1/2)-26-36/37/ 39-45-61		
Hydroxypropylacrylat Anm. C, D 247-118-0 (Gemisch) 25584-83-2 (1) 220-852-9 2918-23-2 (2-Hydroxy) (2) 213-663-8 999-61-1 (2-Hydroxy-n)				T; R23/24/25 C; R34 R43	T R: 23/24/25-34-43 S: (1/2)-26-36/ 37/39-45	10%≦C 5%≦C<10% 2%≦C<5% 0,2%≦C<2%	T; R23/24/25-34-43 T; R23/24/25-36/ 38-43 T; R23/24/25-43 Xn; R20/21/22-43
Hydroxypropylmethacrylat Anm. D [Gemisch aus (1) und (2)] (1) 213-090-3 923-26-2 (2) 220-426-2 2761-09-3				Xi; R36/38	Xi R: 36/38 S: (2)-26-28	10%≦C	Xi; R36/38
5-(α-Hydroxy-α-2-pyridylbenzyl-7-α-2-pyridylbenzyliden)bi-cyclo[2.2.1]hept-5-ene-2,3-dicarboximid s. Norbormid (ISO)							
4-Hydroxy-3-(1,2,3,4-tetrahydro-1-naphthyl)cumarin s. Coumatetralyl (ISO)							
Hyoscyamin 202-933-0 101-31-5 Salze von Hyoscyamin Anm. A				T+; R26/28 T+; R26/28	T+ R: 26/28 S: (1/2)-24-45 T+ R: 26/28 S: (1/2)-24-45		

Grenzwert (Luft)					Meßverfahren	Risikofaktoren nach TRGS 440		Arbeitsmedizin Werte im biolog. Material	relevante Regeln/Literatur Hinweise
mg/m^3	ml/m^3	Spitzenbegrenzung	Art Bemerkungen H, S	Herkunft Staubklasse		W	F		
9	10	11	12	13	14		15		16
			H			3	1		ZVG 900522
			H, S			4	1		ZVG 530054
									(1) ZVG 496428
									(2) ZVG 490304
						2	1		ZVG 14320
									(1) ZVG 493794
									(2) ZVG 496429
						5	1		ZVG 510260
						5	1		ZVG 530055

Stoffidentität EG-Nr. CAS-Nr.	Stoff					Zubereitungen	
	Einstufung				Kennzeichnung	Konzentrationsgrenzen	Einstufung/ Kennzeichnung
	krebserz. K	erbgutveränd. M	fort.-pfl.gef. R_E/R_F	Gefahrensymbol R-Sätze	Gefahrensymbol R-Sätze S-Sätze	in Prozent	Gefahrensymbol R-Sätze
1	2	3	4	5	6	7	8
Imidazolidin-2-thion s. Ethylenthioharnstoff							
1,1'-Iminobis(octamethylen)diguanidin s. Guazatin (ISO)							
Gemisch aus 2,2-Iminodiethanol-6-methyl-2-[4-(2,4,6-triaminopyrimidin-5-ylazo)phenyl]benzothiazol-7-sulfonat und N,N-Diethylpropan-1,3-diamin-6-methyl-2-[4-(2,4,6-triaminopyrimidin-5-ylazo)phenyl]benzothiazol-7-sulfonat und 2-Methylaminoethanol-6-methyl-2-[4-(2,4,6-triaminopyrimidin-5-ylazo)-phenyl]benzothiazol-7-sulfonat 403-410-1 114565-65-0				R43	Xi R: 43 S: (2)-22-24-26-37		
1,1'-Iminodipropan-2-ol 203-820-9 110-97-4				Xi; R36	Xi R: 36 S: (2)-26		
3,3'-Iminodi(propylamin) s. Dipropylentriamin							
Inden 202-393-6 95-13-6					Herstellereinstufung beachten		
Indeno[1,2,3-c,d]pyren 205-893-2 193-39-5 s. Abschnitt 3.1							
Indium 7440-74-6 und seine Verbindungen					Herstellereinstufung beachten		
Iod s. Jod							
Iodmethan s. Methyliodid							

Grenzwert (Luft)				Meßverfahren	Risikofaktoren nach TRGS 440	Arbeitsmedizin Werte im biolog. Material	relevante Regeln/Literatur Hinweise
mg/m^3 ml/m^3	Spitzenbegrenzung	Art Bemerkungen H, S	Herkunft Staubklasse		W F		
9	10	11	12	13	14	15	16
		S			4 1		ZVG 900299
					2 1		ZVG 17860
45		MAK	AUS — NL				
						40 VI, 43	TRGS 551 ZVG 17860
0,1 E		MAK 25	AUS — NL H	OSHA 121			

Stoffidentität EG-Nr. CAS-Nr.	Stoff					Zubereitungen	
	Einstufung				Kennzeichnung	Konzentrationsgrenzen	Einstufung/ Kennzeichnung
	krebserz. K	erbgutveränd. M	fort.-pfl.gef. R_E/R_F	Gefahrensymbol R-Sätze	Gefahrensymbol R-Sätze S-Sätze	in Prozent	Gefahrensymbol R-Sätze
1	2	3	4	5	6	7	8
Iodoform 200-874-5 75-47-8					Herstellereinstufung beachten		
Ioxynil (ISO) 216-881-1 1689-83-4			3 (R_E)	R63 T; R25 Xn; R21	T R: 21-25-63 S: (1/2)-36/37-45		
Ioxyniloctanoat s. 4-Cyan-2,6-diiodophenyloctanoat							
IPDI s. 3-Isocyanatmethyl-3,5,5-trimethylcyclohexylisocyanat							
Isoamylalkohol s. iso-Amylalkohol							
Isobenzan (ISO) 206-045-4 297-78-9				T+; R27/28 N; R50	T+, N R: 27/28-50 S: (1/2)-28-36/37-45-61		
Isobuttersäure 201-195-7 79-31-2				Xn; R21/22	Xn R: 21/22 S: (2)		
Isobutylacetat (iso-Butyl) Anm. C 203-745-1 110-19-0				F; R11	F R: 11 S: (2)-16-23-29-33		
Isobutylbut-3-enoat 401-170-2 24342-03-8				R10	R: 10 S: (2)		
Isobutyl-2-[4-(4-chlorphenoxy)phenoxy]-propionat 51337-71-4				Xn; R22	Xn R: 22 S: (2)		
Isobutyl-3,4-epoxybutyrat 401-920-9 100181-71-3				Xi; R38 N; R50-53 R43	Xi, N R: 38-43-50/53 S: (2)-24-28-36/37-60-61		

Grenzwert (Luft)					Meßverfahren	Risiko-faktoren nach TRGS 440		Arbeits-medizin Werte im biolog. Material	relevante Regeln/Literatur Hinweise
mg/m^3	ml/m^3	Spitzen-begren-zung	Art Bemer-kungen H, S	Herkunft Staubklasse		W	F		
9	10	11	12	13	14		15		16
3			MAK	AUS — NL					ZVG 491168
			H			4	1		ZVG 510261
			H			5	1		ZVG 510264
			H			3	1		ZVG 28040
950 (480)	200	=1=	MAK	DFG	BIA 6471 HSE 72 OSHA 7 NIOSH 1450	2	2		ZVG 30820
						2	1		ZVG 530591
						3	1		ZVG 490730
			S			4	1		ZVG 530361

Stoffidentität EG-Nr. CAS-Nr.	Stoff					Zubereitungen	
	Einstufung				Kennzeichnung	Konzentrationsgrenzen	Einstufung/ Kennzeichnung
	krebs-erz. K	erbgut-veränd. M	fort.-pfl.gef. R_E/R_F	Gefahren-symbol R-Sätze	Gefahrensymbol R-Sätze S-Sätze	in Prozent	Gefahren-symbol R-Sätze
1	2	3	4	5	6	7	8
4,4'-Isobutylethyl-idendiphenol 401-720-1 6807-17-6				Xi; R36 N; R50-53	Xi, N R: 36-50/53 S: (2)-26-60-61		
Isobutylisopropyl-dimethoxysilan 402-580-4 111439-76-0				R10 Xn; R20 Xi; R38	Xn R: 10-20-38 S: (2)-25-26-36/37		
Isobutylmethacrylat s. 2-Methylpropyl-methacrylat							
Isobutylnitrit 208-819-7 542-56-3				F; R11 Xn; R20/22	F, Xn R: 11-20/22 S: (2)-16-24-46		
Isobutyrylchlorid 201-194-1 79-30-1				F; R11 C; R35	F, C R: 11-35 S: (1/2)-16-23-26-36-45		
Isocumol s. n-Propylbenzol							
3-Isocyanatmethyl-3,5,5-trimethylcyclohexyl-isocyanat (Isophorondiisocyanat) Anm. 2 223-861-6 4098-71-9				T; R23 Xi; R36/37/38 R42/43	T R: 23-36/37/ 38-42/43 S: (1/2)-26-28-38-45	20%≦C 2%≦C<20% 0,5%≦C<2%	T; R23-36/37/ 38-42/43 T; R23-42/43 Xn; R20-42/43
Isocyanatobenzol, Isocyansäurephenylester s. Phenylisocyanat							
Isodrin (nicht als ISO-Kurzname anerkannt) 207-366-2 465-73-6				T+; R26/27/28 N; R50-53	T+, N R: 26/27/28-50/53 S: (1/2)-13-28-45-60-61		
Isofenphos (ISO) 246-814-1 25311-71-1				T; R24/25	T R: 24/25 S: (1/2)-36/37-45		
Isofluran 247-897-7 26675-46-7					Hersteller-einstufung beachten		

Grenzwert (Luft)					Meßverfahren	Risikofaktoren nach TRGS 440		Arbeitsmedizin Werte im biolog. Material	relevante Regeln/Literatur Hinweise
mg/m³	ml/m³	Spitzenbegrenzung	Art Bemerkungen H, S	Herkunft Staubklasse		W	F		
9	10	11	12		13	14		15	16
						2	1		ZVG 496659
						3	1		ZVG 530345
						3	3		ZVG 530342
						4	2		ZVG 570153
0,09	0,01	=1=	MAK S	DFG	BIA 7675	4	1	27 VI, 16	ZH 1/34 ZVG 33350 BIA-Report 4/95
			H			5	1		ZVG 510265
			H			4	1		ZVG 510266
80			MAK	AUS − S	DFG BIA 6575 OSHA 103				ZVG 135922

Stoffidentität EG-Nr. CAS-Nr.	Stoff					Zubereitungen	
	Einstufung				Kennzeichnung	Konzentrationsgrenzen	Einstufung/ Kennzeichnung
	krebs- erz. K	erbgut- veränd. M	fort.- pfl.gef. R_E/R_F	Gefahren- symbol R-Sätze	Gefahrensymbol R-Sätze S-Sätze	in Prozent	Gefahren- symbol R-Sätze
1	2	3	4	5	6	7	8
Isooctan-1-ol 248-133-5 26952-21-6					Hersteller- einstufung beachten		
Isopentan (iso-Pentan), Anm. C 201-142-8 78-78-4				F; R11	F R: 11 S: (2)-9-16-29-33		
Isophoron s. 3,5,5-Trimethyl-2- cyclohexen-(1)-on							
Isophorondiamin 220-666-8 2855-13-2				Xn; R21/22 C; R34 R43 R52-53	C R: 21/22-34-43- 52/53 S: (1/2)-26-36/ 37/39-45-61	25%≦C 10%≦C<25% 5%≦C<10% 1%≦C<5%	C; R21/22-34-43 C; R34-43 Xi; R36/38-43 Xi; R43
Isophorondiisocyanat s. 3-Isocyanatmethyl- 3,5,5-trimethylcyclo- hexylisocyanat							
Isopren s. 3-Methyl-1,3-butadien							
Isoprocarb (ISO) 220-114-6 2631-40-5				Xn; R22	Xn R: 22 S: (2)		
Isopropanolamin s. 1-Aminopropan-2-ol							
Isopropenylbenzol (iso-Propenylbenzol) 202-705-0 98-83-9				R10 Xi; R36/37	Xi R: 10-36/37 S: (2)	25%≦C	Xi; R36/37
2-Isopropoxyethanol 203-685-6 109-59-1				Xn; R20/21 Xi; R36	Xn R: 20/21-36 S: (2)-24/25	25%≦C 20%≦C<25%	Xn; R20/21-36 Xi; R36
2-Isopropoxyphenyl- methylcarbamat s. Propoxur (ISO)							

Grenzwert (Luft)					Meßverfahren	Risikofaktoren nach TRGS 440		Arbeitsmedizin Werte im biolog. Material	relevante Regeln/Literatur Hinweise
mg/m^3	ml/m^3	Spitzenbegrenzung	Art Bemerkungen H, S	Herkunft Staubklasse		W	F		
9	10	11	12		13	14		15	16
270			MAK H	AUS — NL					ZVG 27330
2 950	1 000	4	MAK	DFG		2	4		ZVG 30860
			H, S			4	1		ZVG 33270
						3	1		ZVG 11570
480	100		MAK	DFG	OSHA 7 NIOSH 1501	2	1		ZVG 11460
22	5	4	MAK Y, H	DFG		3	1		ZVG 22320

Stoffidentität EG-Nr. CAS-Nr.	Stoff Einstufung				Stoff Kennzeichnung	Zubereitungen Konzentrationsgrenzen	Zubereitungen Einstufung/ Kennzeichnung
	krebserz. K	erbgutveränd. M	fort.pfl.gef. R_E/R_F	Gefahrensymbol R-Sätze	Gefahrensymbol R-Sätze S-Sätze	in Prozent	Gefahrensymbol R-Sätze
1	2	3	4	5	6	7	8
Isopropylacetat (iso-Propylacetat) Anm. C 203-561-1 108-21-4				F; R11	F R: 11 S: (2)-16-23-29-33		
Isopropylalkohol s. 2-Propanol							
Isopropylamin s. 2-Aminopropan							
6-Isopropylamino-2-methylamino-4-methylthio-1,3,5-triazin s. Desmetryn (ISO)							
N-Isopropylanilin 212-196-7 768-52-5				Herstellereinstufung beachten			
Isopropylbenzol (iso-Propylbenzol) Anm. C 202-704-5 98-82-8				R10 Xi; R37	Xi R: 10-37 S: (2)	25%≦C	Xi; R37
3-Isopropyl-2,1,3-benzothiadiazin-4-on-2,2-dioxid s. Bentazon (ISO)							
Isopropylchloracetat 203-301-7 105-48-6				R10 T; R25 Xi; R36/37/38	T R: 10-25-36/37/38 S: (1/2)-26-37/39-45		
Isopropylchlorformiat 203-563-2 108-23-6				Herstellereinstufung beachten			
Isopropylether s. Diisopropylether							
Isopropylformiat Anm. C 210-901-2 625-55-8				F; R11	F R: 11 S: (2)-9-16-33		
Isopropylglycidether s. iso-Propylglycidylether							

Grenzwert (Luft)					Meßverfahren	Risikofaktoren nach TRGS 440		Arbeitsmedizin Werte im biolog. Material	relevante Regeln/Literatur Hinweise
mg/m^3	ml/m^3	Spitzenbegrenzung	Art Bemerkungen H, S	Herkunft Staubklasse		W	F		
9	10	11	12	13		14	15		16
840	200	=1=	MAK	DFG	HSE 72 OSHA 7 NIOSH 1454	2	3		ZVG 33750
10			MAK H	AUS — NL	OSHA 78			33 VI, 3	
245 (100)	50		MAK H (Y)	DFG (EG)	HSE 72 OSHA 7 NIOSH 1501	2	1		ZVG 27840
						4	1		ZVG 530366
5			MAK	AUS — GB					
						2	3		ZVG 37940

Stoffidentität EG-Nr. CAS-Nr.	Stoff					Zubereitungen	
	Einstufung				Kennzeichnung	Konzentrations-grenzen	Einstufung/ Kennzeichnung
	krebs-erz. K	erbgut-veränd. M	fort.-pfl.gef. R_E/R_F	Gefahren-symbol R-Sätze	Gefahrensymbol R-Sätze S-Sätze	in Prozent	Gefahren-symbol R-Sätze
1	2	3	4	5	6	7	8
Isopropylglykol s. 2-Isopropoxyethanol							
4,4'-Isopropyliden-diphenol 201-245-8 80-05-7				Xi; R36/37/38 R43	Xi R: 36/37/38-43 S: (2)-24-26-37		
1-Isopropyl-3-methyl-pyrazol-5-yldimethyl-carbamat 204-318-2 119-38-0				T+; R27/28	T+ R: 27/28 S: (1/2)-28-36/37/ 39-45		
Isopropylnitrat 216-983-6 1712-64-7					Hersteller-einstufung beachten		
Isopropylöl Rückstand bei der iso-Propylalkohol-Herstellung							
N-Isopropyl-N-phenyl-2-chloracetamid s. Propachlor							
3-(4-Isopropylphenyl)-1,1-dimethylharnstoff s. Isoproturon							
S-2-Isopropylthioethyl-O,O-dimethyldithio-phosphat 36614-38-7				T; R24/25	T R: 24/25 S: (1/2)-28-36/ 37-45		
5-Isopropyl-3-tolyl-methylcarbamat s. Promecarb (ISO)							
Isoproturon 251-835-4 34123-59-6			3	R40 Xn; R22	Xn R: 22-40 S: (2)-36/37		
Isovaleraldehyd s. 3-Methylbutanal							

Grenzwert (Luft)					Meßverfahren	Risikofaktoren nach TRGS 440		Arbeitsmedizin Werte im biolog. Material	relevante Regeln/Literatur Hinweise
mg/m³	ml/m³	Spitzenbegrenzung	Art Bemerkungen H, S	Herkunft Staubklasse		W	F		
9	10	11	12	13	14	15		16	
			S			4	1		ZVG 13980
			H			5	1		ZVG 510267
45			MAK	AUS – S					ZVG 510627
									GefStoffV § 15, Anh. IV, Nr. 16 ZVG 530154
			H			4	1		ZVG 490710
					DFG	4	1		ZVG 490706

Stoffidentität EG-Nr. CAS-Nr.	Stoff					Zubereitungen	
	Einstufung				Kennzeichnung	Konzentrationsgrenzen	Einstufung/ Kennzeichnung
	krebserz. K	erbgutveränd. M	fort.-pfl.gef. R_E/R_F	Gefahrensymbol R-Sätze	Gefahrensymbol R-Sätze S-Sätze	in Prozent	Gefahrensymbol R-Sätze
1	2	3	4	5	6	7	8
Jod (Iod) 231-442-4 7553-56-2				Xn; R20/21	Xn R: 20/21 S: (2)-23-25		
Jodessigsäure 200-590-1 64-69-7				T; R25 C; R35	T, C R: 25-35 S: (1/2)-22-36/37/39-45		
Jodmethan s. Methyljodid							
3-Jodpropen 209-130-4 556-56-9				R10 C; R34	C R: 10-34 S: (1/2)-7-26-45		
Jodwasserstoff, ...% Anm. B 233-109-9 10034-85-2 Jodwasserstoff, wasserfrei Anm. 5				C; R34 C; R35	C R: 34 S: (1/2)-26-45 C R: 35 S: (1/2)-9-26-36/37/39-45	25%≦C 10%≦C<25% C≧10% 0,2%≦C<10% 0,02%≦ C<0,2%	C; R34 Xi; R36/38 C; R35 C; R34 Xi; R36/37/38
Jodylbenzol 696-33-3				E; R1	E R: 1 S: (2)-35		

Grenzwert (Luft)					Meßverfahren	Risiko-faktoren nach TRGS 440		Arbeits-medizin Werte im biolog. Mate-rial	relevante Regeln/Literatur Hinweise
mg/m^3	ml/m^3	Spitzen-begren-zung	Art Bemer-kungen H, S	Herkunft Staubklasse		W	F		
9	10	11	12	13	14	15			16
1	0,1	=1=	MAK H	DFG	OSHA ID 177, 212	3	1		ZVG 1010
						4	1		ZVG 510268
						3	3		ZVG 510269
						3	1		ZVG 520014
						4	4		ZVG 1070
						2	1		ZVG 496329

Stoffidentität EG-Nr. CAS-Nr.	Stoff					Zubereitungen	
	Einstufung				Kennzeichnung	Konzentrationsgrenzen	Einstufung/ Kennzeichnung
	krebs- erz. K	erbgut- veränd. M	fort.- pfl.gef. R_E/R_F	Gefahren- symbol R-Sätze	Gefahrensymbol R-Sätze S-Sätze	in Prozent	Gefahren- symbol R-Sätze
1	2	3	4	5	6	7	8
Kalium 231-119-8 7440-09-7				R14 F; R15 C; R34	F, C R: 14/15-34 S: (1/2)-5*)-8- 43-45		
Kalium-2-amino-2-methyl- propionatoctahydrat 405-560-3 120447-91-8				Xn; R22 C; R35	C R: 22-35 S: (1/2)-26-28-36/ 37/39-45		
Kaliumbromat Anm. E 231-829-8 7758-01-2	2			O; R9 R45 T; R25	T, O R: 45-9-25 S: 53-45		
Kaliumchlorat 223-289-7 3811-04-9				O; R9 Xn; R20/22	O, Xn R: 9-20/22 S: (2)-13-16-27		
Kaliumchromat Anm. 3 232-140-5 7789-00-6	2	2		R49, R46 Xi; R36/37/38 R43 N; R50-53	T, N R: 49-46-36/37/38- 43-50/53 S: 53-45-60-61	20%≤C 0,5%≤C <20% 0,1%≤C <0,5%	T; R49-46-36/37/ 38-43 T; R49-46-43 T; R49-46
Kaliumcyanat 209-676-3 590-28-3				Xn; R22	Xn R: 22 S: (2)-24/25		
Kaliumdichromat Anm. 3, E 231-906-6 7778-50-9	2	2		R 49, R46 T+; R26 T; R25 Xn; R21 Xi; R37/38-41 R43 N; R50-53	T+; N R: 49-46-21-25- 26-37/38-41-43- 50/53 S: 53-45-60-61	7%≤C 0,5%≤C<7% 0,1≤C <0,5%	T; R49-46-21-25- 26-37/38-41-43 T; R49-46-43 T; R49-46
Kaliumfluorid 232-151-5 7789-23-3				T; R23/24/25	T R: 23/24/25 S: (1/2(-26-45		
Kalium-μ-fluoro-bis- (triethylaluminium) 400-040-2 12091-08-6				F; R11-14/15 C; R35 Xn; R20	F, C R: 11-14/15-20-35 S: (1/2)-16-30-36/ 39-43-45		

*) Angabe des S5 ist nicht erforderlich, falls in anderer Weise sicher verpackt.

Grenzwert (Luft)				Meßverfahren	Risikofaktoren nach TRGS 440		Arbeitsmedizin Werte im biolog. Material	relevante Regeln/Literatur Hinweise
mg/m³	ml/m³	Spitzenbegrenzung	Art Bemerkungen H, S	Herkunft Staubklasse		W F		
9	10	11	12	13	14		15	16
				OSHA ID 121	3	1		ZVG 8150
					4	1		ZVG 530808
							40 VI, 43	ZVG 500033
					3	1		ZVG 2060
s. Chrom(VI)-Verbindungen			S				15 VI, 13 EKA	s. Chrom(VI)-Verbindungen ZVG 500034
					3	1		ZVG 4060
s. Chrom(VI)-Verbindungen			H, S				15 VI, 13 EKA	s. Chrom(VI)-Verbindungen ZVG 5280
s. Fluoride			H		4	1	BAT 34 VI, 14	ZVG 50035
					4	1		ZVG 496614

Stoffidentität EG-Nr. CAS-Nr.	Stoff					Zubereitungen	
	Einstufung				Kennzeichnung	Konzentrationsgrenzen	Einstufung/ Kennzeichnung
	krebserz. K	erbgutveränd. M	fort.-pfl.gef. R_E/R_F	Gefahrensymbol R-Sätze	Gefahrensymbol R-Sätze S-Sätze	in Prozent	Gefahrensymbol R-Sätze
1	2	3	4	5	6	7	8
Kaliumhexafluorsilikat s. Alkalihexafluorsilikate							
Kaliumhydrogendifluorid 232-156-2 7789-29-9				T; R25 C; R34	T, C R: 25-34 S: (1/2)-22-26-37-45	10%≦C 1%≦C<10% 0,1%≦C<1%	T, C; R25-43 C; R22-34 Xi; R36/38
Kaliumhydrogensulfat 231-594-1 7646-93-7				C; R34 Xi; R37	C R: 34-37 S: (1/2)-26-36/37/39-45		
Kaliumhydroxid 215-181-3 1310-58-3				C; R35	C R: 35 S: (1/2)-26-37/39-45	5%≦C 2%≦C<5% 0,5%≦C<2%	C; R35 C; R34 Xi; R36/38
Kalium-2-hydroxy-carbazol-1-carboxylat 401-630-2 96566-70-0				Xn; R22 Xi; R36-37 R52-53	Xn R: 22-36/37-52/53 S: (2)-22-26-61		
Kaliumnatrium-5-[4-chlor-6-[N-[4-(4-chlor-6-[5-hydroxy-2,7-disulfonato-6-(2-sulfonatophenylazo)-4-naphthylamino]-1,3,5-triazin-2-ylamino)phenyl-N-methyl]amino]-1,3,5-triazin-2-ylamino]-4-hydroxy-3-(2-sulfonatophenylazo)naphthalen-2,7-disulfonat 402-150-6				Xi; R36 R43	Xi R: 36-43 S: (2)-22-24-26-37		
Kaliumnitrit 231-832-4 7758-09-0				O; R8 T; R25	O, T R: 8-25 S: (1/2)-45	5%≦C 1%≦C<5%	T; R25 Xn; R22
Kaliumperchlorat 231-912-9 7778-74-7				O; R9 Xn; R22	O, Xn R: 9-22 S: (2)-13-22-27		
Kaliumpermanganat 231-760-3 7722-64-7				O; R8 Xn; R22	O, Xn R: 8-22 S: (2)		
Kaliumpolysulfide 253-390-1 37199-66-9				R31 C; R34	C R: 31-34 S: (1/2)-26-45		

mg/m³	ml/m³	Spitzenbegrenzung	Art Bemerkungen H, S	Herkunft Staubklasse	Meßverfahren	Risikofaktoren nach TRGS 440 W F		Arbeitsmedizin Werte im biolog. Material	relevante Regeln/Literatur Hinweise
9	10	11		12	13	14		15	16
s. Fluoride						4	1	BAT 34 VI, 14	ZVG 4760
						3	1		ZVG 570160
					NIOSH 7401	4	1		ZVG 1420
						3	1		ZVG 496654
			S			4	1		ZVG 496678
						4	1		ZVG 500036
						3	1		ZVG 500037
s. Mangan						3	1		ZVG 4070
						3	1		ZVG 500038

373

Stoffidentität EG-Nr. CAS-Nr.	Stoff					Zubereitungen	
	Einstufung				Kennzeichnung	Konzentrationsgrenzen	Einstufung/ Kennzeichnung
	krebs- erz. K	erbgut- veränd. M	fort.- pfl.gef. R_E/R_F	Gefahren- symbol R-Sätze	Gefahrensymbol R-Sätze S-Sätze	in Prozent	Gefahren- symbol R-Sätze
1	2	3	4	5	6	7	8
Kaliumsulfid 215-197-0 1312-73-8				R31 C; R34	C R: 31-34 S: (1/2)-26-45		
Kalomel s. Diquecksilberdichlorid							
Kampfer 200-945-0 76-22-2					Hersteller- einstufung beachten		
Kathon® s. 5-Chlor-2-methyl-2,3- dihydroisothiazol-3-on/ 2-Methyl-2,3-dihydro- isothiazol-3-on							
Kelevan (ISO) 4234-79-1				T; R24 Xn; R22	T R: 22-24 S: (1/2)-36/37-45		
Kepone s. Chlordecon							
* Keramische Mineralfasern Fasern für spezielle Anwendungen [(künstlich hergestellte ungerichtete glasige (Silikat-)Fasern mit einem Anteil an Alkali- und Erdalkalimetalloxiden ($Na_2O+K_2O+CaO+MgO+BaO$) von weniger oder gleich 18 Prozent] Anm. A, R	2			R49 Xi; R38	T R: 49-38 S: 53-45		
Keten 207-336-9 463-51-4							
Kieselfluorwasser- stoffsäure ...% s. Hexafluor- kieselsäure ...%							
Kieselglas 262-373-8 60676-86-0							

Grenzwert (Luft)				Meßverfahren		Risiko-faktoren nach TRGS 440		Arbeits-medizin Werte im biolog. Material	relevante Regeln/Literatur Hinweise
mg/m³	ml/m³	Spitzen-begrenzung	Art Bemer-kungen H, S	Herkunft Staubklasse		W	F		
9		10	11	12	13	14	15		16
						3	1		ZVG 500039
13	2		MAK	DFG		OSHA 7 NIOSH 1301	2	1	ZVG 510778
			H			4	1		ZVG 510272
s. Künstliche Mineralfasern									Richtlinie 97/69/EG Einstufung gilt für das Inverkehrbringen Eine nationale Regelung für den Umgang ist in Vorbereitung. s. auch Abschnitt 4.3.2 dieses Reports
0,9	0,5	=1=	MAK	DFG		NIOSH S 92	2	4	ZVG 12700
0,3 A			MAK (Y)	DFG M		BIA 7710	2	2	BIA-Arbeitsmappe 0512 ZVG 2000

Stoffidentität EG-Nr. CAS-Nr.	Stoff					Zubereitungen	
	Einstufung				Kennzeichnung	Konzentrationsgrenzen	Einstufung/ Kennzeichnung
	krebserz. K	erbgutveränd. M	fort.-pfl.gef. R_E/R_F	Gefahrensymbol R-Sätze	Gefahrensymbol R-Sätze S-Sätze	in Prozent	Gefahrensymbol R-Sätze
1	2	3	4	5	6	7	8
Kieselgur, gebrannt, und Kieselrauch 272-489-0 68855-54-9							
Kieselgur, ungebrannt 61790-53-2							
Kieselgut 231-716-3 7699-41-4							
Kieselsäuren, amorphe 231-545-4 7631-86-9							
Knallquecksilber s. Quecksilberfulminat							
Kobalt s. Cobalt							
Kohlederivate, komplexe s. Erläuterungen zur Liste					s. Bekanntmachung nach § 4a GefStoffV vom 08.01.96		
Kohlendioxid 204-696-9 124-38-9							
Kohlendisulfid 200-843-6 75-15-0				**3 (R_E)** **3 (R_F)**	F; R11 R62-63 T; R48-23 Xi; R36/38	F, T R: 11-36/ 38-48/23-62-63 S: 16-33-36/37-45	20%≦C 1%≦C<20% 0,2%≦C<1%	T; R36/38-48/ 23-62-63 T; R48/23-62-63 Xn; R48/20
Kohlenmonoxid 211-128-3 630-08-0 Anm. E				1(R_E)	F+; R12 R61 T; R23-48/23	F+, T R: 61-12-23-48/23 S: 53-45		
Kohlenoxid s. Kohlenmonoxid							
Kohlenstofftetrabromid 209-189-6 558-13-4					Herstellereinstufung beachten			
Kohlenstofftetrachlorid s. Tetrachlormethan							

Grenzwert (Luft)				Meßverfahren	Risikofaktoren nach TRGS 440		Arbeitsmedizin Werte im biolog. Material	relevante Regeln/Literatur Hinweise
mg/m³	ml/m³	Spitzenbegrenzung	Art Bemerkungen H, S	Herkunft Staubklasse				
					W	F		
9	10	11	12	13	14	15		16
0,3 A			MAK (Y)	DFG M		2	1	BIA-Arbeitsmappe 0512 ZVG 491121
4 E			MAK (Y)	DFG L		2	1	BIA-Arbeitsmappe 0512 ZVG 491016
0,3 A			MAK (Y)	DFG M				BIA-Arbeitsmappe 0512 ZVG 491122
4 E			MAK 16 (Y)	DFG L	BIA 7710			BIA-Arbeitsmappe 0512 ZVG 1290
9 000	5 000	4	MAK	DFG, EG	OSHA ID 172 NIOSH 6603	2	4	ZVG 1120
30 (16)	10	4	MAK H	DFG	DFG HSE 15 NIOSH 1600	5	4	6 VI, 29 BAT	ZVG 1430
33	30	2	MAK	DFG	OSHA ID 210, 209 NIOSH 6604	5	4	7 VI, 17 BAT	ZVG 1110
1,4			MAK	AUS – NL				ZVG 37500

Stoffidentität EG-Nr. CAS-Nr.	Stoff					Zubereitungen	
	Einstufung				Kennzeichnung	Konzentrationsgrenzen	Einstufung/ Kennzeichnung
	krebs-erz. K	erbgut-veränd. M	fort.-pfl.gef. R_E/R_F	Gefahren-symbol R-Sätze	Gefahrensymbol R-Sätze S-Sätze	in Prozent	Gefahren-symbol R-Sätze
1	2	3	4	5	6	7	8
Kohlenwasserstoffe, C26-55, aromatenreich 307-753-7 97722-04-8	2			R45	T R: 45 S: 53-45		
Kohlenwasserstoffgemische, additiv-frei (in der Regel Verwendung als Lösemittel) — Gruppe 1 aromatenfreie oder entaromatisierte Kohlenwasserstoffgemische mit einem Gehalt an: Aromaten < 1% n-Hexan < 5% Cyclo-/Isohexane < 25% — Gruppe 2 aromatenarme Kohlenwasserstoffgemische mit einem Gehalt an: Aromaten < 1-25% n-Hexan < 5% Cyclo-/ Isohexane < 25% — Gruppe 3 aromatenreiche Kohlenwasserstoffgemische mit einem Gehalt an: Aromaten > 25% — Gruppe 4 Kohlenwasserstoffgemische mit einem Gehalt an: n-Hexan ≥ 5% — Gruppe 5 iso-/cyclohexanreiche Kohlenwasserstoffgemische mit einem Gehalt an: Aromaten < 1% n-Hexan < 5% Cyclo-/Isohexane ≥ 25%							
Kokereirohgase s. Abschnitt 3.1							

Grenzwert (Luft)					Meßverfahren	Risiko-faktoren nach TRGS 440 W F	Arbeits-medizin Werte im biolog. Material	relevante Regeln/Literatur Hinweise
mg/m^3	ml/m^3	Spitzen-begren-zung	Art Bemer-kungen H, S	Herkunft Staubklasse				
9	10	11	12	13	14		15	16
							40 VI, 43	ZVG 530372
1000	200	4	MAK 31	AGS	HSE 66, 60 TRGS 901 Nr. 72, Teil 2 BIA 7735			gilt nicht für Ottokraftstoffe BIA 0513 TRGS 901 Nr. 72, Teil 2
500	100	4						
200	50	4						
200	50	4						
600	170	4						
							40 VI, 43	TRGS 551 ZVG 520051

Stoffidentität EG-Nr. CAS-Nr.	Stoff					Zubereitungen	
	Einstufung			Kennzeichnung		Konzentrationsgrenzen	Einstufung/ Kennzeichnung
	krebs- erz. K	erbgut- veränd. M	fort.- pfl.gef. R_E/R_F	Gefahren- symbol R-Sätze	Gefahrensymbol R-Sätze S-Sätze	in Prozent Gefahrensymbol R-Sätze	Gefahren- symbol R-Sätze
1	2	3	4	5	6	7	8
Kolophonium s. Colophonium							
p-Kresidin 204-419-1 120-71-8	2			Hersteller- einstufung beachten		§ 35 (0,01)	
Kresol (o,m,p) Anm. C 215-293-2 1319-77-3 (o) 202-423-8 95-48-7 (m) 203-577-9 108-39-4 (p) 203-398-6 106-44-5				T; R24/25 C; R34	T R: 24/25-34 S: (1/2)-36/37/ 39-45	5%≦C 1%≦C<5%	T; R24/25-34 Xn; R21/22-36/38
Kresylglycidylether s. 1,2-Epoxy-3- (tolyloxy)propan							
Krokydolith s. Asbest							
Kühlschmierstoffe 1) wassermischbare und nicht-wassermischbare Kühlschmierstoffe mit einem Flammpunkt > 100 °C (Summe aus Dampf und Aerosolen)				Hersteller- einstufung beachten			
Künstliche Mineralfasern s. Abschnitt 3.2 s. Mineralwolle s. Keramische Mineral- fasern				Hersteller- einstufung beachten			
Kupfer und seine Verbindungen 231-159-6 7440-50-8				Hersteller- einstufung beachten			
Kupfer(I)-chlorid 231-842-9 7758-89-6				Xn; R22	Xn R: 22 S: (2)-22		

Grenzwert (Luft)				Meßverfahren	Risikofaktoren nach TRGS 440		Arbeitsmedizin Werte im biolog. Material	relevante Regeln/Literatur Hinweise
mg/m^3	ml/m^3	Spitzenbegrenzung	Art Bemerkungen H, S	Herkunft Staubklasse				
					W	F		
9		10	11	12	13		14	15	16
0,5		4	TRK H 7, 29	AGS	ZH...53			33 VI, 3	TRGS 901 Nr. 61 ZVG 16310
22	5	=1=	MAK H	DFG, EG	BIA 7740 NIOSH 2546 OSHA 32	4	1		ZH 1/314 ZVG 10610 ZVG 22560 ZVG 18270 ZVG 17040
$10^{1)}$			MAK 7, 29	AGS	BIA 7750, 7748 DFG				GefStoffV § 15, Anh. IV, Nr. 19 ZH 1/248, TRGS 611, 901 Nr. 72 BIA-Report 7/96 BIA-Handbuch 130 250 BIA-Arbeitsmappe 514
500 000 F/m^3		4	TRK 13, 15	AGS H	ZH...31 ZH...46 BIA 7485 HSE 59				TRGS 521, 901 Nr. 41, 906 Nr. 1 BIA-Handbuch 120206 ZVG 520056 BIA-Arbeitsmappe 7488 BIA-Report 2/98
1 E		4	MAK 25	DFG M	OSHA ID 121, 125	2	1		ZVG 8240
s. Kupferverbindungen						3	1		ZVG 3280

Stoffidentität EG-Nr. CAS-Nr.	Stoff					Zubereitungen	
	Einstufung				Kennzeichnung	Konzentrationsgrenzen	Einstufung/ Kennzeichnung
	krebs- erz. K	erbgut- veränd. M	fort.- pfl.gef. R_E/R_F	Gefahren- symbol R-Sätze	Gefahrensymbol R-Sätze S-Sätze	in Prozent	Gefahren- symbol R-Sätze
1	2	3	4	5	6	7	8
Kupfer(II)methansulfonat 405-400-2 54253-62-2				Xn; R22 Xi; R41 N; R50-53	Xn, N R: 22-41-50/53 S: (2)-26-36/37/ 39-60-61		
Kupfernaphthenat 215-657-0 1338-02-9				R10 Xn; R22	Xn R: 10-22 S: (2)		
Gemisch aus Kupfer(I)-O,O-diisopropyl- dithiophosphat und Kupfer(I)-O-isopropyl-O- (4-methylpent-2-yl)dithio- phosphat und Kupfer(I)- O,O-bis(4-methylpent-2- yl)dithiophosphat 401-520-4				N; R50-53	N R: 50/53 S: 60-61		
Kupfer(I)-oxid s. Dikupferoxid							
Kupfer-Rauch 7740-50-8							
Kupfersulfat 231-847-6 7758-98-7				Xn; R22 Xi; R36/38	Xn R: 22-36/38 S: (2)-22		

Grenzwert (Luft)				Meßverfahren	Risiko-faktoren nach TRGS 440		Arbeits-medizin Werte im biolog. Material	relevante Regeln/Literatur Hinweise
mg/m^3 ml/m^3	Spitzen-begren-zung	Art Bemer-kungen H, S	Herkunft Staubklasse		W	F		
9	10	11	12	13	14	15		16
s. Kupfer-verbindungen					4	1		ZVG 530600
s. Kupfer-verbindungen					3	1		ZVG 570170
s. Kupfer-verbindungen					2	1		ZVG 530346
0,1 A	4	MAK	DFG H	OSHA ID 121, 125				ZVG 8240
s. Kupfer-verbindungen					3	1		ZVG 1760

Stoffidentität EG-Nr. CAS-Nr.	Stoff					Zubereitungen	
	Einstufung				Kennzeichnung	Konzentrationsgrenzen	Einstufung/ Kennzeichnung
	krebserz. K	erbgutveränd. M	fort.- pfl.gef. R_E/R_F	Gefahrensymbol R-Sätze	Gefahrensymbol R-Sätze S-Sätze	in Prozent	Gefahrensymbol R-Sätze
1	2	3	4	5	6	7	8
Labortierstaub							
Lachgas s. Distickstoffmonoxid							
Leptophos (ISO) 244-472-8 21609-90-5				T; R25-39/25 Xn; R21 N; R50-53	T, N R: 21-25-39/25- 50/53 S: (1/2)-25-36/ 37/39-45-60-61		
Lindan 200-401-2 58-89-9				T; R23/24/25 Xi; R36/38 N; R50-53	T, N R: 23/24/25-36/ 38-50/53 S: (1/2)-13-45- 60-61		
Linuron (ISO) 206-356-5 330-55-2		3		R40	Xn R: 40 S: (2)-36/37		
Lithium 231-102-5 7439-93-2				F; R14/15 C; R34	F, C R: 14/15-34 S: (1/2)-8-43-45		
Lithium-Aluminiumhydrid 240-877-9 16853-85-3				F; R15	F R: 15 S: (2)-7/8-24/25-43		
Lithiumhydrid 231-484-3 7580-67-8				Herstellereinstufung beachten			
Lithiumnatriumhydrogen- 4-amino-6-[5-(5-chlor-2,6- difluorpyrimidin-4-yl- amino)-2-sulfonato- phenylazo]-5-hydroxy- 3-[4-(2-[sulfonatooxy]- ethylsulfonyl)phenylazo]- naphthalin-2,7-disulfonat 401-560-2 108624-00-6				R43	Xi R: 43 S: (2)-22-24-37		
Lost s. 2,2'-Dichlordiethylsulfid							

Grenzwert (Luft)					Meßverfahren	Risikofaktoren nach TRGS 440		Arbeitsmedizin Werte im biolog. Material	relevante Regeln/Literatur Hinweise
mg/m³	ml/m³	Spitzenbegrenzung	Art Bemerkungen H, S	Herkunft Staubklasse		W	F		
9	10	11	12		13	14		15	16
		S (R 42)							TRGS 908 Nr. 5
			H			4	1		ZVG 510273
0,5 E		4	MAK H	DFG	NIOSH 5502	4	1	BAT	ZVG 26380
					DFG	4	1		ZVG 510274
						3	1		ZVG 8010
						2	1		ZVG 500040
0,025			MAK	EG	OSHA ID 121				ZVG 6400
			S			4	1		ZVG 496651

Stoffidentität EG-Nr. CAS-Nr.	Stoff					Zubereitungen	
	Einstufung				Kennzeichnung	Konzentrationsgrenzen	Einstufung/ Kennzeichnung
	krebserz. K	erbgutveränd. M	fort.pfl.gef. R_E/R_F	Gefahrensymbol R-Sätze	Gefahrensymbol R-Sätze S-Sätze	in Prozent	Gefahrensymbol R-Sätze
1	2	3	4	5	6	7	8
Magnesiumalkyle C=1-5 Anm. A				R14 F; R17 C; R34	F, C R: 14-17-34 S: (1/2)-16-43-45		
Magnesiumoxid 215-171-9 1309-48-4							
Magnesiumoxid-Rauch 1309-48-4							
Magnesiumphosphid 235-023-7 12057-74-8				F; R15/29 T+; R28	F, T+ R: 15/29-28 S: (1/2)-22-43-45		
Magnesiumpulver (nicht stabilisiert) 231-104-6 7439-95-4				F; R15-17	F R: 15-17 S: (2)-7/8-43		
Magnesiumpulver (phlegmatisiert) oder -späne 231-104-6				F; R11-15	F R: 11-15 S: (2)-7/8-43		
Malathion (ISO) 204-497-7 121-75-5				Xn; R22	Xn R: 22 S: (2)-24		
Maleinsäure 203-742-5 110-16-7				Xn; R22 Xi; R36/37/38	Xn R: 22-36/37/38 S: (2)-26-28-37		
Maleinsäureanhydrid 203-571-6 108-31-6				Xn; R22 Xi; R36/37/38 R42	Xn R: 22-36/37/38-42 S: (2)-22-28-39	25%≦C 10%≦C<25% 1%≦C<10%	Xn; R22-36/37/38-42 Xn; R36/37/38-42 Xn; R42
Malonsäuredinitril 203-703-2 109-77-3				T; R23/24/25	T R: 23/24/25 S: (1/2)-23-27-45		
Mancozeb 8018-01-7				Xi; R37 R43	Xi R: 37-43 S: (2)-8-24/25-46		
Maneb 235-654-8 12427-38-2				Xi; R37 R43	Xi R: 37-43 S: (2)-8-24/25-46		

Grenzwert (Luft)					Meßverfahren	Risikofaktoren nach TRGS 440		Arbeitsmedizin Werte im biolog. Material	relevante Regeln/Literatur Hinweise
mg/m³	ml/m³	Spitzenbegrenzung	Art Bemerkungen H, S	Herkunft Staubklasse		W	F		
9	10	11	12	13	14	15		16	
						3	1		ZVG 530058
6 A			MAK	DFG L	OSHA ID 121	2	1		ZVG 1210
6 A		4	MAK	DFG L	OSHA ID 121				ZVG 1210
						5	1		ZVG 500041
						2	1		ZVG 7120
						2	1		ZVG 500042
15 E			MAK	DFG	OSHA 62 NIOSH 5600	3	1		ZVG 39980
						3	1		ZVG 14640
0,4	0,1	=1=	MAK S, Y	DFG	BIA 7800 OSHA 86 NIOSH 3512	4	1		ZH 1/287 ZVG 17110
			H			4	1		ZVG 23170
			S		*)				*) J.E. Woodrow, J. Agric. Food Chem. 43 (1995) S. 1524
			S		OSHA 107	4	1		ZVG 26390

387

Stoffidentität EG-Nr. CAS-Nr.	Stoff					Zubereitungen	
	Einstufung				Kennzeichnung	Konzentrationsgrenzen	Einstufung/ Kennzeichnung
	krebserz. K	erbgutveränd. M	fort.-pfl.gef. R_E/R_F	Gefahrensymbol R-Sätze	Gefahrensymbol R-Sätze S-Sätze	in Prozent	Gefahrensymbol R-Sätze
1	2	3	4	5	6	7	8
Mangan 231-105-1 7439-96-5 und seine anorganischen Verbindungen					Herstellereinstufung beachten		
Mangandioxid 215-202-6 1313-13-9				Xn; R20/22	Xn R: 20/22 S: (2)-25		
Mangan-II,IV-oxid s. Trimangantetroxid							
Mangansulfat 232-089-9 7785-87-7				Xn; R48/20/22	Xn R: 48/20/22 S: (2)-22		
Mannithexanitrat 239-924-6 15825-70-4				E; R3	E R: 3 S: (2)-35		
MCPA (ISO) 202-360-6 94-74-6 Salze und Ester von MCPB Anm. A				Xn; R22 Xi; R38-41 Xn; R20/21/22	Xn R: 22-38-41 S: (2)-26-37-39 Xn R: 20/21/22 S: (2)-13		
MCPB (ISO) 202-365-3 94-81-5 Salze und Ester von MCPB Anm. A				Xn; R22 Xn; R22	Xn R: 22 S: (2)-24/25 Xn R: 22 S: (2)-24/25		
MDI s. Diphenylmethan-4,4'-diisocyanat							
MDI-Polymere s. Polymeres MDI							
Mecarbam (ISO) 219-993-9 2595-54-2				T; R24/25 N; R50-53	T, N R: 24/25-50/53 S: (1/2)-36/37-45-60-61		

Grenzwert (Luft)				Meßverfahren	Risikofaktoren nach TRGS 440		Arbeitsmedizin Werte im biolog. Material	relevante Regeln/Literatur Hinweise
mg/m³	ml/m³	Spitzenbegrenzung	Art Bemerkungen H, S	Herkunft Staubklasse				
					W	F		
9	10	11	12	13	14		15	16
0,5 E		4	MAK 25, Y	DFG M	OSHA ID 121, 125	2 1		ZVG 8200
s. Mangan					3 1			ZVG 3240
s. Mangan					4 1			ZVG 2820
					2 1			ZVG 490582
					3 1			ZVG 10990
			H		3 1			ZVG 530061
					3 1			ZVG 29070
					3 1			ZVG 530062
			H		4 1			ZVG 510275

Stoffidentität EG-Nr. CAS-Nr.	Stoff					Zubereitungen	
	Einstufung				Kennzeichnung	Konzentrationsgrenzen	Einstufung/ Kennzeichnung
	krebs-erz. K	erbgut-veränd. M	fort.-pfl.gef. R_E/R_F	Gefahren-symbol R-Sätze	Gefahrensymbol R-Sätze S-Sätze	in Prozent	Gefahren-symbol R-Sätze
1	2	3	4	5	6	7	8
Mecoprop (ISO) 202-264-4 93-65-2 Salze von Mecoprop Anm. A				Xn; R22 Xi; R38-41 Xn; R20/21/22	Xn R: 22-38-41 S: (2)-26-37/39 Xn R: 20/21/22 S: (2)-13		
Medinoterbacetat (ISO) 219-634-6 2487-01-6				T; R25 Xn; R21	T R: 21-25 S: (1/2)-36/37-45		
Mehlstaub (in Backbetrieben) 271-199-1 68525-86-0							
Menazon 201-123-4 78-57-9				Xn; R22 R52-53	Xn R: 22-52/53 S: (2)-61		
m-Mentha-1,3(8)-dien 404-150-1 17092-80-7				Xi; R38 N; R51-53	Xi, N R: 38-51/53 S: (2)-37-61		
p-Menthadien-1,8(9) 205-341-0 138-86-3				R10 Xi; R38	Xi R: 10-38 S: (2)-28	25%≦C	Xi; R38
8-p-Menthanyl-hydroperoxid 201-281-4 80-47-7				O; R7 C; R34 Xn; R20	O, C R: 7-20-34 S: (1/2)-3/7-14-36/ 37/39-45	25%≦C 10%≦C<25% 5%≦C<10%	C; R20-34 C; R34 Xi; R36/37/38
Mephosfolan (ISO) 213-447-3 950-10-7				T+; R27/28 N; R51-53	T+, N R: 27/28-51/53 S: (1/2)-36/37/ 39-45-61		
Mequinol 205-769-8 150-76-5					Hersteller-einstufung beachten		
Mercaptodimethur (ISO) 217-991-2 2032-65-7				T; R25	T R: 25 S: (1/2)-22-37-45		
Mercaptoessigsäure s. Thioglycolsäure							
2-Mercaptoimidazolin s. Ethylenthioharnstoff							

mg/m³	ml/m³	Spitzen-begren-zung	Art Bemer-kungen H, S	Herkunft Staubklasse	Meßverfahren	Risiko-faktoren nach TRGS 440 W F	Arbeits-medizin Werte im biolog. Material	relevante Regeln/Literatur Hinweise
9	10	11	12		13	14	15	16
						4 1		ZVG 510276
			H			3 1		ZVG 530063
			H			4 1		ZVG 510277
4 E		MAK S	AGS L		BIA 7552			TRGS 901 Nr. 74 BIA-Handbuch 120 265 TRGS 540, 908 Nr. 3
						3 1		ZVG 510278
						2 1		
						2 1		ZVG 13470
						3 1		ZVG 510279
			H			5 1		ZVG 510280
5		MAK			AUS – NL			ZVG 23690
						4 1		ZVG 11550

Stoffidentität EG-Nr. CAS-Nr.	Stoff					Zubereitungen	
	Einstufung				Kennzeichnung	Konzentrationsgrenzen	Einstufung/ Kennzeichnung
	krebserz. K	erbgutveränd. M	fort.-pfl.gef. R_E/R_F	Gefahrensymbol R-Sätze	Gefahrensymbol R-Sätze S-Sätze	in Prozent	Gefahrensymbol R-Sätze
1	2	3	4	5	6	7	8
Mesitylen 203-604-4 108-67-8				R10 Xi; R37	Xi R: 10-37 S: (2)	25%≦C	Xi; R37
Mesityloxid s. 4-Methyl-3-penten-2-on							
Metaldehyd s. 2,4,6,8-Tetramethyl-1,3,5,7-tetraoxacycloctan							
Metam-Natrium 205-293-0 137-42-8				Xn; R21/22 R31 Xi; R41	Xn R: 21/22-31-41 S: (2)-26-36/37/39		
Metanilsäure s. 3-Aminobenzolsulfonsäure							
Methacrylate mit Ausnahme der namentlich in dieser Liste bezeichneten				Xi; R36/37/38	Xi R: 36/37/38 S: (2)-26-28	10%≦C	Xi; R36/37/38
Methacrylnitril Anm. D 204-817-5 126-98-7				F; R11 T; R23/24/25 R43	F, T R: 11-23/24/25-43 S: (1/2)-9-16-18-29-45	1%≦C 0,2%≦C<1%	T; R23/24/25-43 Xn; R20/21/22-43
Methacrylsäure Anm. D 201-204-4 79-41-4				C; R34	C R: 34 S: (1/2)-15-26-45	25%≦C 2%≦C<25%	C; R34 Xi; R36/38
Methacrylsäureester s. Methacrylate							
Methacrylsäuremethylester s. Methylmethacrylat							
2-Methallylchlorid s. 3-Chlor-2-methylpropen							
Methamidophos (ISO) 233-606-0 10265-92-6				T+; R28 T; R24 Xi; R36 N; R50	T+, N R: 24-28-36-50 S: (1/2)-22-28-36/37-45-61		

Grenzwert (Luft)				Meßverfahren	Risikofaktoren nach TRGS 440		Arbeitsmedizin Werte im biolog. Material	relevante Regeln/Literatur Hinweise
mg/m³	ml/m³	Spitzenbegrenzung	Art Bemerkungen H, S	Herkunft Staubklasse		W F		
9	10	11	12	13	14	15		16
s. Kohlenwasserstoffgemische (100)				(EG)	HSE 72 TRGS 901, Nr. 72	2 1		ZVG 31080
			H			4 1		ZVG 510355
						2 1		ZVG 530065
			H, S			4 3		ZVG 510282
					ECETOC JACC Nr. 35	3 1		ZVG 14310
			H		NIOSH 5600	5 1		ZVG 26360

Stoffidentität EG-Nr. CAS-Nr.	Stoff					Zubereitungen	
	Einstufung				Kennzeichnung	Konzentrationsgrenzen	Einstufung/ Kennzeichnung
	krebserz. K	erbgutveränd. M	fort.-pfl.gef. R_E/R_F	Gefahrensymbol R-Sätze	Gefahrensymbol R-Sätze S-Sätze	in Prozent	Gefahrensymbol R-Sätze
1	2	3	4	5	6	7	8
Methan 200-812-7 74-82-8				F+; R12	F+ R: 12 S: (2)-9-16-33		
Methanol 200-659-6 67-56-1				F; R11 T; R23/25	F, T R: 11-23/25 S: (1/2)-7-16-24-45	20%≦C 3%≦C<20%	T; R23/25 Xn; R20/22
Methansulfonsäure 200-898-6 75-75-2				C; R34	C R: 34 S: (1/2)-26-36-45		
Methanthiol 200-822-1 74-93-1				F+; R12 Xn; R20	F+, Xn R: 12-20 S: (2)-16-25		
Methenamin 202-905-8 100-97-0				F; R11 R42/43	F, Xn R: 11-42/43 S: (2)-16-22-24-37		
Methidathion (ISO) 213-449-4 950-37-8				T+; R28 Xn; R21 N; R50-53	T+, N R: 21-28-50/53 S: (1/2)-22-28-36/ 37-45-60-61		
Methomyl s. 1-Methylthioethylidenaminmethylcarbamat							
2-Methoxyanilin (o-) Anm. E 201-963-1 90-04-0	2			R45 T+; R26/27/28 R33 N; R51-53	T+, N R: 45-26/27/28-33-51/53 S: 53-45-61		
3-Methoxyanilin 208-651-4 536-90-3					Herstellereinstufung beachten		
4-Methoxyanilin 203-254-2 104-94-9				T+; R26/27/28 R33 N; R50	T+, N R: 26/27/28-33-50 S: (1/2)-28-36/ 37-45-61		
3-Methoxybutylacetat 224-644-9 4435-53-4				Xi; R36	Xi R: 36 S: (2)-25		

Grenzwert (Luft)					Meßverfahren	Risikofaktoren nach TRGS 440		Arbeitsmedizin Werte im biolog. Material	relevante Regeln/Literatur Hinweise
mg/m³	ml/m³	Spitzenbegrenzung	Art Bemerkungen H, S	Herkunft Staubklasse		W	F		
9	10	11	12		13	14		15	16
						2	4		ZVG 10000
260	200	4	MAK H (Y)	DFG, EG	DFG BIA 7810 OSHA 91 NIOSH 2000	4	3	10 VI, 18 BAT	ZVG 11240
						3	1		ZVG 36430
1	0,5	=1=	MAK	DFG	OSHA 26 NIOSH 2542	3	4		ZVG 16100
			S		NIOSH 263	4	1		ZVG 20410
			H			5	1		ZVG 510283
0,5	0,1	4	TRK H	AGS	NIOSH 2514			33 VI, 3	ZVG 10440
0,5			MAK H	AUS – DK				33 VI, 3	ZVG 493210
0,5	0,1	4	MAK H	DFG	NIOSH 2514	5	1	33 VI, 3	ZVG 16300
						2	1		ZVG 23010

Stoffidentität EG-Nr. CAS-Nr.	Stoff Einstufung				Stoff Kennzeichnung		Zubereitungen Konzentrationsgrenzen	Zubereitungen Einstufung/ Kennzeichnung
	krebs- erz. K	erbgut- veränd. M	fort.- pfl.gef. R_E/R_F	Gefahren- symbol R-Sätze	Gefahrensymbol R-Sätze S-Sätze		in Prozent	Gefahren- symbol R-Sätze
1	2	3	4	5	6		7	8
2-(Methoxycarbonyl- hydrazonomethyl)- chinoxalin-1,4-dioxid s. Carbadox (INN)								
2-Methoxycarbonyl-1- methylvinyldimethyl- phosphat s. Mevinphos (ISO)								
Methoxychlor (DMDT) 200-779-9 72-43-5					Hersteller- einstufung beachten			
4-Methoxy-N,6-dimethyl- 1,3,5-triazin-2-ylamin 401-360-5 5248-39-5				Xn; R22-48/22	Xn R: 22-48/22 S: (2)-22-36			
2-Methoxyethanol Anm. E 203-713-7 109-86-4			2 (R_E) 2 (R_F)	R10 R60-61 Xn; R20/21/22	T R: 60-61-10-20/ 21/22 S: 53-45			
2-Methoxyethylacetat Anm. E 203-772-9 110-49-6			2 (R_E) 2 (R_F)	R60-61 Xn; R20/21/22	T R: 60-61-20/21/22 S: 53-45			
2-Methoxyethyl- carbamoylmethyl-O,O- dimethyldithiophosphat s. Amidithion (ISO)								
2-Methoxyethyl- quecksilberchlorid 204-659-7 123-88-6				T; R25-48/25 C; R34	T R: 25-34-48/25 S: (1/2)-36/37/ 39-45			
Methoxyfluran 200-956-0 76-38-0					Hersteller- einstufung beachten			
2-Methoxy-5-methylanilin s. p-Kresidin								
2-Methoxy-methyl- ethoxy-propanol s. Dipropylenglykol- monomethylether								

Grenzwert (Luft)					Meßverfahren	Risiko-faktoren nach TRGS 440		Arbeits-medizin Werte im biolog. Material	relevante Regeln/Literatur Hinweise
mg/m^3	ml/m^3	Spitzen-begren-zung	Art Bemer-kungen H, S	Herkunft Staubklasse		W	F		
9		10	11	12	13	14		15	16
15 E		4	MAK	DFG L		2	1		ZVG 35440
						4	1		ZVG 530926
15	5	4	MAK H	DFG	DFG OSHA 79 HSE 23, 21 NIOSH 1403	5	1		ZVG 10630
25	5	4	MAK H	DFG	DFG OSHA 79 HSE 23, 21	5	1		ZVG 15410
s. organische Queck-silberverbindungen						5	1	9 VI, 28 BAT	ZVG 26430
14			MAK	AUS — DK					

Stoffidentität EG-Nr. CAS-Nr.	Stoff Einstufung				Stoff Kennzeichnung		Zubereitungen Konzentrationsgrenzen	Zubereitungen Einstufung/ Kennzeichnung
	krebserz. K	erbgutveränd. M	fort.-pfl.gef. R_E/R_F	Gefahrensymbol R-Sätze	Gefahrensymbol R-Sätze S-Sätze		in Prozent	Gefahrensymbol R-Sätze
1	2	3	4	5	6		7	8
2-Methoxy-1-methylethylacetat 203-603-9 108-65-6				R10 Xi; R36	Xi R: 10-36 S: (2)-25			
4-Methoxy-4-methyl-2-pentanon 203-512-4 107-70-0				R10	R: 10 S: (2)-23			
4-Methoxy-2-nitroanilin 202-547-2 96-96-8				T+; R26/27/28 R33 R52-53	T+ R: 26/27/28-33-52/53 S: (1/2)-28-36/37-45-61			
1-Methoxy-2-nitrobenzol s. 2-Nitroanisol								
S-5-Methoxy-4-oxo-pyran-2-ylmethyldimethyl-thiophosphat s. Endothion (ISO)								
2-Methoxyphenol s. Guajakol								
1-Methoxy-2-propanol 203-539-1 107-98-2				R10	R: 10 S: (2)-24			
2-Methoxy-1-propanol 216-455-5 1589-47-5	—	—	2 (R_E) — (R_F)	Herstellereinstufung beachten				
1-Methoxypropylacetat-2 s. 2-Methoxy-1-methylethylacetat								
2-Methoxypropylacetat-1 274-724-2 70657-70-4			2 (R_E)	Herstellereinstufung beachten				
Methylacetat 201-185-2 79-20-9				F; R11	F R: 11 S: (2)-16-23-29-33			
Methylacetoacetat 203-299-8 105-45-3				Xi; R36	Xi R: 36 S: (2)-26			

Grenzwert (Luft)					Meßverfahren	Risiko-faktoren nach TRGS 440		Arbeits-medizin Werte im biolog. Material	relevante Regeln/Literatur Hinweise
mg/m^3	ml/m^3	Spitzen-begren-zung	Art Bemer-kungen H, S	Herkunft Staubklasse		W	F		
9	10	11	12		13	14		15	16
275	50	=1=	MAK H, Y	DFG	BIA 7848 OSHA 99	2	1		ZVG 510715
						2	1		ZVG 510285
			H			5	1	33 VI, 3	ZVG 510286
375	100	=1=	MAK Y	DFG	BIA 7840 OSHA 99 HSE 72	2	2		ZVG 71430
75	20	4	MAK	DFG	OSHA 99	5	1		ZVG 510788
110	20	4	MAK	DFG	OSHA 99	5	1		ZVG 510787
610	200	=1=	MAK	DFG	BIA 7850 OSHA 7 NIOSH 1458	2	3		ZVG 13310
						2	1		ZVG 33960

Stoffidentität EG-Nr. CAS-Nr.	Stoff					Zubereitungen	
	Einstufung				Kennzeichnung	Konzentrationsgrenzen	Einstufung/ Kennzeichnung
	krebserz. K	erbgutveränd. M	fort.pfl.gef. R_E/R_F	Gefahrensymbol R-Sätze	Gefahrensymbol R-Sätze S-Sätze	in Prozent	Gefahrensymbol R-Sätze
1	2	3	4	5	6	7	8
Methylacetylen 200-828-4 74-99-7				Herstellereinstufung beachten			
Methylacrylamidoglykolat (mit ≥ 0,1 % Acrylamid) 403-230-3 77402-05-2	2	2		R45 R46 C; R34 R43	T R: 45-46-34-43 S: 53-45		
Methylacrylamidomethoxyacetat (mit ≥ 0,1% Acrylamid) Anm. E 401-890-7 77402-03-0	2	2		R45 R46 Xn; R22 Xi; R36	T R: 45-46-22-36 S: 53-45		
Methylacrylat Anm. D 202-500-6 96-33-3				F; R11 Xn; R20/22 Xi; R36/37/38	F, Xn R: 11-20/22-36/ 37/38 S: (2)-9-16-33	10%≦C 5%≦C<10%	Xn; R20/22-36/ 37/38 Xi; R36/37/38
Methyläther s. Dimethylether							
Methylal s. Dimethoxymethan							
Methylalkohol s. Methanol							
2-Methylallylchlorid s. 3-Chlor-2-methylpropen							
Methylamin Anm. 5 200-820-0 74-89-5				F+; R12 Xn; R20 Xi; R37/38-41	F+, Xn R: 12-20-37/38-41 S: (2)-16-26-39	C≧5% 0,5%≦C<5%	Xn; R20-37/38-41 Xi; R36
Methylamin ... % Anm. B				F+; R12 Xn; R20/22 C; R34	F+, C R: 12-20/22-34 S: (1/2)-3-16-26-29-36/37/39-45	C≧15% 10%≦C<15% 5%≦C<10%	C; R20/22-34 C; R34 Xi; R36/37/38
1-Methyl-2-amino-5-chlorbenzol s. 4-Chlor-o-toluidin							

Grenzwert (Luft)					Meßverfahren	Risikofaktoren nach TRGS 440		Arbeitsmedizin Werte im biolog. Material	relevante Regeln/Literatur Hinweise
mg/m^3	ml/m^3	Spitzenbegrenzung	Art Bemerkungen H, S	Herkunft Staubklasse		W	F		
9	10	11	12	13	14		15		16
1 650	1 000	4	MAK	DFG		2	4		ZVG 13940
s. Acrylamid			S					40 VI, 43	
s. Acrylamid								40 VI, 43	ZVG 530360
18	5	=1=	MAK (S)	DFG	DFG OSHA 92 NIOSH 1459	3	3		ZVG 13020
12	10	=1=	MAK	DFG	OSHA 40	4	4		ZVG 16060 Einstufung gilt auch für Di- und Tri-
						4	4		ZVG 16060

Stoffidentität EG-Nr. CAS-Nr.	Stoff Einstufung				Stoff Kennzeichnung	Zubereitungen Konzentrationsgrenzen	Zubereitungen Einstufung/ Kennzeichnung
	krebs- erz. K	erbgut- veränd. M	fort.- pfl.gef. R_E/R_F	Gefahren- symbol R-Sätze	Gefahrensymbol R-Sätze S-Sätze	in Prozent	Gefahren- symbol R-Sätze
1	2	3	4	5	6	7	8
2-Methylaminoethanol 203-710-0 109-83-1				C; R34	C R: 34 S: (1/2)-23-26- 36-45		
1-Methyl-2-amino- 4-nitrobenzol s. 2-Amino-4-nitrotoluol							
L-erythro-2-Methylamino- 1-phenylpropan-1-ol s. Ephedrin							
Methylamylalkohol s. 4-Methylpentan-2-ol							
N-Methylanilin 202-870-9 100-61-8				T; R23/24/25 R33 N; R50-53	T, N R: 23/24/25-33- 50/53 S: (1/2)-28-36/37- 45-60-61		
4-Methylanilin s. p-Toluidin							
5-Methyl-o-anisidin s. p-Kresidin							
Methylate s. Alkalimethylate							
2-Methylaziridin (Propylenimin) Anm. E 200-878-7 75-55-8	2			F; R11 R45 T+; R26/27/28 Xi; R41	F, T+ R: 45-11-26/27/ 28-41 S: 53-45		
Methylazoxymethylacetat s. (Methyl-ONN- azoxy)methylacetat							
(Methyl-ONN-azoxy)- methylacetat 209-765-7 592-62-1	2		2 (R_E)	R45 R61	T R: 45-61 S: 53-45		
Methylbenzimidazol- 2-ylcarbamat s. Carbendazim (ISO)							

Grenzwert (Luft)					Meßverfahren	Risikofaktoren nach TRGS 440		Arbeitsmedizin Werte im biolog. Material	relevante Regeln/Literatur Hinweise
mg/m^3	ml/m^3	Spitzenbegrenzung	Art Bemerkungen H, S	Herkunft Staubklasse		W	F		
9	10	11	12	13	14		15	16	
						3	1		ZVG 18020
2	0,5	4	MAK 20 H	DFG	NIOSH 3511	4	1		ZVG 15170
0,05			EW H 51	AGS	EG			40 VI, 43	TRGS 901 Nr. 40 ZVG 34080
									40 VI, 43	ZVG 490245

Stoffidentität EG-Nr. CAS-Nr.	Stoff					Zubereitungen	
	Einstufung				Kennzeichnung	Konzentrationsgrenzen	Einstufung/ Kennzeichnung
	krebs- erz. K	erbgut- veränd. M	fort.- pfl.gef. R_E/R_F	Gefahren- symbol R-Sätze	Gefahrensymbol R-Sätze S-Sätze	in Prozent	Gefahren- symbol R-Sätze
1	2	3	4	5	6	7	8
Methylbenzol s. Toluol							
DL-α-Methylbenzylamin 210-545-8 618-36-0				Xn; R21/22 C; R34	C R: 21/22-34 S: (1/2)-26-28-36/ 37/39-45		
N-Methyl-bis- (2-chlorethyl)amin 200-120-5 51-75-2	1	2		Hersteller- einstufung beachten		§ 35 (0,01)	
6-Methyl-2,4-bis(methyl- thio)phenylen-1,3-diamin 403-240-8 106264-79-3				Xn; R22 R43 N; R50-53	Xn, N R: 22-43-50/53 S: (2)-24-37-60-61		
Methylbromid s. Brommethan							
2-Methyl-1,3-butadien Anm. D 201-143-3 78-79-5				F+; R12	F+ R: 12 S: (2)-9-16-29-33		
Methylbutan s. Isopentan							
3-Methylbutanal 209-691-5 590-86-3				Hersteller- einstufung beachten			
2-Methylbutanol-1 205-289-9 137-32-6				s. Amylalkohol			
3-Methylbutanol-1 204-633-5 123-51-3				s. Amylalkohol			
2-Methylbutanol-2 200-908-9 75-85-4				F; R11 Xn; R20	F, Xn R: 11-20 S: (2)-9-16-24/25	25%≦C	Xn; R20
3-Methylbutanol-2 209-950-2 598-75-4				s. Amylalkohol			

Grenzwert (Luft)					Meßverfahren	Risikofaktoren nach TRGS 440		Arbeitsmedizin Werte im biolog. Material	relevante Regeln/Literatur Hinweise
mg/m³	ml/m³	Spitzenbegrenzung	Art Bemerkungen H, S	Herkunft Staubklasse		W	F		
9	10	11	12		13	14		15	16
			H			3	1		ZVG 493480
			(H, S) 51	AGS				40 VI, 43	ZVG 570211 TRGS 901 Nr. 82
			S			4	1		ZVG 900310
						2	4		ZVG 12830
39	10	=1=	MAK	ARW		2	3		ZVG 36570
360			MAK	AUS — DK					ZVG 510043
360	100	4	MAK Y	DFG	NIOSH 1402				ZVG 29140
360			MAK	AUS — DK		3	2		ZVG 510287
360			MAK	AUS — DK					ZVG 36960

Stoffidentität EG-Nr. CAS-Nr.	Stoff					Zubereitungen	
	Einstufung				Kennzeichnung	Konzentrationsgrenzen	Einstufung/ Kennzeichnung
	krebs-erz. K	erbgutveränd. M	fort.-pfl.gef. R_E/R_F	Gefahrensymbol R-Sätze	Gefahrensymbol R-Sätze S-Sätze	in Prozent	Gefahrensymbol R-Sätze
1	2	3	4	5	6	7	8
3-Methylbutan-2-on 209-264-3 563-80-4				F; R11	F R: 11 S: (2)-9-16-33		
Methyl-1-(butyl-carbamoyl)benzimidazol-2-ylcarbamat s. Benomyl (ISO)							
6-(1-Methyl-butyl)-2,4-dinitrophenol s. Dinosam							
Methyl-3-(3-tert-butyl-4-hydroxy-5-methylphenyl)-propionat 403-270-1 6386-39-6				Xn; R22 N; R51-53	Xn, N R: 22-51/53 S: (2)-36-61		
Methyl-n-butylketon s. 2-Hexanon							
3-(1-Methylbutyl)phenyl-methylcarbamat und 3-(1-Ethylpropyl)phenyl-methylcarbamat (3:1) s. Bufencarb (ISO)							
7-(N-Methyl-carbamoyl-oxy)-2-methyl-2,3-di-hydro-benzofuran s. Decarbofuran							
Methyl-3-(chinoxalin-2-ylmethylen)carbazat-1,4-dioxid s. Carbadox (INN)							
Methylchloracetat 202-501-1 96-34-4				R10 T; R23/25 Xi; R37/38-41	T R: 10-23/25-37/ 38-41 S: (1/2)-26-37/ 39-45		
2-Methyl-4-chloranilin s. 4-Chlor-o-toluidin							

Grenzwert (Luft)					Meßverfahren	Risikofaktoren nach TRGS 440		Arbeitsmedizin Werte im biolog. Material	relevante Regeln/Literatur Hinweise
mg/m^3	ml/m^3	Spitzenbegrenzung	Art Bemerkungen H, S	Herkunft Staubklasse		W	F		
9	10	11	12	13	14		15	16	
705			MAK	AUS – NL		2	3		ZVG 23380
						3	1		ZVG 530950
5	1	=1=	MAK H, (S)	DFG		4	1		ZVG 28190

407

Stoffidentität EG-Nr. CAS-Nr.	Stoff					Zubereitungen	
	Einstufung				Kennzeichnung	Konzentrationsgrenzen	Einstufung/ Kennzeichnung
	krebs- erz. K	erbgut- veränd. M	fort.- pfl.gef. R_E/R_F	Gefahren- symbol R-Sätze	Gefahrensymbol R-Sätze S-Sätze	in Prozent	Gefahren- symbol R-Sätze
1	2	3	4	5	6	7	8
Methyl-2-chlor-3(4-chlor- phenyl)propionat s. Chlorfenprop-methyl (ISO)							
Methylchlorformiat 201-187-3 79-22-1				F; R11 T; R23 Xi; R36/37/38	F, T R: 11-23-36/37/38 S: (1/2)-9-16-33-45		
Methylchlorid s. Chlormethan							
Methylchloroform s. 1,1,1-Trichlorethan							
Methyl-2-cyanacrylat s. Cyanacrylsäure- methylester							
Methylcyclohexan 203-624-3 108-87-2				F; R11	F R: 11 S: (2)-9-16-33		
Methylcyclohexanol (alle Isomeren) 247-152-6 25639-42-3				Hersteller- einstufung beachten			
2-Methylcyclohexanol 209-512-0 583-59-5				Xn; R20	Xn R: 20 S: (2)-24/25	25%≦C	Xn; R20
2-Methylcyclohexanon 209-513-6 583-60-8				R10 Xn; R20	Xn R: 10-20 S: (2)-25	25%≦C	Xn, R20
1-Methyl-2,4- dichlorbenzol s. 2,4-Dichlortoluol							
Methyldichlorbenzol s. Dichlortoluol (Isomerengemisch)							
Methyl-2-[4-(2,4-dichlor- phenoxy)phenoxy]- propionat 257-141-8 51338-27-3				Xn; R22	Xn R: 22 S: (2)		

Grenzwert (Luft)					Meßverfahren	Risikofaktoren nach TRGS 440		Arbeitsmedizin Werte im biolog. Material	relevante Regeln/Literatur Hinweise
mg/m^3	ml/m^3	Spitzenbegrenzung	Art Bemerkungen H, S	Herkunft Staubklasse		W	F		
9	10	11	12		13	14		15	16
						4	3		ZVG 27050
2 000	500	4	MAK	DFG	BIA 7880 OSHA 7 NIOSH 1500	2	2		ZVG 30950
235	50	4	MAK	DFG	NIOSH S 374 1404	3	1		ZVG 35150
235	50	4	MAK	DFG	NIOSH S374, 1404	3	1		ZVG 510288
230	50	4	MAK H	DFG	HSE 72 NIOSH 2521	3	1		ZVG 31820
						3	1		ZVG 490731

Stoffidentität EG-Nr. CAS-Nr.	Stoff					Zubereitungen	
	Einstufung				Kennzeichnung	Konzentrationsgrenzen	Einstufung/ Kennzeichnung
	krebserz. K	erbgutveränd. M	fort.-pfl.gef. R_E/R_F	Gefahrensymbol R-Sätze	Gefahrensymbol R-Sätze S-Sätze	in Prozent	Gefahrensymbol R-Sätze
1	2	3	4	5	6	7	8
Methyl-3,4-dichlorphenylcarbamat 1918-18-9				Xn; R22	Xn R: 22 S: (2)		
N-Methyldiethanolamin s. 2,2'-Methyliminodiethanol							
Methyl-α-[(4,6-dimethoxypyrimidin-2-yl)-ureidosulfonyl]-o-toluat 401-340-6 83055-99-6				R43 N; R51-53	Xi, N R: 43-51/53 S: (2)-24-37-61		
Methyl-2-[[[[(4,6-dimethyl-2-pyrimidinyl]-amino)carbonyl]amino)-sulfonyl]benzoat 277-780-6 74222-97-2					Herstellereinstufung beachten		
6-Methyl-1,3-dithiolo-(4,5-b)chinoxalin-2-on 219-455-3 2439-01-2				Xi; R36 R43	Xi R: 36-43 S: (2)-24-37		
4,4'-Methylenbis-(2-chloranilin) (2,2'-Dichlor-4,4'-methylendianilin) Anm. E 202-918-9 101-14-4	2			R45 Xn; R22 N; R50-53	T, N R: 45-22-50/53 S: 53-45-60-61		
Salze von 4,4'-Methylen-bis(2-chloranilin) Anm. A, E	2			R45 Xn; R22 N; R50-53	T, N R: 45-22-50/53 S: 53-45-60-61		
4,4'-Methylen-bis-(N,N-dimethylanilin) 202-959-2 101-61-1	2				Herstellereinstufung beachten		
4,4'-Methylen-bis-(N,N-dimethyl)benzamin s. 4,4'-Methylen-bis-(N,N-dimethylanilin)							

Grenzwert (Luft)					Meßverfahren	Risikofaktoren nach TRGS 440		Arbeitsmedizin Werte im biolog. Material	relevante Regeln/Literatur Hinweise
mg/m^3	ml/m^3	Spitzenbegrenzung	Art Bemerkungen H, S	Herkunft Staubklasse		W	F		
9	10	11	12	13	14	15		16	
						3	1		ZVG 490348
			S			4	1		ZVG 496646
5			MAK	AUS — USA					
			S			4	1		ZVG 10310
0,02		4	TRK (H) 7, 29	AGS	ZH...38 DFG OSHA 71 HSE 75 EG			33 VI, 3	TRGS 901 Nr. 26 ZVG 34050
									ZVG 570237
0,1 E		4	TRK	AGS	ZH...57			33 VI, 3	ZVG 19800 TRGS 901 Nr. 73

Stoffidentität EG-Nr. CAS-Nr.	Stoff					Zubereitungen	
	Einstufung				Kennzeichnung	Konzentrationsgrenzen	Einstufung/ Kennzeichnung
	krebserz. K	erbgutveränd. M	fort.-pfl.gef. R_E/R_F	Gefahrensymbol R-Sätze	Gefahrensymbol R-Sätze S-Sätze	in Prozent	Gefahrensymbol R-Sätze
1	2	3	4	5	6	7	8
4,4'-Methylenbis-(2-ethylanilin) 19900-65-3	3						
3,3'-Methylenbis-(4-hydroxycumarin) s. Dicumarin							
4,4'-Methylenbis-(2-methylanilin) s. 4,4'-Methylendi-o-toluidin							
Gemisch aus 1,1'-[Methylenbis(4,1-phenylen)]dipyrrol-2,5-dion und N-[4-(4-[2,5-Dioxopyrrol-1-yl]benzyl)-phenyl]acetamid und 1-[4-(4-[5-Oxo-2H-2-furylidenamino]benzyl)-phenyl]pyrrol-2,5-dion 401-970-1				R43 N; R50-53	Xi, N R: 43-50/53 S: (2)-24-37-60-61		
2,2'-Methylenbis-(3,4,6-trichlorphenol) 200-733-8 70-30-4				T; R24/25 N; R50-53	T, N R: 24/25-50/53 S: (1/2)-20-37-45-60-61	2%≦C 0,2%≦C<2%	T; R24/25 Xn; R21/22
Methylenbromid s. Dibrommethan							
Methylenchlorid s. Dichlormethan							
4,4'-Methylendianilin s. 4,4'-Diaminodiphenylmethan							
4,4'-Methylendicyclohexyldiisocyanat s. Dicyclohexylmethan-4,4'-diisocyanat							
4,4'-Methylendiphenyldiglycidylether 216-823-5 1675-54-3				Xi; R36/38 R43	Xi R: 36/38-43 S: (2)-28-37/39	5%≦C 1%≦C<5%	Xi; R36/38-43 Xi; R43

Grenzwert (Luft)					Meßverfahren	Risiko-faktoren nach TRGS 440		Arbeits-medizin Werte im biolog. Material	relevante Regeln/Literatur Hinweise
mg/m^3	ml/m^3	Spitzen-begren-zung	Art Bemer-kungen H, S	Herkunft Staubklasse		W	F		
9	10	11	12		13	14		15	16
								33 VI, 3	TRGS 906 Nr. 28
			S			4	1		ZVG 496671
			H			4	1		ZVG 510289
			S			4	1		ZVG 16470

Stoffidentität EG-Nr. CAS-Nr.	Stoff					Zubereitungen	
	Einstufung				Kennzeichnung	Konzentrationsgrenzen	Einstufung/ Kennzeichnung
	krebserz. K	erbgutveränd. M	fort.-pfl.gef. R_E/R_F	Gefahrensymbol R-Sätze	Gefahrensymbol R-Sätze S-Sätze	in Prozent	Gefahrensymbol R-Sätze
1	2	3	4	5	6	7	8
Methylendithiocyanat 228-652-3 6317-18-6				R43 N; R50	Xi, N R: 43-50 S: (2)-24-37-61		
4,4'-Methylendi--o-toluidin (3,3'-Dimethyl-4,4'-diaminodiphenylmethan) Anm. E 212-658-8 838-88-0	2			R45 Xn; R22 R43 N; R50-53	T, N R: 45-22-43-50/53 S: 53-45-60-61		
4-Methylen-2-oxetanon Anm. D 211-617-1 674-82-8				R10 Xn; R20	Xn R: 10-20 S: (2)-3		
N-Methylethanolamin s. 2-Methylaminoethanol							
Methylethylketon s. Butanon-2							
N,N-Methylethylnitrosamin s. Nitrosomethylethylamin							
Methylformiat 203-481-7 107-31-3				F+; R12	F+ R: 12 S: (2)-9-16-33		
Methylglykol s. 2-Methoxyethanol							
Methylglykolacetat s. 2-Methoxyethylacetat							
5-Methyl-3-heptanon 208-793-7 541-85-5				R10 Xi; R36/37	Xi R: 10-36/37 S: (2)-23	10%≦C	Xi; R36/37
5-Methyl-2-hexanon 203-737-8 110-12-3				R10	R: 10 S: (2)-23		
Methylhydrazin s. Monomethylhydrazin							

Grenzwert (Luft)					Meßverfahren	Risiko-faktoren nach TRGS 440		Arbeits-medizin Werte im biolog. Material	relevante Regeln/Literatur Hinweise
mg/m^3	ml/m^3	Spitzen-begren-zung	Art Bemer-kungen H, S	Herkunft Staubklasse		W	F		
9		10	11	12	13	14		15	16
			S						
0,05		4	TRK S, H 7, 29	AGS	ZH...51			33 VI, 3	ZVG 41240 TRGS 901 Nr. 70
						3	2		ZVG 12680
250 (125)	100	=1=	MAK (H, Y)	DFG		2	4		ZVG 29040
130			MAK	AUS — NL	OSHA 7 NIOSH 1301	2	1		ZVG 37630
230			MAK	AUS — NL	HSE 72	2	1		ZVG 21750

Stoffidentität EG-Nr. CAS-Nr.	Stoff					Zubereitungen	
	Einstufung				Kennzeichnung	Konzentrationsgrenzen	Einstufung/ Kennzeichnung
	krebs-erz. K	erbgut-veränd. M	fort.-pfl.gef. R_E/R_F	Gefahren-symbol R-Sätze	Gefahrensymbol R-Sätze S-Sätze	in Prozent	Gefahren-symbol R-Sätze
1	2	3	4	5	6	7	8
1-Methylimidazol 210-484-7 616-47-7				Xn; R21/22 C; R34	C R: 21/22-34 S: (1/2)-26-36-45		
2,2'-Methyliminodiethanol 203-312-7 105-59-9				Xi; R36	Xi R: 36 S: (2)-24		
Methyliodid (Iodmethan) 200-819-5 74-88-4		3		R40 Xn; R21 T; R23/25 Xi; R37/38	T R: 21-23/25-37/ 38-40 S: (1/2)-36/ 37-38-45		
Methylisobutylcarbinol s. 4-Methylpentan-2-ol							
Methylisobutylketon s. 4-Methyl-pentan-2-on							
Methylisocyanat 210-866-3 624-83-9				F+; R12 T; R23/24/25 Xi; R36/37/38	F+, T R: 12-23/24/25-36/ 37/38 S: (1/2)-9-30-43-45		
Methylisopropylketon s. 3-Methylbutan-2-on							
Methylisothiocyanat 209-132-5 556-61-6				T; R23/25 C; R34 R43	T R: 23/25-34-43 S: (1/2)-36/ 37-38-45		
Methyljodid s. Methyliodid							
Methyllaktat 208-930-0 547-64-8				R10	R: 10 S: (2)-23		
Methylmercaptan s. Methanthiol							
Methylmethacrylat Anm. D 201-297-1 80-62-6				F; R11 Xi; R36/37/38 R43	F, Xi R: 11-36/37/ 38-43 S: (2)-9-16-29-33	20%≤C 1%≤C<20%	Xi; R36/37/38-43 Xi; R43

Grenzwert (Luft)					Meßverfahren	Risikofaktoren nach TRGS 440		Arbeitsmedizin Werte im biolog. Material	relevante Regeln/Literatur Hinweise
mg/m³	ml/m³	Spitzenbegrenzung	Art Bemerkungen H, S	Herkunft Staubklasse		W	F		
9	10	11	12		13	14		15	16
			H		*)	3	1		ZVG 570004 *) Appl. occup. environ. hyg. 6 (1991), S. 40
						2	1		ZVG 23610
2	0,3	4	MAK H	AGS	ZH...24	4	4	40 VI, 15	TRGS 901 Nr. 38 ZVG 28110
0,024	0,01	=1=	MAK H, (S)	DFG	OSHA 54	4	4	27 VI, 16	ZVG 11520
			S			4	2		ZVG 34230
						2	1		ZVG 510290
			S						
210	50	=1=	MAK S, Y	DFG	BIA 7940 OSHA 94 NIOSH 2537	4	2		ZVG 13350

Stoffidentität EG-Nr. CAS-Nr.	Stoff					Zubereitungen	
	Einstufung				Kennzeichnung	Konzentrationsgrenzen	Einstufung/ Kennzeichnung
	krebserz. K	erbgutveränd. M	fort.pfl.gef. R_E/R_F	Gefahrensymbol R-Sätze	Gefahrensymbol R-Sätze S-Sätze	in Prozent	Gefahrensymbol R-Sätze
1	2	3	4	5	6	7	8
Methyl-2-[3-(4-methoxy-6-methyl-1,3,5-triazin-2-yl)-3-methylureidosulfonyl]benzoat 401-190-1 101200-48-0				R43	Xi R: 43 S: (2)-22-24-37		
3-[N-Methyl-N-(4-methylamino-3-nitrophenyl)amino]propan-1,2-diolhydrochlorid 403-440-5 93633-79-5				Xn; R22 R52-53	Xn R: 22-52/53 S: (2)-61		
exo-(±)-1-Methyl-2-(2-methylbenzyloxy)-4-isopropyl-7-oxabicyclo-(2.2.1)heptan 402-410-9				Xn; R20 N; R51-53	Xn, N R: 20-51/53 S: (2)-22-61		
2-Methyl-4-[(2-methylphenyl)azo]benzamin s. 2-Aminoazotoluol							
2-Methyl-1-(4-methylthiophenyl)-2-morpholinopropan-1-on 400-600-6 71868-10-5				Xn; R22 N; R51-53	Xn, N R: 22-51/53 S: (2)-22-61		
2-Methyl-2-(methylthio)propionaldehyd-O-(methylcarbamoyl)oxim s. Aldicarb (ISO)							
4-Methylmorpholin 203-640-0 109-02-4					Herstellereinstufung beachten		
N-Methyl-1-naphthylcarbamat s. Carbaryl							
2-Methyl-5-nitrobenzamin s. 2-Amino-4-nitrotoluol							
Methyl-2-(2-nitrobenzyliden)acetoacetat 400-650-9 39562-27-1				R43 N; R51-53	Xi, N R: 43-51/53 S: (2)-24-37-61		

Grenzwert (Luft)					Meßverfahren	Risikofaktoren nach TRGS 440		Arbeitsmedizin Werte im biolog. Material	relevante Regeln/Literatur Hinweise
mg/m³	ml/m³	Spitzenbegrenzung	Art Bemerkungen H, S	Herkunft Staubklasse		W	F		
9	10	11	12		13	14		15	16
		S				4	1		ZVG 496641
						3	1		ZVG 900300
						3	1		ZVG 530352
						3	1		ZVG 530358
20			MAK H	AUS – S					ZVG 24290
		S				4	1		ZVG 496628

Stoffidentität EG-Nr. CAS-Nr.	Stoff				Zubereitungen			
	Einstufung				Kennzeichnung		Konzentrationsgrenzen	Einstufung/ Kennzeichnung
	krebserz. K	erbgutveränd. M	fort.-pfl.gef. R_E/R_F	Gefahrensymbol R-Sätze	Gefahrensymbol R-Sätze S-Sätze		in Prozent	Gefahrensymbol R-Sätze
1	2	3	4	5	6		7	8
Methyl-2-(3-nitrobenzyliden)acetoacetat 405-270-7 39562-17-9				Xi; R43 N; R50-53	Xi, N R: 43-50/53 S: (2)-24-37-60-61			
1-Methyl-3-nitro-1-nitrosoguanidin Anm. E 200-730-1 70-25-7	2			R45 Xn; R20 Xi; R36/38 N; R51-53	T, N R: 45-20-36/38-51/53 S: 53-45-61			
N-Methyl-N-nitrosoanilin s. N-Nitrosomethylphenylamin								
N-Methyl-N-nitrosoethamin s. N-Nitrosomethylethylamin								
N-Methyl-N-nitrosomethanamin s. N-Nitrosodimethylamin								
1-Methyl-5-norbornen-2,3-dicarbonsäure-anhydrid Anm. C 123748-85-6				Xn; R22 Xi; R36/37/38 R42	Xn R: 22-36/37/38-42 S: (2)-39		25%≦C 10%≦C<25% 1%≦C<10%	Xn; R22-36/37/38-42 Xn; R36/37/38-42 Xn; R42
7-Methylocta-1,6-dien 404-210-7 42152-47-6				R10 N; R50-53	N R: 10-50/53 S: (2)-60-61			
N-Methylolchloracetamid 220-598-9 2832-19-1	–	3	–	Herstellereinstufung beachten				
Methyloxiran s. 1,3-Epoxypropan								
Methylparathion s. Parathionmethyl								
2-Methylpentan 203-523-4 107-83-5				s. Hexan				
3-Methylpentan 202-481-4 96-14-0				s. Hexan				

Grenzwert (Luft)					Meßverfahren	Risikofaktoren nach TRGS 440		Arbeitsmedizin Werte im biolog. Material	relevante Regeln/Literatur Hinweise
mg/m^3	ml/m^3	Spitzenbegrenzung	Art Bemerkungen H, S	Herkunft Staubklasse		W	F		
9	10	11	12	13		14	15	16	
			S			4	1		ZVG 530916
s. TRGS 552 (96)								40 VI, 43	GefStoffV § 15a ZVG 490081 TRGS 552
			S			4	1		ZVG 510011
						2	1		ZVG 900405
			S			4	1		ZVG 570210 TRGS 906 Nr. 13
700	200	4	MAK	DFG		2	3		ZVG 37070
700	200	4	MAK	DFG		2	3		ZVG 490118

Stoffidentität EG-Nr. CAS-Nr.	Stoff					Zubereitungen	
	Einstufung				Kennzeichnung	Konzentrationsgrenzen	Einstufung/ Kennzeichnung
	krebserz. K	erbgutveränd. M	fort.-pfl.gef. R_E/R_F	Gefahrensymbol R-Sätze	Gefahrensymbol R-Sätze S-Sätze	in Prozent	Gefahrensymbol R-Sätze
1	2	3	4	5	6	7	8
2-Methyl-2,4-pentandiol 203-489-0 107-41-5				Xi; R36/38	Xi R: 36/38 S: (2)	10%≦C	Xi; R36/38
4-Methylpentan-2-ol 203-551-7 108-11-2				R10 Xi; R37	Xi R: 10-37 S: (2)-24/25	25%≦C	Xi; R37
4-Methylpentan-2-on 203-550-1 108-10-1				F; R11	F R: 11 S: (2)-9-16-23-33		
2-Methyl-2-penten-4-on s. 4-Methyl-3-penten-2-on							
4-Methyl-3-penten-2-on 205-502-5 141-79-7				R10 Xn; R20/21/22	Xn R: 10-20/21/22 S: (2)-25	5%≦C	Xn; R20/21/22
3-(3-Methylpent-3-yl)-isoxazol-5-ylamin 401-460-9 82560-06-3				T; R23/25 Xi; R41 R52-53	T R: 23/25-41-52/53 S: (1/2)-22-26-36/ 37/39-45-61		
2-Methyl-1-pentyl-pyridiniumbromid 402-690-2				Xn; R21/22 R52-53	Xn R: 21/22-52/53 S: (2)-36/37-61		
4-Methyl-m-phenylendiamin (2,4-Toluylendiamin) Anm. E 202-453-1 95-80-7 und -sulfat 265-697-8 65321-67-7	2			R45 T; R25 Xn; R21 Xi; R36 R43 N; R50-53	T, N R: 45-21-25-36-43-50/53 S: 53-45-60-61		
2-Methyl-m-phenylendiamin 212-513-9 823-40-5		3		R40 Xn; R21/22 R43 N; R50-53	Xn, N R: 21/22-40-43-50/53 S: (2)-24-36/37-60-61		

Grenzwert (Luft)					Meßverfahren	Risikofaktoren nach TRGS 440		Arbeitsmedizin Werte im biolog. Material	relevante Regeln/Literatur Hinweise
mg/m^3	ml/m^3	Spitzenbegrenzung	Art Bemerkungen H, S	Herkunft Staubklasse		W	F		
9		10	11	12	13	14		15	16
125			MAK	AUS — NL		2	1		ZVG 37280
100	25	4	MAK H	DFG	OSHA 7 NIOSH 1402	2	1		ZVG 32210
400 (82)	100	4	MAK (H, Y)	DFG	DFG BIA 7960 HSE 72	2	2	BAT	ZVG 10780
100	25		MAK H	DFG	OSHA 7 NIOSH 1301	3	1		ZVG 28920
						4	1		ZVG 496650
			H			3	1		ZVG 496697
0,1		4	TRK H, S	AGS	ZH...45 OSHA 65 NIOSH 5516			33 VI, 3	TRGS 901 Nr. 33 ZVG 11800
			H, S		OSHA 65 NIOSH 5516 ZH ... 45	4	1	33 VI, 3	ZVG 570035

Stoffidentität EG-Nr. CAS-Nr.	Stoff					Zubereitungen	
	Einstufung			Kennzeichnung		Konzentrationsgrenzen	Einstufung/ Kennzeichnung
	krebserz. K	erbgutveränd. M	fort.-pfl.gef. R_E/R_F	Gefahrensymbol R-Sätze	Gefahrensymbol R-Sätze S-Sätze	in Prozent	Gefahrensymbol R-Sätze
1	2	3	4	5	6	7	8
2-Methyl-p-phenylendiamin 202-442-1 95-70-5 und -sulfat 210-431-8 228-871-4 615-50-9 6369-59-1				T; R25 Xn; R20/21 R43 N; R50-53	T, N R: 20/21-25-43-50/53 S: (1/2)-24-37-45-60-61		
S-(1-Methyl-1-phenylethyl)piperidin-1-carbothioat 262-784-2 61432-55-1				Xn; R22 N; R51-53	Xn, N R: 22-51/53 S: (2)-61		
2-Methyl-4-phenylpentanol 402-770-7 92585-24-5				R43 N; R51-53	Xi, N R: 43-51/53 S: (2)-24-37-61		
Methylphosphonsäuresalz s. C_{12}-C_{14}-tert-Alkylamin							
S-2-Methylpiperidinocarbonylmethyl-O,O-dipropyldithiophosphat s. Piperophos (ISO)							
2-Methylpropan s. iso-Butan							
2-Methylpropanol-2 200-889-7 75-65-0				F; R11 Xn; R20	F, Xn R: 11-20 S: (2)-9-16	25%≦C	Xn; R20
2-Methylpropen s. iso-Buten							
2-Methyl-2-propennitril s. Methacrylnitril							
Methylpropionat 209-060-4 554-12-1				F; R11	F R: 11 S: (2)-16-23-29-33		
2-Methylpropylacrylat Anm. D 203-417-8 106-63-8				R10 Xn; R20/21 Xi; R38 R43	Xn R: 10-20/21-38-43 S: (2)-9-24-37	25%≦C 10%≦C<25% 1%≦C<10%	Xn; R20/21-38-43 Xi; R38-43 Xi; R43

Grenzwert (Luft)					Meßverfahren	Risikofaktoren nach TRGS 440		Arbeitsmedizin Werte im biolog. Material	relevante Regeln/Literatur Hinweise
mg/m^3	ml/m^3	Spitzenbegrenzung	Art Bemerkungen H, S	Herkunft Staubklasse		W	F		
9	10	11	12	13	14			15	16
			H, S					33 VI, 3	ZVG 490459
			S			4	1		ZVG 496698
300	100	4	MAK	DFG	OSHA 7 NIOSH 1400 BIA 7970	3	2		ZVG 12730
						2	3		ZVG 38040
			H, S			4	2		ZVG 510292

Stoffidentität EG-Nr. CAS-Nr.	Stoff					Zubereitungen	
	Einstufung				Kennzeichnung	Konzentrationsgrenzen	Einstufung/ Kennzeichnung
	krebserz. K	erbgutveränd. M	fort.-pfl.gef. R_E/R_F	Gefahrensymbol R-Sätze	Gefahrensymbol R-Sätze S-Sätze	in Prozent	Gefahrensymbol R-Sätze
1	2	3	4	5	6	7	8
6-(1-Methylpropyl)-2,4-dinitrophenol s. Dinoseb							
1-Methylpropylenglykol-2 s. 1-Methoxy-2-propanol							
Methylpropylketon s. Pentan-2-on							
2-Methylpropylmethacrylat Anm. D 202-613-0 97-86-9				R10 Xi; R36/37/38 R43	Xi R: 10-36/37/38-43 S: (2)-24-37	20%≦C 1%≦C<20%	Xi; R36/37/38-43 Xi; R43
(3-Methyl-1H-pyrazol-5-yl)-N,N-dimethyl-carbamat 2532-43-6				T; R23/24/25	T R: 23/24/25 S: (1/2)-13-45		
2-Methylpyridin 203-643-7 109-06-8				R10 Xn; R20/21/22 Xi; R36/37	Xn R: 10-20/21/22-36/37 S: (2)-26-36		
4-Methylpyridin 203-626-4 108-89-4				R10 T; R24 Xn; R20/22 Xi; R36/37/38	T R: 10-20/22-24-36/37/38 S: (1/2)-26-36-45		
N-Methyl-2-pyrrolidon 212-828-1 872-50-4				Xi; R36/38	Xi R: 36/38 S: (2)-41	10%≦C	Xi; R36/38
Methylquecksilber 22967-92-6				s. Quecksilberalkyle			
Methylstyrol alle Isomeren außer o-Methylstyrol 246-562-2 25013-15-4				Herstellereinstufung beachten			
o-Methylstyrol 210-256-7 611-15-4				Xn; R20	Xn R: 20 S: (2)-24	25%≦C	Xn; R20
α-Methylstyrol s. Isopropenylbenzol							

mg/m³	ml/m³	Spitzen-begren-zung	Art Bemer-kungen H, S	Herkunft Staubklasse	Meßverfahren	Risiko-faktoren nach TRGS 440 W	F	Arbeits-medizin Werte im biolog. Mate-rial	relevante Regeln/Literatur Hinweise
Grenzwert (Luft)									
9	10	11	12	13	14			15	16
300			MAK S	AUS – S		4	1		ZVG 510293
			H			4	1		ZVG 496716
			H			3	2		ZVG 18360
			H			4	1		ZVG 12430
80	20	4	MAK H Y	DFG	DFG	2	1		ZVG 13700
0,01 E		4	MAK H, (S)	DFG		5	1	9 VI, 28 BAT	ZVG 510772 MuSchRiV § 5
480	100	=1=	MAK	DFG	NIOSH 1501	2	1		ZVG 33900
480	100	=1=	MAK	DFG	OSHA 7 NIOSH 1501	3	1		ZVG 33940

Stoffidentität EG-Nr. CAS-Nr.	Stoff					Zubereitungen	
	Einstufung				Kennzeichnung	Konzentrationsgrenzen	Einstufung/ Kennzeichnung
	krebserz. K	erbgutveränd. M	fort.-pfl.gef. R_E/R_F	Gefahrensymbol R-Sätze	Gefahrensymbol R-Sätze S-Sätze	in Prozent	Gefahrensymbol R-Sätze
1	2	3	4	5	6	7	8
Methyl-3-sulfamoyl-2-thenoat 402-050-2				R43	Xi R: 43 S: (2)-24-37		
2-Methyl-5-(1,1,3,3-tetramethylbutyl)-hydrochinon 400-530-6				Xi; R41 R43 N; R51-53	Xi, N R: 41-43-51/53 S: (2)-24/25-26-37-61		
N-Methyl-2,4,6,N-tetranitroanilin 207-531-9 479-45-8	–	–	–	E; R2 T; R23/24/25 R33	E, T R: 2-23/24/25-33 S: (1/2)-35-45		
1-Methylthioethyliden-aminmethylcarbamat 240-815-0 16752-77-5				T+; R28	T+ R: 28 S: (1/2)-22-36/37-45		
4-Methylthio-3,5-xylyl-methylcarbamat s. Mercaptodimethur (ISO)							
N-Methyl-toluidin (o,m,p) Anm. C (o) 210-260-9 611-21-2 (m) 211-795-0 696-44-6 (p) 210-769-6 623-08-5				T; R23/24/25 R33 R52-53	T R: 23/24/25-33-52/53 S: (1/2)-28-36/37-45-61		
5-Methyl-1,2,4-triazolo-(3,4-b)benzo-1,3-thiazol 255-559-5 41814-78-2				Xn; R22	Xn R: 22 S: (2)		
Methyltrichlorsilan 200-902-6 75-79-6				R14 F; R11 Xi; R36/37/38	F, Xi R: 11-14-36/37/38 S: (2)-26-39	1%≦C	Xi; R36/37/38
4-[1(oder 4 oder 5 oder 6)-Methyl-8,9,10-tri-norborn-5-en-2-yl]pyridin, Isomerengemisch 402-520-6				Xn; R21/22 Xi; R38 R43 N; R50-53	Xn, N R: 21/22-38-43-50/53 S: (2)-36/37-60-61		

Grenzwert (Luft)					Meßverfahren	Risiko-faktoren nach TRGS 440		Arbeits-medizin Werte im biolog. Material	relevante Regeln/Literatur Hinweise
mg/m³	ml/m³	Spitzen-begren-zung	Art Bemer-kungen H, S	Herkunft Staubklasse		W	F		
9	10	11	12		13	14		15	16
			S			4	1		ZVG 496676
			S			4	1		ZVG 530356
1,5 E			MAK H S (R 43)	AGS	NIOSH S 225	4	1	33 VI, 3	ZVG 41360 TRGS 906 Nr. 29
2,5 E			MAK H	AUS – NL		5	1		ZVG 510284
			H			4	1		ZVG 510295
						3	1		ZVG 490720
						2	3		ZVG 2650
			H, S			4	1		ZVG 530369

429

Stoffidentität EG-Nr. CAS-Nr.	Stoff					Zubereitungen	
	Einstufung				Kennzeichnung	Konzentrationsgrenzen	Einstufung/ Kennzeichnung
	krebs-erz. K	erbgut-veränd. M	fort.-pfl.gef. R_E/R_F	Gefahrensymbol R-Sätze	Gefahrensymbol R-Sätze S-Sätze	in Prozent	Gefahrensymbol R-Sätze
1	2	3	4	5	6	7	8
Methylvinylether Anm. D 203-475-4 107-25-5				F+; R12	F+ R: 12 S: (2)-9-16-33		
Methylvinylketon 78-94-4					Herstellereinstufung beachten		
Metiocarb s. Mercaptodimethur (ISO)							
Metolcarb (ISO) 214-446-0 1129-41-5				Xn; R22	Xn R: 22 S: (2)		
Metribuzin (ISO) 244-209-7 21087-64-9				Xn; R22	Xn R: 22 S: (2)		
Mevinphos (ISO) 232-095-1 7786-34-7				T+; R27/28	T+ R: 27/28 S: (1/2)-23-28-36/37-45		
Mexacarbat (ISO) 206-249-3 315-18-4				T+; R28 Xn; R21	T+ R: 21-28 S: (1/2)-36/37-45		
Michlers Keton 202-027-5 90-94-8	3						
Mineralölderivate, komplexe s. Erläuterungen zur Liste				s. Bekanntmachung nach § 4a GefStoffV vom 08.01.96			
* Mineralwolle [künstlich hergestellte ungerichtete glasige (Silikat-)Fasern mit einem Anteil an Alkali- und Erdalkalimetalloxiden ($Na_2O+K_2O+CaO+MgO+BaO$) von über 18 Gewichtsprozent] Anm. A, Q, R	3			R40 Xi; R38	Xn R: 38-40 S: (2)-36/37		

Grenzwert (Luft)				Meßverfahren	Risiko-faktoren nach TRGS 440		Arbeits-medizin Werte im biolog. Material	relevante Regeln/Literatur Hinweise
mg/m³	ml/m³	Spitzen-begren-zung	Art Bemer-kungen H, S	Herkunft Staubklasse				
					W	F		
9		10	11	12	13	14	15	16
					2	4		ZVG 29130
			(H, S)					ZVG 30420
					3	1		ZVG 11620
5			MAK	AUS – NL	3	1		ZVG 490613
0,1	0,01		MAK H	DFG	NIOSH 5600	5	1		ZVG 41370
			H		5	1		ZVG 510642
					4	1		ZVG 510783
								u.a. Diesel, Heizöl und Düsenflugzeugbrennstoffe
s. künstliche Mineralfasern								Richtlinie 97/69/EG Einstufung gilt für das Inverkehrbringen Eine nationale Regelung für den Umgang ist in Vorbereitung. s. auch Abschnitt 3.2 dieses Reports

Stoffidentität EG-Nr. CAS-Nr.	Stoff					Zubereitungen	
	Einstufung				Kennzeichnung	Konzentrationsgrenzen	Einstufung/ Kennzeichnung
	krebs- erz. K	erbgut- veränd. M	fort.- pfl.gef. R_E/R_F	Gefahren- symbol R-Sätze	Gefahrensymbol R-Sätze S-Sätze	in Prozent	Gefahren- symbol R-Sätze
1	2	3	4	5	6	7	8
Mipafox 206-742-3 371-86-8				T+; R39/26/ 27/28	T+ R: 39/26/27/28 S: (1/2)-13-45		
Mirex s. Dodecachlor- pentacyclo- [5.2.1.0^{2,6}.0^{3,9}.0^{5,8}]- decan							
Mischung von Salpeter- säure und Schwefelsäure ...% HNO$_3$ Anm. B 51602-38-1				O; R8 C; R35	O, C R: 8-35 S: (1/2)-23-26- 30-36-45		
Molinat (ISO) 218-661-0 2212-67-1				Xn; R22	Xn R: 22 S: (2)-24		
Molybdänverbindungen, lösliche					Hersteller- einstufung beachten		
Molybdän und Molybdänverbindungen, unlösliche					Hersteller- einstufung beachten		
Molybdäntrioxid 215-204-7 1313-27-5				Xn; R48/20/22 Xi; R36/37	Xn R: 36/37-48/20/22 S: (2)-22-25		
* Monochlordifluormethan (R 22) 200-871-9 75-45-6					Hersteller- einstufung beachten		
Monochlordimethylether s. Chlormethyl- methylether							
Monochloressigsäure s. Chloressigsäure							
Monochloressigsäure- ethylester s. Ethylchloracetat							
Monochloressigsäure- methylester s. Methylchloracetat							

Grenzwert (Luft)					Meßverfahren	Risiko-faktoren nach TRGS 440		Arbeits-medizin Werte im biolog. Material	relevante Regeln/Literatur Hinweise
mg/m^3	ml/m^3	Spitzen-begren-zung	Art Bemer-kungen H, S	Herkunft Staubklasse		W	F		
9	10	11	12	13	14		15		16
			H			5	1		ZVG 510297
s. Salpeter- bzw. Schwefelsäure						4	4		ZVG 520028
						3	1		ZVG 510298
5 E		4	MAK 1, 25	DFG L	OSHA ID 121, 125				ZVG 496591
15 E		4	MAK 25	AUS – NL DFG L	OSHA ID 121, 125				ZVG 496592
s. Molybdän-verbindungen						4	1		ZVG 2030
3 600		4	MAK 23 Y	EG		2	4		ZVG 31370

Stoffidentität EG-Nr. CAS-Nr.	Stoff					Zubereitungen	
	Einstufung				Kennzeichnung	Konzentrationsgrenzen	Einstufung/ Kennzeichnung
	krebs-erz. K	erbgut-veränd. M	fort.-pfl.gef. R_E/R_F	Gefahren-symbol R-Sätze	Gefahrensymbol R-Sätze S-Sätze	in Prozent	Gefahren-symbol R-Sätze
1	2	3	4	5	6	7	8
Monochlormono-fluormethan s. Chlorfluormethan							
Monochlorpentan s. Chlorpentan							
Monochlortrifluormethan s. Chlortrifluormethan							
Monocrotophos (ISO) 230-042-7 6923-22-4				T+; R28 T; R24 N; R50-53	T+, N R: 24-28-50/53 S: (1/2)-23-36/ 37-45-60-61		
Monofluoracetate, lösliche Anm. A s. Natriumfluor...				T+; R28	T+ R: 28 S: (1/2)-20-22-26-45		
Monofluoressigsäure 205-631-7 144-49-0				T+; R28	T+ R: 28 S: (1/2)-20-22-26-45		
Monolinuron (ISO) 217-129-5 1746-81-2				Xn; R22	Xn R: 22 S: (2)-22		
Monomethyldibrom-diphenylmethan 99688-47-8							
Monomethyldichlor-diphenylmethan							
Monomethylhydrazin 60-34-4					Hersteller-einstufung beachten		
Monomethyltetrachlor-diphenylmethan 76253-60-6							
Mono-n-octylzinn-verbindungen							

Grenzwert (Luft)					Meßverfahren	Risikofaktoren nach TRGS 440		Arbeitsmedizin Werte im biolog. Material	relevante Regeln/Literatur Hinweise
mg/m³	ml/m³	Spitzenbegrenzung	Art Bemerkungen H, S	Herkunft Staubklasse		W	F		
9		10	11	12	13	14		15	16
0,25 E			MAK H	AUS – NL M	NIOSH 5600	5	1		ZVG 490465
						5	1		ZVG 530068
						5	1		ZVG 510301
					DFG	3	1		ZVG 510302
									GefStoffV § 15 Anh. IV, Nr. 18, ZVG 496681 ChemVerbotsV, Nr. 19
									GefStoffV § 15, Anh. IV, Nr. 18 ChemVerbotsV, Nr. 19
			(H, S)		NIOSH 3510				ZVG 510635
									GefStoffV § 15 Anh. IV, Nr. 18 ZVG 530351 ChemVerbotsV, Nr. 19
s. Zinnverbindungen, org.									

Stoffidentität EG-Nr. CAS-Nr.	Stoff					Zubereitungen	
	Einstufung				Kennzeichnung	Konzentrationsgrenzen	Einstufung/ Kennzeichnung
	krebserz. K	erbgutveränd. M	fort.-pfl.gef. R_E/R_F	Gefahrensymbol R-Sätze	Gefahrensymbol R-Sätze S-Sätze	in Prozent	Gefahrensymbol R-Sätze
1	2	3	4	5	6	7	8
Monuron (ISO) 205-766-1 150-68-5	3			Xn; R22 R40	Xn R: 22-40 S: (2)-36/37		
Monuron-TCA s. 3-(4-Chlorphenyl)-1,1-dimethyluroniumtrichloracetat							
Morfamquat (ISO)				Xn; R22 Xi; R36/37/38	Xn R: 22-36/37/38 S: (2)-22-36		
Salze von Morfamquat Anm. A				Xn; R22 Xi; R36/37/38	Xn R: 22-36/37/38 S: (2)-22-36		
Morpholin 203-815-1 110-91-8				R10 Xn; R20/21/22 C; R34	R: 10-20/21/22-34 S: (1/2)-23-36-45	25%≦C 10%≦C<25% 1%≦C<10%	C; R20/21/22-34 C; R34 Xi; R36/38
Morpholin-4-carbonylchlorid 239-213-0 15159-40-7	2 3			R14 R40 Xi; R36/38	Xn R: 14-36/38-40 S: (2)-26-30-36-38		
Morpholinylcarbamoylchlorid s. Morpholin-4-carbonylchlorid							
Morpholinyl-carbonylchlorid s. Morpholin-4-carbonylchlorid							
Morphothion 205-628-0 144-41-2				T; R23/24/25 N; R50-53	T, N R: 23/24/25-50/53 S: (1/2)-13-45-60-61		
MPMC s. Xylylcarb (ISO)							
MTMC s. Metolcarb (ISO)							

Grenzwert (Luft)					Meßverfahren	Risiko-faktoren nach TRGS 440		Arbeits-medizin Werte im biolog. Material	relevante Regeln/Literatur Hinweise
mg/m³	ml/m³	Spitzen-begren-zung	Art Bemer-kungen H, S	Herkunft Staubklasse		W	F		
9	10	11	12		13	14		15	16
					DFG	4	1		ZVG 510303
						3	1		ZVG 530392
						3	1		ZVG 530391
70 (36)	20	=1=	MAK 20, H	DFG	BIA 8030 NIOSH S 150	3	2		ZVG 25520
								40 VI, 43	ZVG 34000
			H			4	1		ZVG 510304

Stoffidentität EG-Nr. CAS-Nr.	Stoff Einstufung				Stoff Kennzeichnung		Zubereitungen Konzentrationsgrenzen	Zubereitungen Einstufung/ Kennzeichnung
	krebs- erz. K	erbgut- veränd. M	fort.- pfl.gef. R_E/R_F	Gefahren- symbol R-Sätze	Gefahrensymbol R-Sätze S-Sätze	in Prozent	Gefahrensymbol R-Sätze	
1	2	3	4	5	6	7	8	
Nabam (ISO) 205-547-0 142-59-6				Xn; R22 Xi; R37 R43	Xn R: 22-37-43 S: (2)-8-24/25-46			
Naled (ISO) 206-098-3 300-76-5				Xn; R21/22 Xi; R36/38	Xn R: 21/22-36/38 S: (2)-36/37			
Naphthalin 202-049-5 91-20-3	3	—	—	Hersteller- einstufung beachten				
1-Naphthol (α-) 201-969-4 90-15-3				Xn; R21/22 Xi; R37/38-41	Xn R: 21/22-37/ 38-41 S: (2)-22-26-37/39			
2-Naphthol (β-) 205-182-7 135-19-3				Xn; R20/22	Xn R: 20/22 S: (2)-24/25			
1-Naphthylamin (α-) 205-138-7 134-32-7				Xn; R22 N; R51-53	Xn, N R: 22-51/53 S: (2)-24-61			
2-Naphthylamin (β-) Anm. E 202-080-4 91-59-8	1			R45 Xn; R22 N; R51-53	T, N R: 45-22-51/53 S: 53-45-61	25%≦C 0,01%≦C <25%	T; R45-22 T; R45	
Salze von 2-Naphthylamin Anm. A, E	1			R45 Xn; R22 N; R51-53	T, N R: 45-22-51/53 S: 53-45-61	§ 35 (0,01)		
2-Naphthylamino- 1-sulfonsäure s. 2-Amino-1- naphthalinsulfonsäure								
1,5-Naphthylendiamin 218-817-8 2243-62-1	3			R40 N; R50-53	Xn, N R: 40-50/53 S: (2)-36/37-60-61			
Naphthylen-1,5- diisocyanat 221-641-4 3173-72-6				Xn; R20 Xi; R36/37/38 R42	Xn R: 20-36/37/38-42 S: (2)-26-28-38-45			
Naphthylindandion 1786-03-4				T; R25	T R: 25 S: (1/2)-13-45			

Grenzwert (Luft)		Spitzen-begrenzung	Art Bemer-kungen H, S	Herkunft Staubklasse	Meßverfahren	Risikofaktoren nach TRGS 440		Arbeitsmedizin Werte im biolog. Material	relevante Regeln/Literatur Hinweise
mg/m³	ml/m³					W	F		
9	10	11	12	13	14	15			16
			S			3	1		ZVG 510305
3 E		4	MAK H	DFG		3 E	1		ZVG 41380
50	10		MAK	EG	NIOSH 1501 OSHA 35	4	1		ZVG 15510 TRGS 906 Nr. 30
			H			4	1		ZVG 16990
						3	1		ZVG 11530
1 E	0,17	4	MAK H (29)	ARW	OSHA 93 NIOSH 5518 ZH...9	3	1	33 VI, 3	ZVG 16920
			(H)		OSHA 93 NIOSH 5518 ZH...9			33 VI, 3	GefStoffV §§ 15, 15a, 43 Anh. III, Nr. 10; IV, Nr. 2 ChemVerbotsV, Nr. 7 RL 88/364/EWG RL 89/677/EWG ZVG 70460 ZVG 496711
						4	1		ZVG 21570
0,09	0,01	=1=	MAK 29, S	DFG	DFG BIA 8075 NIOSH 5521	4	1	27 VI, 16	ZH 1/34 ZVG 34160 BIA-Report 4/95
						4	1		ZVG 510307

Stoffidentität EG-Nr. CAS-Nr.	Stoff					Zubereitungen	
	Einstufung				Kennzeichnung	Konzentrationsgrenzen	Einstufung/ Kennzeichnung
	krebserz. K	erbgutveränd. M	fort.-pfl.gef. R_E/R_F	Gefahrensymbol R-Sätze	Gefahrensymbol R-Sätze S-Sätze	in Prozent	Gefahrensymbol R-Sätze
1	2	3	4	5	6	7	8
2-(1-Naphthyl)indan-1,3-dion s. Naphthylindandion							
1-Naphthylmethylcarbamat s. Carbaryl (ISO)							
1-(1-Naphthyl)-2-thioharnstoff s. Antu (ISO)							
Natrium 231-132-9 7440-23-5				F; R14/15 C; R34	F, C R: 14/15-34 S: (1/2)-5*)-8-43-45		
Natrium-[1-(5-[4-(4-anilino-3-sulfophenyl-azo)-2-methyl-5-methylsulfonamidophenylazo]-4-hydroxy-2-oxido-3-[phenylazo]phenylazo)-5-nitro-4-sulfonato-2-naphtholato]eisen(II) 401-220-3				Xn; R20 R52-53	Xn R: 20-52/53 S: (2)-61		
Natriumazid 247-852-1 26628-22-8				T+; R28 R32	T+ R: 28-32 S: (1/2)-28-45		
Natrium-3-(2H-benzotriazol-2-yl)-5-sec-butyl-4-hydroxybenzolsulfonat 403-080-9 92484-48-5				Xi; R41	Xi R: 41 S: (2)-26-39		
Natriumbiphenyl-2-yloxid 205-055-6 132-27-4				Xn; R22 Xi; R38-41	Xn R: 22-38-41 S: (2)-22-26		
Natrium-3,5-bis[3-(2,4-di-tert-pentylphenoxy)-propylcarbamoyl]-benzolsulfonat 405-510-0				Xi; R38 R43	Xi R: 38-43 S: (2)-24-37		

*) Angabe des S5 ist nicht erforderlich, falls in anderer Weise sicher verpackt

Grenzwert (Luft)				Meßverfahren	Risikofaktoren nach TRGS 440		Arbeitsmedizin Werte im biolog. Material	relevante Regeln/Literatur Hinweise
mg/m³	ml/m³	Spitzenbegrenzung	Art Bemerkungen H, S	Herkunft Staubklasse		W F		
9	10	11	12	13	14		15	16
				OSHA ID 121	3	1		ZH1/86.1 ZVG 8080
					3	1		ZVG 496642
0,2			MAK	DFG	OSHA ID 211	5	1		ZVG 5310
					4	1		ZVG 531032
					4	1		ZVG 490162
			S			4	1		ZVG 900440

Stoffidentität EG-Nr. CAS-Nr.	Stoff					Zubereitungen	
	Einstufung				Kennzeichnung	Konzentrationsgrenzen	Einstufung/ Kennzeichnung
	krebs- erz. K	erbgut- veränd. M	fort.- pfl.gef. R_E/R_F	Gefahren- symbol R-Sätze	Gefahrensymbol R-Sätze S-Sätze	in Prozent	Gefahren- symbol R-Sätze
1	2	3	4	5	6	7	8
Natrium-5-n- butylbenzotriazol 404-450-2 118685-34-0				Xn; R22 C; R34 R43 N; R51-53	C, N R: 22-34-43-51/53 S: (1/2)-26-36/37/ 39-45-61		
Natriumcarbonat 207-838-8 497-19-8				Xi; R36	Xi R: 36 S: (2)-22-26		
Natriumchloracetat s. Natriumsalz von Chloressigsäure							
Natrium-3-chloracrylat 4312-97-4				Xn; R21/22	Xn R: 21/22 S: (2)-36/37		
Natriumchlorat 231-887-4 7775-09-9				O; R9 Xn; R22	O, Xn R: 9-22 S: (2)-13-17-46		
* Natriumchromat 231-889-5 7775-11-3	**2**	3	— (R_E) — (R_F)	s. Chrom(VI)- Verbindungen			
Natriumcyanat 213-030-6 917-61-3				Xn; R22	Xn R: 22 S: (2)-24/25		
Natriumdehydracetat s. Natrium-1-(3,4-di- hydro-6-methyl-2,4- dioxo-2H-pyran-3- yliden)ethanolat							
Natrium-3,5-dichlor-2- [5-cyan-2,6-bis- (3-hydroxypropyl- amino)-4-methylpyridin- 3-ylazo]benzolsulfonat 401-870-8				Xi; R41 R52-53	Xi R: 41-52/53 S: (2)-26-61		
Natriumdichlor- isocyanuratdihydrat 51580-86-0				Xn; R22 R31 Xi; R36/37	Xn R: 22-31-36/37 S: (2)-8-26-41		

Grenzwert (Luft)					Meßverfahren	Risiko-faktoren nach TRGS 440		Arbeits-medizin Werte im biolog. Mate-rial	relevante Regeln/Literatur Hinweise
mg/m³	ml/m³	Spitzen-begren-zung	Art Bemer-kungen H, S	Herkunft Staubklasse		W	F		
9	10	11	12	13	14		15	16	
			S			4	1		ZVG 900536
						2	1		ZVG 490211
			H			3	1		ZVG 490427
						3	1		ZVG 3910
s. Chrom(VI)-Verbindungen			S					15 VI, 13 EKA	
						3	1		ZVC 3490
						4	1		ZVG 496667
						3	1		ZVG 500043

Stoffidentität EG-Nr. CAS-Nr.	Stoff					Zubereitungen	
	Einstufung				Kennzeichnung	Konzentrationsgrenzen	Einstufung/ Kennzeichnung
	krebserz. K	erbgutveränd. M	fort.pfl.gef. R_E/R_F	Gefahrensymbol R-Sätze	Gefahrensymbol R-Sätze S-Sätze	in Prozent	Gefahrensymbol R-Sätze
1	2	3	4	5	6	7	8
Natriumdichromat Anm. 3, E 234-190-3 10588-01-9	2	2		O; R8 R49, R46 T+; R26 T; R25 Xn; R21 Xi; R37/38-41 R43 N; R50-53	O, T+, N R: 49-46-8-21-25-26-37/38-41-43-50/53 S: 53-45-60-61	$C \geq 7\%$ $0,5\% \leq C < 7\%$ $0,1\% \leq C < 0,5\%$	T+; R49-46-21-25-26-37/38-41-43 T; R49-46-43 T; R49-46
Natriumdichromatdihydrat Anm. 3, E 234-190-3 7789-12-0	2	2		R49, R46 T+; R26 T; R25 Xn; R21 Xi; R37/38-41 R43 N; R50-53	T+; N R: 49-46-21-25-26-37/38-41-43-50/53 S: 53-45-60-61	$C \geq 7\%$ $0,5\% \leq C < 7\%$ $0,1\% \leq C < 0,5\%$	T+; R49-46-21-25-26-37/38-41-43 T; R49-46-43 T; R49-46
Natrium-1-(3,4-dihydro-6-methyl-2,4-dioxo-2H-pyran-3-yliden)ethanolat 224-580-1 4418-26-2				Xn; R22	Xn R: 22 S: (2)		
Natrium-4-dimethylamino-benzoldiazosulfonat s. Fenaminosulf (ISO)							
Natriumdithionit 231-890-0 7775-14-6				R7 R31 Xn; R22	Xn R: 7-22-31 S: (2)-7/8-26-28-43		
Natriumfluoracetat 200-548-2 62-74-8				T+; R26/27/28	T+ R: 26/27/28 S: (1/2)-13-22-36/37-45		
Natriumfluorid 231-667-8 7681-49-4				T; R25 Xi; R36/38 R32	T R: 25-32-36/38 S: (1/2)-22-36-45		
Natriumhexafluorsilikat s. Alkalihexafluorsilikate							
Natriumhydrid 231-587-3 7646-69-7				F; R15	F R: 15 S: (2)-7/8-24/25-43		

Grenzwert (Luft)				Meßverfahren	Risikofaktoren nach TRGS 440		Arbeitsmedizin Werte im biolog. Material	relevante Regeln/Literatur Hinweise
mg/m^3 ml/m^3	Spitzenbegrenzung	Art Bemerkungen H, S	Herkunft Staubklasse		W	F		
9	10	11	12	13	14		15	16
s. Chrom(VI)-Verbindungen		H, S					15 VI, 13 EKA	ZVG 2490
s. Chrom(VI)-Verbindungen		H, S					15 VI, 13 EKA	
					3	1		ZVG 494528
					3	1		ZVG 3480
0,05 E	4	MAK H	DFG H	OSHA ID 121	5	1		ZVG 41400
s. Fluoride					4	1	BAT 34 VI, 14	ZVG 1930
					2	1		ZVG 500044

Stoffidentität EG-Nr. CAS-Nr.	Stoff					Zubereitungen	
	Einstufung				Kennzeichnung	Konzentrationsgrenzen	Einstufung/ Kennzeichnung
	krebs- erz. K	erbgut- veränd. M	fort.- pfl.gef. R_E/R_F	Gefahren- symbol R-Sätze	Gefahrensymbol R-Sätze S-Sätze	in Prozent	Gefahren- symbol R-Sätze
1	2	3	4	5	6	7	8
Natriumhydrogendifluorid 215-608-3 1333-83-1				T; R25 C; R34	T, C R: 25-34 S: (1/2)-22-26-37-45	10%≤C 1%≤C<10% 0,1%≤C<1%	T, C; R25-34 C; R22-34 Xi; R36/38
Natriumhydrogensulfat 231-665-7 7681-38-1				C; R34 Xi; R37	C R: 34-37 S: (1/2)-26-36/37/39-45		
Natriumhydroxid 215-185-5 1310-73-2				C; R35	C R: 35 S: (1/2)-26-37/39-45	5%≤C 2%≤C<5% 0,5%≤C<2%	C; R35 C; R34 Xi; R36/38
Natriumhypochlorit- lösung ...% Cl aktiv Anm. B 231-668-3 7681-52-9				C; R34 R31	C R: 31-34 S: (1/2)-28-45-50	10%≤C* 5%≤C<10%* * % Cl aktiv	C; R31-34 Xi; R31-36/38
Natrium-O-isopropyl- dithiocarbonat s. Proxan-natrium							
Natriumnitrit 231-555-9 7632-00-0				O; R8 T; R25	O, T R: 8-25 S: (1/2)-45	5%≤C 1%≤C<5%	T; R25 Xn; R22
Natrium-N-methyl- dithio-carbamat s. Metam-natrium							
Natrium-3-nitrobenzol- sulfonat 204-857-3 127-68-4				Xi; R36 R43	Xi R: 36-43 S: (2)-24-26-37		
Natriumperchlorat 231-511-9 7601-89-0				O; R9 Xn; R22	O, Xn R: 9-22 S: (2)-13-22-27		
Natriumperoxid 215-209-4 1313-60-6				O; R8 C; R35	O, C R: 8-35 S: (1/2)-8-27-39-45		
Natriumpolysulfide 215-686-9 1344-08-7				R31 C; R34	C R: 31-34 S: (1/2)-26-45		

| Grenzwert (Luft) | | | | Meßverfahren | Risiko-faktoren nach TRGS 440 | | Arbeits-medizin Werte im biolog. Mate-rial | relevante Regeln/Literatur Hinweise |
mg/m³ ml/m³	Spitzen-begren-zung	Art Bemer-kungen H, S	Herkunft Staubklasse		W	F		
9	10	11	12	13	14		15	16
s. Fluoride					4	1	BAT 34 VI, 14	ZVG 500045
					3	1		ZVG 2290
2 E	=1=	MAK (Y)	DFG L	OSHA ID 121 NIOSH 7401	4	1		ZVG 1270
					3	2		ZVG 1410
					4	1		ZVG 1380
		S			4	1		ZVG 24330
					3	1		ZVG 500046
					4	1		ZVG 1220
					3	1		ZVG 3470

Stoffidentität EG-Nr. CAS-Nr.	Stoff					Zubereitungen	
	Einstufung				Kennzeichnung	Konzentrationsgrenzen	Einstufung/ Kennzeichnung
	krebs- erz. K	erbgut- veränd. M	fort.- pfl.gef. R_E/R_F	Gefahren- symbol R-Sätze	Gefahrensymbol R-Sätze S-Sätze	in Prozent	Gefahren- symbol R-Sätze
1	2	3	4	5	6	7	8
Natriumpyrithion 240-062-8 223-296-5 3811-73-2 15922-78-8							
Natriumsalz von Chloressigsäure 223-498-3 3926-62-3				T; R25 Xi; R38	T R: 25-38 S: (1/2)-22-37-45		
Natriumsulfid 215-211-5 1313-82-2				R31 C; R34	C R: 31-34 S: (1/2)-26-45		
Natriumtrichloracetat s. TCA							
Natrium-4-(2,4,4-tri- methylpentylcarbonyl- oxy)benzolsulfonat 400-030-8				T; R23-48/23 Xn; R22 Xi; R36/37 R43	T R: 22-23-36/ 37-43-48/23 S: (1/2)-22-24- 36-45		
Naturgummilatexhaltiger Staub, Naturgummilatex							
NDI s. 1,5-Naphthylen- diisocyanat							
Neopentan s. Dimethylpropan							
Neopentylglykoldiacrylat s. 2,2-Dimethylpropan- diol-1,3-diacrylat							
Nickel 231-111-4 7440-02-0	3			R40 R43	Xn R: 40-43 S: (2)-22-36		
Nickelcarbonat 222-068-2 3333-67-3	3			R40 Xn; R22 R43	Xn R: 22-40-43 S: (2)-22-36/37		
Nickelcarbonyl s. Nickeltetracarbonyl							

Grenzwert (Luft)		Spitzen-begren-zung	Art Bemer-kungen H, S	Herkunft Staubklasse	Meßverfahren	Risiko-faktoren nach TRGS 440 W F		Arbeits-medizin Werte im biolog. Material	relevante Regeln/Literatur Hinweise
mg/m³	ml/m³								
9	10	11	12	13	14			15	16
1		4	MAK H, Y	DFG M					ZVG 492024
						4	1		ZVG 23030
						3	1		ZVG 1390
			S			5	1		ZVG 530348
			S (R 43)						TRGS 908 Nr. 6 TRGS 540 Nr. 3.1
0,5 E		4	MAK 2, 3, 25 S	AGS M	ZH...10 BIA 8095 OSHA ID 121, 125 HSE 42	4	1	38 VI, 20 EKA	RL 94/27/EG ZVG 8230 TRGS 901 Nr. 78 BIA-Arbeitsmappe 0537 BIA-Handbuch 120 215
0,5 E		4	MAK 2, 3, 25 S	AGS M	ZH...10 BIA 8095	4	1	38 VI, 20 EKA	ZVG 4410

Stoffidentität EG-Nr. CAS-Nr.	Stoff					Zubereitungen	
	Einstufung				Kennzeichnung	Konzentrationsgrenzen	Einstufung/ Kennzeichnung
	krebserz. K	erbgutveränd. M	fort.-pfl.gef. R_E/R_F	Gefahrensymbol R-Sätze	Gefahrensymbol R-Sätze S-Sätze	in Prozent	Gefahrensymbol R-Sätze
1	2	3	4	5	6	7	8
Nickeldihydroxid 235-008-5 12054-48-7	3			R40 Xn; R20/22 R43	Xn R: 20/22-40-43 S: (2)-22-36		
Nickeldioxid 234-823-3 12035-36-8	1			R49 R43	T R: 49-43 S: 53-45		
Nickelmatte, Rösten oder elektrolytische Raffination s. Abschnitt 3.1	1						
Nickelmonoxid 215-215-7 1313-99-1	1			R49 R43	T R: 49-43 S: 53-45		
Nickelsulfat 232-104-9 7786-81-4	3			R40 Xn; R22 R42/43	Xn R: 22-40-42/43 S: (2)-22-36/37		
Nickelsulfid 240-841-2 16812-54-7	1			R49 R43	T R: 49-43 S: 53-45		
Nickel als sulfidische Erze							
Nickeltetracarbonyl Anm. E 236-669-2 13463-39-3	3		2 (R_E)	F; R11 R40 R61 T+; R26	F, T+ R: 61-11-26-40 S: 53-45		
Nickelverbindungen in Form atembarer Tröpfchen							
Nikotin 200-193-3 54-11-5 Nikotinsalze Anm. A				T+; R27 T; R25 T+; R26/27/28	T+ R: 25-27 S: (1/2)-36/37-45 T+ R: 26/27/28 S: (1/2)-13-28-45		
Niob 7440-03-1 und seine unlöslichen Verbindungen				Herstellereinstufung beachten			

Grenzwert (Luft)					Meßverfahren	Risikofaktoren nach TRGS 440		Arbeitsmedizin Werte im biolog. Material	relevante Regeln/Literatur Hinweise
mg/m³	ml/m³	Spitzenbegrenzung	Art Bemerkungen H, S	Herkunft Staubklasse		W	F		
9	10	11	12		13	14		15	16
			S 2		ZH...10 BIA 8095	4	1		ZVG 490525
			S 2		ZH...10 BIA 8095			38 VI, 20 EKA	ZVG 500125
									GefStoffV § 35
0,5 E		4	TRK 2, 3, 25 S	AGS H	ZH...10 BIA 8095			38 VI, 20 EKA	s. auch Dinickeltrioxid ZVG 1230
			S 2		ZH...10 BIA 8095	4	1		ZVG 3890
0,5 E		4	TRK 2, 3, 25 S	AGS H	ZH...10 BIA 8095			38 VI, 20 EKA	s. auch Trinickeldisulfid ZVG 4990
0,5 E		4	TRK 2, 3, 25	AGS M	ZH...10 BIA 8095			38 VI, 20 EKA	
0,15	0,02		EW H 51	AGS	ZH...21 NIOSH 6007	5	4	38 VI, 22	TRGS 901 Nr. 7 ZH 1/131 ZVG 4260
0,05 E		4	TRK 2, 25, 15	AGS				38 VI, 21 EKA	
0,5	0,07	4	MAK H (29) H	DFG, EG	DFG NIOSH 2544	5 5	1 1		ZVG 41410 ZVG 530071
5 E			MAK 25	AUS — DK L					

Stoffidentität EG-Nr. CAS-Nr.	Stoff					Zubereitungen	
	Einstufung				Kennzeichnung	Konzentrationsgrenzen	Einstufung/ Kennzeichnung
	krebserz. K	erbgutveränd. M	fort.-pfl.gef. R_E/R_F	Gefahrensymbol R-Sätze	Gefahrensymbol R-Sätze S-Sätze	in Prozent	Gefahrensymbol R-Sätze
1	2	3	4	5	6	7	8
Niobverbindungen, lösliche				Herstellereinstufung beachten			
Nitrapyrin (ISO) 217-682-2 1929-82-4				Xn; R22	Xn R: 22 S: (2)-24		
Nitriersäure s. Mischung von Salpetersäure und Schwefelsäure ...% HNO_3							
1,1',1''-Nitrilotripropan-2-ol 204-528-4 122-20-3				Xi; R36	Xi R: 36 S: (2)-26		
5-Nitroacenaphthen 210-025-0 602-87-9	2			R45	T R: 45 S: 53-45		
2-Nitro-4-aminophenol 204-316-1 119-34-6	3			Herstellereinstufung beachten			
4-Nitro-2-aminotoluol s. 2-Amino-4-nitrotoluol							
Nitroanilin (o,m), (2-,3-) (o) 201-855-4 88-74-4 (m) 202-729-1 99-09-2 Anm. C				T; R23/24/25 R33 R52-53	T R: 23/24/25-33-52/53 S: (1/2)-28-36/37-45-61		
4-Nitroanilin (p-) 202-810-1 100-01-6 Anm. C				T; R23/24/25 R33 R52-53	T R: 23/24/25-33-52/53 S: (1/2)-28-36/37-45-61		
2-Nitro-p-anisidin s. 4-Methoxy-2-nitroanilin							
2-Nitroanisol Anm. E 202-052-1 91-23-6	2			R45 Xn; R22	T R: 45-22 S: 53-45		

Grenzwert (Luft)					Meßverfahren	Risikofaktoren nach TRGS 440		Arbeitsmedizin Werte im biolog. Material	relevante Regeln/Literatur Hinweise
mg/m^3	ml/m^3	Spitzenbegrenzung	Art Bemerkungen H, S	Herkunft Staubklasse		W	F		
9	10	11	11	12	13	14	14	15	16
0,5 E			MAK 25	AUS – DK M					
						3	1		ZVG 490350
						2	1		ZVG 23790
					EG			33 VI, 3	ZVG 34060
			(H)			3	1	33 VI, 3	ZVG 41040
			H			4	1	33 VI, 3	ZVG 15020 ZVG 18180
6	1		MAK Y, H	DFG	NIOSH 5033	4	1	33 VI, 3	ZVG 17030
								33 VI, 3	ZVG 16800

Stoffidentität EG-Nr. CAS-Nr.	Stoff					Zubereitungen	
	Einstufung				Kennzeichnung	Konzentrationsgrenzen	Einstufung/ Kennzeichnung
	krebserz. K	erbgutveränd. M	fort.-pfl.gef. R_E/R_F	Gefahrensymbol R-Sätze	Gefahrensymbol R-Sätze S-Sätze	in Prozent	Gefahrensymbol R-Sätze
1	2	3	4	5	6	7	8
Nitrobenzol 202-716-0 98-95-3	**3**		**3 (R_F)**	R40, R62 T; R23/24/25-48/23/24 N; R51-53	T, N R: 23/24/25-40-48/23/24-51/53-62 S: (1/2)-28-36/37-45-61		
4-Nitrobiphenyl 202-204-7 92-93-3	**2**			R45	T R: 45 S: 53-45	§ 35 (0,01)	
o-Nitrochlorbenzol s. 1-Chlor-2-nitrobenzol							
p-Nitrochlorbenzol s. 1-Chlor-4-nitrobenzol							
2-Nitro-1,4-diaminobenzol s. 2-Nitro-p-phenylendiamin							
Nitroethan 201-188-9 79-24-3				R10 Xn; R20/22	Xn R: 10-20/22 S: (2)-9-25-41	12,5% ≦ C	Xn; R20/22
Nitrofen (ISO) 217-406-0 1836-75-5	**2**		**2 (R_E)**	R45 R61	T R: 45-61 S: 53-45		
Nitroglycerin s. Glycerintrinitrat							
Nitroglykol s. Glykoldinitrat							
Nitromannit s. Mannithexanitrat							
Nitromethan 200-876-6 75-52-5				R5-10 Xn; R22	Xn R: 5-10-22 S: (2)-41	12,5% ≦ C	Xn; R22

Grenzwert (Luft)					Meßverfahren	Risikofaktoren nach TRGS 440		Arbeitsmedizin Werte im biolog. Material	relevante Regeln/Literatur Hinweise
mg/m³	ml/m³	Spitzenbegrenzung	Art Bemerkungen H, S	Herkunft Staubklasse		W	F		
9		10	11	12	13	14		15	16
5	1	4	MAK H		DFG, EG	NIOSH 2005	5	1	33 VI, 3 BAT	ZVG 15890
			(H)					33 VI, 3	GefStoffV §§ 15, 15a, 43 Anh. III, Nr. 10; IV, Nr. 2 ChemVerbotsV, Nr. 7 RL 88/364/EWG RL 89/677/EWG ZVG 510308
310	100		MAK		DFG	NIOSH 2526	3	2		ZVG 38490
								33 VI, 3	ZVG 510647
250	100		MAK		DFG	NIOSH 2527	3	2		ZVG 38500

Stoffidentität EG-Nr. CAS-Nr.	Stoff Einstufung				Stoff Kennzeichnung	Zubereitungen Konzentrationsgrenzen	Zubereitungen Einstufung/ Kennzeichnung
	krebs-erz. K	erbgut-veränd. M	fort.-pfl.gef. R_E/R_F	Gefahrensymbol R-Sätze	Gefahrensymbol R-Sätze S-Sätze	in Prozent	Gefahrensymbol R-Sätze
1	2	3	4	5	6	7	8
1-Nitronaphthalin 201-684-5 86-57-7				Herstellereinstufung beachten			
2-Nitronaphthalin 209-474-5 581-89-5	2			R45	T R: 45 S: 53-45		
Nitropenta s. Pentaerythrittetranitrat							
4-Nitrophenol 202-811-7 100-02-7				Xn; R20/21/22 R33	Xn R: 20/21/22-33 S: (2)-28		
p-Nitrophenol s. 4-Nitrophenol							
2-Nitro-p-phenylendiamin 226-164-5 5307-14-2			3	Herstellereinstufung beachten			
1-Nitropropan 203-544-9 108-03-2				R10 Xn; R20/21/22	Xn R: 10-20/21/22 S: (2)-9	5%≦C	Xn; R20/21/22
2-Nitropropan Anm. E 201-209-1 79-46-9	2			R10 R45 Xn; R20/22	T R: 45-10-20/22 S: 53-45	25%≦C 0,1%≦C<25%	T; R45-20/22 T; R45
Nitropyrene (Mono-, Di-, Tri-, Tetra-) (Isomere) 226-868-2 5522-43-0			3	Herstellereinstufung beachten			
4-Nitrosoanilin 211-535-6 659-49-4				Xn; R20/21/22	Xn R: 20/21/22 S: (2)-25-28		
N-Nitrosaminverbindungen							
N-Nitroso-bis(2-hydroxyethyl)amin s. N-Nitrosodiethanolamin							

Grenzwert (Luft)					Meßverfahren	Risikofaktoren nach TRGS 440		Arbeitsmedizin Werte im biolog. Material	relevante Regeln/Literatur Hinweise
mg/m^3	ml/m^3	Spitzenbegrenzung	Art Bemerkungen H, S	Herkunft Staubklasse		W	F		
9	10	11	12	13	14			15	16
					ZH...22				ZVG 15100
0,25	0,035	4	TRK	AGS	ZH...22 DFG EG			33 VI, 3	TRGS 901 Nr. 14 ZVG 18710
			H			3	1	33 VI, 3	ZVG 11160
			(H) S (R 43)			4	1	33 VI, 3	ZVG 25240
90	25		MAK 17 H	DFG	OSHA 46	3	2		ZVG 38480
18	5	4	TRK	AGS	ZH...11 OSHA 46 EG NIOSH 2528			40 VI, 43	TRGS 901 Nr. 8 ZH 1/87 ZVG 22410
									ZVG 530143
			H			3	1	33 VI, 3	ZVG 510309
s. TRGS 552 (96)			51	AGS					GefStoffV § 15a TRGS 552 (96)

Stoffidentität EG-Nr. CAS-Nr.	Stoff				Zubereitungen	
	Einstufung			Kennzeichnung	Konzentrationsgrenzen	Einstufung/ Kennzeichnung
	krebserz. K	erbgutveränd. M	fort.-pfl.gef. R_E/R_F	Gefahrensymbol R-Sätze	Gefahrensymbol R-Sätze S-Sätze	in Prozent	Gefahrensymbol R-Sätze
1	2	3	4	5	6	7	8
Nitrosodi-n-butylamin 213-101-1 924-16-3	2			Herstellereinstufung beachten		§ 35 (0,0001)	
N-Nitrosodiethanolamin [(2,2'-Nitrosoimino)-bisethanol] 214-237-4 1116-54-7	2			R45	T R: 45 S: 53-45	§ 35 (0,0005)	
N-Nitrosodiethylamin 200-226-1 55-18-5	2			Herstellereinstufung beachten		§ 35 (0,0001)	
N-Nitrosodimethylamin (Dimethylnitrosamin) Anm. E 200-549-8 62-75-9	2			R45 T+; R26 T; R25-48/25 N; R51-53	T+, N R: 45-25-26-48/25-51/53 S: 53-45-61	§ 35 (0,0001)	
N-Nitrosodi-i-propylamin 601-77-4	2			Herstellereinstufung beachten		§ 35 (0,0005)	
N-Nitrosodi-n-propylamin Anm. E 210-698-0 621-64-7	2			R45 Xn; R22 N; R51-53	T, N R: 45-22-51/53 S: 53-45-61	§ 35 (0,0001)	
Nitrosoethylanilin s. Nitrosoethylphenylamin							
* N-Nitrosoethylphenylamin 612-64-6	2			Herstellereinstufung beachten		§ 35 (0,0001)	
2,2'-(Nitrosoimino)-bis-ethanol s. N-Nitrosodiethanolamin							
Nitrosomethylanilin s. N-Nitrosomethylphenylamin							
N-Nitrosomethylethylamin 10595-95-6	2			Herstellereinstufung beachten		§ 35 (0,0001)	

mg/m³	ml/m³	Spitzen-begrenzung	Art Bemerkungen H, S	Herkunft Staubklasse	Meßverfahren	Risikofaktoren nach TRGS 440 W F	Arbeitsmedizin Werte im biolog. Material	relevante Regeln/Literatur Hinweise
\<Grenzwert (Luft)\>								
9	10	11	12	13	14	15	16	
s.u.	s.u.	TRK		AGS	OSHA 27 NIOSH 2522 BIA 8180		40 VI, 43	GefStoffV § 15a ZVG 570214
s.u.	s.u.	TRK		AGS	OSHA 31 ZH...36 BIA 8183		40 VI, 43	GefStoffV § 15a ZVG 570212
s.u.	s.u.	TRK		AGS	OSHA 13, 27 NIOSH 2522 BIA 8187		40 VI, 43	GefStoffV § 15a ZVG 38460
s.u.	s.u.	TRK		AGS	OSHA 6, 27 EG NIOSH 2522 BIA 8190		40 VI, 43	GefStoffV § 15a ZVG 34030
s.u.	s.u.	TRK		AGS	OSHA 38 BIA 8225		40 VI, 43	GefStoffV § 15a ZVG 510775
s.u.	s.u.	TRK		AGS	OSHA 27 NIOSH 2522 BIA 8228		40 VI, 43	GefStoffV § 15a ZVG 570215
s.u.	s.u.	TRK		AGS	BIA 8210 ZH ... 62		40 VI, 43	GefStoffV § 15a ZVG 510782
s.u.	s.u.	TRK		AGS	OSHA 38 BIA 8193		40 VI, 43	GefStoffV § 15a ZVG 510771

s.u. = siehe unter N-Nitrosopyrrolidin

Stoffidentität EG-Nr. CAS-Nr.	Stoff					Zubereitungen	
	Einstufung				Kennzeichnung	Konzentrationsgrenzen	Einstufung/ Kennzeichnung
	krebs- erz. K	erbgut- veränd. M	fort.- pfl.gef. R_E/R_F	Gefahren- symbol R-Sätze	Gefahrensymbol R-Sätze S-Sätze	in Prozent	Gefahren- symbol R-Sätze
1	2	3	4	5	6	7	8
* N-Nitroso- methylphenylamin 210-366-5 614-00-6	2			Hersteller- einstufung beachten		§ 35 (0,0001)	
N-Nitrosomorpholin 59-89-2	2			Hersteller- einstufung beachten		§ 35 (0,0001)	
p-Nitrosophenol 203-251-6 104-91-6		M3		Hersteller- einstufung beachten			
N-Nitrosopiperidin 202-886-6 100-75-4	2			Hersteller- einstufung beachten		§ 35 (0,0001)	
N-Nitrosopyrrolidin 213-218-8 930-55-2 — Vulkanisation und nachfolgende Arbeits- verfahren einschließlich Lagerung für technische Gummiartikel, Altlager für Reifen, genutzt vor 1992 — Herstellung von Poly- acrylnitril nach dem Trockenspinnverfahren unter Einsatz von Dimethylformamid — Befüllen von Kesseln und Reaktoren mit Aminen — im übrigen	2			Hersteller- einstufung beachten		§ 35 (0,0005)	
5-Nitro-o-toluidin s. 2-Amino-4-nitrotoluol							
Nitrotoluidin Anm. C s. auch 2-Amino-4- nitrotoluol				T; R23/24/25 R33 N; R51-53	T, N R: 23/24/25-33- 51/53 S: (1/2)-28-36/ 37-45-61		

Grenzwert (Luft)					Meßverfahren	Risikofaktoren nach TRGS 440 W F	Arbeitsmedizin Werte im biolog. Material	relevante Regeln/Literatur Hinweise
mg/m³	ml/m³	Spitzenbegrenzung	Art Bemerkungen H, S	Herkunft Staubklasse				
9	10	11	12	13	14	15	16	
s.u.	s.u.		TRK	AGS	BIA 8220 ZH … 62		40 VI, 43	GefStoffV § 15a ZVG 570216
s.u.	s.u.		TRK	AGS	OSHA 17, 27 NIOSH 2522 BIA 8196		40 VI, 43	GefStoffV § 15a ZVG 570050
								ZVG 25200
s.u.	s.u.		TRK	AGS	OSHA 27 NIOSH 2522 BIA 8215		40 VI, 43	GefStoffV § 15a ZVG 570217
0,0025 0,00025 0,0025	ALS § 28 ALS § 19	4	TRK 11, 27	AGS	ZH…23, 62 BIA 8231 OSHA 27 NIOSH 2522		40 VI, 43	GefStoffV § 15a, 43 TRGS 901 Nr. 28 TRGS 552 (96) TRGS 611 (Kühlschmierstoffe) ZVG 570005
0,0025								
0,0025								
0,001								
			H			4 1	33 VI, 3	ZVG 570000

s.u. = siehe unter N-Nitrosopyrrolidin

Stoffidentität EG-Nr. CAS-Nr.	Stoff					Zubereitungen	
	Einstufung				Kennzeichnung	Konzentrationsgrenzen	Einstufung/ Kennzeichnung
	krebserz. K	erbgutveränd. M	fort.-pfl.gef. R_E/R_F	Gefahrensymbol R-Sätze	Gefahrensymbol R-Sätze S-Sätze	in Prozent	Gefahrensymbol R-Sätze
1	2	3	4	5	6	7	8
* 2-Nitrotoluol (o-) Anm. C 201-853-3 88-72-2	2	3	− (R_E) 3 (R_F)	T; R23/24/25 R33 N; R51-53	T, N R: 23/24/25-33-51/53 S: (1/2)-28-37-45-61		
3-Nitrotuluol (m-) 202-728-6 99-08-1					Herstellereinstufung beachten		
4-Nitrotoluol (p-) Anm. C 202-808-0 99-99-0				T; R23/24/25 R33 N; R51-53	T, N R: 23/24/25-33-51/53 S: (1/2)-28-37-45-61		
Nitrozellulose mit höchstens 12,6% Stickstoff				F; R11	F R: 11 S: (2)-16-33-37/39		
Nitrozellulose mit mehr als 12,6% Stickstoff				E; R3 R1	E R: 1-3 S: (2)-35		
Nonansäure 203-931-2 112-05-0				C; R34	C R: 34 S: (1/2)-26-28-36/37/39-45		
4-Nonylphenol, Reaktionsprodukte mit Formaldehyd und Dodecan-1-thiol 404-160-6				R43 R53	Xi R: 43-53 S: (2)-24-37-61		
Norbormid (ISO) 213-589-6 991-42-4				Xn; R22	Xn R: 22 S: (2)		
5-cis-Norbornen-2,3-dicarbonsäureanhydrid 204-957-7 129-64-6				Xi; R36/37/38	Xi R: 36/37/38 S: (2)-39	1%≦C	Xi; R36/37/38
2-Norbornylacrylat Anm. D 10027-06-2				Xn; R21 Xi; R38 R43	Xn R: 21-38-43 S: (2)-28	25%≦C 10%≦C<25% 1%≦C<10%	Xn; R21-38-43 Xi; R38-43 Xi; R43

Grenzwert (Luft)					Meßverfahren	Risikofaktoren nach TRGS 440		Arbeitsmedizin Werte im biolog. Material	relevante Regeln/Literatur Hinweise
mg/m³	ml/m³	Spitzenbegrenzung	Art Bemerkungen H, S	Herkunft Staubklasse		W	F		
9		10	11	12	13	14		15	16
0,5		4	TRK H, 32	AGS	BIA 8248 NIOSH 2005 ZH...58			33 VI, 3	ZVG 15570 TRGS 901 Nr. 79
30	5	4	MAK H	DFG	BIA 8249 NIOSH 2005 ZH...58	4	1	33 VI, 3	ZVG 15580
30	5	4	MAK H	DFG	BIA 8250 NIOSH 2005 ZH...58	4	1	33 VI, 3	ZVG 15590
						2	1		ZVG 490025
						2	1		ZVG 496705
						3	1		ZVG 38470
			S			4	1		ZVG 900403
						3	1		ZVG 510310
						2	1		ZVG 510311
			S, H			4	1		ZVG 510312

Stoffidentität EG-Nr. CAS-Nr.	Stoff					Zubereitungen		
	Einstufung				Kennzeichnung	Konzentrationsgrenzen	Einstufung/ Kennzeichnung	
	krebs-erz. K	erbgut-veränd. M	fort.-pfl.gef. R_E/R_F	Gefahren-symbol R-Sätze	Gefahrensymbol R-Sätze S-Sätze	in Prozent	Gefahren-symbol R-Sätze	
1	2	3	4	5	6	7	8	
Noruron (ISO) 2163-79-3				Xn; R22	Xn R: 22 S: (2)			
Nutztierstaub								

Grenzwert (Luft)					Meßverfahren	Risiko-faktoren nach TRGS 440		Arbeits-medizin Werte im biolog. Material	relevante Regeln/Literatur Hinweise
mg/m³	ml/m³	Spitzen-begren-zung	Art Bemer-kungen H, S	Herkunft Staubklasse		W	F		
9	10	11	12	13	14			15	16
						3	1		ZVG 490361
			S (R 42)						TRGS 908 Nr. 7

Stoffidentität EG-Nr. CAS-Nr.	Stoff					Zubereitungen	
	Einstufung				Kennzeichnung	Konzentrationsgrenzen	Einstufung/ Kennzeichnung
	krebs-erz. K	erbgut-veränd. M	fort.-pfl.gef. R_E/R_F	Gefahrensymbol R-Sätze	Gefahrensymbol R-Sätze S-Sätze	in Prozent	Gefahrensymbol R-Sätze
1	2	3	4	5	6	7	8
1,3,4,5,6,7,8,8-Octa-chlor-1,3,3a,4,7,7a-hexahydro-4,7-methano-isobenzofuran s. Isobenzan (ISO)							
1,2,4,5,6,7,8,8-Octa-chlor-3a,4,7,7a-tetra-hydro-4,7-methanoindan s. Chlordan (ISO)							
Octachlornaphthalin 218-778-7 2234-13-1					Hersteller-einstufung beachten		
Octamethylpyro-phosphoramid s. Schradan (ISO)							
Octan (alle Isomeren) Octan (n-) Anm. C 203-892-1 111-65-9				F; R11	F R: 11 S: (2)-9-16-29-33		
Octan-3-on 203-423-0 106-68-3					Hersteller-einstufung beachten		
2-n-Octyl-2,3-dihydro-isothiazol-3-on 26530-20-1					Hersteller-einstufung beachten		
Octylenglykol s. 2-Ethylhexan-1,3-diol							
1-Octyl-2-pyrrolidon 403-700-8 2687-94-7				C; R34	C R: 34 S: (1/2)-23-26-36/37/39-45		
2-(Octylthio)ethanol 222-598-4 3547-33-9				Xi; R41	Xi R: 41 S: (2)-26		
n-Octyl-3,4,5-tri-hydroxybenzoat (1-) 213-853-0 1034-01-1				Xn; R22 R43	Xn R: 22-43 S: (2)-24-37		

Grenzwert (Luft)					Meßverfahren	Risikofaktoren nach TRGS 440		Arbeitsmedizin Werte im biolog. Material	relevante Regeln/Literatur Hinweise
mg/m^3	ml/m^3	Spitzenbegrenzung	Art Bemerkungen H, S	Herkunft Staubklasse		W	F		
9	10	11	12		13	14		15	16
0,1 E			MAK H	AUS — NL H					
2 350	500	4	MAK	DFG	BIA 8260 HSE 72 OSHA 7 NIOSH 1500	2	2		ZVG 13810
130			MAK	AUS — USA					ZVG 22430
(0,05 E)		(=1=)	(H, Y) (S)	DFG					
						3	1		ZVG 530545
						4	1		ZVG 490406
			S			4	1		ZVG 530363

Stoffidentität EG-Nr. CAS-Nr.	Stoff					Zubereitungen	
	Einstufung				Kennzeichnung	Konzentrationsgrenzen	Einstufung/ Kennzeichnung
	krebserz. K	erbgutveränd. M	fort.-pfl.gef. R_E/R_F	Gefahrensymbol R-Sätze	Gefahrensymbol R-Sätze S-Sätze	in Prozent	Gefahrensymbol R-Sätze
1	2	3	4	5	6	7	8
Olaquindox s. N-(2-Hydroxyethyl)-3-methyl-2-chinoxalin-carboxamid-1,4-dioxid							
Oleum ...% SO_3 Anm. B				R14 C; R35 Xi; R37	C R: 14-35-37 S: (1/2)-26-30-45		
Omethoat (ISO) 214-197-8 1113-02-6				T; R25 Xn; R21 N; R50	T, N R: 21-25-50 S: (1/2)-23-36/37-45-61		
Osmiumtetraoxid 244-058-7 20816-12-0				T+; R26/27/28 C; R34	T+ R: 26/27/28-34 S: (1/2)-7/9-26-45		
7-Oxabicyclo(2,2,1)-heptan-2,3-dicarbonsäure s. Endothal							
Oxadiazon 243-215-7 19666-30-9				N; R50-53	N R: 50/53 S: 60-61		
Oxalsäure 205-634-3 144-62-7 Salze von Oxalsäure Anm. A				Xn; R21/22 Xn; R21/22	Xn R: 21/22 S: (2)-24/25 Xn R: 21/22 S: (2)-24/25	5%≦C 5%≦C	Xn; R21/22 Xn; R21/22
Oxalsäurediethylester s. Diethyloxalat							
Oxalsäuredinitril 207-306-5 460-19-5				F; R11 T; R23	F, T R: 11-23 S: (1/2)-23-45		
Oxamyl s. N',N'-Dimethylcarbamoyl(methylthio)methylen-amin-N-methylcarbamat							
3-Oxapentan-1,5-diol s. Diethylenglykol							
Oxetan s. 1,3-Epoxypropan							

Grenzwert (Luft)					Meßverfahren	Risikofaktoren nach TRGS 440		Arbeitsmedizin Werte im biolog. Material	relevante Regeln/Literatur Hinweise
mg/m^3	ml/m^3	Spitzenbegrenzung	Art Bemerkungen H, S	Herkunft Staubklasse		W	F		
9	10	11	12	13	14		15	16	
s. Schwefelsäure						4	4		ZVG 520023
			H			4	1		ZVG 12540
0,002	0,0002	=1=	MAK H	DFG		5	2		ZVG 4280
									ZVG 490604
1 E			MAK H	EG M		3	1		ZVG 17910
			H			3	1		ZVG 530072
22	10	4	MAK H	DFG		4	4		ZVG 38430

Stoffidentität EG-Nr. CAS-Nr.	Stoff					Zubereitungen	
	Einstufung				Kennzeichnung	Konzentrationsgrenzen	Einstufung/Kennzeichnung
	krebs-erz. K	erbgut-veränd. M	fort.-pfl.gef. R_E/R_F	Gefahrensymbol R-Sätze	Gefahrensymbol R-Sätze S-Sätze	in Prozent	Gefahrensymbol R-Sätze
1	2	3	4	5	6	7	8
Oxiran s. Ethylenoxid							
4,4'-Oxy-bis-benzolamin s. 4,4'-Oxydianilin							
4,4'-Oxybis(ethylen-thio)diphenol 404-590-4 90884-29-0				R43 N; R51-53	Xi, N R: 43-51/53 S: (2)-24-37-61		
Oxycarboxin (ISO) 226-066-2 5259-88-1				Xn; R22	Xn R: 22 S: (2)		
Oxydemeton-methyl 206-110-7 301-12-2				T; R24/25 N; R50	T, N R: 24/25-50 S: (1/2)-23-36/37-45-61		
4,4'-Oxydianilin 202-977-0 101-80-4	2			Herstellereinstufung beachten			
2,2'-Oxydiethanol s. Diethylenglykol							
Oxydiethylenbis-(chlorformiat) 203-430-9 106-75-2				Xn; R22 Xi; R38-41	Xn R: 22-38-41 S: (2)-23-26		
Oxydisulfoton 219-679-1 2497-07-6				T+; R28 T; R24	T+ R: 24-28 S: (1/2)-28-36/37-45		
* Ozon 233-069-2 10028-15-6	3	—	—				

Grenzwert (Luft)					Meßverfahren	Risiko-faktoren nach TRGS 440		Arbeits-medizin Werte im biolog. Material	relevante Regeln/Literatur Hinweise
mg/m^3	ml/m^3	Spitzen-begren-zung	Art Bemer-kungen H, S	Herkunft Staubklasse		W	F		
9	10	11	12		13	14		15	16
			S			4	1		ZVG 531030
						3	1		ZVG 490443
			H			4	1		ZVG 26340
0,1			EW H, (S) 51	AGS				33 VI, 3	s. TRGS 901 Nr. 63 ZVG 41430
						4	1		ZVG 570224
			H			5	1		ZVG 510314
0,2	0,1	=1=	MAK	AGS	DFG	4	4		ZVG 4040 BIA-Report 10/96 BIA-Handbuch 120 300

Stoffidentität EG-Nr. CAS-Nr.	Stoff					Zubereitungen	
	Einstufung				Kennzeichnung	Konzentrationsgrenzen	Einstufung/ Kennzeichnung
	krebs- erz. K	erbgut- veränd. M	fort.- pfl.gef. R_E/R_F	Gefahren- symbol R-Sätze	Gefahrensymbol R-Sätze S-Sätze	in Prozent	Gefahren- symbol R-Sätze
1	2	3	4	5	6	7	8
Papaverin 200-397-2 58-74-2				Xn; R22	Xn R: 22 S: (2)-22		
Salze von Papaverin Anm. A				Xn; R22	Xn R: 22 S: (2)-22		
Paraffine, chlorierte s. Chlorparaffine							
Paraldehyd s. 2,4,6-Trimethyl- 1,3,5-trioxan							
* Paraquat (ISO) 225-141-7 4685-14-7				T; R24/25 Xi; R36/37/38	T R: 24/25-36/37/38 S: (1/2)-22-36/ 37/39-45		
Salze von Paraquat Anm. A				T; R24/25 Xi; R36/37/38	T R: 24/25-36/37/38 S: (1/2)-22-36/ 37/39-45		
Paraquatdichlorid 217-615-7 1910-42-5				T; R24/25 Xi; R36/37/38	T R: 24/25-36/37/38 S: (1/2)-22-36/ 37/39-45		
Paraquat-dimethylsulfat 218-196-3 2074-50-2				Hersteller- einstufung beachten			
Parathion (ISO) 200-271-7 56-38-2				T+; R27/28 N; R50-53	T+, N R: 27/28-50/53 S: (1/2)-28-36/ 37-45-60-61		
Parathion-methyl (ISO) 206-050-1 298-00-0				T+; R28 T; R24	T+ R: 24-28 S: (1/2)-28-36/ 37-45		
Passivrauchen s. Abschnitt 3.2							
PCB s. Polychlorierte Biphenyle							
PCP s. Pentachlorphenol							

| Grenzwert (Luft) | | | | Meßverfahren | Risiko- faktoren nach TRGS 440 | | Arbeits- medizin Werte im biolog. Mate- rial | relevante Regeln/Literatur Hinweise |
mg/m^3	ml/m^3	Spitzen- begren- zung	Art Bemer- kungen H, S	Herkunft Staubklasse		W	F		
9	10	11	12	13	14		15	16
					3	1		ZVG 510315
					3	1		ZVG 530073
0,1 E		=1=	MAK H	AGS H	NIOSH 5003	4	1		ZVG 530390
			H			4	1		ZVG 530388
0,1 E		=1=	MAK H	DFG H	NIOSH 5003	4	1		ZVG 35430
0,1 E			MAK H	AUS — DK	NIOSH S 294				
0,1 E			MAK H	DFG H	OSHA 62 NIOSH 5600	5	1	BAT	ZVG 11320
0,2			MAK H	AUS — NL	NIOSH 5600	5	1		ZVG 11290

Stoffidentität EG-Nr. CAS-Nr.	Stoff					Zubereitungen	
	Einstufung				Kennzeichnung	Konzentrationsgrenzen	Einstufung/ Kennzeichnung
	krebs-erz. K	erbgut-veränd. M	fort.-pfl.gef. R_E/R_F	Gefahren-symbol R-Sätze	Gefahrensymbol R-Sätze S-Sätze	in Prozent	Gefahren-symbol R-Sätze
1	2	3	4	5	6	7	8
Pebulat (ISO) 214-215-4 1114-71-2				Xn; R22	Xn R: 22 S: (2)-23		
Pentaboran 243-194-4 19624-22-7					Hersteller-einstufung beachten		
Pentachlorbenzol 210-172-0 608-93-5				F; R11 Xn; R22 N; R50-53	F, Xn, N R: 11-22-50/53 S: (2)-41-46-50-60-61		
Pentachlorethan 200-925-1 76-01-7	3			R40 T; R48/23 N; R51-53	T, N R: 40-48/23-51/53 S: (1/2)-23-36/37-45-61	1%≤C 0,2%≤C<1%	T; R40-48/23 Xn; R48/20
Pentachlornaphthalin Anm. C 215-320-8 1321-64-8				Xn; R21/22 Xi; R36/38 N; R50-53	Xn, N R: 21/22-36/38-50/53 S: (2)-35-60-61		
Pentachlornitrobenzol s. Quintozene (ISO)							
* Pentachlorphenol 201-778-6 87-86-5	3 2	3	2 (R_E) − (R_F)	R40 T+; R26 T; R24/25 Xi; R36/37/38 N; R50-53	T+, N R: 24/25-26-36/37/38-40-50/53 S: (1/2)-22-36/37-45-52-60-61		
* Salze von Pentachlorphenol Anm. A	3 2			R40 T+; R26 T; R24/25 Xi; R36/37/38 N; R50/53	T+, N R: 24/25-26-36/37/38-40-50/53 S: (1/2)-22-36/37-45-52-60-61		
Pentaerythrittetraacrylat Anm. D 225-644-1 4986-89-4				Xi; R36/38 R43	Xi R: 36/38-43 S: (2)-26-39	20%≤C 1%≤C<20%	Xi; R36/38-43 Xi; R43
Pentaerythrittetranitrat 201-084-3 78-11-5				E; R3	E R: 3 S: (2)-35		
Pentaerythrittriacrylat Anm. D 222-540-8 3524-68-3				Xi; R36/38 R43	Xi R: 36/38-43 S: (2)-39	20%≤C 1%≤C<20%	Xi; R36/38-43 Xi; R43

| Grenzwert (Luft) | | | | | Meßverfahren | Risiko-faktoren nach TRGS 440 | | Arbeits-medizin Werte im biolog. Material | relevante Regeln/Literatur Hinweise |
mg/m^3	ml/m^3	Spitzen-begren-zung	Art Bemer-kungen H, S	Herkunft Staubklasse		W	F		
9	10	11	12	13	14		15		16
						3	1		ZVG 510316
0,01	0,005	=1=	MAK	DFG		2	3		ZVG 500121
					NIOSH 5517	3	1		ZVG 15990
40	5	4	MAK	DFG	NIOSH 2517	5	1	18 VI, 26	GefStoffV § 15, 43 Anh. III, Nr. 14; IV, Nr. 11 ChemVerbotsV, Nr. 16 ZVG 27160
0,5 E		4	MAK H	DFG M		3	1		ZVG 510318
0,001			EW H, 51	AGS	DFG OSHA 39 NIOSH 5512			40 VI, 43 EKA	GefStoffV §§ 15, 43, Anh. III, Nr. 6; IV, Nr. 12 ChemVerbotsV, Nr. 15 RL 91/173/EWG TRGS 901 Nr. 67 ZVG 14000 ZVG 530074
			H, 51						
			S			4	1		ZVG 510319
						2	1		ZVG 490092
			S			4	1		ZVG 510320

Stoffidentität EG-Nr. CAS-Nr.	Stoff					Zubereitungen	
	Einstufung				Kennzeichnung	Konzentrationsgrenzen	Einstufung/ Kennzeichnung
	krebserz. K	erbgutveränd. M	fort.-pfl.gef. R_E/R_F	Gefahrensymbol R-Sätze	Gefahrensymbol R-Sätze S-Sätze	in Prozent	Gefahrensymbol R-Sätze
1	2	3	4	5	6	7	8
Pentaethylenhexamin s. 3,6,9,12-Tetraazatetradecan-1,14-diamin							
6-(1-α,5a-β, 8a-β,9-Pentahydroxy-7-β-isopropyl-2-β,5-β,8-β-trimethylperhydro-8b-α,9-epoxy-5,8-ethanocyclopenta(1,2-b)indenyl)-pyrrol-2-carboxylat 239-732-2 15662-33-6				Xn; R21/22	Xn R: 21/22 S: (2)-36/37		
n-Pentan Anm. C 203-692-4 109-66-0				F; R11	F R: 11 S: (2)-9-16-29-33		
iso-Pentan s. Isopentan							
tert-Pentan s. Dimethylpropan							
Pentanatrium-5-anilino-3-[4-(4-[6-chlor-4-(3-sulfonatoanilino)-1,3,5-triazin-2-ylamino]-2,5-dimethylphenylazo)-2,5-disulfonatophenylazo]-4-hydroxynaphthalin-2,7-disulfonat 400-120-7				Xi; R36	Xi R: 36 S: (2)-22-26		
1,5-Pentandial s. Glutaraldehyd							
2,4-Pentandion 204-634-0 123-54-6				R10 Xn; R22	Xn R: 10-22 S: (2)-21-23-24/25	25%≤C	Xn; R22
1-Pentanol 200-752-1 71-41-0				s. Amylalkohol			
2-Pentanol 227-907-6 6032-29-7				s. Amylalkohol			

| Grenzwert (Luft) | | | | Meßverfahren | Risiko-faktoren nach TRGS 440 | | Arbeits-medizin Werte im biolog. Material | relevante Regeln/Literatur Hinweise |
| | | | | | W | F | | |
mg/m^3	ml/m^3	Spitzen-begren-zung	Art Bemer-kungen H, S	Herkunft Staubklasse				
9	10	11	12	13	14		15	16
			H		3	1		ZVG 490576
2 950	1 000	4	MAK	DFG	2	4		ZVG 10040
				OSHA 7 NIOSH 1500 BIA 8315				
					2	1		ZVG 496616
					3	1		ZVG 30800
360			MAK	AUS — DK				ZVG 13590
360			MAK	AUS — DK				ZVG 510041

477

Stoffidentität EG-Nr. CAS-Nr.	Stoff				Zubereitungen			
	Einstufung				Kennzeichnung		Konzentrationsgrenzen	Einstufung/ Kennzeichnung
	krebserz. K	erbgutveränd. M	fort.-pfl.gef. R_E/R_F	Gefahrensymbol R-Sätze	Gefahrensymbol R-Sätze S-Sätze		in Prozent	Gefahrensymbol R-Sätze
1	2	3	4	5	6		7	8
3-Pentanol 209-526-7 584-02-1				s. Amylalkohol				
tert-Pentanol s. 2-Methylbutanol-2								
Pentan-2-on 203-528-1 107-87-9					Herstellereinstufung beachten			
Pentan-3-on 202-490-3 96-22-0				F; R11	F R: 11 S: (2)-9-16-33			
Pentrit s. Pentaerythrittetranitrat								
Pentylacetat (alle Isomeren) Pentylacetat (n-) Anm. C 211-047-3 628-63-7				R10	R: 10 S: (2)-23			
N-tert-Pentyl-2-benzothiazolsulfenamid 404-380-2 110799-28-5				R43 R52-53	Xi R: 43-52/53 S: (2)-36/37-61			
Pentylchlorid s. Monochlorpentan								
Gemisch aus Pentylmethylphosphinat und 2-Methylbutylmethylphosphinat 402-090-0 87025-52-3				C; R34	C R: 34 S: (1/2)-26-36/ 37/39-45			
Pentylnitrit 207-332-7 463-04-7 und Mischung von Isomeren 203-770-8 110-46-3				F; R11 Xn; R20/22	F, Xn R: 11-20/22 S: (2)-16-24-46			

Grenzwert (Luft)					Meßverfahren	Risiko-faktoren nach TRGS 440		Arbeits-medizin Werte im biolog. Material	relevante Regeln/Literatur Hinweise
mg/m^3	ml/m^3	Spitzen-begren-zung	Art Bemer-kungen H, S	Herkunft Staubklasse		W	F		
9	10	11	12		13	14		15	16
360			MAK	AUS — DK					ZVG 510042
700	200	4	MAK	DFG	OSHA 7 NIOSH 1300	2	2		ZVG 30960
700			MAK	AUS — NL		2	2		ZVG 13610
525 (270)	100		MAK	DFG (EG)	OSHA 7 NIOSH 1450	2	1		ZVG 31930
			S			4	1		ZVG 530621
						3	1		ZVG 496677
						3	1		ZVG 510045
						3	1		ZVG 496177

Stoffidentität EG-Nr. CAS-Nr.	Stoff					Zubereitungen	
	Einstufung				Kennzeichnung	Konzentrationsgrenzen	Einstufung/ Kennzeichnung
	krebs- erz. K	erbgut- veränd. M	fort.- pfl.gef. R_E/R_F	Gefahren- symbol R-Sätze	Gefahrensymbol R-Sätze S-Sätze	in Prozent	Gefahren- symbol R-Sätze
1	2	3	4	5	6	7	8
Perchlorbutadien s. 1,1,2,3,4,4-Hexachlor-1,3-butadien							
Perchlorethylen s. Tetrachlorethen							
Perchlormethylmercaptan s. Trichlormethan-sulfenylchlorid							
Perchlorsäure ...% Anm. B 231-512-4 7601-90-3				R5 O; R8 C; R35	O, C R: 5-8-35 S: (1/2)-23-26-36-45	50%≦C 10%≦C<50% 1%≦C<10% C≧50%	C; R35 C; R34 Xi; R36/38 O; R5-8
Peressigsäure ...% s. Peroxyessigsäure ...%							
Perfluidon s. 1,1,1-Trifluor-N-(4-phenylsulfonyl-o-tolyl)-methansulfonamid							
Perfluorpropylen s. Hexafluorpropen							
Perhydro-1,3,5-trinitro-1,3,5-triazin 204-500-1 121-82-4					Hersteller-einstufung beachten		
Permethrin s. 3-Phenoxybenzyl-3-(2,2-dichlorvinyl)-2,2-di-methylcyclopropan-carboxylat							
Peroxyessigsäure ...% Anm. B, D 201-186-8 79-21-0	–	–	–	R10 O; R7 Xn; R20/21/22 C; R35	O, C R: 7-10-20/21/ 22-35 S: (1/2)-3/7-14-36/ 37/39-45	10%≦C 5%≦C<10% 1%≦C<5%	C; R20/21/22-35 C; R34 Xi; R36/37/38
PHC s. Propoxur							
1,10-Phenanthrolin 200-629-2 66-71-7				T; R25	T R: 25 S: (1/2)-45		

Grenzwert (Luft)					Meßverfahren	Risikofaktoren nach TRGS 440		Arbeitsmedizin Werte im biolog. Material	relevante Regeln/Literatur Hinweise
mg/m^3	ml/m^3	Spitzenbegrenzung	Art Bemerkungen H, S	Herkunft Staubklasse		W	F		
9	10	11	12		13	14		15	16
						4	2		ZVG 3960
1,5		MAK	AUS – NL						ZVG 510605
		H				4	2		ZH 1/284 ZVG 39230 TRGS 906 Nr. 14
						4	1		ZVG 492364

Stoffidentität EG-Nr. CAS-Nr.	Stoff				Zubereitungen			
	Einstufung				Kennzeichnung		Konzentrationsgrenzen	Einstufung/ Kennzeichnung
	krebs-erz. K	erbgut-veränd. M	fort.-pfl.gef. R_E/R_F	Gefahren-symbol R-Sätze	Gefahrensymbol R-Sätze S-Sätze		in Prozent	Gefahren-symbol R-Sätze
1	2	3	4	5	6		7	8
o-Phenetidin s. 2-Ethoxyanilin								
p-Phenetidin s. 4-Ethoxyanilin								
Phenkapton 218-892-7 2275-14-1				T; R23/24/25 N; R50-53	T, N R: 23/24/25-50/53 S: (1/2)-13-45-60-61			
Phenol 203-632-7 108-95-2				T; R24/25 C; R34	T R: 24/25-34 S: (1/2)-28-45		5%≦C 1%≦C<5%	T; R24/25-34 Xn; R21/22-36/38
Phenol-Formaldehydharz 9003-35-4								
3-Phenoxybenzyl-3-(2,2-dichlorvinyl)-2,2-dimethyl-cyclopropancarboxylat 258-067-9 52645-53-1				Xn; R22	Xn R: 22 S: (2)			
2-Phenoxyethanol 204-589-7 122-99-6				Xn; R22 Xi; R36	Xn R: 22-36 S: (2)-26			
Phenthoat (ISO) 219-997-0 2597-03-7				Xn; R21/22	Xn R: 21/22 S: (2)-22-36/37			
* 1-Phenylazo-2-naphthol 212-668-2 842-07-9	3	3	— —		Hersteller-einstufung beachten			
Phenylbenzol s. Biphenyl								
Phenylcarbimid, Phenylcarbonimid s. Phenylisocyanat								
Phenyl-5,6-dichlor-2-trifluormethylbenzimidazol-1-carboxylat s. Fenazaflor (ISO)								
m-Phenylenbis-(methylamin) s. α,α'-Diamino-m-xylol								

Grenzwert (Luft)					Meßverfahren	Risikofaktoren nach TRGS 440		Arbeitsmedizin Werte im biolog. Material	relevante Regeln/Literatur Hinweise
mg/m³	ml/m³	Spitzenbegrenzung	Art Bemerkungen H, S	Herkunft Staubklasse		W	F		
9	10	11	12	13		14	15		16
			H			4	1		ZVG 510321
19	5	=1=	MAK H	DFG		DFG BIA 8330 OSHA 32	4	1	BAT	ZH 1/314 ZVG 10430
			S (R 43)						
						3	1		ZVG 510015
						BIA 8332	3	1		ZVG 20470
			H				3	1		ZVG 510322
			S (R 43)						TRGS 906 Nr. 23

Stoffidentität EG-Nr. CAS-Nr.	Stoff					Zubereitungen	
	Einstufung				Kennzeichnung	Konzentrationsgrenzen	Einstufung/ Kennzeichnung
	krebs-erz. K	erbgut-veränd. M	fort.-pfl.gef. R_E/R_F	Gefahren-symbol R-Sätze	Gefahrensymbol R-Sätze S-Sätze	in Prozent	Gefahren-symbol R-Sätze
1	2	3	4	5	6	7	8
m-Phenylendiamin (1,3-) Anm. C 203-584-7 108-45-2	–	3	–	T; R23/24/25 R43 N; R50-53	T, N R: 23/24/25-43-50/53 S: (1/2)-28-36/37-45-60-61	5%≦C 1%≦C<5%	T; R23/24/25-43 Xn; R20/21/22-43
o-Phenylendiamin (1,2-) Anm. C 202-430-6 95-54-5	3	3	–	T; R23/24/25 R43 N; R50-53	T, N R: 23/24/25-43-50/53 S: (1/2)-28-36/37-45-60-61	5%≦C 1%≦C<5%	T; R23/24/25-43 Xn; R20/21/22-43
p-Phenylendiamin (1,4-) Anm. C 203-404-7 106-50-3	–	–	–	T; R23/24/25 R43 N; R50-53	T, N R: 23/24/25-43-50/53 S: (1/2)-28-36/37-45-60-61	5%≦C 1%≦C<5%	T; R23/24/25-43 Xn; R20/21/22-43
1,2-Phenylendiamin-dihydrochlorid (o-) 210-418-7 615-28-1	3	3	–	Hersteller-einstufung beachten			
1,3-Phenylendiamin-dihydrochlorid (m-) Anm. C 208-790-0 541-69-5	–	3	–	T; R23/24/25 R43 N; R50-53	T, N R: 23/24/25-43-50/53 S: (1/2)-28-36/37-45-60-61		
1,4-Phenylendiamin-dihydrochlorid (p-) Anm. C 210-834-9 624-18-0	–	–	–	T; R23/24/25 R43 N; R50-53	T, N R: 23/24/25-43-50/53 S: (1/2)-28-36/37-45-60-61		
1-Phenylethylamin 202-706-6 98-84-0				Xn; R21/22 C; R34	C R: 21/22-34 S: (1/2)-26-28-36/37/39-45		
1-Phenylethyl-3-(di-methoxyphosphinyloxy)-isocrotonat s. Crotoxyphos (ISO)							
Phenylglycidylether s. 1,2-Epoxy-3-phenoxypropan							

Grenzwert (Luft)					Meßverfahren	Risikofaktoren nach TRGS 440		Arbeitsmedizin Werte im biolog. Material	relevante Regeln/Literatur Hinweise
mg/m³	ml/m³	Spitzenbegrenzung	Art Bemerkungen H, S	Herkunft Staubklasse		W	F		
9	10	11	12		13	14		15	16
			H, S		OSHA 87	4	1	33 VI, 3	ZVG 16690 TRGS 906 Nr. 19
0,1		4	MAK H, S 7, 29, 32	AGS	OSHA 87	4	1	33 VI, 3	ZVG 15030 TRGS 901 Nr. 76, 906 Nr. 18
0,1 E		4	MAK H, S	DFG H	OSHA 87	4	1	33 VI, 3	ZVG 16890 TRGS 906 Nr. 20
			S						ZVG 490256 TRGS 906 Nr. 18
			H, S			4	1	33 VI, 3	ZVG 510323 TRGS 906 Nr. 19
			H, S			4	1	33 VI, 3	ZVG 510324 TRGS 906 Nr. 20
			H			3	1		

Stoffidentität EG-Nr. CAS-Nr.	Stoff					Zubereitungen	
	Einstufung			Kennzeichnung		Konzentrationsgrenzen	Einstufung/ Kennzeichnung
	krebserz. K	erbgutveränd. M	fort.-pfl.gef. R_E/R_F	Gefahrensymbol R-Sätze	Gefahrensymbol R-Sätze S-Sätze	in Prozent	Gefahrensymbol R-Sätze
1	2	3	4	5	6	7	8
* Phenylhydrazin 202-873-5 100-63-0	3	3	$-(R_E)$ $-(R_F)$	T; R23/24/25 Xi; R36 N; R50	T, N R: 23/24/25-36-50 S: (1/2)-28-45-61		
Phenylisocyanat 203-137-6 103-71-9					Herstellereinstufung beachten		
Phenylmercaptan s. Benzolthiol							
N-Phenyl-2-naphthylamin 205-223-9 135-88-6	3				Herstellereinstufung beachten		
4-Phenyl-nitrobenzol s. 4-Nitrobiphenyl							
Phenyloxiran s. Styroloxid							
N-Phenyl-p-phenylendiamin s. p-Aminodiphenylamin							
Phenylphosphin 211-325-4 638-21-1					Herstellereinstufung beachten		
Phenylpropen 98-83-9							
1-Phenyl-3-pyrazolidon 202-155-1 92-43-3				Xn; R22	Xn R: 22 S: (2)		
Phenylquecksilberacetat 200-532-5 62-38-4				T; R25-48/24/25 C; R34	T R: 25-34-48/24/25 S: (1/2)-23-24/25-37-45		
Phenylquecksilberhydroxid/Phenylquecksilbernitrat 8003-05-2				T; R25-48/24/25 C; R34 Xi; R37 R44	T R: 25-34-37-44-48/24/25 S: (1/2)-23-24/25-37-45		
6-Phenyl-1,3,5-triazin-2,4-diamin 202-095-6 91-76-9				Xn; R22	Xn R: 22 S: (2)		

Grenzwert (Luft)					Meßverfahren	Risikofaktoren nach TRGS 440 W F		Arbeitsmedizin Werte im biolog. Material	relevante Regeln/Literatur Hinweise
mg/m^3	ml/m^3	Spitzenbegrenzung	Art Bemerkungen H, S	Herkunft Staubklasse		W	F		
9	10	11	12		13	14		15	16
22	5		MAK H, (S)	DFG	NIOSH 3518	4	1		ZVG 18830
0,05	0,01	=1=	MAK	ARW		2	1	27 VI, 16	ZVG 11920
			51	AGS	OSHA 96	4	1		ZVG 19480 TRGS 901 Nr. 88
0,25			MAK	AUS — NL					
(490)	(100)	(=1=)		DFG					
						3	1		ZVG 22910
s. organische Quecksilberverbindungen			H, S (R 43)			5	1	9 VI, 28 BAT	ZVG 32620 TRGS 907
s. organische Quecksilberverbindungen			H, S (R 43)			5	1	9 VI, 28 BAT	ZVG 490498 TRGS 907
						3	1		ZVG 570059

Stoffidentität EG-Nr. CAS-Nr.	Stoff					Zubereitungen	
	Einstufung				Kennzeichnung	Konzentrationsgrenzen	Einstufung/ Kennzeichnung
	krebserz. K	erbgutveränd. M	fort.-pfl.gef. R_E/R_F	Gefahrensymbol R-Sätze	Gefahrensymbol R-Sätze S-Sätze	in Prozent	Gefahrensymbol R-Sätze
1	2	3	4	5	6	7	8
Phorat (ISO) 206-052-2 298-02-2				T+; R27/28	T+ R: 27/28 S: (1/2)-28-36/ 37-45		
Phosacetim (ISO) 223-874-7 4104-14-7				T+; R27/28 N; R50-53	T+, N R: 27/28-50/53 S: (1/2)-28-36/ 37-45-60-61		
Phosalon 218-996-2 2310-17-0				T; R25 Xn; R21 N; R50-53	T, N R: 21-25-50/53 S: (1/2)-36/37-45-60-61		
Phosdrin s. Mevinphos							
Phosfolan (ISO) 213-423-2 947-02-4				T+; R27/28	T+ R: 27/28 S: (1/2)-28-36/ 37-45		
Phosgen s. Carbonylchlorid							
Phosmet (ISO) 211-987-4 732-11-6				Xn; R21/22	Xn R: 21/22 S: (2)-22-36/37		
Phosnichlor 5826-76-6				Xn; R20/21/22	Xn R: 20/21/22 S: (2)-13		
Phosphamidon 236-116-5 13171-21-6			3	T+; R28 T; R24 R40 N; R50-53	T+, N R: 24-28-40-50/53 S: (1/2)-23-36/ 37-45-60-61		
Phosphin s. Phosphorwasserstoff							
Phosphor (gelb, weiß) s. Tetraphosphor s. auch Roter Phosphor							
Phosphoroxidchlorid 233-046-7 10025-87-3				C; R34 Xi; R37	C R: 34-37 S: (1/2)-7/8-26-45		

Grenzwert (Luft)					Meßverfahren	Risikofaktoren nach TRGS 440		Arbeitsmedizin Werte im biolog. Material	relevante Regeln/Literatur Hinweise
mg/m^3	ml/m^3	Spitzenbegrenzung	Art Bemerkungen H, S	Herkunft Staubklasse		W	F		
9		10	11	12	13	14		15	16
0,05			MAK H	AUS — NL	NIOSH 5600	5	1		ZVG 510325
			H			5	1		ZVG 510327
			H			4	1		ZVG 510326
			H			5	1		ZVG 510745
			H			3	1		ZVG 510328
			H			3	1		ZVG 510329
			H			5	1		ZVG 39990
1	0,2	4	MAK	DFG		3	2		ZVG 2940

Stoffidentität EG-Nr. CAS-Nr.	Stoff					Zubereitungen	
	Einstufung				Kennzeichnung	Konzentrationsgrenzen	Einstufung/ Kennzeichnung
	krebserz. K	erbgutveränd. M	fort.-pfl.gef. R_E/R_F	Gefahrensymbol R-Sätze	Gefahrensymbol R-Sätze S-Sätze	in Prozent	Gefahrensymbol R-Sätze
1	2	3	4	5	6	7	8
Phosphorpentachlorid 233-060-3 10026-13-8				C; R34 Xi; R37	C R: 34-37 S: (1/2)-7/8-26-45		
Phosphorpentasulfid s. Diphosphorpentasulfid							
Phosphorpentoxid 215-236-1 1314-56-3				C; R35	C R: 35 S: (1/2)-22-26-45		
Phosphorsäure ...% Anm. B 231-633-2 7664-38-2				C; R34	C R: 34 S: (1/2)-26-45	25%≦C 10%≦C<25%	C; R34 Xi; R36/38
Phosphorsäuretrimethylester s. Trimethylphosphat							
Phosphorsesquisulfid s. Tetraphosphortrisulfid							
Phosphortribromid 232-178-2 7789-60-8				R14 C; R34 Xi; R37	C R: 14-34-37 S: (1/2)-26-45		
Phosphortrichlorid 231-749-3 7719-12-2				C; R34 Xi; R37	C R: 34-37 S: (1/2)-7/8-26-45		
Phosphorwasserstoff 232-260-8 7803-51-2				Herstellereinstufung beachten			
Phosphorylchlorid s. Phosphoroxidchlorid							
Phoxim (ISO) 238-887-3 14816-18-3				Xn; R22	Xn R: 22 S: (2)-36		
Phthalimidodichlorfluorthiomethan s. N-(Dichlorfluormethylthio)phthalimid							
Phthalsäureanhydrid 201-607-5 85-44-9				Xi; R36/37/38	Xi R: 36/37/38 S: (2)	5%≦C	Xi; R36/37/38

Grenzwert (Luft)					Meßverfahren	Risikofaktoren nach TRGS 440		Arbeitsmedizin Werte im biolog. Material	relevante Regeln/Literatur Hinweise
mg/m³	ml/m³	Spitzenbegrenzung	Art Bemerkungen H, S	Herkunft Staubklasse		W	F		
9		10	11	12	13	14		15	16
1 E		=1=	MAK	DFG, EG	NIOSH S257	3	1		ZVG 3000
1 E		=1=	MAK (Y)	DFG, EG		4	1		ZVG 1850
(1)				(EG)	NIOSH 7903 BIA 8375	3	1		ZVG 1800
						3	1		ZVG 3950
3	0,5	=1=	MAK	DFG	NIOSH 6402	3	3		ZVG 2530
0,15	0,1	=1=	MAK	DFG	DFG BIA 8385 NIOSH 6002	5	4		GefStoffV § 15d TRGS 512 ZVG 3530
						3	1		ZVG 12670
1 E		=1=	MAK S (R 42)	DFG	BIA 8390 OSHA 90 HSE 62	4	1		ZH 1/287 ZVG 13390 TRGS 908 Nr. 8

Stoffidentität EG-Nr. CAS-Nr.	Stoff					Zubereitungen	
	Einstufung				Kennzeichnung	Konzentrationsgrenzen	Einstufung/ Kennzeichnung
	krebserz. K	erbgutveränd. M	fort.- pfl.gef. R_E/R_F	Gefahrensymbol R-Sätze	Gefahrensymbol R-Sätze S-Sätze	in Prozent	Gefahrensymbol R-Sätze
1	2	3	4	5	6	7	8
Physostigmin s. Eserin							
2-Picolin s. 2-Methylpyridin							
4-Picolin s. 4-Methylpyridin							
Pikraminsäure s. 2-Amino-4,6-dinitrophenol							
Pikrinsäure s. 2,4,6-Trinitrophenol Salze der Pikrinsäure Anm. A				E; R3 T; R23/24/25	E, T R: 3-23/24/25 S: (1/2)-28-35-37-45		
Pilocarpin 202-128-4 92-13-7				T+; R26/28	T+ R: 26/28 S: (1/2)-25-45		
Salze von Pilocarpin Anm. A				T+; R26/28	T+ R: 26/28 S: (1/2)-25-45		
Pindon 201-462-8 83-26-1				T; R25-48/25	T R: 25-48/25 S: (1/2)-37-45		
Piperazin 203-808-3 110-85-0				C; R34 R42/43 R52-53	C R: 34-42/43-52/53 S: (1/2)-22-26-36/37/39-45-61		
1,4-Piperazinbis- (polyethylenamin) s. Polyethylenamine							
2-Piperazin-1-ylethylamin 205-411-0 140-31-8				Xn; R21/22 C; R34 R43 R52-53	C R: 21/22-34-43-52/53 S: (1/2)-26-36/37/39-45-61		
Piperidin 203-813-0 110-89-4				F; R11 T; R23/24 C; R34	F, T R: 11-23/24-34 S: (1/2)-16-26-27-45	5%≤C 1%≤C<5%	T; R23/24-34 Xn; R20/21-36/38

Grenzwert (Luft)				Meßverfahren	Risikofaktoren nach TRGS 440		Arbeitsmedizin Werte im biolog. Material	relevante Regeln/Literatur Hinweise
mg/m^3	ml/m^3	Spitzenbegrenzung	Art Bemerkungen H, S	Herkunft Staubklasse		W	F	
9	10	11	12	13	14		15	16
		H			4	1		ZVG 496708
					5	1		ZVG 510331
					5	1		ZVG 530077
0,1 E		MAK	AUS — NL H		5	1		ZVG 510333
		S			4	1		ZVG 23850
		H, S			4	1		ZVG 17780
		H 20			4	2		ZVG 15140

Stoffidentität EG-Nr. CAS-Nr.	Stoff					Zubereitungen	
	Einstufung				Kennzeichnung	Konzentrationsgrenzen	Einstufung/ Kennzeichnung
	krebs-erz. K	erbgut-veränd. M	fort.-pfl.gef. R_E/R_F	Gefahren-symbol R-Sätze	Gefahrensymbol R-Sätze S-Sätze	in Prozent	Gefahren-symbol R-Sätze
1	2	3	4	5	6	7	8
Piperophos (ISO) 24151-93-7				Xn; R22	Xn R: 22 S: (2)		
Pirimicarb 245-430-1 23103-98-2				T; R25	T R: 25 S: (1/2)-22-37-45		
Pirimiphos-ethyl (ISO) 245-704-0 23505-41-1				T; R25 Xn; R21 N; R50-53	T, N R: 21-25-50/53 S: (1/2)-23-36/ 37-45-60-61		
Pirimiphos-methyl (ISO) 249-528-5 29232-93-7				Xn; R22	Xn R: 22 S: (2)		
2-Pivaloyl-indan-1,3-dion s. Pindon							
Platin (Metall) 231-116-1 7440-06-4							
Platinverbindungen				Hersteller-einstufung beachten			
PMDI s. Polymeres MDI							
* Polychlorierte Biphenyle Anm. C, n + n' > 2 215-648-1 1336-36-3	3		2 (R_E) 2 (R_F)	R33 N; R50-53	Xn, N R: 33-50/53 S: (2)-35-60-61	0,005%≤C	Xn; R33
Polychlorierte Terphenyle				Hersteller-einstufung beachten			
Polycyclische aromatische Kohlenwasserstoffe s. Abschnitt 3.1							
Polyethylenpolyamine mit Ausnahme der namentlich in dieser Liste genannten				Xn; R21/22 C; R34 R43 N; R50-53	C, N R: 21/22-34-43-50/53 S: (1/2)-26-36/ 37/39-45-60-61	25%≤C 10%≤C<25% 5%≤C<10% 1%≤C<5%	C; R21/22-34-43 C; R34-43 Xi; R36/38-43 Xi; R43

Grenzwert (Luft)					Meßverfahren	Risikofaktoren nach TRGS 440		Arbeitsmedizin Werte im biolog. Material	relevante Regeln/Literatur Hinweise
mg/m³	ml/m³	Spitzenbegrenzung	Art Bemerkungen H, S	Herkunft Staubklasse		W	F		
9	10	11	12	13		14	15		16
						3	1		ZVG 490364
						4	1		ZVG 510334
			H			4	1		ZVG 510351
						3	1		ZVG 510352
1 E			MAK	EG M	NIOSH 7300 HSE 46	2	1		ZVG 7780
0,002 E			MAK 25 S*)	DFG H	OSHA ID 121 HSE 46				ZVG 520070 *) Chloroplatinate TRGS 908 Nr. 9
s. Chlorierte Biphenyle			H, R64		NIOSH 5503	4	1		s. Chlorierte Biphenyle ZVG 95370
					NIOSH 5014				GefStoffV §§ 15, 43, 54, Anh. III, Nr. 11; IV, Nr. 14 ZVG 530137
					NIOSH 5506, 5515			40 VI, 43	TRGS 551 ZVG 496595
			H, S			4	1		gilt für 1,4-Piperazin-bis(polyethylenamine) n = 1-4, m = 0-3 1 < m + n ≤ 6 und Hexaethylenheptamin

Stoffidentität EG-Nr. CAS-Nr.	Stoff					Zubereitungen	
	Einstufung				Kennzeichnung	Konzentrationsgrenzen	Einstufung/ Kennzeichnung
	krebserz. K	erbgutveränd. M	fort.-pfl.gef. R_E/R_F	Gefahrensymbol R-Sätze	Gefahrensymbol R-Sätze S-Sätze	in Prozent	Gefahrensymbol R-Sätze
1	2	3	4	5	6	7	8
Polyethylenpolyamine 268-626-9 68131-73-7				Xn; R21/22 C; R34 R43 N; R50-53	C, N R: 21/22-34-43-50/53 S: (1/2)-26-36/37/39-45-60-61	25%≦C 10%≦C<25% 5%≦C<10% 1%≦C<5%	C; R21/22-34-43 C; R34-43 Xi; R36/38-43 Xi; R43
Polyethylenglykole (mittlere Molmasse 200-400)					Herstellereinstufung beachten		
Polyethylenoxid s. Polyethylenglykole							
Poly[oxo(2-butoxyethyl-3-oxobutanoato-O'1,O'3)aluminium] 403-430-0				Xi; R41	Xi R: 41 S: (2)-26-39		
Poly[oxypropylencarbonyl-co-oxy(ethylethylen)carbonyl], enthält 27% Hydroxyvalerat 403-300-3				R43	Xi R: 43 S: (2)-24-37		
Poly(p-phenylenterephthalamid) s. p-Aramid							
Polyvinylchlorid 9002-86-2							
Portlandzement (Staub)					Herstellereinstufung beachten		
Profenofos s. O-(4-Brom-2-chlorphenyl)-O-ethyl-S-propylthiophosphat							
Profluralin (ISO) 247-656-6 26399-36-0				Xi; R36	Xi R: 36 S: (2)		
Promecarb (ISO) 220-113-0 2631-37-0				T; R25	T R: 25 S: (1/2)-24-37-45		
Propachlor 217-638-2 1918-16-7				Xn; R22 Xi; R36 R43	Xn R: 22-36-43 S: (2)-24-37		

Grenzwert (Luft)					Meßverfahren	Risikofaktoren nach TRGS 440		Arbeitsmedizin Werte im biolog. Material	relevante Regeln/Literatur Hinweise
mg/m³	ml/m³	Spitzenbegrenzung	Art Bemerkungen H, S	Herkunft Staubklasse		W	F		
9	10	11	12		13	14		15	16
			H, S			4	1		
1000		4	MAK (Y)	DFG					
									ZVG 26500
						4	1		ZVG 900388
			S			4	1		ZVG 900386
5 A			MAK	DFG L		2	1		ZVG 13280
5 E			MAK	DFG L	BIA OSHA ID 207				BIA-Arbeitsmappe 412
						2	1		ZVG 490659
						4	1		ZVG 510336
			S			4	1		ZVG 510338

Stoffidentität EG-Nr. CAS-Nr.	Stoff					Zubereitungen	
	Einstufung				Kennzeichnung	Konzentrationsgrenzen	Einstufung/ Kennzeichnung
	krebs- erz. K	erbgut- veränd. M	fort.- pfl.gef. R_E/R_F	Gefahren- symbol R-Sätze	Gefahrensymbol R-Sätze S-Sätze	in Prozent	Gefahren- symbol R-Sätze
1	2	3	4	5	6	7	8
Propan 200-827-9 74-98-6				F+; R12	F+ R: 12 S: (2)-9-16		
Propanal 204-623-0 123-38-6				F; R11 Xi; R36/37/38	F, Xi R: 11-36/37/38 S: (2)-9-16-29		
Propanil (ISO) 211-914-6 709-98-8				Xn; R22	Xn R: 22 S: (2)-22		
1-Propanol (n-) Anm. C 200-746-9 71-23-8				F; R11	F R: 11 S: (2)-7-16		
2-Propanol (iso-) Anm. C 200-661-7 67-63-0 — Herstellung (Starke- Säure-Verfahren)	1			F; R11	F R: 11 S: (2)-7-16		
3-Propanolid Anm. E 200-340-1 57-57-8	2			R45 T+; R26 Xi; R36/38	T+ R: 45-26-36/38 S: 53-45		
1,3-Propansulton Anm. E 214-317-9 1120-71-4	2			R45 Xn; R21/22	T R: 45-21/22 S: 53-45	§ 35 (0,01)	
Propargit (ISO) 219-006-1 2312-35-8				Xn; R22 Xi; R36	Xn R: 22-36 S: (2)-24		
Propargylalkohol s. Prop-2-in-1-ol							
Propazin 205-359-9 139-40-2	3			R40	Xn R: 40 S: (2)-36/37		
Propen 204-062-1 115-07-1				F+; R12	F+ R: 12 S: (2)-9-16-33		
2-Propenal s. Acrylaldehyd							

Grenzwert (Luft)					Meßverfahren	Risikofaktoren nach TRGS 440		Arbeitsmedizin Werte im biolog. Material	relevante Regeln/Literatur Hinweise
mg/m³	ml/m³	Spitzenbegrenzung	Art Bemerkungen H, S	Herkunft Staubklasse		W	F		
9		10	11	12	13	14		15	16
1 800	1 000	4	MAK	DFG		2	4		ZVG 10020
					DFG BIA 8450	2	4		ZVG 13760
						3	1		ZVG 510339
					OSHA 7 NIOSH 1401 BIA 8414	2	2		ZVG 13580
980 (490)	400	4	MAK (Y)	DFG	DFG BIA 8415 OSHA 7 NIOSH 1400	2	2	BAT	ZVG 11190 GefStoffV § 15, Anh. IV, Nr. 16
					EG			40 VI, 43	ZVG 34070
			H		EG ZH...33			40 VI, 43	GefStoffV § 15a, 43 ZVG 27400
						3	1		ZVG 510340
						4	1		ZVG 490170
						2	4		ZVG 10100

Stoffidentität EG-Nr. CAS-Nr.	Stoff				Zubereitungen		
	Einstufung				Kennzeichnung	Konzentrationsgrenzen	Einstufung/ Kennzeichnung
	krebserz. K	erbgutveränd. M	fort.-pfl.gef. R_E/R_F	Gefahrensymbol R-Sätze	Gefahrensymbol R-Sätze S-Sätze	in Prozent	Gefahrensymbol R-Sätze
1	2	3	4	5	6	7	8
2-Propen-1-ol s. Allylalkohol							
Propensäure-n-butylester s. n-Butylacrylat							
2-[3-(Prop-1-en-2-yl)-phenyl]prop-2-ylisocyanat 402-440-2 2094-99-7				T+; R26 C; R34 Xn; R48/20 N; R50-53 R42/43	T+, N R: 26-34-42/43-48/20-50/53 S: (1/2)-7-15-28-36/37/39-38-45-60-61		
Propin s. Methylacetylen							
Prop-2-in-1-ol (Propargylalkohol) 203-471-2 107-19-7				R10 T; R23/24/25 C; R34	T R: 10-23/24/25-34 S: (1/2)-26-28-36-45		
1,3-Propiolacton (β-) s. 3-Propanolid							
Propionaldehyd s. Propanal							
* Propionsäure …% Anm. B 201-176-3 79-09-4				C; R34	C R: 34 S: (1/2)-23-36-45	25%≦C 10%≦C<25%	C; R34 Xi; R36/37/38
Propionsäureanhydrid 204-638-2 123-62-6				C; R34	C R: 34 S: (1/2)-26-45	25%≦C 10%≦C<25%	C; R34 Xi; R36/38
Propionylchlorid 201-170-0 79-03-8				F; R11 R14 C; R34	F, C R: 11-14-34 S: (1/2)-9-16-26-45		
Propoxur (ISO) 204-043-8 114-26-1				T; R25	T R: 25 S: (1/2)-37-45		
Propylacetat Anm. C 203-686-1 109-60-4				F; R11	F R: 11 S: (2)-16-23-29-33		
Propylalkohol s. 1-Propanol							

Grenzwert (Luft)					Meßverfahren	Risiko-faktoren nach TRGS 440		Arbeits-medizin Werte im biolog. Material	relevante Regeln/Literatur Hinweise
mg/m³	ml/m³	Spitzen-begren-zung	Art Bemer-kungen H, S	Herkunft Staubklasse		W	F		
9	10	11	12		13	14		15	16
			S			5	1	27 VI, 16	ZVG 496687
5	2		MAK H	DFG	OSHA 97	4	2		ZVG 29350
31		=1=	MAK	DFG, EG	BIA 8455	3	1		ZVG 12590
						3	1		ZVG 12600
						3	3		ZVG 510342
2 E			MAK	DFG L		4	1		ZVG 12330
840	200	=1=	MAK	DFG	HSE 72 (n-) OSHA 7 NIOSH 1450	2	2		s. auch Isopropylacetat ZVG 33670

Stoffidentität EG-Nr. CAS-Nr.	Stoff					Zubereitungen	
	Einstufung				Kennzeichnung	Konzentrationsgrenzen	Einstufung/ Kennzeichnung
	krebserz. K	erbgutveränd. M	fort.-pfl.gef. R_E/R_F	Gefahrensymbol R-Sätze	Gefahrensymbol R-Sätze S-Sätze	in Prozent	Gefahrensymbol R-Sätze
1	2	3	4	5	6	7	8
iso-Propylalkohol s. 2-Propanol							
Propylallyldisulfid s. Allylpropyldisulfid							
iso-Propylamin s. 2-Aminopropan							
n-Propylbenzol Anm. C 203-132-9 103-65-1				R10 Xi; R37	Xi R: 10-37 S: (2)	25%≤C	Xi; R37
Propylbromid s. 1-Brompropan							
S-Propylbutyl(ethyl)-thiocarbamat s. Pebulat (ISO)							
n-Propylchlorformiat 203-687-7 109-61-5				R10 T; R23 C; R34	T R: 10-23-34 S: (1/2)-26-36-45		
S-Propyldipropyl-thiocarbamat 217-681-7 1929-77-7				Xn; R22	Xn R: 22 S: (2)		
Propylen s. Propen							
Propylencarbonat 203-572-1 108-32-7				Xi; R36	Xi R: 36 S: (2)		
1,2-Propylendiamin 201-155-9 78-90-0				R10 Xn; R21/22 C; R35	C R: 10-21/22-35 S: (1/2)-26-37/39-45		
Propylendichlorid s. 1,2-Dichloropropan							
Propylenglykoldinitrat 229-180-0 6423-43-4				Herstellereinstufung beachten			

Grenzwert (Luft)					Meßverfahren	Risikofaktoren nach TRGS 440		Arbeitsmedizin Werte im biolog. Material	relevante Regeln/Literatur Hinweise
mg/m^3	ml/m^3	Spitzenbegrenzung	Art Bemerkungen H, S	Herkunft Staubklasse		W	F		
9	10	11	12	13	14		15		16
s. Kohlenwasserstoffgemische					HSE 72 TRGS 901, Nr. 72	2	1		s. auch Isopropylbenzol ZVG 20290
						4	2		ZVG 570218
						3	1		ZVG 490349
						2	1		ZVG 70730
			H			4	1		ZVG 38380
0,3	0,05		MAK 21 H	DFG		2	1		ZVG 41450

Stoffidentität EG-Nr. CAS-Nr.	Stoff					Zubereitungen	
	Einstufung				Kennzeichnung	Konzentrationsgrenzen	Einstufung/ Kennzeichnung
	krebs-erz. K	erbgut-veränd. M	fort.-pfl.gef. R_E/R_F	Gefahren-symbol R-Sätze	Gefahrensymbol R-Sätze S-Sätze	in Prozent	Gefahren-symbol R-Sätze
1	2	3	4	5	6	7	8
Propylenglykol-2-methylether s. 2-Methoxy-1-propanol							
Propylenglykol-2-methyl-ether-1-acetat s. 2-Methoxypropyl-acetat-1							
Propylenglykolmono-methylether s. 1-Methoxy-2-propanol							
Propylenglykol-1-mono-methylether-2-acetat s. 2-Methoxy-1-methylethylacetat							
Propylenimin s. 2-Methylaziridin							
1,2-Propylenoxid Anm. E (1,2-Epoxypropan) 200-879-2 75-56-9	2			F+; R12 R45 Xn; R20/21/22 Xi; R36/37/38	F+, T R: 45-12-20/21/ 22-36/37/38 S: 53-45		
1,3-Propylenoxid s. 1,3-Epoxypropan							
Propylenthioharnstoff 2122-19-2	3			R40	Xn R: 40 S: (2)-36/37		
iso-Propylether s. Diisopropylether							
Propylformiat Anm. C 203-798-0 110-74-7				F; R11	F R: 11 S: (2)-9-16-33		
iso-Propylglycidylether 233-672-9 4016-14-2	—	3	—	Hersteller-einstufung beachten			
n-Propylglykol s. 2-(Propyloxy)ethanol							

Grenzwert (Luft)					Meßverfahren	Risiko-faktoren nach TRGS 440		Arbeits-medizin Werte im biolog. Material	relevante Regeln/Literatur Hinweise
mg/m^3	ml/m^3	Spitzen-begren-zung	Art Bemer-kungen H, S	Herkunft Staubklasse		W	F		
9	10	11	12		13	14		15	16
6	2,5	4	TRK H	AGS	ZH...28 (94) BIA 7315 OSHA 88			40 VI, 43	TRGS 901 Nr. 19 ZVG 12010
						4	1		ZVG 496714
						2	3		ZVG 510343
			H		OSHA 7 NIOSH 1620	4	1		ZVG 570154 TRGS 906 Nr. 6

Stoffidentität EG-Nr. CAS-Nr.	Stoff						Zubereitungen	
	Einstufung				Kennzeichnung		Konzentrationsgrenzen	Einstufung/ Kennzeichnung
	krebserz. K	erbgutveränd. M	fort.-pfl.gef. R_E/R_F	Gefahrensymbol R-Sätze	Gefahrensymbol R-Sätze S-Sätze		in Prozent	Gefahrensymbol R-Sätze
1	2	3	4	5	6		7	8
exo-4-iso-Propyl-1-methyl-1,4-epoxycyclohexan-2-ol 402-470-6 107133-87-9 87172-89-2				O; R8 Xn; R22 Xi; R36	O, Xn R: 8-22-36 S: (2)-26			
n-Propylnitrat 210-985-0 627-13-4					Herstellereinstufung beachten			
2-(Propyloxy)ethanol 220-548-6 2807-30-9				R10 Xn; R21 Xi; R36	Xn R: 10-21-36 S: (2)-24/25-36/37			
2-(Propyloxy)ethylacetat 20706-25-6					Herstellereinstufung beachten			
Propylpropionat 203-389-7 106-36-5				R10	R: 10 S: (2)			
Propyl-3,4,5-trihydroxybenzoat 204-498-2 121-79-9				Xn; R22 R43	Xn R: 22-43 S: (2)-24-37			
Prothiocarb-hydrochlorid s. S-Ethyl-N-(dimethyl-aminopropyl)thio-carbamathydrochlorid								
Prothoat (ISO) 218-893-2 2275-18-5				T+; R27/28	T+ R: 27/28 S: (1/2)-28-36/ 37-45			
Proxan-Natrium 205-443-5 140-93-2				Xn; R22 Xi; R38	Xn R: 22-38 S: (2)-13			
PVC s. Polyvinylchlorid								
Pyrazon s. 5-Amino-4-chlor-2-phenylpyridazin-3-on								

Grenzwert (Luft)					Meßverfahren	Risikofaktoren nach TRGS 440		Arbeitsmedizin Werte im biolog. Material	relevante Regeln/Literatur Hinweise
mg/m³	ml/m³	Spitzenbegrenzung	Art Bemerkungen H, S	Herkunft Staubklasse		W	F		
9		10	11	12	13	14		15	16
						3	1		ZVG 496689
110	25		MAK	DFG	OSHA 7 NIOSH S 227	2	2		ZVG 510779
(85)		(I)	H (Y)	DFG		3	1		ZVG 22310
(120)		(I)	(H, Y)	(DFG)					ZVG 531453
						2	2		ZVG 510344
			S			4	1		ZVG 492843
			H			5	1		ZVG 510345
						3	1		ZVG 510346

Stoffidentität EG-Nr. CAS-Nr.	Stoff					Zubereitungen	
	Einstufung				Kennzeichnung	Konzentrationsgrenzen	Einstufung/ Kennzeichnung
	krebs-erz. K	erbgut-veränd. M	fort.-pfl.gef. R_E/R_F	Gefahren-symbol R-Sätze	Gefahrensymbol R-Sätze S-Sätze	in Prozent	Gefahren-symbol R-Sätze
1	2	3	4	5	6	7	8
Pyrazophos (ISO) 236-656-1 13457-18-6				Xn; R22	Xn R: 22 S: (2)		
Pyrazoxon 108-34-9				T+; R26/27/28	T+ R: 26/27/28 S: (1/2)-13-28-45		
Pyrethrine einschließlich Cinerine				Xn; R20/21/22	Xn R: 20/21/22 S: (2)-13		
Pyrethrin I 204-455-8 121-21-1				Xn; R20/21/22	Xn R: 20/21/22 S: (2)-13		
Pyrethrin II 204-462-6 121-29-9				Xn; R20/21/22	Xn R: 20/21/22 S: (2)-13		
Pyrethrum 232-319-8 8003-34-7							
Pyridin 203-809-9 110-86-1				F; R11 Xn; R20/21/22	F, Xn R: 11-20/21/22 S: (2)-26-28	5%≦C	Xn; R20/21/22
Pyridaphenthion s. O,O-Diethyl-O-[1,6-dihydro-6-oxo-1-phenyl(pyridazin-3-yl)-thiophosphat							
Pyridin-2-thiol-1-oxid, Natriumsalz s. Natriumpyrithion							
3-Pyridyl-N-methyl-pyrrolidin s. Nikotin							
Pyrithionnatrium s. Natriumpyrithion							
Pyrogallol s. 1,2,3-Trihydroxy-benzol							

Grenzwert (Luft)					Meßverfahren	Risiko-faktoren nach TRGS 440		Arbeits-medizin Werte im biolog. Material	relevante Regeln/Literatur Hinweise
mg/m³	ml/m³	Spitzen-begren-zung	Art Bemer-kungen H, S	Herkunft Staubklasse		W	F		
9		10	11	12	13	14		15	16
						3	1		ZVG 31700
			H			5	1		ZVG 510349
			H			3	1		ZVG 530080
5			MAK H	AUS — FIN		3	1		ZVG 35190
5			MAK H	AUS — GB		3	1		ZVG 35200
5 E		4	MAK (S)	DFG, EG L	NIOSH 5008 OSHA 70	2	1		ZVG 41460
15	5	4	MAK H	DFG, EG	DFG NIOSH 1613 OSHA 7	3	2		ZVG 13850

Stoffidentität EG-Nr. CAS-Nr.	Stoff					Zubereitungen		
	Einstufung				Kennzeichnung	Konzentrationsgrenzen	Einstufung/ Kennzeichnung	
	krebs- erz. K	erbgut- veränd. M	fort.- pfl.gef. R_E/R_F	Gefahren- symbol R-Sätze	Gefahrensymbol R-Sätze S-Sätze	in Prozent	Gefahren- symbol R-Sätze	
1	2	3	4	5	6	7	8	
Pyrolyseprodukte aus organischem Material s. Abschnitt 3.1	1 oder 2							
Pyromellitsäuredianhydrid 201-898-9 89-32-7				Xi; R36/37/38	Xi R: 36/37/38 S: (2)-25	1%≦C	Xi; R36/37/38	
Pyrrolidin 123-75-1					Hersteller- einstufung beachten			

| Grenzwert (Luft) | | | | Meßverfahren | Risiko-faktoren nach TRGS 440 | | Arbeits-medizin Werte im biolog. Material | relevante Regeln/Literatur Hinweise |
mg/m^3	ml/m^3	Spitzen-begren-zung	Art Bemer-kungen H, S	Herkunft Staubklasse		W	F		
9	10	11	12	13	14			15	16
				OSHA 58				40 VI, 43	GefStoffV § 35 TRGS 551
			S (R 42)	HSE 62	4		1		ZVG 33020 TRGS 908 Nr. 10
			(H) 20						ZVG 29400

511

Stoffidentität EG-Nr. CAS-Nr.	Stoff					Zubereitungen	
	Einstufung				Kennzeichnung	Konzentrationsgrenzen	Einstufung/ Kennzeichnung
	krebs-erz. K	erbgutveränd. M	fort.-pfl.gef. R_E/R_F	Gefahrensymbol R-Sätze	Gefahrensymbol R-Sätze S-Sätze	in Prozent	Gefahrensymbol R-Sätze
1	2	3	4	5	6	7	8
Quarz 238-878-4 14808-60-7							
Quarzhaltiger Feinstaub							
Quecksilber 231-106-7 7439-97-6				T; R23 R33	T R: 23-33 S: (1/2)-7-45		
Quecksilberalkyle Anm. A, 1				T+; R26/27/28 R33	T+ R: 26/27/28-33 S: (1/2)-13-28-36-45	0,5%≦C 0,1%≦C <0,5% 0,05%≦C <0,1%	T+; R26/27/28-33 T; R23/24/25-33 Xn; R20/21/22-33
Quecksilberdichlorid 231-299-8 7487-94-7				T+; R28 C; R34 T; R48/24/25	T+ R: 28-34-48/24/25 S: (1/2)-36/37/39-45		
Quecksilberfulminat 211-057-8 628-86-4				E; R3 T; R23/24/25 R33	E, T R: 3-23/24/25-33 S: (1/2)-3-35-45		
Quecksilber(II)-oxidcyanid 215-629-8 1335-31-5				E; R3 T; R23/24/25 R33	E, T R: 3-23/24/25-33 S: (1/2)-28-35-45		
Quecksilberverbindungen, anorganische,**) mit Ausnahme von Quecksilber(II)sulfid (Zinnober) und der namentlich in dieser Liste bezeichneten Anm. A, 1				T+; R26/27/28 R33 **)	T+ R: 26/27/28-33 S: (1/2)-13-28-45	2%≦C 0,5%≦C<2% 0,1%≦C <0,5%	T+; R26/27/28-33 T; R23/24/25-33 Xn; R20/21/22-33
Quecksilberverbindungen, organische, mit Ausnahme der namentlich in dieser Liste bezeichneten Anm. A, 1				T+; R26/27/28 R33	T+ R: 26/27/28-33 S: (1/2)-13-28-36-45	1%≦C 0,5%≦C<1% 0,05%≦C <0,5%	T+; R26/27/28-33 T; R23/24/25-33 Xn; R20/21/22-33
Quinalfos (ISO) 237-031-6 13593-03-8				T; R25 Xn; R21	T R: 21-25 S: (1/2)-22-36/37-45		

Grenzwert (Luft)					Meßverfahren	Risikofaktoren nach TRGS 440		Arbeitsmedizin Werte im biolog. Material	relevante Regeln/Literatur Hinweise
mg/m³	ml/m³	Spitzenbegrenzung	Art Bemerkungen H, S	Herkunft Staubklasse		W	F		
9	10	11	12	13		14	15	16	
0,15 A			MAK 24 (Y)	DFG M	BIA 8522 DFG OSHA ID 142 HSE 51/2	2	1	1.1 VI, 31	VBG 119 BIA-Handbuch 140 220, 140 210, 140 250 ZVG 4110 BIA-Report 7/97
aufgehoben									
0,1	0,01	4	MAK	DFG	BIA 8530 OSHA ID 140 HSE 58	4	1	9 VI, 28 BAT	GefStoffV Anh. IV, Nr. 7 ZH 1/125 ZVG 8490
s. Methylquecksilber, org. Quecksilberverbindungen			H			5	1	9 VI, 28 BAT	ZVG 530081 MuSchRiV § 5
s. Quecksilberverbindungen, anorganische			H			5	1	9 VI, 28 BAT	ZVG 3270
s. Quecksilberverbindungen, anorganische			H			4	1	9 VI, 28 BAT	ZVG 500092
s. Quecksilberverbindungen, anorganische			H			4	1	9 VI, 28 BAT	ZVG 490328
0,1 E			MAK H, 25	DFG	OSHA ID 145 BIA 8530	5	1	9 VI, 28 BAT	RL 89/677/EWG ChemVerbotsV, Nr. 9 ZVG 82890
0,01 E		4	MAK 25 H, S (R 43)*)	DFG		5	1	9 VI, 28 BAT	ZH 1/125 RL 89/677/EWG ChemVerbotsV, Nr. 9 ZVG 530082 *) s. TRGS 907
			H			4	1		ZVG 490545

Stoffidentität EG-Nr. CAS-Nr.	Stoff					Zubereitungen	
	Einstufung				Kennzeichnung	Konzentrationsgrenzen	Einstufung/ Kennzeichnung
	krebs-erz. K	erbgut-veränd. M	fort.-pfl.gef. R_E/R_F	Gefahren-symbol R-Sätze	Gefahrensymbol R-Sätze S-Sätze	in Prozent	Gefahren-symbol R-Sätze
1	2	3	4	5	6	7	8
Quintozene (ISO) 201-435-0 82-68-8				R43	Xi R: 43 S: (2)-24-37		

Grenzwert (Luft)					Meßverfahren	Risiko-faktoren nach TRGS 440 W F	Arbeits-medizin Werte im biolog. Material	relevante Regeln/Literatur Hinweise
mg/m³	ml/m³	Spitzen-begren-zung	Art Bemer-kungen H, S	Herkunft Staubklasse				
9	10	11	12	13	14	15	16	
		S				4 1		ZVG 12350

515

Stoffidentität EG-Nr. CAS-Nr.	Stoff				Zubereitungen			
	Einstufung				Kennzeichnung		Konzentrationsgrenzen	Einstufung/ Kennzeichnung
	krebserz. K	erbgutveränd. M	fort.-pfl.gef. R_E/R_F	Gefahrensymbol R-Sätze	Gefahrensymbol R-Sätze S-Sätze		in Prozent	Gefahrensymbol R-Sätze
1	2	3	4	5	6		7	8
Resmethrin (ISO) 233-940-7 10453-86-8				Xn; R22	Xn R: 22 S: (2)			
Resorcin s. 1,3-Dihydroxybenzol								
Resorcinbis(2,3-epoxypropyl)ether s. 1,3-Bis(2,3-epoxypropoxy)benzol								
Resorcinoldiglycidylether s. 1,3-Bis(2,3-epoxypropoxy)benzol								
Rhodanwasserstoffsäure 207-337-4 463-56-9				Xn; R20/21/22 R32	Xn R: 20/21/22-32 S: (2)-13			
Salze von Rhodanwasserstoffsäure Anm. A				Xn; R20/21/22 R32	Xn R: 20/21/22-32 S: (2)-13			
Rohkaffeestaub								
Ronnel s. Fenchlorphos								
Rotenon 201-501-9 83-79-4				T; R25 Xi; R36/37/38	T R: 25-36/37/38 S: (1/2)-22-24/ 25-36-45			
Roter Phosphor 231-768-7 7723-14-0				R16 F; R11	F R: 11-16 S: (2)-7-43			
Ryania s. 6-[1-α,5a-β,8a-β,9-Pentahydroxy-7-β-isopropyl-2-β,5-β,8-β-trimethylperhydro-8b-α,9-epoxy-5,8-ethanocyclopenta(1,2-b)indenyl]-pyrrol-2-carboxylat								

Grenzwert (Luft)					Meßverfahren	Risikofaktoren nach TRGS 440		Arbeitsmedizin Werte im biolog. Material	relevante Regeln/Literatur Hinweise
mg/m^3	ml/m^3	Spitzenbegrenzung	Art Bemerkungen H, S	Herkunft Staubklasse		W	F		
9	10	11	12		13	14		15	16
						3	1		ZVG 510353
			H			3	1		ZVG 4360
			H			3	1		ZVG 520026
			S (R 42)						TRGS 908 Nr. 11
5 E			MAK	DFG L	NIOSH 5007	4	1		ZVG 35460
						2	1		ZVG 3930

517

Stoffidentität EG-Nr. CAS-Nr.	Stoff					Zubereitungen	
	Einstufung				Kennzeichnung	Konzentrationsgrenzen	Einstufung/ Kennzeichnung
	krebs- erz. K	erbgut- veränd. M	fort.- pfl.gef. R_E/R_F	Gefahren- symbol R-Sätze	Gefahrensymbol R-Sätze S-Sätze	in Prozent	Gefahren- symbol R-Sätze
1	2	3	4	5	6	7	8
Sabadilla (ISO) 8051-02-3				Xi; R36/37/38	Xi R: 36/37/38 S: (2)-36/37/39		
Safrol s. 5-Allyl-1,3-benzodioxol							
Salpetersäure ...% Anm. B 231-714-2 7697-37-2				O; R8 C; R35	O, C R: 8-35 S: (1/2)-23-26- 36-45	20%≦C 5%≦C<20% C≧70%	C; R35 C; R34 O; R8
Salpetersäure/ Schwefelsäure s. Mischung von							
* Salzsäure ...% Anm. B 231-595-7				C; R34 Xi; R37	C R: 34-37 S: (1/2)-26-45	25%≦C 10%≦C<25%	C; R34-37 Xi; R36/37/38
Sauerstoff 231-956-9 7782-44-7				O; R8	O R: 8 S: (2)-17		
Schradan (ISO) 205-801-0 152-16-9				T+; R27/28	T+ R: 27/28 S: (1/2)-36/ 37-38-45		
Schimmelpilzhaltiger Staub							
Schwefelchlorür s. Dischwefeldichlorid							
Schwefeldichlorid 234-129-0 10545-99-0				R14 C; R34 Xi; R37	C R: 14-34-37 S: (1/2)-26-45		
Schwefeldioxid Anm. 5 231-195-2 7446-09-5				T; R23 C; R34	T R: 23-34 S: (1/2)-9-26- 36/37/39-45	C≧20% 5%≦C<20% 0,5%≦C<5%	T; R23-34 Xn; R20-34 Xi; R36/37/38
Schwefelhexafluorid 219-854-2 2551-62-4					Hersteller- einstufung beachten		
Schwefelkohlenstoff s. Kohlendisulfid							

Grenzwert (Luft)					Meßverfahren	Risikofaktoren nach TRGS 440		Arbeitsmedizin Werte im biolog. Material	relevante Regeln/Literatur Hinweise
mg/m^3	ml/m^3	Spitzenbegrenzung	Art Bemerkungen H, S	Herkunft Staubklasse		W	F		
9	10	11	12	13		14	15		16
						2	1		ZVG 490501
5	2	=1=	MAK	DFG	BIA 8562 NIOSH 7903	4	3		ZH 1/214 ZVG 1370
8	5	=1=	MAK Y	DFG, EG	BIA 6640 DFG	3	2		ZVG 520030 s. Chlorwasserstoff
						2	4		ZVG 7080
			H			5	1		ZVG 510354
			S (R 42)						TRGS 908 Nr. 12
						3	3		ZVG 4290
5	2	=1=	MAK	DFG	DFG OSHA ID 104, 200	4	4		ZVG 1020
6 000	1 000	4	MAK	DFG	NIOSH 6602 (GC)	2	4		ZH1/244 ZVG 5220

Stoffidentität EG-Nr. CAS-Nr.	Stoff					Zubereitungen	
	Einstufung				Kennzeichnung	Konzentrationsgrenzen	Einstufung/ Kennzeichnung
	krebs- erz. K	erbgut- veränd. M	fort.- pfl.gef. R_E/R_F	Gefahren- symbol R-Sätze	Gefahrensymbol R-Sätze S-Sätze	in Prozent	Gefahren- symbol R-Sätze
1	2	3	4	5	6	7	8
Schwefel-Lost s. 2,2'-Dichlordiethylsulfid							
Schwefelpentafluorid 227-204-4 5714-22-7				Hersteller- einstufung beachten			
Schwefelsäure ...% Anm. B 231-639-5 7664-93-9				C; R35	C R: 35 S: (1/2)-26-30-45	15%≦C 5%≦C<15%	C; R35 Xi; R36/38
Schwefeltetrachlorid 13451-08-6				R14 C; 34 Xi; R37	C R: 14-34-37 S: (1/2)-26-45		
Schwefelwasserstoff Anm. 5 231-977-3 7783-06-4				F+; R12 T+; R26 N; R50	F+, T+, N R: 12-26-50 S: (1/2)-9-16-28- 36/37-45-61	C≧10% 5%≦C<10% 1%≦C<5%	T+; R26 T; R23 Xn; R20
Scopolamin 200-090-3 51-34-3 Salze von Scopolamin Anm. A				T+; R26/27/28 T+; R26/27/28	T+ R: 26/27/28 S: (1/2)-25-45 T+ R: 26/27/28 S: (1/2)-25-45		
Secbumeton (ISO) 247-554-1 26259-45-0				Xn; R22 Xi; R36	Xn R: 22-36 S: (2)		
Selen 231-957-4 7782-49-2				T; R23/25 R33	T R: 23/25-33 S: (1/2)-20/ 21-28-45		
Selenverbindungen Anm. A *) mit Ausnahme von Cadmiumsulfoselenid				T; R23/25 R33 *)	T R: 23/25-33 S: (1/2)-20/ 21-28-45		
Selenwasserstoff 231-978-9 7783-07-5				s. Selen- verbindungen			
Senfgas s. 2,2'-Dichlordiethylsulfid							

Grenzwert (Luft)				Meßverfahren	Risikofaktoren nach TRGS 440		Arbeitsmedizin Werte im biolog. Material	relevante Regeln/Literatur Hinweise
mg/m³	ml/m³	Spitzenbegrenzung	Art Bemerkungen H, S	Herkunft Staubklasse	W	F		
9	10	11	12	13	14		15	16
0,25	0,025	=1=	MAK	DFG	2	4		ZVG 570131
1 E		=1=	MAK	DFG	4	1		ZVG 1160
				DFG NIOSH 7903 OSHA ID 113 BIA 8580				
					3	4		ZVG 500049
15	10	=1=	MAK	DFG	5	4	11 VI, 30	ZH 1/121 ZVG 1130
				OSHA ID 141 NIOSH 6013				
			H		5	1		ZVG 510356
			H		5	1		ZVG 530083
					3	1		ZVG 490655
0,1 E			MAK	AUS — GB H	4	1		ZVG 7340
0,1 E		4	MAK 25	DFG H	4	1		ZVG 520033
				BIA 8588 OSHA ID 121				
0,2 (0,07)	0,05	4	MAK	DFG (EG)	4	4		ZVG 570243

Stoffidentität EG-Nr. CAS-Nr.	Stoff					Zubereitungen	
	Einstufung				Kennzeichnung	Konzentrationsgrenzen	Einstufung/ Kennzeichnung
	krebserz. K	erbgutveränd. M	fort.-pfl.gef. R_E/R_F	Gefahrensymbol R-Sätze	Gefahrensymbol R-Sätze S-Sätze	in Prozent	Gefahrensymbol R-Sätze
1	2	3	4	5	6	7	8
Silber 231-131-3 7440-22-4							
Silberverbindungen, lösliche					Herstellereinstufung beachten		
Silbernitrat 231-853-9 7761-88-8				C; R34	C R: 34 S: (1/2)-26-45		
Siliciumcarbid (faserfrei) 206-991-8 409-21-2							
Siliciumchloroform s. Trichlorsilan							
Siliciumtetrachlorid 233-054-0 10026-04-7				R14 Xi; R36/37/38	Xi R: 14-36/37/38 S: (2)-7/8-26		
Simazin 204-535-2 122-34-9		3		R40	Xn R: 40 S: (2)-36/37		
Simetryn (ISO) 213-801-7 1014-70-6				Xn; R22	Xn R: 22 S: (2)		
Spinnmilbenhaltiger Staub							
2,2'-Spirobi(6-hydroxy-4,4,7-trimethylchroman) 400-270-3				N; R51-53	N R: 51/53 S: 61		
Steinkohlenteer Steinkohlenteerpech, Steinkohlenteeröl s. Abschnitt 3.1				s. Bekanntmachung nach § 4a GefStoffV vom 08.01.96	s. Bekanntmachung nach § 4a GefStoffV vom 08.01.96		
Stickstoffdioxid Anm. 5 233-272-6 10102-44-0				T+; R26 C; R34	T+ R: 26-34 S: (1/2)-9-26-28-36/37/39-45	C≥10% 5%≤C<10% 1%≤C<5% 0,5%≤C<1% 0,1%≤ C<0,5%	T+; R26-34 T; R23-34 T; R23-36/37/38 Xn; R20-36/37/38 Xn; R20

mg/m³ (9)	ml/m³ (10)	Spitzenbegrenzung (11)	Art Bemerkungen H, S (12)	Meßverfahren Herkunft Staubklasse (13)	Risikofaktoren nach TRGS 440 W F (14)	Arbeitsmedizin Werte im biolog. Material (15)	relevante Regeln/Literatur Hinweise (16)
0,01 E (0,1)		4	MAK	DFG H BIA 8600 OSHA iD 121, 206	2 1		ZVG 8350 BIA-Handbuch 120 218
0,01 E			MAK 1, 25	EG H BIA 8600 NIOSH 7300			ZVG 496607 BIA-Handbuch 120 218
s. Silberverbindungen, lösliche					3 1		ZVG 3720
4 A			MAK	DFG L	2 1		ZVG 4700
					2 4		ZVG 2720
					4 1		ZVG 530126
					3 1		ZVG 490305
			S (R 42)				TRGS 908 Nr. 13
					2 1		ZVG 530355
						40 VI, 43	GefStoffV § 15, Anhang IV, Nr. 13 TRGS 551 ZVG 92940
9	5	=1=	MAK	DFG OSHA iD 182	5 4		ZH 1/214 ZVG 1090 s. auch Distickstofftetraoxid

Stoffidentität EG-Nr. CAS-Nr.	Stoff					Zubereitungen	
	Einstufung				Kennzeichnung	Konzentrationsgrenzen	Einstufung/ Kennzeichnung
	krebserz. K	erbgutveränd. M	fort.-pfl.gef. R_E/R_F	Gefahrensymbol R-Sätze	Gefahrensymbol R-Sätze S-Sätze	in Prozent	Gefahrensymbol R-Sätze
1	2	3	4	5	6	7	8
Stickstoff-Lost s. N-Methyl-bis(2-chlorethyl)amin							
Stickstoffmonoxid 233-271-0 10102-43-9							
Stickstoffwasserstoffsäure 231-965-8 7782-79-8				Herstellereinstufung beachten			
Strahlenpilzhaltiger Staub							
Strontiumchromat Anm. E 232-142-6 7789-06-2	2			R45 Xn; R22 N; R50-53	T, N R: 45-22-50/53 S: 53-45-60-61		
g-Strophantin 211-139-3 630-60-4				T; R23/25 R33	T R: 23/25-33 S: (1/2)-45		
K-Strophantin 234-239-9 11005-63-3				T; R23/25 R33	T R: 23/25-33 S: (1/2)-45		
Strychnin 200-319-7 57-24-9 Strychninsalze Anm. A				T+; R27/28 T+; R26/28	T+ R: 27/28 S: (1/2)-36/37-45 T+ R: 26/28 S: (1/2)-13-28-45		
Styphninsäure s. 2,4,6-Trinitroresorcin							
* Styrol Anm. D 202-851-5 100-42-5				R10 Xn; R20 Xi; R36/38	Xn R: 10-20-36/38 S: (2)-23	12,5%≦C	Xn; R20-36/38
Styroloxid Anm. E 202-476-7 96-09-3	2			R45 Xn; R21 Xi; R36	T R: 45-21-36 S: 53-45		
Styrol-4-sulfonylchlorid 404-770-2 2633-67-2				Xi; R38-41 R43	Xi R: 38-41-43 S: (2)-24-26-37/39		

Grenzwert (Luft)					Meßverfahren	Risikofaktoren nach TRGS 440		Arbeitsmedizin Werte im biolog. Material	relevante Regeln/Literatur Hinweise
mg/m^3	ml/m^3	Spitzenbegrenzung	Art Bemerkungen H, S	Herkunft Staubklasse		W	F		
9	10	11	12	13	14		15	16	
									N-Lost steht auch für Tris-(2-chlorethyl)amin
30	25		MAK	EG	DFG OSHA 190 NIOSH 6014	5	4		ZVG 1080
0,18	0,1	=1=	MAK	DFG	OSHA ID 211	2	4		ZVG 570246
			S (R 42)						TRGS 908 Nr. 14
s. Chrom(VI)-Verbindungen					EG			15 VI, 33	s. Chrom(VI)-Verbindungen ZH1/88 ZVG 5370
						4	1		ZVG 510358
						4	1		ZVG 510359
0,15 E		4	MAK H	DFG M	NIOSH 5016	5	1		ZVG 510360
						5	1		ZVG 41470
85	20	4	MAK Y	DFG	DFG BIA 8635 OSHA 89 HSE 44, 43	3	1	45 BAT	ZH 1/289 ZVG 10110 BIA-Handbuch 120 225
			H		NIOSH 303			40 VI, 43	ZVG 490116
			S			4	1		

Stoffidentität EG-Nr. CAS-Nr.	Stoff					Zubereitungen	
	Einstufung			Kennzeichnung		Konzentrationsgrenzen	Einstufung/ Kennzeichnung
	krebserz. K	erbgutveränd. M	fort.-pfl.gef. R_E/R_F	Gefahrensymbol R-Sätze	Gefahrensymbol R-Sätze S-Sätze	in Prozent	Gefahrensymbol R-Sätze
1	2	3	4	5	6	7	8
Sulfallat (ISO) Anm. E 202-388-9 95-06-7	2			R45 Xn; R22	T R: 45-22 S: 53-45		
Sulfaminsäure s. Amidosulfonsäure							
Sulfanilsäure s. 4-Aminobenzolsulfonsäure							
Sulfolan s. Tetrahydrothiophen-1,1-dioxid							
Sulfotep (ISO) 222-995-2 3689-24-5				T+; R27/28	T+ R: 27/28 S: (1/2)-23-28-36/37-45		
Sulfurylchlorid 232-245-6 7791-25-5				R14 C; R34 Xi; R37	C R: 14-34-37 S: (1/2)-26-45		
* Sulfuryldifluorid 220-281-5 2699-79-8				T; R23/25 Xi; R36/37/38	T R: 23/25-36/37/38 S: (1/2)-23-37/39-45		
Sulprofos (ISO) 252-545-0 35400-43-2				Herstellereinstufung beachten			

Grenzwert (Luft)					Meßverfahren	Risikofaktoren nach TRGS 440		Arbeitsmedizin Werte im biolog. Material	relevante Regeln/Literatur Hinweise
mg/m^3	ml/m^3	Spitzenbegrenzung	Art Bemerkungen H, S	Herkunft Staubklasse		W	F		
9	10	11	12		13	14		15	16
								40 VI, 43	ZVG 510361
0,2 (0,1)	0,015	4	MAK H	DFG	DFG	5	1		ZVG 41480
						3	3		ZVG 1350
21			MAK	AUS − NL	NIOSH 6012	4	4		ZVG 500105
1			MAK	AUS − NL					ZVG 139879

Stoffidentität EG-Nr. CAS-Nr.	Stoff Einstufung				Stoff Kennzeichnung	Zubereitungen Konzentrationsgrenzen	Zubereitungen Einstufung/ Kennzeichnung
	krebserz. K	erbgutveränd. M	fort.-pfl.gef. R_E/R_F	Gefahrensymbol R-Sätze	Gefahrensymbol R-Sätze S-Sätze	in Prozent	Gefahrensymbol R-Sätze
1	2	3	4	5	6	7	8
2,4,5-T (ISO) (2,4,5-Trichlorphenoxyessigsäure) 202-273-3 93-76-5				Xn; R22 Xi; R36/37/38	Xn R: 22-36/37/38 S: (2)-24		
Salze und Ester der 2,4,5-T Anm. A				Xn; R22 Xi; R36/37/38	Xn R22-36/37/38 S: (2)-24		
Talk (asbestfaserfrei) 238-877-9 14807-96-6					Herstellereinstufung beachten		
Tantal 231-135-5 7440-25-7					Herstellereinstufung beachten		
2,3,6-TBA (ISO) (2,3,6-Trichlorbenzoesäure) 200-026-4 50-31-7				Xn; R22	Xn R: 22 S: (2)-22		
TCA (Natriumtrichloracetat) 211-479-2 650-51-1				Xn; R22	Xn R: 22 S: (2)-24-25		
TCDD s. 2,3,7,8-Tetrachlordibenzo-p-dioxin							
TDI s. Diisocyanattoluol (2,4- und 2,6-)							
Tebuthiuron (ISO) 251-793-7 34014-18-1				Xn; R22	Xn R: 22 S: (2)-37		
Tecnazen (ISO) 204-178-2 117-18-0				R43	Xi R: 43 S: (2)-24-37		
TEDP s. Sulfotep							
Teeröle							

Grenzwert (Luft)					Meßverfahren	Risiko-faktoren nach TRGS 440		Arbeits-medizin Werte im biolog. Material	relevante Regeln/Literatur Hinweise
mg/m^3	ml/m^3	Spitzen-begren-zung	Art Bemer-kungen H, S	Herkunft Staubklasse		W	F		
9	10	11	12	13		14	15		16
10 E		4	MAK H (Y)	DFG L	NIOSH 5001	3	1		ZVG 11010
						3	1		ZVG 530084
2 A			MAK (Y)	DFG L	BIA 8647 NIOSH 355 P & CAM	2	1		ZVG 1570
5 E		4	MAK	DFG L	BIA 8650	2	1		ZVG 8440
						3	1		ZVG 510362
						3	1		ZVG 510363
						3	1		ZVG 510364
			S			4	1		ZVG 490155
									GefStoffV §§ 15, 43, 54, Anh. III, Nr. 15; IV, Nr. 13 ChemVerbotsV, Nr. 17

Stoffidentität EG-Nr. CAS-Nr.	Stoff					Zubereitungen	
	Einstufung				Kennzeichnung	Konzentrationsgrenzen	Einstufung/ Kennzeichnung
	krebs- erz. K	erbgut- veränd. M	fort.- pfl.gef. R_E/R_F	Gefahren- symbol R-Sätze	Gefahrensymbol R-Sätze S-Sätze	in Prozent	Gefahren- symbol R-Sätze
1	2	3	4	5	6	7	8
Tellur und -verbindungen 236-813-4 13494-80-9				Hersteller- einstufung beachten			
TEPP (ISO) 203-495-3 107-49-3				T+; R27/28 N; R50	T+, N R: 27/28-50 S: (1/2)-36/37/ 39-38-45-61		
Terbufos s. S-tert-Butylthiomethyl- O,O-diethyldithio- phosphat							
Terbumeton (ISO) 251-637-8 33693-04-8				Xn; R22	Xn R: 22 S: (2)		
Terpentinöl 232-350-7 8006-64-2				R10 Xn; R20/21/22	Xn R: 10-20/21/22 S: (2)	25%≦C	Xn; R20/21/22
Terphenyl (alle Isomeren) 247-477-3 26140-60-3				Hersteller- einstufung beachten			
Terphenyle, chlorierte s. Polychlorierte Terphenyle							
* 1,4,5,8-Tetraamino- anthrachinon 219-603-7 2475-45-8	3	—	—	Hersteller- einstufung beachten			
Tetraammonium-5-[4-(7- amino-1-hydroxy-3- sulfonato-2-naphthylazo)- 6-sulfonato-1-naphthyl- azo]isophthalat 405-130-5				R43	Xi R: 43 S: (2)-24-37		
3,6,9,12-Tetraazatetra- decan-1,14-diamin 223-775-9 4067-16-7				C; R34 R43 N; R50-53	C, N R: 34-43-50/53 S: (1/2)-26-36/37/ 39-45-60-61	10%≦C 5%≦C<10% 1%≦C<5%	C; R34-43 Xi; R36/38-43 Xi; R43

Grenzwert (Luft)					Meßverfahren	Risikofaktoren nach TRGS 440		Arbeitsmedizin Werte im biolog. Material	relevante Regeln/Literatur Hinweise
mg/m³	ml/m³	Spitzenbegrenzung	Art Bemerkungen H, S	Herkunft Staubklasse		W	F		
9	10	11	12		13	14	15		16
0,1 E		4	MAK 25	DFG H	OSHA ID 121	4	1		ZVG 7520
0,05	0,005	4	MAK H	DFG	NIOSH 2504	5	1		ZVG 32770
						3	1		ZVG 510695
560	100	=1=	MAK H S (R 43)	DFG	BIA-Handbuch 120 280 NIOSH 1551	3	1		ZVG 95550
5 E			MAK	AUS — NL L					
			S			4	1		
			S			4	1		ZVG 23880

Stoffidentität EG-Nr. CAS-Nr.	Stoff					Zubereitungen	
	Einstufung				Kennzeichnung	Konzentrationsgrenzen	Einstufung/ Kennzeichnung
	krebs-erz. K	erbgut-veränd. M	fort.-pfl.gef. R_E/R_F	Gefahren-symbol R-Sätze	Gefahrensymbol R-Sätze S-Sätze	in Prozent	Gefahren-symbol R-Sätze
1	2	3	4	5	6	7	8
1,1,2,2-Tetrabromethan 201-191-5 79-27-6				T+; R26 Xi; R36 R52-53	T+ R: 26-36-52/53 S: (1/2)-24-27-45-61	20%≦C 7%≦C<20% 1%≦C<7% 0,1%≦C<1%	T+; R26-36 T+; R26 T; R23 Xn; R20
Tetrabrommethan s. Kohlenstofftetrabromid							
Tetrachlor-p-benzochinon 204-274-4 118-75-2				Xi; R36/38 N; R50-53	Xi, N R: 36/38-50/53 S: (2)-37-60-61		
2,4,5,6-Tetrachlor-benzol-1,3-dinitril s. Chlorthalonil							
2,3,7,8-Tetrachlor-dibenzo-p-dioxin 217-122-7 1746-01-6	2					§ 35 (0,0000002)	
1,1,1,2-Tetrachlor-2,2-difluorethan (R 112a) 200-934-0 76-11-9				Herstellereinstufung beachten			
1,1,2,2-Tetrachlor-1,2-difluorethan (R 112) 200-935-6 76-12-0				Herstellereinstufung beachten			
4,4,5,5-Tetrachlor-1,3-dioxolan-2-on 404-060-2 22432-68-4				T+; R26 Xn; R22 C; R34	T+ R: 22-26-34 S: (1/2)-9-26-28-36/37/39-45		
1,1,1,2-Tetrachlorethan							
1,1,2,2-Tetrachlorethan 201-197-8 79-34-5	3	3		T+; R26/27 N; R51-53	T+, N R: 26/27-51/53 S: (1/2)-38-45-61	7%≦C 1%≦C<7% 0,1%≦C<1%	T+; R26/27 T; R23/24 Xn; R20/21
Tetrachlorethen 204-825-9 127-18-4		3		R40 N; R51-53	Xn, N R: 40-51/53 S: (2)-23-36/37-61	1%≦C	Xn; R40
Tetrachlorethylen s. Tetrachlorethen							

Grenzwert (Luft)					Meßverfahren	Risikofaktoren nach TRGS 440		Arbeitsmedizin Werte im biolog. Material	relevante Regeln/Literatur Hinweise
mg/m^3	ml/m^3	Spitzenbegrenzung	Art Bemerkungen H, S	Herkunft Staubklasse		W	F		
9	10	11	12		13	14		15	16
14	1	4	MAK	DFG	NIOSH 2003	5	1		ZVG 24500
						2	1		ZVG 19730
s. Dibenzodioxine			TRK		ZH...47 BIA 6880			40 VI, 43	GefStoffV §§ 35, 41, Anh. V TRGS 901 Nr. 42 ZVG 32720
8 340	1 000	4	MAK	DFG	OSHA 7 NIOSH 1016	2	3		ZVG 38250
1 690	200	4	MAK	DFG	OSHA 7 NIOSH 1016	2	3		ZVG 31740
						5	1		
					NIOSH 1019				GefStoffV § 15, 43 Anh. III, Nr. 14; IV, Nr. 11 ChemVerbotsV, Nr. 16
7	1		MAK H	DFG	HSE 28 OSHA 7 NIOSH 1019	5	1	18 VI, 34	GefStoffV § 15, 43 Anh. III, Nr. 14; IV, Nr. 11 ChemVerbotsV, Nr. 16
345	50	4	MAK Y	DFG	BIA 8690 HSE 28 OSHA 7	4	2	17 VI, 35 BAT	ZH 1/194 ZVG 13680

Stoffidentität EG-Nr. CAS-Nr.	Stoff				Zubereitungen			
	Einstufung				Kennzeichnung		Konzentrationsgrenzen	Einstufung/ Kennzeichnung
	krebserz. K	erbgutveränd. M	fort.-pfl.gef. R_E/R_F	Gefahrensymbol R-Sätze	Gefahrensymbol R-Sätze S-Sätze		in Prozent	Gefahrensymbol R-Sätze
1	2	3	4	5	6		7	8
Tetrachlorisophthalonitril s. Chlorothalonil (ISO)								
Tetrachlorkohlenstoff s. Tetrachlormethan								
Tetrachlormethan 200-262-8 56-23-5	3			R40 T; R23/24/ 25-48/23 R52-53 N; R59	T, N R: 23/24/25-40-48/ 23-52/53-59 S: (1/2)-23-36/ 37-45-59-61		1%≦C 0,2%≦C<1%	T; R23/24/ 25-40-48/23 Xn; R20/21/ 22-48/20
Tetrachlornaphthalin (alle Isomeren) 215-642-9 1335-88-2					Herstellereinstufung beachten			
1,2,4,5-Tetrachlor-3-nitrobenzol s. Tecnazen (ISO)								
2,3,5,6-Tetrachloro-4-(methylsulfonyl)pyridin s. 2,3,5,6-Tetrachlorpyridyl-4-methylsulfon								
2,3,4,6-Tetrachlorphenol 200-402-8 58-90-2				T; R25 Xi; R36/38	T R: 25-36/38 S: (1/2)-26-28-37-45		20%≦C 5%≦C<20% 0,5%≦C<5%	T; R25-36/38 T; R25 Xn; R22
Tetrachlorphthalsäureanhydrid								
2,3,5,6-Tetrachlorpyridyl-4-methylsulfon 236-035-5 13108-52-6				Xn; R21/22 Xi; R36 R43	Xn R: 21/22-36-43 S: (2)-26-28			
Tetrachlorterephthalonitril 401-550-8 1897-41-2				R43 R53	Xi R: 43-53 S: (2)-24-37-61			
α,α,α,4-Tetrachlortoluol s. 4-Chlorbenzotrichlorid								

Grenzwert (Luft)					Meßverfahren	Risikofaktoren nach TRGS 440		Arbeitsmedizin Werte im biolog. Material	relevante Regeln/Literatur Hinweise
mg/m^3	ml/m^3	Spitzenbegrenzung	Art Bemerkungen H, S	Herkunft Staubklasse		W	F		
9	10	11	12	13	14			15	16
65	10	4	MAK H	DFG	DFG HSE 28 OSHA 7 NIOSH 1003	5	3	13 VI, 37 BAT	GefStoffV §§ 15, 43 Anh. III, Nr. 14; IV, Nr. 11 ChemVerbotsV, Nr. 16 ZVG 1480
2 E			MAK H	AUS − NL L					
0,5 E			MAK H (29)	AUS − S	OSHA 45	4	1		ZVG 510368
			S (R 42)						TRGS 908 Nr. 15
			H, S			4	1		ZVG 510367
			S			4	1		ZVG 530367

Stoffidentität EG-Nr. CAS-Nr.	Stoff					Zubereitungen	
	Einstufung				Kennzeichnung	Konzentrationsgrenzen	Einstufung/ Kennzeichnung
	krebserz. K	erbgutveränd. M	fort.-pfl.gef. R_E/R_F	Gefahrensymbol R-Sätze	Gefahrensymbol R-Sätze S-Sätze	in Prozent	Gefahrensymbol R-Sätze
1	2	3	4	5	6	7	8
Tetradecylammonium-bis[1-(5-chlor-2-oxidophenylazo)-2-naphtholato]chromat(1-) 405-110-6 88377-66-6				Xn; R48/22 R53	Xn R: 48/22-53 S: (2)-22-36-61		
O,O,O,O-Tetraethyldithiopyrophosphat s. Sulfotep (ISO)							
Tetraethylblei s. Bleitetraethyl							
Tetraethyldiphosphat s. TEPP							
Tetraethylenpentamin s. 3,6,9-Triazaundecan-1,11-diamin							
O,O,O',O'-Tetraethyl-S,S'-methylendi(dithiophosphat) s. Ethion (ISO)							
Tetraethylpyrophosphat s. TEPP (ISO)							
Tetraethylsilikat 201-083-8 78-10-4				R10 Xn; R20 Xi; R36/37	Xn R: 10-20-36/37 S: (2)		
2,3,5,6-Tetrafluorbenzyl-trans-2-(2,2-dichlorvinyl)-3,3-dimethylcyclopropancarboxylat 405-060-5 118712-89-3				Xi; R38 N; R50-53	Xi, N R: 38-50/53 S: (2)-36/37-60-61		
Tetrafluorborsäure …% Anm. B 240-898-3 16872-11-0				C; R34	C R: 34 S: (1/2)-26-27-45	25%≦C 10%≦C<25%	C; R34 Xi; R36/38
1,1,1,2-Tetrafluorethan 212-377-0 811-97-2				Herstellereinstufung beachten			

Grenzwert (Luft)					Meßverfahren	Risikofaktoren nach TRGS 440		Arbeitsmedizin Werte im biolog. Material	relevante Regeln/Literatur Hinweise
mg/m³	ml/m³	Spitzen-begrenzung	Art Bemerkungen H, S	Herkunft Staubklasse		W	F		
9	10	11	12	13	14		15		16
						4	1		ZVG 531018
170	20	=1=	MAK	DFG	DFG NIOSH S 264	3	1		ZVG 2910
						2	1		ZVG 530796
						3	1		ZVG 520034
(4200)		(IV)	(Y)	DFG					ZVG 491009

Stoffidentität EG-Nr. CAS-Nr.	Stoff					Zubereitungen	
	Einstufung				Kennzeichnung	Konzentrationsgrenzen	Einstufung/ Kennzeichnung
	krebs- erz. K	erbgut- veränd. M	fort.- pfl.gef. R_E/R_F	Gefahren- symbol R-Sätze	Gefahrensymbol R-Sätze S-Sätze	in Prozent	Gefahren- symbol R-Sätze
1	2	3	4	5	6	7	8
Tetrahydro-3,5-dimethyl- 1,3,5-thiadiazin-2-thion s. Dazomet (ISO)							
Tetrahydrofuran 203-726-8 109-99-9				F; R11-19 Xi; R36/37	F, Xi R: 11-19-36/37 S: (2)-16-29-33	25%≦C	Xi; R36/37
Tetrahydrofurfurylalkohol 202-625-6 97-99-4				Xi; R36	Xi R: 36 S: (2)-39	10%≦C	Xi; R36
Tetrahydro-2-isobutyl-4- methylpyran-4-ol, Isomerengemisch (cis und trans) 405-040-6				F; R11 Xn; R20/22 Xi; R36/37/38 N; R51-53	F, Xn, N R: 11-20/22- 36/37/38-51/53 S: (2)-36/37-61		
3a,4,7,7a-Tetrahydro- 4,7-methanoinden (Dicyclopentadien) 201-052-9 77-73-6				F; R11 Xn; R20/22 Xi; R36/37/38 N; R51-53	F, Xn, N R: 11-20/22-36/ 37/38-51/53 S: (2)-36/37-61		
1,2,3,4-Tetrahydro- naphthalin 204-340-2 119-64-2				Xi; R36/38 R19	Xi R: 19-36/38 S: (2)-26-28		
1,2,3,4-Tetrahydro-1- naphthylhydroperoxid 212-230-0 771-29-9				O; R7 C; R34 Xn; R22	O, C R: 7-22-34 S: (1/2)-3/7-14-36/ 37/39-45	25%≦C 10%≦C<25% 5%≦C<10%	C; R22-34 C; R34 Xi; R36/37/38
Tetrahydrophthal- säureanhydrid 201-605-4 85-43-8				Xi; R36/37	Xi R: 36/37 S: (2)-25	1%≦C	Xi; R36/37
1,2,3,6-Tetrahydro-N- (1,1,2,2-tetrachlorethyl- thio)phthalimid s. Captafol (ISO)							
Tetrahydrothiophen 203-728-9 110-01-0				F; R11 Xn; R20/21/22 Xi; R36/38	F, Xn R: 11-20/21/ 22-36/38 S: (2)-16-23-36/37		

Grenzwert (Luft)					Meßverfahren	Risiko-faktoren nach TRGS 440		Arbeits-medizin Werte im biolog. Material	relevante Regeln/Literatur Hinweise
mg/m^3	ml/m^3	Spitzen-begren-zung	Art Bemer-kungen H, S	Herkunft Staubklasse		W	F		
9	10	11	12		13	14		15	16
590 (150)	200	4	MAK Y	DFG	DFG OSHA 7 NIOSH 1609	2	3	BAT	ZH 1/313 ZVG 25400
						2	1		ZVG 510370
						2	1		ZVG 900551
3	0,5	=1=	MAK	DFG		3	1		ZVG 30430
						2	1		ZVG 31970
						3	1		ZVG 510371
						2	1		ZVG 33760
			H		DFG	3	2		ZVG 570251

Stoffidentität EG-Nr. CAS-Nr.	Stoff					Zubereitungen	
	Einstufung				Kennzeichnung	Konzentrationsgrenzen	Einstufung/ Kennzeichnung
	krebs-erz. K	erbgut-veränd. M	fort.-pfl.gef. R_E/R_F	Gefahrensymbol R-Sätze	Gefahrensymbol R-Sätze S-Sätze	in Prozent	Gefahrensymbol R-Sätze
1	2	3	4	5	6	7	8
Tetrahydrothiophen-1,1-dioxid 204-783-1 126-33-0				Xn; R22	Xn R: 22 S: (2)-25	25%≦C	Xn; R22
Tetrakalium-2-[4-(5-[1-(2,5-disulfonatophenyl)-3-ethoxycarbonyl-5-hydroxypyrazol-4-yl]-penta-2,4-dienyliden)-3-ethoxycarbonyl-5-oxo-2-pyrazolin-1-yl]benzol-1,4-disulfonat 405-240-3				R43	Xi R: 43 S: (2)-24-37		
N,N',N'',N'''-Tetrakis-[4,6-bis(butyl-[N-methyl-2,2,6,6-tetramethyl-piperidin-4-yl]amino)tri-azin-2-yl]-4,7-diaza-decan-1,10-diamin 401-990-0 106990-43-6				R43 N; R51-53	Xi, N R: 43-51/53 S: (2)-22-24-37-61		
Tetrakis(dimethylditetra-decylammonium)hexa-μ-oxotetra-μ_3-oxodi-μ_5-oxotetradecaoxo-octamolybdat (4-) 404-760-8 117342-25-3				Xi; R41	Xi R: 41 S: (2)-26-39		
Tetrakis(tetramethyl-ammonium)-6-amino-4-hydroxy-3-[7-sulfonato-4-(4-sulfonatophenylazo)-1-naphthylazo]naphthalin-2,7-disulfonat 405-170-3 116340-05-7				T; R25 R43 R52-53	T R: 25-43-52/53 S: (1/2)-22-24-37-45-61		
Tetrakis(trimethylhexa-decylammonium)hexa-μ-oxotetra-μ_3-oxodi-μ_5-oxotetradecaoxoocta-molybdat (4-) 404-860-1 116810-46-9				F; R11 Xi; R41 N; R50-53	F, Xi, N R: 11-41-50/53 S: (2)-26-39-60-61		

Grenzwert (Luft)					Meßverfahren	Risiko-faktoren nach TRGS 440 W F	Arbeits-medizin Werte im biolog. Material	relevante Regeln/Literatur Hinweise
mg/m³	ml/m³	Spitzen-begren-zung	Art Bemer-kungen H, S	Herkunft Staubklasse				
9	10	11	12	13	14	15	16	
						3 1		ZVG 17000
			S			4 1		ZVG 900436
			S			4 1		ZVG 496168
						4 1		ZVG 530781
			S			4 1		ZVG 530773
						4 1		ZVG 530660

541

Stoffidentität EG-Nr. CAS-Nr.	Stoff					Zubereitungen	
	Einstufung				Kennzeichnung	Konzentrationsgrenzen	Einstufung/ Kennzeichnung
	krebserz. K	erbgutveränd. M	fort.-pfl.gef. R_E/R_F	Gefahrensymbol R-Sätze	Gefahrensymbol R-Sätze S-Sätze	in Prozent	Gefahrensymbol R-Sätze
1	2	3	4	5	6	7	8
Tetralin s. 1,2,3,4-Tetrahydronaphthalin							
1-Tetralinhydroperoxid s. 1,2,3,4-Tetrahydro-1-naphthylhydroperoxid							
Tetralithium-6-amino-4-hydroxy-3-[7-sulfonato-4-(4-sulfonatophenylazo)-1-naphthylazo]naphthalin-2,7-disulfonat 405-150-4 106028-58-4				R43	Xi R: 43 S: (2)-24-37		
Tetramethylblei s. Bleitetramethyl							
Tetramethyldiaminobenzophenon s. Michlers Keton							
Tetramethyldiaminodiphenylacetiminhydrochlorid s. Auramin							
N,N,N',N'-Tetramethyl-4,4'-diaminodiphenylmethan s. 4,4'-Methylen-bis-(N,N-dimethylanilin)							
N,N,N',N'-Tetramethyldithiobis(ethylen)diamindihydrochlorid 405-300-9 17339-60-5				Xn; R22 Xi; R36 R43 N; R51-53	Xn, N R: 22-36-43-51/53 S: (2)-26-36/37-61		
N,N,N',N'-Tetramethylethylendiamin 203-744-6 110-18-9				F; R11 Xn; R20/22 C; R34	F, C R: 11-20/22-34 S: (1/2)-16-26-36/37/39-45		
Tetramethylorthosilicat 211-656-4 681-84-5				Herstellereinstufung beachten			

Grenzwert (Luft)				Meßverfahren	Risiko-faktoren nach TRGS 440		Arbeits-medizin Werte im biolog. Material	relevante Regeln/Literatur Hinweise
mg/m^3	ml/m^3	Spitzen-begren-zung	Art Bemer-kungen H, S	Herkunft Staubklasse		W	F	
9	10	11	12	13	14		15	16
		S			4	1		ZVG 530715
		S			4	1		ZVG 900415
					3	1		ZVG 17770
6		MAK	AUS — NL					

Stoffidentität EG-Nr. CAS-Nr.	Stoff					Zubereitungen	
	Einstufung				Kennzeichnung	Konzentrationsgrenzen	Einstufung/ Kennzeichnung
	krebserz. K	erbgutveränd. M	fort.-pfl.gef. R_E/R_F	Gefahrensymbol R-Sätze	Gefahrensymbol R-Sätze S-Sätze	in Prozent	Gefahrensymbol R-Sätze
1	2	3	4	5	6	7	8
Tetramethylphosphordiamidsäurefluorid s. Dimefox (ISO)							
N,N,N',N'-Tetramethyl-p-phenylendiamin 202-831-6 100-22-1				Xn; R20/21/22	Xn R: 20/21/22 S: (2)-28		
N,N,N',N'-Tetramethyl-3,3'-[propylenbis(iminocarbonyl-4,1-phenylenazo[1,6-dihydro-2-hydroxy-4-methyl-6-oxopyridin-3,1-diyl]])]di-(propylammonium)dilactat 403-340-1				Xi; R41 N; R51-53	Xi, N R: 41-51/53 S: (2)-26-39-61		
Tetramethylsuccinnitril 3333-52-6					Herstellereinstufung beachten		
2,4,6,8-Tetramethyl-1,3,5,7-tetraoxacycloctan 203-600-2 108-62-3				R10 Xn; R22	Xn R: 10-22 S: (2)-13-25-46		
Tetramethylthiuramdisulfid s. Thiram							
3,3',4,4'-Tetraminobiphenyl s. 3,3'-Diaminobenzidin							
[Tetranatrium-1-(4-[3-acetamido-4-(4'-nitro-2,2'-disulfonatostilben-4-ylazo)anilino]-6-(2,5-disulfonatoanilino)-1,3,5-triazin-2-yl)-3-carboxypyridinium]hydroxid 404-250-5 115099-55-3				R43	Xi R: 43 S: (2)-22-24-37		

Grenzwert (Luft)					Meßverfahren		Risikofaktoren nach TRGS 440		Arbeitsmedizin Werte im biolog. Material	relevante Regeln/Literatur Hinweise
mg/m³	ml/m³	Spitzenbegrenzung	Art Bemerkungen H, S	Herkunft Staubklasse			W	F		
9		10	11	12	13		14		15	16
			H				3	1		ZVG 510372
							4	1		ZVG 900377
3	0,5	4	MAK H	DFG	OSHA 7 NIOSH S 155		2	1		ZVG 3863
							3	1		ZVG 510460
			S				4	1		ZVG 530769

Stoffidentität EG-Nr. CAS-Nr.	Stoff					Zubereitungen	
	Einstufung				Kennzeichnung	Konzentrationsgrenzen	Einstufung/ Kennzeichnung
	krebs- erz. K	erbgut- veränd. M	fort.- pfl.gef. R_E/R_F	Gefahren- symbol R-Sätze	Gefahrensymbol R-Sätze S-Sätze	in Prozent	Gefahren- symbol R-Sätze
1	2	3	4	5	6	7	8
Tetranatrium-4-amino-3,6-bis[5-(6-chlor-4-[2-hydroxyethylamino]-1,3,5-triazin-2-ylamino)-2-sulfonatophenylazo]-5-hydroxynaphthalin-2,7-sulfonat (mit > 35% Natriumchlorid und Natriumacetat 400-510-7				Xi; R41 R43	Xi R: 41-43 S: (2)-22-24-26-37/39		
Tetranatrium-4-amino-5-hydroxy-6-[3-(2-[2-(sulfonatooxy)ethyl-sulfonyl]ethylcarbamoyl)-phenylazo]-3-[4-(2-[sulfonatooxy]ethyl-sulfonyl)phenylazo]-naphthalin-2,7-disulfonat 404-320-5 116889-78-2				R43	Xi R: 43 S: (2)-22-24-37		
Tetranatrium-5-benz-amido-3-[5-(4-fluor-6-[1-sulfonato-2-naphthyl-amino]-1,3,5-triazin-2-ylamino)-2-sulfonato-phenylazo]-4-hydroxy-naphthalin-2,7-disulfonat 400-790-0 85665-97-0				Xi; R36/38 R43	Xi R: 36/38-43 S: (2)-22-24/25-37		
Tetranatrium-3,3'-[(1,1'-biphenyl)-4,4'-diylbis-(azo)]-bis(5-amino-4-hydroxynaphthalin-2,7-disulfonat) s. C.I. Direct blue 6							
Tetranatrium-2-[6-chlor-4-(4-[2,5-dimethyl-4-(2,5-disulfonatophenylazo)-phenylazo]-3-ureido-anilino)-1,3,5-triazin-2-yl-amino]benzol-1,4-disulfonat 400-430-2				R43	Xi R: 43 S: (2)-22-24-37		

Grenzwert (Luft)					Meßverfahren	Risikofaktoren nach TRGS 440		Arbeitsmedizin Werte im biolog. Material	relevante Regeln/Literatur Hinweise
mg/m^3	ml/m^3	Spitzenbegrenzung	Art Bemerkungen H, S	Herkunft Staubklasse		W	F		
9	10	11	12		13	14		15	16
			S			4	1		ZVG 530349
			S			4	1		ZVG 530776
			S			4	1		ZVG 496631
			S			4	1		ZVG 496623

Stoffidentität EG-Nr. CAS-Nr.	Stoff Einstufung				Stoff Kennzeichnung	Zubereitungen Konzentrationsgrenzen	Zubereitungen Einstufung/Kennzeichnung
	krebserz. K	erbgutveränd. M	fort.-pfl.gef. R_E/R_F	Gefahrensymbol R-Sätze	Gefahrensymbol R-Sätze S-Sätze	in Prozent	Gefahrensymbol R-Sätze
1	2	3	4	5	6	7	8
Tetranatrium-5'-(4,6-dichlor-5-cyanpyrimidin-2-ylamino)-4'-hydroxy-2,3'-azodinaphthalin-1,2',5,7'-disulfonat 400-130-1				R42 N; R51-53	Xn, N R: 42-51/53 S: (2)-22-61		
Tetranatrium-3,3'-[piperazin-1,4-diylbis[[6-chlor-1,3,5-triazin-4,2-diyl]-imino(2-acetamido)-4,1-phenylenazo]]bis-(naphthalin-1,5-disulfonat) 400-010-9 81898-60-4				R43	Xi R: 43 S: (2)-22-24-37		
Tetranatriumpyrophosphat 231-767-1 7722-88-5					Herstellereinstufung beachten		
1,2,3,4-Tetranitrocarbazol 6202-15-9				E R1 Xn; R20/21/22	E, Xn R: 1-20/21/22 S: (2)-35		
Tetranitromethan 208-094-7 509-14-8	2				Herstellereinstufung beachten	§ 35 (0,001)	
Tetranitronaphthalin Anm. C 55810-18-9				E; R2 Xn; R20/21/22 R33	E, Xn R: 2-20/21/22-33 S: (2)-35		
Tetraphosphor 12185-10-3 und 7723-14-0				F; R17 T+; R26/28 C; R35	F, T+, C R: 17-26/28-35 S: (1/2)-5-26-28-45		
Tetraphosphortrisulfid 215-245-0 1314-85-8				F; R11 Xn; R22	F, Xn R: 11-22 S: (2)-7-16-24/25		
O,O,O',O'-Tetrapropyldithiopyrophosphat (n-) 221-817-0 3244-90-4				Xn; R21/22 N; R50-53	Xn, N R: 21/22-50/53 S: (2)-36/37-60-61		
Tetryl s. N-Methyl-2,4,6,N-tetranitroanilin							

mg/m³	ml/m³	Spitzen-begren-zung	Art Bemer-kungen H, S	Herkunft Staubklasse	Meßverfahren	Risiko-faktoren nach TRGS 440 W F	Arbeits-medizin Werte im biolog. Material	relevante Regeln/Literatur Hinweise
9	10	11	12	13	14	15	16	
			S			4 1		ZVG 496617
			S			4 1		ZVG 496613
5 E			MAK	AUS – DK L				
			H			3 1		ZVG 496713
					NIOSH 3513		40 VI, 43	GefStoffV § 15a, 43 ZVG 38300
			H			3 1	33 VI, 3	ZVG 496710
0,1 E		=1=	MAK	DFG	NIOSH 7905	5 1	12 VI, 27	ZVG 3940
						3 1		ZVG 500050
			H			3 1		ZVG 510373

Stoffidentität EG-Nr. CAS-Nr.	Stoff					Zubereitungen	
	Einstufung				Kennzeichnung	Konzentrationsgrenzen	Einstufung/ Kennzeichnung
	krebserz. K	erbgutveränd. M	fort.-pfl.gef. R_E/R_F	Gefahrensymbol R-Sätze	Gefahrensymbol R-Sätze S-Sätze	in Prozent	Gefahrensymbol R-Sätze
1	2	3	4	5	6	7	8
TGIC s. 1,3,5-Tris(oxiranylmethyl)-1,3,5-triazin-2,4,6-(1H,3H,5H)-trion							
Thallium 231-138-1 7440-28-0				T+; R26/28 R33	T+ R: 26/28-33 S: (1/2)-13-28-45		
Thalliumverbindungen, mit Ausnahme der namentlich in dieser Liste bezeichneten Anm. A				T+; R26/28 R33	T+ R: 26/28-33 S: (1/2)-13-28-45		
1,3,4-Thiadiazol-2,5-dithiol s. Thionylchlorid							
Thiazfluron (ISO) 246-901-4 25366-23-8				Xn; R22	Xn R: 22 S: (2)		
Thioacetamid Anm. E 200-541-4 62-55-5	2			R45 Xn; R22 Xi; R36/38	T R: 45-22-36/38 S: 53-45		
Thiobencarb s. S-4-Chlorbenzyldiethylthiocarbamat							
2,2'-Thiobis-(4,6-dichlorphenol) s. Bithionol							
Thiocarbamid s. Thioharnstoff							
Thiocarbonylchlorid 207-341-6 463-71-8				T; R23 Xn; R22 Xi; R36/37/38	T R: 22-23-36/37/38 S: (1/2)-7-9-36/37-45		
Thiochinox 202-272-8 93-75-4				Xn; R22	Xn R: 22 S: (2)-24		

Grenzwert (Luft)				Meßverfahren	Risiko-faktoren nach TRGS 440		Arbeits-medizin Werte im biolog. Material	relevante Regeln/Literatur Hinweise
mg/m³ ml/m³	Spitzen-begren-zung	Art Bemer-kungen H, S	Herkunft Staubklasse		W	F		
9	10	11	12	13	14		15	16
					5	1		ZVG 7810
0,1 E für lösliche Verbindungen	4	MAK 1, 25	DFG H	BIA 8730 OSHA ID 121	5	1		ZVG 520035
					3	1		ZVG 510374
							40 VI, 43	ZVG 490072
					4	4		ZVG 10450
					3	1		ZVG 10360

Stoffidentität EG-Nr. CAS-Nr.	Stoff					Zubereitungen	
	Einstufung				Kennzeichnung	Konzentrationsgrenzen	Einstufung/ Kennzeichnung
	krebs-erz. K	erbgut-veränd. M	fort.-pfl.gef. R_E/R_F	Gefahren-symbol R-Sätze	Gefahrensymbol R-Sätze S-Sätze	in Prozent	Gefahren-symbol R-Sätze
1	2	3	4	5	6	7	8
Thiocyclamoxalat s. Bis(1,2,3-trithiacyclo-hexyldimethylammonium)-oxalat							
4,4'-Thiodianilin 205-370-9 139-65-1	2				Hersteller-einstufung beachten		
p,p'-Thiodianilin s. 4,4'-Thiodianilin							
2,2'-Thiodiethanol 203-874-3 111-48-8				Xi; R36	Xi R: 36 S: (2)		
Thiodiglykol s. 2,2'-Thiodiethanol							
4,4'-Thiodi-o-kresol 403-330-7 24197-34-0				Xi; R41 N; R50-53	Xi, N R: 41-50/53 S: (2)-26-39-60-61		
Thiofanox s. 3,3-Dimethyl-1-(methylthio)butanon-O-(N-methylcarbamoyl)oxim							
Thioglykolsäure 200-677-4 68-11-1				T; R23/24/25 C; R34	T R: 23/24/25-34 S: (1/2)-25-27-28-45	10%≦C 5%≦C<10% 2%≦C<5% 0,2%≦C<2%	T; R23/24/25-34 T; R23/24/25-36/38 T; R23/24/25 Xn; R20/21/22
Thioglykolsäuremono-glycerylester s. Glycerylmono-thioglykolat							
Thioharnstoff 200-543-5 62-56-6	3			R40 Xn; R22 N; R51-53	Xn, N R: 22-40-51/53 S: (2)-22-24-36/37-61		
Thiometon (ISO) 211-362-6 640-15-3				T; R25 Xn; R21	T R: 21-25 S: (1/2)-36/37-45		
Thionazin s. O,O-Diethyl-O-pyrazin-2-ylthiophosphat							

Grenzwert (Luft)					Meßverfahren	Risikofaktoren nach TRGS 440		Arbeitsmedizin Werte im biolog. Material	relevante Regeln/Literatur Hinweise
mg/m^3	ml/m^3	Spitzenbegrenzung	Art Bemerkungen H, S	Herkunft Staubklasse		W	F		
9	10	11	12		13	14		15	16
0,1			EW H, 51	AGS				33 VI, 3	TRGS 901 Nr. 55 ZVG 570054
						2	1		ZVG 20400
4			MAK H	AUS – NL		4	1		ZVG 510376
						4	1		ZVG 11700
			H			4	1		ZVG 510377

Stoffidentität EG-Nr. CAS-Nr.	Stoff					Zubereitungen	
	Einstufung				Kennzeichnung	Konzentrationsgrenzen	Einstufung/ Kennzeichnung
	krebs-erz. K	erbgut-veränd. M	fort.-pfl.gef. R_E/R_F	Gefahrensymbol R-Sätze	Gefahrensymbol R-Sätze S-Sätze	in Prozent	Gefahrensymbol R-Sätze
1	2	3	4	5	6	7	8
Thionylchlorid 231-748-8 7719-09-7				R14 C; R34 Xi; R37	C R: 14-34-37 S: (1/2)-26-45		
Thionylchlorid, Reaktionsprodukte mit 1,3,4-Thiadiazol-2,5-dithiol, tert-Nonanthiol und C12-14-tert-Alkylamin 404-820-3				Xi; R38 R43 R52-53	Xi R: 38-43-52/53 S: (2)-36/37-61		
Thiophanat-methyl 245-740-7 23564-05-8		3		R40	Xn R: 40 S: (2)-36/37		
Thiophenol s. Benzolthiol							
Thiophosgen s. Thiocarbonylchlorid							
2-Thiourea s. Thioharnstoff							
Thiram 205-286-2 137-26-8		3	3 (R_E)	R40 Xn; R20/22 Xi; R36/37 R43	Xn R: 20/22-36/ 37-40-43 S: (2)-36/37		
THU s. Thioharnstoff							
Thymol 201-944-8 89-83-8				Xn; R22 C; R34	C R: 22-34 S: (1/2)-26-28-36/ 37/39		
Titandioxid 236-675-5 13463-67-7							
Titan(4+)oxalat 403-260-7				Xi; R41	Xi R: 41 S: (2)-26-39		
Titantetrachlorid 231-441-9 7550-45-0				R14 C; R34 Xi; R36/37	C R: 14-34-36/37 S: (1/2)-7/8-26-45		

Grenzwert (Luft)					Meßverfahren	Risiko-faktoren nach TRGS 440		Arbeits-medizin Werte im biolog. Material	relevante Regeln/Literatur Hinweise
mg/m^3	ml/m^3	Spitzen-begren-zung	Art Bemer-kungen H, S	Herkunft Staubklasse		W	F		
9	10	11	12	13		14		15	16
						3	3		ZVG 1310 Hydrolyseprodukte HCl und SO_2
			S			4	1		ZVG 900545
						4	1		ZVG 490629
5 E		4	MAK 20 S	DFG H	NIOSH 5005	4	1		ZVG 12190
						3	1		ZVG 17320
6 A			MAK (Y)	DFG L	OSHA ID 121, 204	2	1		ZVG 1780
						4	1		
						3	2		ZVG 2270

Stoffidentität EG-Nr. CAS-Nr.	Stoff					Zubereitungen	
	Einstufung				Kennzeichnung	Konzentrationsgrenzen	Einstufung/ Kennzeichnung
	krebs-erz. K	erbgut-veränd. M	fort.-pfl.gef. R_E/R_F	Gefahren-symbol R-Sätze	Gefahrensymbol R-Sätze S-Sätze	in Prozent	Gefahren-symbol R-Sätze
1	2	3	4	5	6	7	8
TNT s. 2,4,6-Trinitrotoluol							
Tobiassäure s. 2-Amino-1-naphthalin-sulfonsäure							
o-Tolidin s. 3,3'-Dimethylbenzidin							
4-Toluensulfonylisocyanat 223-810-8 4083-64-1				R14 Xi; R36/37/38 R42	Xn R: 14-36/37/38-42 S: (2)-26-28-30	5%≦C 1%≦C<5%	Xn; R36/37/38-42 Xn; R42
m-Toluidin Anm. C 203-583-1 108-44-1				T; R23/24/25 R33 N; R50	T, N R: 23/24/25-33-50 S: (1/2)-28-36/37-45-61		
o-Toluidin Anm. E 202-429-0 95-53-4	2			R45 T; R23/25 Xi; R36 N; R50	T, N R: 45-23/25-36-50 S: 53-45-61		
p-Toluidin Anm. C 203-403-1 106-49-0	3			T; R23/24/25 R33 N; R50	T, N R: 23/24/25-33-50 S: (1/2)-28-36/37-45-61		
Toluol 203-625-9 108-88-3				F; R11 Xn; R20	F, Xn R: 11-20 S: (2)-16-25-29-33	12,5%≦C	Xn; R20
Toluol-2,4-diammonium-sulfat s. 4-Methyl-m-phenylen-diaminsulfat							
Toluol-2,5-diammonium-sulfat s. 2-Methyl-p-phenylen-diaminsulfat							

Grenzwert (Luft)					Meßverfahren	Risikofaktoren nach TRGS 440		Arbeitsmedizin Werte im biolog. Material	relevante Regeln/Literatur Hinweise
mg/m³	ml/m³	Spitzenbegrenzung	Art Bemerkungen H, S	Herkunft Staubklasse		W	F		
9	10	11	12	13	14		15	16	
			S			4	1		ZVG 26320
9			MAK H	AUS — NL	ZH…49 OSHA 73	4	1	33 VI, 3	ZVG 11840
0,5*)		4	TRK H	AGS	ZH…49, 51 BIA 6075 OSHA 73 HSE 75			33 VI, 3	TRGS 901 Nr. 32 ZVG 14470 *) und Salze
1	0,2	4	MAK H 7, 29	AGS	ZH…49, 51 BIA 6075 OSHA 73	4	1	33 VI, 3	TRGS 901 Nr. 65 ZVG 16340
190	50	4	MAK Y	DFG	BIA 8820 HSE 69, 64 OSHA 7	3	2	29 VI, 38 BAT	ZVG 10070

Stoffidentität EG-Nr. CAS-Nr.	Stoff					Zubereitungen	
	Einstufung				Kennzeichnung	Konzentrationsgrenzen	Einstufung/ Kennzeichnung
	krebserz. K	erbgutveränd. M	fort.-pfl.gef. R_E/R_F	Gefahrensymbol R-Sätze	Gefahrensymbol R-Sätze S-Sätze	in Prozent	Gefahrensymbol R-Sätze
1	2	3	4	5	6	7	8
p-Toluolsulfonsäure (mit höchstens 5% Schwefelsäure) 203-180-0 104-15-4				Xi; R36/37/38	Xi R: 36/37/38 S: (2)-26-37	20%≦C	Xi; R36/37/38
p-Toluolsulfonsäure (mit mehr als 5% Schwefelsäure)				C; R34	C R: 34 S: (1/2)-26-37/ 39-45	25%≦C 10%≦C<25%	C; R34 Xi; R36/38
2,4-Toluylendiamin und -sulfat s. 4-Methyl-m-phenylendiamin und -sulfat							
2,5-Toluylendiamin und -sulfat s. 2-Methyl-p-phenylendiamin und -sulfat							
2,6-Toluylendiamin s. 2-Methyl-m-phenylendiamin							
2,4-Toluylendiisocyanat s. 2,4-Diisocyanattoluol							
2,6-Toluylendiisocyanat s. 2,6-Diisocyanattoluol							
4-o-Tolylazo-o-toluidin s. 2-Aminoazotoluol							
m-Tolylmethylcarbamat s. Metolcarb (ISO)							
Tosylchloramid-natrium s. Chloramin T							
Tosylisocyanat s. 4-Toluensulfonylisocyanat							
Toxaphen s. Camphechlor							
Tremolith s. Asbest							

Grenzwert (Luft)					Meßverfahren	Risiko-faktoren nach TRGS 440		Arbeits-medizin Werte im biolog. Material	relevante Regeln/Literatur Hinweise
mg/m^3	ml/m^3	Spitzen-begren-zung	Art Bemer-kungen H, S	Herkunft Staubklasse		W	F		
9	10	11	12	13	14		15	16	
						2	1		ZVG 510754
						3	1		ZVG 14600

Stoffidentität EG-Nr. CAS-Nr.	Stoff					Zubereitungen	
	Einstufung				Kennzeichnung	Konzentrationsgrenzen	Einstufung/ Kennzeichnung
	krebserz. K	erbgutveränd. M	fort.-pfl.gef. R_E/R_F	Gefahrensymbol R-Sätze	Gefahrensymbol R-Sätze S-Sätze	in Prozent	Gefahrensymbol R-Sätze
1	2	3	4	5	6	7	8
Triadimefon (ISO) 256-103-8 43121-43-3				Xn; R22	Xn R: 22 S: (2)		
Trialkylborane Anm. A				F; R17 C; R34	F, C R: 17-34 S: (1/2)-7-23-26-36/37/39-43-45		
Triallat (ISO) 218-962-7 2303-17-5				Xn; R22	Xn R: 22 S: (2)		
Triamiphos (ISO) 1031-47-6				T+; R27/28	T+ R: 27/28 S: (1/2)-22-28-36/37-45		
Triarimol 26766-27-8				Xn; R22	Xn R: 22 S: (2)		
3,6,9-Triazaundecan-1,11-diamin 203-986-2 112-57-2				Xn; R21/22 C; R34 R43 N; R51-53	C, N R: 21/22-34-43-51/53 S: (1/2)-26-36/37/39-45-61	25%≦C 10%≦C<25% 5%≦C<10% 1%≦C<5%	C; R21/22-34-43 C; R34-43 Xi; R36/38-43 Xi; R43
1,2,4-Triazol-3-ylamin s. Amitrol (ISO)							
Triazophos (ISO) 245-986-5 24017-47-8				T; R24/25	T R: 24/25 S: (1/2)-23-36/37-45		
Tribleibis(orthophosphat) Anm. E, 1 231-205-5 7446-27-7			1 (R_E) 3 (R_F)	R61 R62 Xn; R48/22 R33	T R: 61-62-33-48/22 S: 53-45		
Tribrommethan 200-854-6 75-25-2	3			T; R23 Xi; R36/38 N; R51-53	T, N R: 23-36/38-51/53 S: (1/2)-28-45-61		
Tributyl(2,4-dichlorbenzyl)phosphoniumchlorid s. Chlorphoniumchlorid (ISO)							

Grenzwert (Luft)					Meßverfahren	Risikofaktoren nach TRGS 440		Arbeitsmedizin Werte im biolog. Material	relevante Regeln/Literatur Hinweise
mg/m^3	ml/m^3	Spitzenbegrenzung	Art Bemerkungen H, S	Herkunft Staubklasse		W	F		
9	10	11	12		13	14		15	16
						3	1		ZVG 33280
						3	4		ZVG 570258
						3	1		ZVG 510379
			H			5	1		ZVG 510380
						3	1		ZVG 510381
			H, S			4	1		ZVG 23870
			H			4	1		ZVG 31720
s. Bleiverbindungen					DFG	5	1	2 VI, 44 BAT	ZVG 490484
					OSHA 7 NIOSH 1003	4	1		ZVG 39820

Stoffidentität EG-Nr. CAS-Nr.	Stoff					Zubereitungen	
	Einstufung				Kennzeichnung	Konzentrationsgrenzen	Einstufung/ Kennzeichnung
	krebserz. K	erbgutveränd. M	fort.-pfl.gef. R_E/R_F	Gefahrensymbol R-Sätze	Gefahrensymbol R-Sätze S-Sätze	in Prozent	Gefahrensymbol R-Sätze
1	2	3	4	5	6	7	8
Tributylphosphat 204-800-2 126-73-8				Xn; R22	Xn R: 22 S: (2)-25		
Tributyl-Zinnverbindungen Anm. A, 1				T; R25-48/ 23/25 Xn; R21 Xi; R36/38	T R: 21-25-36/38-48/ 23/25 S: (1/2)-35-36/ 37/39-45	1%≦C 0,25%≦C<1%	T; R21-25-36/ 38-48/23/25 Xn; R22-48/20/22
— Tri-n-butylzinnverbindungen 211-704-4 — Tributylzinnbenzoat 224-399-8 4342-36-3 — Tributylzinnchlorid 215-058-7 1461-22-9 — Tributylzinnfluorid 217-847-9 1983-10-4 — Tributylzinnlinoleat 246-024-7 24124-25-2 — Tributylzinnmethacrylat 218-452-4 2155-70-6 — Tributylzinnaphthenat 287-083-9 85409-17-2							
Tricarbonyl(eta-cyclopentadienyl)mangan 235-142-4 12079-65-1				Herstellereinstufung beachten			
Tricarbonyl(methylcyclopentadienyl)mangan 235-166-5 12108-13-3				Herstellereinstufung beachten			
Trichloracetaldehydmonohydrat s. Chloralhydrat							
Trichloracetonitril 208-885-7 545-06-2				T; R23/24/25	T R: 23/24/25 S: (1/2)-45		

Grenzwert (Luft)					Meßverfahren	Risiko-faktoren nach TRGS 440		Arbeits-medizin Werte im biolog. Material	relevante Regeln/Literatur Hinweise
mg/m^3	ml/m^3	Spitzen-begren-zung	Art Bemer-kungen H, S	Herkunft Staubklasse		W	F		
9		10	11	12	13	14		15	16
2,5			MAK	AUS − NL	NIOSH 5034	3	1		ZVG 17680
					DFG	5	1		ZVG 530085
0,05*)	0,002	4	MAK Y, H	DFG					
0,05*)	0,002	4	MAK Y, H	DFG					
0,05*)	0,002	4	MAK Y, H	DFG					
0,05*)	0,002	4	MAK Y, H	DFG					
0,05*)	0,002	4	MAK Y, H	DFG					
0,05*)	0,002	4	MAK Y, H	DFG					
0,05*)	0,002	4	MAK Y, H	DFG					
0,1			MAK 25, H	AUS − NL					
0,2			MAK 25, H	AUS − NL					
			H			4	3		ZVG 510385

*) als TBTO [Bis(tributylzinn)oxid]

Stoffidentität EG-Nr. CAS-Nr.	Stoff					Zubereitungen	
	Einstufung				Kennzeichnung	Konzentrationsgrenzen	Einstufung/ Kennzeichnung
	krebserz. K	erbgutveränd. M	fort.-pfl.gef. R_E/R_F	Gefahrensymbol R-Sätze	Gefahrensymbol R-Sätze S-Sätze	in Prozent	Gefahrensymbol R-Sätze
1	2	3	4	5	6	7	8
S-2,3,3-Trichlorallyldi-isopropylthiocarbamat s. Triallat (ISO)							
Trichloraniline s. Chloranilin							
2,3,6-Trichlorbenzoesäure s. 2,3,6-TBA (ISO)							
1,2,3-Trichlorbenzol 201-757-1 87-61-6				Herstellereinstufung beachten			
1,2,4-Trichlorbenzol 204-428-0 120-82-1				Herstellereinstufung beachten			
1,3,5-Trichlorbenzol 203-608-6 108-70-3				Herstellereinstufung beachten			
1,1,1-Trichlor-2,2-bis-(4-chlorphenyl)ethan s. DDT							
2,2,2-Trichlor-1,1-bis-(4-chlorphenyl)ethanol s. Dicofol (ISO)							
2,3,4-Trichlor-1-buten 219-397-9 2431-50-7	2	3		T; R23 R40 Xn; R22 Xi; R36/37/38 N; R50-53	T, N R: 22-23-36/37/ 38-40-50/53 S: (1/2)-36/37-45-60-61		
α,α,α-Trichlor-4-chlortoluol s. 4-Chlorbenzotrichlorid							
Trichloressigsäure 200-927-2 76-03-9				C; R35	C R: 35 S: (1/2)-24/ 25-26-45	10%≦C 5%≦C<10% 1%≦C<5%	C; R35 C; R34 Xi; R36/38
1,1,1-Trichlorethan Anm. F 200-756-3 71-55-6				Xn; R20 N; R59	Xn, N R: 20-59 S: (2)-24/ 25-59-61		

Grenzwert (Luft)					Meßverfahren	Risikofaktoren nach TRGS 440		Arbeitsmedizin Werte im biolog. Material	relevante Regeln/Literatur Hinweise
mg/m^3	ml/m^3	Spitzenbegrenzung	Art Bemerkungen H, S	Herkunft Staubklasse		W	F		
9	10	11	12		13	14		15	16
38	5	4	MAK (H)	DFG					ZVG 491127
38 (15,1)	5	4	MAK H	DFG (EG)	NIOSH 5517				ZVG 15440
38	5	4	MAK (H)	DFG					ZVG 491127
0,035	0,005	4	TRK	AGS	ZH...34			40 VI, 43	TRGS 901 Nr. 37 ZVG 15880
						4	1		ZVG 33030
1 080	200	4	MAK Y	DFG	DFG BIA 8820 OSHA 14 HSE 28	3	3	BAT	ZH 1/194 ZVG 26940 ChemVerbotsV, Nr. 16 GefStoffV, Anh. III Nr. 14

Stoffidentität EG-Nr. CAS-Nr.	Stoff					Zubereitungen	
	Einstufung				Kennzeichnung	Konzentrationsgrenzen	Einstufung/ Kennzeichnung
	krebserz. K	erbgutveränd. M	fort.-pfl.gef. R_E/R_F	Gefahrensymbol R-Sätze	Gefahrensymbol R-Sätze S-Sätze	in Prozent	Gefahrensymbol R-Sätze
1	2	3	4	5	6	7	8
1,1,2-Trichlorethan 201-166-9 79-00-5	3			Xn; R20/21/22	Xn R: 20/21/22 S: (2)-9	5%≦C	Xn; R20/21/22
Trichlorethen s. Trichlorethylen							
Trichlorethylen 201-167-4 79-01-6	3			R40 R52-53	Xn R: 40-52/53 S: (2)-23-36/37-61	1%≦C	Xn; R40
(R)-1,2-O-(2,2,2-Trichlorethyliden)-α-D-glucofuranose s. Chloralose (INN)							
Trichlorfluormethan (R 11) 200-892-3 75-69-4					Herstellereinstufung beachten		
Trichlorfon (ISO) 200-149-3 52-68-6				Xn; R22 R43	Xn R: 22-43 S: (2)-24-37		
Trichlorisocyanursäure 201-782-8 87-90-1				O; R8 Xn; R22 R31 Xi; R36/37	O, Xn R: 8-22-31-36/37 S: (2)-8-26-41		
Trichlormethan 200-663-8 67-66-3	3			Xn; R22-48/20/22 Xi; R38 R40	Xn R: 22-38-40-48/20/22 S: (2)-36/37	20%≦C 5%≦C<20% 1%≦C<5%	Xn; R22-38-40-48/20/22 Xn; R22-40-48/20/22 Xn; R40
Trichlormethansulfenylchlorid 209-840-4 594-42-3					Herstellereinstufung beachten		
1-Trichlormethylbenzol s. α,α,α-Trichlortoluol							
N-(Trichlormethylthio)phthalimid 205-088-6 133-07-3	3			R40 Xi; R36 R43	Xn R: 36-40-43 S: (2)-36/37		
Trichlornaphthalin 215-321-3 1321-65-9					Herstellereinstufung beachten		

Grenzwert (Luft)					Meßverfahren	Risikofaktoren nach TRGS 440		Arbeitsmedizin Werte im biolog. Material	relevante Regeln/Literatur Hinweise
mg/m^3	ml/m^3	Spitzenbegrenzung	Art Bemerkungen H, S	Herkunft Staubklasse		W	F		
9		10	11	12	13	14		15	16
55	10	4	MAK H	DFG	OSHA 11 HSE 28	4	2		ZVG 20130 ChemVerbotsV, Nr. 16 GefStoffV, Anh. III Nr. 14
270	50	4	MAK Y	DFG	BIA 8830 HSE 28 OSHA 7	4	3	14 VI, 39 BAT	ZH 1/194 ZVG 10720
5 600	1 000	4	MAK Y	DFG	DFG NIOSH 1006	2	4		ZVG 30930
			S			4	1		ZVG 12170
						3	1		ZVG 35260
50	10	4	MAK	DFG	DFG OSHA 5 HSE 28	4	3		ZVG 12870 ChemVerbotsV, Nr. 16 GefStoffV, Anh. III Nr. 14
0,8			MAK	AUS – NL	DFG				ZVG 10860
			S			4	1		ZVG 490164
5 E			MAK H	DFG		2	1		ZVG 38280

Stoffidentität EG-Nr. CAS-Nr.	Stoff					Zubereitungen	
	Einstufung				Kennzeichnung	Konzentrationsgrenzen	Einstufung/ Kennzeichnung
	krebs-erz. K	erbgut-veränd. M	fort.-pfl.gef. R_E/R_F	Gefahren-symbol R-Sätze	Gefahrensymbol R-Sätze S-Sätze	in Prozent	Gefahren-symbol R-Sätze
1	2	3	4	5	6	7	8
Trichlornitromethan 200-930-9 76-06-2				Xn; R22 T+; R26 Xi; R36/37/38	T+ R: 22-26-36/37/38 S: (1/2)-36/37-38-45		
Trichloronat (ISO) 206-326-1 327-98-0				T+; R28 T; R24 N; R50-53	T+, N R: 24-28-50/53 S: (1/2)-23-28-36/37-45-60-61		
Trichlorphenol und seine Salze (alle Isomeren außer 2,4,5- und 2,4,6-Trichlorphenol) 246-694-0 25167-82-2				Hersteller-einstufung beachten			
2,4,6-Trichlorphenol 201-795-9 88-06-2	3			R40 Xn; R22 Xi; R36/38	Xn R: 22-36/38-40 S: (2)-36/37		
2,4,5-Trichlorphenol 202-467-8 95-95-4				Xn; R22 Xi; R36/38 N; R50-53	Xn, N R: 22-36/38-50/53 S: (2)-26-28-60-61	20%≦C 5%≦C<20%	Xn; R22-36/38 Xi; R36/38
2,4,5-Trichlorphenoxy-essigsäure s. 2,4,5-T (ISO)							
2-(2,4,5-Trichlor-phenoxy)ethyl-2,2-dichlorpropionat s. Erbon (ISO)							
2-(2,4,5-Trichlor-phenoxy)propionsäure s. Fenoprop (ISO)							
2,3,6-Trichlorphenyl-essigsäure s. Chlorfenac (ISO)							
1,2,3-Trichlorpropan 202-486-1 96-18-4 Anm. D	2			Xn; R20/21/22	Xn R: 20/21/22 S: (2)-37/39	§ 35 (0,01)	

Grenzwert (Luft)					Meßverfahren	Risikofaktoren nach TRGS 440		Arbeitsmedizin Werte im biolog. Material	relevante Regeln/Literatur Hinweise
mg/m^3	ml/m^3	Spitzenbegrenzung	Art Bemerkungen H, S	Herkunft Staubklasse		W	F		
9	10	11	12		13	14		15	16
0,7	0,1	=1=	MAK	DFG		5	2		ZVG 38360
			H			5	1		ZVG 12360
0,5 E			MAK	AUS — S M					
						4	1		ZVG 510386
0,5 E			MAK	AUS — S M		3	1		ZVG 10900
			H		OSHA 7 NIOSH 1003			40 VI, 43	GefStoffV § 15a ZVG 31230

Stoffidentität EG-Nr. CAS-Nr.	Stoff					Zubereitungen	
	Einstufung				Kennzeichnung	Konzentrationsgrenzen	Einstufung/ Kennzeichnung
	krebserz. K	erbgutveränd. M	fort.-pfl.gef. R_E/R_F	Gefahrensymbol R-Sätze	Gefahrensymbol R-Sätze S-Sätze	in Prozent	Gefahrensymbol R-Sätze
1	2	3	4	5	6	7	8
Trichlorsilan 233-042-5 10025-78-2				F; R15-17	F R: 15-17 S: (2)-24/ 25-43		
α,α,α-Trichlortoluol Anm. E 202-634-5 98-07-7	2			R45 T; R23 Xn; R22 Xi; R37/38-41	T R: 45-22-23-37/ 38-41 S: 53-45	§ 35 (0,01)	
2,4,6-Trichlor-1,3,5-triazin 203-614-9 108-77-0				Xi; R36/37/38	Xi R: 36/37/38 S: (2)-28		
1,3,5-Trichlor-1,3,5-triazin-2,4,6-trion s. Trichlorisocyanursäure							
1,1,2-Trichlor-1,2,2-trifluorethan (R 113) 200-936-1 76-13-1					Herstellereinstufung beachten		
Tricyclazol s. 5-Methyl-1,2,4-triazolo(3,4-b)benzo-1,3-thiazol							
S-Tricyclo-(5.2.1.0< 2,6>)deca-3-en-8(oder 9)-yl-O-(isopropyl oder isobutyl oder 2-ethylhexyl)-O-(isopropyl oder isobutyl oder 2-ethylhexyl)dithiophosphat 401-850-9				N; R50-53	N R: 50/53 S: 60-61		
Tri(cyclohexyl)zinn-hydroxid s. Cyhexatin (ISO)							
Tricyclohexyl-Zinnverbindungen, mit Ausnahme der namentlich in dieser Liste bezeichneten Anm. A, 1				Xn; R20/21/22	Xn R: 20/21/22 S: (2)-26-28	1%≦C	Xn; R20/21/22

Grenzwert (Luft)					Meßverfahren	Risiko-faktoren nach TRGS 440		Arbeits-medizin Werte im biolog. Material	relevante Regeln/Literatur Hinweise
mg/m³	ml/m³	Spitzen-begren-zung	Art Bemer-kungen H, S	Herkunft Staubklasse		W	F		
9	10	11	12		13	14		15	16
						2	4		ZVG 510387
0,1	0,012	4	TRK	AGS	DFG ZH...61			40 VI, 43	ZH 1/67 ZVG 24190 TRGS 901 Nr. 71
						2	1		ZVG 18330
3 800	500	4	MAK	DFG	NIOSH 1020 DFG	2	4		ZVG 31730
						2	1		ZVG 530347
s. organische Zinnverbindungen			H			3	1		ZVG 530086

Stoffidentität EG-Nr. CAS-Nr.	Stoff					Zubereitungen	
	Einstufung				Kennzeichnung	Konzentrationsgrenzen	Einstufung/ Kennzeichnung
	krebs- erz. K	erbgut- veränd. M	fort.- pfl.gef. R_E/R_F	Gefahren- symbol R-Sätze	Gefahrensymbol R-Sätze S-Sätze	in Prozent	Gefahren- symbol R-Sätze
1	2	3	4	5	6	7	8
Tridemorph (ISO) 246-347-3 24602-86-6				Xn; R21/22	Xn R: 21/22 S: (2)-25-36/37		
2,4,6-Tri(dimethylamino-methyl)phenol 202-013-9 90-72-2				Xn; R22 Xi; R36/38	Xn R: 22-36/38 S: (2)-26-28		
Tridymit s. Quarz							
Triethanolamin 203-049-8 102-71-6					Hersteller- einstufung beachten		
Triethoxyisobutylsilan 402-810-3 17980-47-1				Xi; R38	Xi R: 38 S: (2)-24		
Triethylamin 204-469-4 121-44-8				F; R11 Xn; R20/21/22 C; R35	F, C R: 11-20/21/22-35 S: (1/2)-3-16-26-29-36/37/39-45	C≧25% 10%≦C<25% 5%≦C<10% 1%≦C<5%	C; R20/21/22-35 C; R35 C; R34 Xi; R36/37/38
Triethylenglykoldiacrylat Anm. D 216-853-9 1680-21-3				Xi; R36/38 R43	Xi R: 36/38-43 S: (2)-26-28	20%≦C 1%≦C<20%	Xi; R36/38-43 Xi; R43
Triethylentetramin s. 3,6-Diazaoctan-1,8-diamin							
Triethylphosphat 201-114-5 78-40-0				Xn; R22	Xn R: 22 S: (2)-25		
Triethyl-Zinnverbindungen, mit Ausnahme der namentlich in dieser Liste bezeichneten Anm. A, 1				T+; R26/27/28	T+ R: 26/27/28 S: (1/2)-26-27-28-45	0,5%≦C 0,1%≦C <0,5% 0,05%≦C <0,1%	T+; R26/27/28 T; R23/24/25 Xn; R20/21/22
Trifenmorph (ISO) 215-812-2 1420-06-0				Xn; R22	Xn R: 22 S: (2)-22-24		

572

Grenzwert (Luft)					Meßverfahren	Risikofaktoren nach TRGS 440		Arbeitsmedizin Werte im biolog. Material	relevante Regeln/Literatur Hinweise
mg/m^3	ml/m^3	Spitzenbegrenzung	Art Bemerkungen H, S	Herkunft Staubklasse		W	F		
9		10	11	12	13	14		15	16
			H			3	1		ZVG 29530
						3	1		ZVG 510388
5 E			MAK	AUS — S					ZVG 14280
						2	1		ZVG 496700
40 (4,2)	10	=1=	MAK H	DFG	BIA 8875 DFG	4	3		ZVG 18390
			S			4	1		ZVG 510389
						3	1		ZVG 12690
s. organische Zinnverbindungen			H			5	1		ZVG 530087
						3	1		ZVG 510390

Stoffidentität EG-Nr. CAS-Nr.	Stoff					Zubereitungen	
	Einstufung				Kennzeichnung	Konzentrationsgrenzen	Einstufung/ Kennzeichnung
	krebserz. K	erbgutveränd. M	fort.-pfl.gef. R_E/R_F	Gefahrensymbol R-Sätze	Gefahrensymbol R-Sätze S-Sätze	in Prozent	Gefahrensymbol R-Sätze
1	2	3	4	5	6	7	8
Trifluorbrommethan s. Bromtrifluormethan							
Trifluoressigsäure ...% Anm. B 200-929-3 76-05-1				Xn; R20 C; R35	C R: 20-35 S: (1/2)-9-26-27-28-45	10%≤C 5%≤C<10% 1%≤C<5%	C; R20-35 C; R34 Xi; R36/38
* Trifluoriodmethan 219-014-5 2314-97-8		3		Herstellereinstufung beachten			
1,1,1-Trifluor-N-(4-phenylsulfonyl-o-tolyl)methansulfonamid 253-718-3 37924-13-3				Xn; R22 Xi; R36	Xn R: 22-36 S: (2)		
α,α,α-Trifluortoluol 202-635-0 98-08-8				F; R11 N; R51-53	F, N R: 11-51/53 S: (2)-16-23-61		
Trifluralin (ISO) (mit < 0,5 ppm NPDA) 216-428-8 1582-09-8				Xi; R36 R43	Xi R: 36-43 S: (2)-24-37		
Triglycidylisocyanurat s. 1,3,5-Tris(oxiranylmethyl)-1,3,5-triazin-2,4,6-(1H,3H,5H)-trion							
Trihexyl-Zinnverbindungen, mit Ausnahme der namentlich in dieser Liste bezeichneten Anm. A, 1				Xn; R20/21/22	Xn R: 20/21/22 S: (2)-26-28	1%≤C	Xn; R20/21/22
1,2,3-Trihydroxybenzol 201-762-9 87-66-1				Xn; R20/21/22	Xn R: 20/21/22 S: (2)	10%≤C	Xn; R20/21/22
1,1,1-Trihydroxymethylpropyltriacrylat Anm. D 239-701-3 15625-89-5				Xi; R36/38 R43	Xi R: 36/38-43 S: (2)-39	20%≤C 1%≤C<20%	Xi; R36/38-43 Xi; R43

Grenzwert (Luft)					Meßverfahren	Risiko-faktoren nach TRGS 440		Arbeits-medizin Werte im biolog. Material	relevante Regeln/Literatur Hinweise
mg/m^3	ml/m^3	Spitzen-begren-zung	Art Bemer-kungen H, S	Herkunft Staubklasse		W	F		
9	10	11	12	13	14		15	16	
						4	3		ZVG 530088
						3	1		ZVG 490715
						2	2		ZVG 510391
			S			4	1		ZVG 490334
s. organische Zinnverbindungen			H			3	1		ZVG 530090
			H			3	1		ZVG 510392
			S			4	1		ZVG 510393

Stoffidentität EG-Nr. CAS-Nr.	Stoff					Zubereitungen	
	Einstufung				Kennzeichnung	Konzentrationsgrenzen	Einstufung/ Kennzeichnung
	krebserz. K	erbgutveränd. M	fort.- pfl.gef. R_E/R_F	Gefahrensymbol R-Sätze	Gefahrensymbol R-Sätze S-Sätze	in Prozent	Gefahrensymbol R-Sätze
1	2	3	4	5	6	7	8
Triisopropanolamin s. 1,1',1''-Nitrilotripropan-2-ol							
Trikresylphosphat (mmm, mmp, mpp, ppp) Anm. C 201-105-6 (ppp) 78-32-0 (ppp)				Xn; R21/22 N; R51-53	Xn, N R: 21/22-51/53 S: (2)-28-61	5%≦C	Xn; R21/22
Trikresylphosphat (ooo, oom, oop, omm, omp, opp) Anm. C 201-103-5 (ooo) 78-30-8 (ooo)				T; R39/23/ 24/25 N; R51-53	T, N R: 39/23/24/25- 51/53 S: (1/2)-20/21- 28-45-61	1%≦C 0,2%≦C<1%	T; R39/23/24/25 Xn; R40/20/21/22
Trilithium-4-hydroxy-3- [4-(2-methoxy-4-[3- sulfonatophenylazo]- phenylazo)-3-methyl- phenylazo-6-(3-sulfonato- anilinio)]naphthalin- 2-sulfonat 403-650-7 117409-78-6				E; R2	E R: 2 S: (2)-35		
Trimangantetroxid 215-266-5 1317-35-7							
Trimellitsäureanhydrid 209-008-0 552-30-7				Xi; R36/37/38 R42	Xn R: 36/37/38-42 S: (2)-22-28	10%≦C 0,3%≦C <10%	Xn; R36/37/38-42 Xn; R42
S-(3-Trimethoxysilyl)- propyl-19-isocyanato- 11-(6-isocyanatohexyl)- 10,12-dioxo-2,9,11,13- tetraazanonadecanthioat 402-290-8 85702-90-5				R10 R42/43	Xn R: 10-42/43 S: (2)-23-24-37		
Trimethylamin (Methylamin) Anm. 5 200-875-0 75-50-3				F+; R12 Xn; R20 Xi; R37/38-41	F+; Xn R: 12-20-37/38-41 S: (2)-16-26-39	C≧5% 0,5%≦C<5%	Xn; R20-37/38-41 Xi; R36

Grenzwert (Luft)					Meßverfahren	Risikofaktoren nach TRGS 440		Arbeitsmedizin Werte im biolog. Material	relevante Regeln/Literatur Hinweise
mg/m³ ml/m³		Spitzenbegrenzung	Art Bemerkungen H, S	Herkunft Staubklasse		W	F		
9	10	11	12	13	14	15		16	
			H						ZVG 510404
0,1 (ooo)			MAK H	AUS — NL	NIOSH 5037				ZVG 510394
						2	1		ZVG 530783
aufgehoben s. Mangan					BIA 8880				ZVG 570264
0,04 A		=1=	MAK S	DFG	OSHA 98 HSE 62 NIOSH 5036	4	1		ZVG 41520
			S			4	1		ZVG 496685
						4	4		ZVG 23020

Stoffidentität EG-Nr. CAS-Nr.	Stoff					Zubereitungen	
	Einstufung				Kennzeichnung	Konzentrationsgrenzen	Einstufung/ Kennzeichnung
	krebs- erz. K	erbgut- veränd. M	fort.- pfl.gef. R_E/R_F	Gefahren- symbol R-Sätze	Gefahrensymbol R-Sätze S-Sätze	in Prozent	Gefahren- symbol R-Sätze
1	2	3	4	5	6	7	8
Trimethylamin ...% Anm. B				F+; R12 Xn; R20/22 C; R34	F+, C R: 12-20/22-34 S: (1/2)-3-16-26- 29-36/37/39-45	C≥15% 10%≤C<15% 5%≤C<10%	C; R20/22-34 C; R34 Xi; R36/37/38
2,4,5-Trimethylanilin 205-282-0 137-17-7	2				Hersteller- einstufung beachten		
N,N,N-Trimethyl- aniliniumchlorid 205-319-0 138-24-9				T; R24/25	T R: 24/25 S: (1/2)-25-39- 45-53		
1,2,4-Trimethylbenzol 202-436-9 95-63-6				R10 Xn; R20 Xi; R36/37/38	Xn R: 10-20-36/37/38 S: (2)-26		
1,3,5-Trimethylbenzol s. Mesitylen							
2,4,6-Trimethyl- benzophenon 403-150-9 954-16-5				Xn; R22 Xi; R36 N; R50-53	Xn, N R: 22-36-50/53 S: (2)-26-60		
1,7,7-Trimethylbicyclo- (2.2.1)hept-2-ylthio- cyanatoacetat 204-081-5 115-31-1				Xn; R22	Xn R: 22 S: (2)-24/25		
Trimethylborat 204-468-9 121-43-7				R10 Xn; R21	Xn R: 10-21 S: (2)-23-25		
3,5,5-Trimethyl-2- cyclohexen-1-on 201-126-0 78-59-1	3			Xi; R36/37/38	Xi R: 36/37/38 S: (2)-26	25%≤C	Xi; R36/37/38
Trimethylendiamin- tetraessigsäure 400-400-9 1939-36-2				Xn; R22 Xi; R36	Xn R: 22-36 S: (2)-22-26		

Grenzwert (Luft)					Meßverfahren	Risiko-faktoren nach TRGS 440		Arbeits-medizin Werte im biolog. Material	relevante Regeln/Literatur Hinweise
mg/m^3	ml/m^3	Spitzen-begren-zung	Art Bemer-kungen H, S	Herkunft Staubklasse		W	F		
9	10	11	12	13	14			15	16
1			EW H, 51	AGS				33 VI, 3	TRGS 901 Nr. 56 ZVG 41560
			H						ZVG 40360
s. Kohlenwasserstoff-gemische (100)				(EG)	HSE 72 TRGS 901, Nr. 72	3	1		ZVG 31070
						3	1		ZVG 900375
						3	1		ZVG 490154
			H			3	1		ZVG 33790
11	2	=1=	MAK (Y)	DFG	HSE 72 OSHA 7 NIOSH 2508	4	1		ZVG 22400
						3	1		ZVG 530359

Stoffidentität EG-Nr. CAS-Nr.	Stoff				Zubereitungen			
	Einstufung				Kennzeichnung		Konzentrationsgrenzen	Einstufung/ Kennzeichnung
	krebs- erz. K	erbgut- veränd. M	fort.- pfl.gef. R_E/R_F	Gefahren- symbol R-Sätze	Gefahrensymbol R-Sätze S-Sätze		in Prozent	Gefahren- symbol R-Sätze
1	2	3	4	5	6		7	8
2,2,4- bzw. 2,4,4-Tri-methylhexa-1,6-diyldi-isocyanat s. 2,2,4- bzw. 2,4,4-Trimethylhexamethylen-1,6-diisocyanat								
* 2,2,4-Trimethylhexa-methylen-1,6-diisocyanat Anm. C, 2 241-001-8 16938-22-0				T; R23 Xi; R36/37/38 R42	T R: 23-36/37/38-42 S: (1/2)-26-28-38-45		20%≦C 2%≦C<20% 0,5%≦C<2%	T; R23-36/37/38-42 T; R23-42 Xn; R20-42
* 2,4,4-Trimethylhexa-methylen-1,6-diisocyanat Anm. C, 2 239-714-4 15646-96-5				T; R23 Xi; R36/37/38 R42	T R: 23-36/37/38-42 S: (1/2)-26-28-38-45		20%≦C 2%≦C<20% 0,5%≦C<2%	T; R23-36/37/38-42 T; R23-42 Xn; R20-42
1,3a,8-Trimethyl-5-methylcarbamoyloxy-1,2,3,3a,8,8a-hexa-hydropixiolo(2,3-b)indol s. Eserin								
Trimethylolpropan-triacrylat s. 1,1,1-Trihydroxy-methylpropyltriacrylat								
2,4,4-Trimethyl-1-penten 203-486-5 107-39-1				F; R11	F R: 11 S: (2)-9-16-29-33			
Trimethylphosphat 208-144-8 512-56-1	3	2		Hersteller-einstufung beachten				
Trimethylphosphit 204-471-5 121-45-9				Hersteller-einstufung beachten				
4,8,12-Trimethyltrideca-3,7,11-triensäure, Isomerengemisch 403-000-2 91853-67-7				Xi; R38 N; R50-53	Xi, N R: 38-50/53 S: (2)-37/39-60-61			

Grenzwert (Luft)				Meßverfahren	Risikofaktoren nach TRGS 440		Arbeitsmedizin Werte im biolog. Material	relevante Regeln/Literatur Hinweise
mg/m³ ml/m³	Spitzenbegrenzung	Art Bemerkungen H, S	Herkunft Staubklasse		W	F		
9	10	11	12	13	14		15	16
0,04		MAK S 29	AUS — DK		4	1	27 VI, 16	ZVG 530093
0,04		MAK S 29	AUS — DK		4	1	27 VI, 16	ZVG 530094
					2	3		ZVG 510405
		(H)						ZVG 41530
2,6		MAK	AUS — NL					
					2	1		ZVG 531031

Stoffidentität EG-Nr. CAS-Nr.	Stoff					Zubereitungen	
	Einstufung				Kennzeichnung	Konzentrationsgrenzen	Einstufung/ Kennzeichnung
	krebserz. K	erbgutveränd. M	fort.-pfl.gef. R_E/R_F	Gefahrensymbol R-Sätze	Gefahrensymbol R-Sätze S-Sätze	in Prozent	Gefahrensymbol R-Sätze
1	2	3	4	5	6	7	8
2,4,6-Trimethyl-1,3,5-trioxan 204-639-8 123-63-7				F; R11	F R: 11 S: (2)-9-16-29-33		
Trimethylxanthin s. Coffein							
Trimethyl-Zinnverbindungen, mit Ausnahme der namentlich in dieser Liste bezeichneten Anm. A, 1				T+; R26/27/28	T+ R: 26/27/28 S: (1/2)-26-27-28-45	0,5%≦C 0,1%≦C <0,5% 0,05%≦C <0,1%	T+; R26/27/28 T; R23/24/25 Xn; R20/21/22
Trinatrium-[6-anilino-2-(5-nitro-2-oxidophenylazo)-3-sulfonato-1-naphtholato](4-sulfonato-1,1'-azodi-2,2'-naphtholato)chromat(1-) 402-500-8				Xi; R41 N; R51-53	Xi, N R: 41-51/53 S: (2)-26-39-61		
Trinatriumbis[7-acetamido-2-(4-nitro-2-oxidophenylazo)-3-sulfonato-1-naphtholato]chromat(1-) 400-810-8		3		R40	Xn R: 40 S: (2)-22-36/37		
Trinatriumbis[2-(5-chlor-4-nitro-2-oxidophenylazo)-5-sulfonato-1-naphtholato]chromat(1-) 402-870-0 93952-24-0				Xi; R41 R52-53	Xi R: 41-52/53 S: (2)-26-39-61		
[Trinatrium-(2-[(3-[6-(2-chlor-5-sulfonato)-anilino-4-(3-carboxypyridinio)-1,3,5-triazin-2-ylamino]-2-oxido-5-sulfonatophenylazo)-phenylmethylazo]-4-sulfonatobenzoato)-kupfer(3-)]hydroxid 404-670-9 89797-01-3				E; R2 R43	E, Xi R: 2-43 S: (2)-22-24-35-37		

Grenzwert (Luft)				Meßverfahren	Risiko-faktoren nach TRGS 440		Arbeits-medizin Werte im biolog. Material	relevante Regeln/Literatur Hinweise
mg/m^3	ml/m^3	Spitzen-begren-zung	Art Bemer-kungen H, S	Herkunft Staubklasse		W	F	
9	10	11	12	13	14		15	16
					2	1		ZVG 31380
s. organische Zinnverbindungen			H		5	1		ZVG 530095
					4	1		ZVG 496691
					4	1		ZVG 496632
					4	1		ZVG 496702
s. Kupfer-verbindungen			S		4	1		ZVG 531024

Stoffidentität EG-Nr. CAS-Nr.	Stoff					Zubereitungen	
	Einstufung				Kennzeichnung	Konzentrationsgrenzen	Einstufung/ Kennzeichnung
	krebserz. K	erbgutveränd. M	fort.-pfl.gef. R_E/R_F	Gefahrensymbol R-Sätze	Gefahrensymbol R-Sätze S-Sätze	in Prozent	Gefahrensymbol R-Sätze
1	2	3	4	5	6	7	8
Trinatrium-7-[4-(6-fluor-4-[2-(2-vinylsulfonyl-ethoxy)ethylamino]-1,3,5-triazin-2-ylamino)-2-ureidophenylazo]-naphthalin-1,3,6-tri-sulfonat 402-170-5 106359-91-5				R43	Xi R: 43 S: (2)-22-24-37		
Trinickeldisulfid 234-829-6 12035-72-2	1			R49 R43	T R: 49-43 S: 53-45		
2,4,6-Trinitroanisol 606-35-9				E; R2 Xn; R20/21/22	E, Xn R: 2-20/21/22 S: (2)-35		
Trinitrobenzol Anm. C 25377-32-6				E; R2 T+; R26/27/28 R33	E, T+ R: 2-26/27/28-33 S: (1/2)-35-45		
2,4,7-Trinitrofluoren-9-on 204-965-0 129-79-3		3			Herstellereinstufung beachten		
Trinitrokresol Anm. C 28905-71-7				E; R2 R4 Xn; R20/21/22	E, Xn R: 2-4-20/21/22 S: (2)-35		
2,4,6-Trinitrophenol 201-865-9 88-89-1 Salze von 2,4,6-Trinitrophenol s. Salze der Pikrinsäure				E; R2 R4 T; R23/24/25	E, T R: 2-4-23/24/25 S: (1/2)-28-35-37-45		
2,4,6-Trinitrophenyl-methylnitramin s. N-Methyl-2,4,6-N-tetranitroanilin							
2,4,6-Trinitroresorcin 201-436-6 82-71-3				E; R2 R4 Xn; R20/21/22	E, Xn R: 2-4-20/21/22 S: (2)-35		
2,4,6-Trinitrotoluol 204-289-6 118-96-7	3*)			E; R2 T; R23/24/25 R33	E, T R: 2-23/24/25-33 S: (1/2)-35-45		

Grenzwert (Luft)					Meßverfahren		Risiko-faktoren nach TRGS 440		Arbeits-medizin Werte im biolog. Material	relevante Regeln/Literatur Hinweise
mg/m^3	ml/m^3	Spitzen-begren-zung	Art Bemer-kungen H, S	Herkunft Staubklasse			W	F		
9	10	11	12		13		14		15	16
			S				4	1		ZVG 496679
s. Nickel			S 2		ZH...10 BIA 8095				38 VI, 20 EKA	ZVG 570206
			H				3	1	33 VI, 3	ZVG 496430
			H				5	1	33 VI, 3	ZVG 490648
1			EW 51	AGS	NIOSH 5018		4	1	33 VI, 3	TRGS 901 Nr. 57 ZVG 41540
			H				3	1	3 VI, 3	ZVG 496431
0,1 E		=1=	MAK H	DFG	NIOSH S 228		4	1	33 VI, 3	ZVG 41550
			H				3	1	33 VI, 3	ZVG 496433
0,1 *)	0,01	4	MAK H	DFG	OSHA 44		4	1	33 VI, 3	ZVG 34200 *) und Isomeren in technischen Gemischen

Stoffidentität EG-Nr. CAS-Nr.	Stoff					Zubereitungen	
	Einstufung				Kennzeichnung	Konzentrationsgrenzen	Einstufung/ Kennzeichnung
	krebs- erz. K	erbgut- veränd. M	fort.- pfl.gef. R_E/R_F	Gefahren- symbol R-Sätze	Gefahrensymbol R-Sätze S-Sätze	in Prozent	Gefahren- symbol R-Sätze
1	2	3	4	5	6	7	8
TNT s. 2,4,6-Trinitrotoluol							
Trinitroxylol Anm. C 67297-26-1				E; R2 Xn; R20/21/22 R33	E, Xn R: 2-20/21/22-33 S: (2)-35		
Gemisch aus Trioctyl- phosphinoxid und Hexyl- dioctylphosphinoxid und Dihexyloctylphosphinoxid und Trihexylphosphinoxid 403-470-9				C; R34 N; R50-53	C, N R: 34-50/53 S: (1/2)-26-36/37/ 39-45-60-61		
Trioctyl-Zinnverbindungen, mit Ausnahme der namentlich in dieser Liste bezeichneten Anm. A, 1				Xi; R36/37/38	Xi R: 36/37/38 S: (2)	1%≦C	Xi; R36/37/38
1,3,5-Trioxan 203-812-5 110-88-3				Xn; R22	Xn R: 22 S: (2)-24/25		
5-(3,6,9-Trioxa-2- undecyloxy)benzo(d)- 1,3-dioxolan 51-14-9				Xn; R22	Xn R: 22 S: (2)		
Trioxymethylen s. 1,3,5-Trioxan							
Tripentyl-Zinnver- bindungen, mit Ausnahme der namentlich in dieser Liste bezeichneten Anm. A, 1				Xn; R20/21/22	Xn R: 20/21/22 S: (2)-26-28	1%≦C	Xn; R20/21/22
Triphenylamin 210-035-5 603-34-9				Hersteller- einstufung beachten			
Triphenylphosphat 204-112-2 115-86-6				Hersteller- einstufung beachten			
Triphenylphosphit 202-908-4 101-02-0				Xi; R36/38	Xi R: 36/38 S: (2)-28	5%≦C	Xi; R36/38

| Grenzwert (Luft) | | | | Meßverfahren | Risikofaktoren nach TRGS 440 | | Arbeitsmedizin Werte im biolog. Material | relevante Regeln/Literatur Hinweise |
mg/m³	ml/m³	Spitzenbegrenzung	Art Bemerkungen H, S	Herkunft Staubklasse		W	F		
9	10	11	12	13	14		15	16
			H			3	1	33 VI, 3	ZVG 496709
						3	1		ZVG 900326
s. organische Zinnverbindungen						2	1		ZVG 530096
						3	2		ZVG 29710
						3	1		ZVG 490044
s. organische Zinnverbindungen			H			3	1		ZVG 530097
5 E			MAK	AUS — DK L				33 VI, 3	
3 E			MAK	AUS — NL	NIOSH 5038				
						2	1		ZVG 25760

587

Stoffidentität EG-Nr. CAS-Nr.	Stoff					Zubereitungen	
	Einstufung				Kennzeichnung	Konzentrationsgrenzen	Einstufung/ Kennzeichnung
	krebserz. K	erbgutveränd. M	fort.-pfl.gef. R_E/R_F	Gefahrensymbol R-Sätze	Gefahrensymbol R-Sätze S-Sätze	in Prozent	Gefahrensymbol R-Sätze
1	2	3	4	5	6	7	8
Triphenylzinnacetat s. Fentinacetat (ISO)							
Triphenylzinnhydroxid s. Fentinhydroxid (ISO)							
Triphenyl-Zinnverbindungen, mit Ausnahme der namentlich in dieser Liste bezeichneten Anm. A, 1				T; R23/24/25	T R: 23/24/25 S: (1/2)-26-27-28-45	1%≦C 0,25%≦C <1%	T; R23/24/25 Xn; R20/21/22
Tripropyl-Zinnverbindungen, mit Ausnahme der namentlich in dieser Liste bezeichneten Anm. A, 1				T; R23/24/25	T R: 23/24/25 S: (1/2)-26-27-28-45	0,5%≦C 0,1%≦C <0,5%	T; R23/24/25 Xn; R20/21/22
Tris(tert-butylphenyl)-phosphonat s. Tris(isopropylphenyl)phosphonat							
* Tris(2-chlorethyl)phosphat 204-118-5 115-96-8	3	—	— (R_E) 3 (R_F)	Xn; R22 Xi; R36/38	Xn R: 22-36/38 S: (2)	25%≦C	Xn; R22-36/38
[Tris(chlormethyl)phthalocyaninato]kupfer(II), Reaktionsprodukte mit N-Methylpiperazin und Methoxyessigsäure 401-260-1				Xi; R36	Xi R: 36 S: (2)-26		
Tris(1-dodecyl-3-methyl-2-phenylbenzimidazolium)hexacyanferrat 7276-58-6				Xn; R22	Xn R: 22 S: (2)-24		
Tris[2-(2-hydroxyethoxy)ethyl]ammonium-3-acetoacetamido-4-methoxybenzolsulfonat 403-760-5				R43	Xi R: 43 S: (2)-24-37		
N,N',N''-Tris(β-hydroxyethyl)hexahydro-1,3,5-triazin 4719-04-4							

Grenzwert (Luft)				Meßverfahren	Risikofaktoren nach TRGS 440		Arbeitsmedizin Werte im biolog. Material	relevante Regeln/Literatur Hinweise
mg/m^3 ml/m^3		Spitzenbegrenzung	Art Bemerkungen H, S	Herkunft Staubklasse		W F		
9		10	11	12	13	14	15	16
s. organische Zinnverbindungen			H			4 1		ZVG 530098
s. organische Zinnverbindungen			H			4 1		ZVG 530099
						3 1		ZVG 18740
s. Kupferverbindungen						2 1		ZVG 496643
						3 1		ZVG 490471
			S			4 1		ZVG 900361
			S (R 43)					

Stoffidentität EG-Nr. CAS-Nr.	Stoff					Zubereitungen	
	Einstufung				Kennzeichnung	Konzentrationsgrenzen	Einstufung/ Kennzeichnung
	krebs-erz. K	erbgut-veränd. M	fort.-pfl.gef. R_E/R_F	Gefahren-symbol R-Sätze	Gefahrensymbol R-Sätze S-Sätze	in Prozent	Gefahren-symbol R-Sätze
1	2	3	4	5	6	7	8
Tris(isopropyl/tert-butylphenyl)phosphat 405-010-2				N; R51-53	N R: 51/53 S: 61		
Tris(octadec-9-enyl-ammonium)(trisulfonato-phthalocyaninato)-kupfer(II) 403-210-4				Xi; R41 N; R51-53	Xi, N R: 41-51/53 S: (2)-22-26-39-61		
1,3,5-Tris(oxiranyl-methyl)-1,3,5-triazin-2,4,6(1H,3H,5H)-trion Anm. E 219-514-3 2451-62-9		2	3 (R_F)	R46 T; R23/25 Xn; R48/22 Xi; R41 R43 R52-53	T R: 46-23/25-41-43-48/22-52/53 S: 53-45-61		
4-Tritylmorpholin s. Trifenmorph (ISO)							
Trizinat s. Blei-2,4,6-tri-nitroresorcinat							
Trizinkdiphosphid 215-244-5 1314-84-7				F; R15/29 T+; R28 R32	T+, F R: 15/29-28-32 S: (1/2)-3/9/14-30-36/37-45		
DL-Tropyl-tropat s. Atropin							
L-Tropyl-tropat s. Hyoscyamin							

Grenzwert (Luft)					Meßverfahren	Risikofaktoren nach TRGS 440		Arbeitsmedizin Werte im biolog. Material	relevante Regeln/Literatur Hinweise
mg/m^3	ml/m^3	Spitzenbegrenzung	Art Bemerkungen H, S	Herkunft Staubklasse		W	F		
9	10	11	12	13		14	15		16
						2	1		ZVG 900550
s. Kupferverbindungen						4	1		ZVG 900344
			S		BIA in Vorbereitung				ZVG 112675 TRGS 906 Nr. 24
						5	1		ZVG 5570

Stoffidentität EG-Nr. CAS-Nr.	Stoff					Zubereitungen	
	Einstufung				Kennzeichnung	Konzentrationsgrenzen	Einstufung/ Kennzeichnung
	krebserz. K	erbgutveränd. M	fort.- pfl.gef. R_E/R_F	Gefahrensymbol R-Sätze	Gefahrensymbol R-Sätze S-Sätze	in Prozent	Gefahrensymbol R-Sätze
1	2	3	4	5	6	7	8
Ugilec 141 (Monomethyltetrachlordiphenylmethan) 76253-60-6							
Uglilec 121 oder 21 (Monomethyldichlordiphenylmethan)							
Uran*) 231-170-6 7440-61-1				T+; R26/28 R33	T+ R: 26/28-33 S: (1/2)-20/21-45		
Uranverbindungen*) Anm. A				T+; R26/28 R33	T+ R: 26/28-33 S: (1/2)-20/21-45		
Urethan (INN) (Ethylcarbamat) 200-123-1 51-79-6	2			R45	T R: 45 S: 53-45		

*) Bei Uran sind wegen der natürlichen Radioaktivität die Grenzwerte der Strahlenschutzverordnung in der jeweils gültigen Fassung zu beachten.

Grenzwert (Luft)					Meßverfahren	Risiko-faktoren nach TRGS 440 W F	Arbeits-medizin Werte im biolog. Material	relevante Regeln/Literatur Hinweise
mg/m³	ml/m³	Spitzen-begren-zung	Art Bemer-kungen H, S	Herkunft Staubklasse				
9		10	11	12	13	14	15	16
								GefStoffV § 15, 54, Anh. IV, Nr. 18 ChemVerbotsV, Nr. 19 ZVG 530351
								GefStoffV § 15, Anh. IV, Nr. 18 ChemVerbotsV, Nr. 19
						5 1		ZVG 7920
0,25 E		4	MAK 25	DFG M		5 1		ZVG 82950
			51	AGS			40 VI, 43	ZVG 510233 TRGS 901 Nr. 85

Stoffidentität EG-Nr. CAS-Nr.	Stoff					Zubereitungen	
	Einstufung				Kennzeichnung	Konzentrationsgrenzen	Einstufung/ Kennzeichnung
	krebs-erz. K	erbgut-veränd. M	fort.-pfl.gef. R_E/R_F	Gefahren-symbol R-Sätze	Gefahrensymbol R-Sätze S-Sätze	in Prozent	Gefahren-symbol R-Sätze
1	2	3	4	5	6	7	8
Valeraldehyd 203-784-4 110-62-3				Hersteller-einstufung beachten			
Valeriansäure 203-677-2 109-52-4				C; R34	C R: 34 S: (1/2)-26-36-45		
Valinamid 402-840-7 20108-78-5				Xi; R36 R43	Xi R: 36-43 S: (2)-24-26-37		
Vamidothion (ISO) 218-894-8 2275-23-2				T; R25 Xn; R21 N; R50	T, N R: 21-25-50 S: (1/2)-36/37-45-61		
Vanadium 231-171-1 7440-62-2				Hersteller-einstufung beachten			
Vanadiumcarbid 235-122-5 12070-10-9				Hersteller-einstufung beachten			
Vanadiumpentoxid 215-239-8 1314-62-1				Xn; R20	Xn R: 20 S: (2)-22		
Veratrin s. Sabadilla (ISO)							
Vernolat s. S-Propyldipropyl-thiocarbamat							
Vinylacetat Anm. D 203-545-4 108-05-4		3		F; R11	F R: 11 S: (2)-16-23-29-33		
Vinylbromid s. Bromethen							
Vinylbutyrolactam s. N-Vinyl-2-pyrrolidon							
9-Vinylcarbazol 216-055-0 1484-13-5	—	3	—	Hersteller-einstufung beachten			

Grenzwert (Luft)					Meßverfahren	Risiko-faktoren nach TRGS 440		Arbeits-medizin Werte im biolog. Material	relevante Regeln/Literatur Hinweise
mg/m^3	ml/m^3	Spitzen-begren-zung	Art Bemer-kungen H, S	Herkunft Staubklasse		W	F		
9	10	11	12	13		14		15	16
175			MAK	AUS – NL	DFG NIOSH 2536 OSHA 85				ZVG 30790
					BIA 8920	3	1		ZVG 31990
			S			4	1		ZVG 496701
			H			4	1		ZVG 510407
0,5 E			MAK	AUS – NL M	NIOSH 7300				
0,5 E			MAK 25	AUS – NL M					
0,05 A		4	MAK	DFG H	NIOSH 7504	3	1	BAT	ZVG 1250
35	10	=1=	MAK		OSHA 51 NIOSH 1453	4	3		ZVG 12720
			S						

595

Stoffidentität EG-Nr. CAS-Nr.	Stoff					Zubereitungen	
	Einstufung				Kennzeichnung	Konzentra- tionsgrenzen	Einstufung/ Kennzeichnung
	krebs- erz. K	erbgut- veränd. M	fort.- pfl.gef. R_E/R_F	Gefahren- symbol R-Sätze	Gefahrensymbol R-Sätze S-Sätze	in Prozent	Gefahren- symbol R-Sätze
1	2	3	4	5	6	7	8
Vinylchlorid Anm. D 200-831-0 75-01-4 — bestehende Anlagen, VC- und PVC- Herstellung — im übrigen	1			F+; R12 R45	F+, T R: 45-12 S: 53-45		
Vinylcyclohexandiepoxid s. 1-Epoxyethyl-3,4- epoxycyclohexan							
4-Vinyl-1,2-cyclo- hexendiepoxid s. 1-Epoxyethyl-3,4- epoxycyclohexan							
Vinylidenchlorid s. 1,1-Dichlorethen							
Vinylidenfluorid s. 1,1-Difluorethen							
N-Vinyl-2-pyrrolidon 201-800-4 88-12-0	3	—	—		Hersteller- einstufung beachten		
2-Vinyltoluol s. o-Methylstyrol							
Vorratsmilbenhaltiger Staub							

Grenzwert (Luft)					Meßverfahren	Risiko-faktoren nach TRGS 440		Arbeits-medizin Werte im biolog. Material	relevante Regeln/Literatur Hinweise
mg/m³	ml/m³	Spitzen-begrenzung	Art Bemer-kungen H, S	Herkunft Staubklasse		W	F		
9		10	11	12	13	14		15	16
8	3	4	TRK	AGS	ZH...12 OSHA 75 HSE 24 NIOSH 1007 DFG			36 VI, 40 EKA	RL 78/610/EWG GefStoffV § 15, Anh. IV, Nr. 15 ZH 1/510 ChemVerbotsV, Nr. 14 ZVG 13290
5	2								
0,5	0,1	4	MAK H	AGS		4	1		TRGS 901 Nr. 66 ZVG 29790
			S (R 42)						TRGS 908 Nr. 16

Stoffidentität EG-Nr. CAS-Nr.	Stoff					Zubereitungen	
	Einstufung				Kennzeichnung	Konzentrationsgrenzen	Einstufung/ Kennzeichnung
	krebserz. K	erbgutveränd. M	fort.-pfl.gef. R_E/R_F	Gefahrensymbol R-Sätze	Gefahrensymbol R-Sätze S-Sätze	in Prozent	Gefahrensymbol R-Sätze
1	2	3	4	5	6	7	8
Warfarin Anm. E 201-377-6 81-81-2			1 (R_E)	R61 T; R48/25	T R: 61-48/25 S: 53-45		
Wasserstoff 215-605-7 1333-74-0				F+; R12	F+ R: 12 S: (2)-9-16-33		
Wasserstoffperoxid in Lösung ...% Anm. B 231-765-0 7722-84-1				O; R8 C; R34	O, C R: 8-34 S: (1/2)-3-28-36/ 39-45	20%≤C 5%≤C<20% C≥60%	C; R34 Xi; R36/38 O; R8
weißer Phosphor s. Tetraphosphor							
Wolfram 7440-33-7 und seine unlöslichen Verbindungen				Herstellereinstufung beachten			
Wolframverbindungen, lösliche				Herstellereinstufung beachten			

Grenzwert (Luft)					Meßverfahren	Risikofaktoren nach TRGS 440		Arbeitsmedizin Werte im biolog. Material	relevante Regeln/Literatur Hinweise
mg/m³	ml/m³	Spitzenbegrenzung	Art Bemerkungen H, S	Herkunft Staubklasse		W	F		
9		10	11	12	13	14		15	16
0,5 E		4	MAK	DFG M	NIOSH 5002	5	1		ZVG 35400
						2	4		ZVG 7010
1,4	1	=1=	MAK	DFG	DFG	3	1		ZH 1/303 ZVG 2430
5 E			MAK 25	AUS — DK L	NIOSH 7074 BIA 8947				
1 E			MAK 25	AUS — DK M	NIOSH 7074 BIA 8947				

599

Stoffidentität EG-Nr. CAS-Nr.	Stoff					Zubereitungen	
	Einstufung				Kennzeichnung	Konzentrationsgrenzen	Einstufung/ Kennzeichnung
	krebs- erz. K	erbgut- veränd. M	fort.- pfl.gef. R_E/R_F	Gefahren- symbol R-Sätze	Gefahrensymbol R-Sätze S-Sätze	in Prozent	Gefahren- symbol R-Sätze
1	2	3	4	5	6	7	8
Xylenol Anm. C 215-089-3 1300-71-6				T; R24/25 C; R34	T R: 24/25-34 S: (1/2)-28-45		
Xylidin Anm. C 215-091-4 1300-73-8				T; R23/24/25 R33 N; R51-53	T, N R: 23/24/25-33- 51/53 S: (1/2)-28-36/ 37-45-61		
2,4-Xylidin (2,4-Dimethylanilin) 202-440-0 95-68-1		3		T; R23/24/25 R33 N; R51-53	T, N R: 23/24/25-33- 51/53 S: (1/2)-28-36/ 37-45-61		
2,6-Xylidin 201-758-7 87-62-7		3		T; R23/24/25 R33 N; R51-53	T, N R: 23/24/25-33- 51/53 S: (1/2)-28-36/ 37-45-61		
Xylol (o,m,p) Anm. C 215-535-7 1330-20-7 (o) 202-422-2 95-47-6 (m) 203-576-3 108-38-3 (p) 203-396-5 106-42-3				R10 Xn; R20/21 Xi; R38	Xn R: 10-20/21-38 S: (2)-25	20%≦C 12,5%≦C <20%	Xn; R20/21-38 Xn; R20/21
Xylylcarb (ISO) 219-364-9 2425-10-7				Xn; R22	Xn R: 22 S: (2)		
3,5-Xylylmethylcarbamat 2655-14-3				Xn; R22	Xn R: 22 S: (2)		
3,4-Xylylmethylcarbamat s. Xylylcarb (ISO)							

Grenzwert (Luft)					Meßverfahren	Risikofaktoren nach TRGS 440		Arbeitsmedizin Werte im biolog. Material	relevante Regeln/Literatur Hinweise
mg/m^3	ml/m^3	Spitzenbegrenzung	Art Bemerkungen H, S	Herkunft Staubklasse		W	F		
9	10	11	12	13	14		15	16	
			H			4	1		ZVG 10710
25	5		MAK H	DFG	BUA Nr. 161	4	1	33 VI, 3	ZVG 16940
25	5		MAK H	DFG	NIOSH 2002	4	1	33 VI, 3	ZVG 13190
25	5		MAK H	AGS	BUA Nr. 161			33 VI, 3	ZVG 18890
440	100	4	MAK H	DFG	BIA 8960 HSE 72 (o-, p-) NIOSH 1501	3	1	29 VI, 41 BAT	ZVG 10080 ZVG 18470 ZVG 18480 ZVG 18490
						3	1		ZVG 490376
						3	1		ZVG 490381

Stoffidentität EG-Nr. CAS-Nr.	Stoff					Zubereitungen	
	Einstufung			Kennzeichnung		Konzentrationsgrenzen	Einstufung/ Kennzeichnung
	krebserz. K	erbgutveränd. M	fort.-pfl.gef. R_E/R_F	Gefahrensymbol R-Sätze	Gefahrensymbol R-Sätze S-Sätze	in Prozent	Gefahrensymbol R-Sätze
1	2	3	4	5	6	7	8
Yttrium 231-174-8 7440-65-5				Herstellereinstufung beachten			

Grenzwert (Luft)				Meßverfahren	Risiko- faktoren nach TRGS 440		Arbeits- medizin Werte im biolog. Material	relevante Regeln/Literatur Hinweise
mg/m^3	ml/m^3	Spitzen- begren- zung	Art Bemer- kungen H, S	Herkunft Staubklasse		W F		
9	10	11	12	13	14		15	16
5 E		4	MAK	DFG L	BIA 8970 OSHA ID 121	2 1		ZVG 7390

Stoffidentität EG-Nr. CAS-Nr.	Stoff					Zubereitungen	
	Einstufung				Kennzeichnung	Konzentrationsgrenzen	Einstufung/ Kennzeichnung
	krebserz. K	erbgutveränd. M	fort.-pfl.gef. R_E/R_F	Gefahrensymbol R-Sätze	Gefahrensymbol R-Sätze S-Sätze	in Prozent	Gefahrensymbol R-Sätze
1	2	3	4	5	6	7	8
Zierpflanzenbestandteile							
Zimtaldehyd 203-213-9 104-55-2							
Zineb 235-180-1 12122-67-7				Xi; R37 R43	Xi R: 37-43 S: (2)-8-24/25-46		
Zinkalkyle C 1 - 5 Anm. A				R14 F; R17 C; R34	F, C R: 14-17-34 S: (1/2)-16-43-45		
Zink-bis(N,N-dimethyldithiocarbamat) s. Ziram							
Zinkchlorid 231-592-0 7646-85-7				C; R34	C R: 34 S: (1/2)-7/8-28-45		
Zinkchromate Anm. A, E einschließlich Zinkkaliumchromat	1			R45 Xn; R22 R43 N; R50-53	T, N R: 45-22-43-50/53 S: 53-45-60-61		
Zink-dibutyldithiocarbamat 136-23-2							
Zink-diethyldithiocarbamat 14324-55-1							
Zink-2-hydroxy-5-C13-18-alkylbenzoat 402-280-3				Xi; R36/38 N; R51-53	Xi, N R: 36/38-51/53 S: (2)-26-61		
Zinkoxid-Rauch 215-222-5 1314-13-2							
Zinkpulver — Zinkstaub (nicht stabilisiert) 231-175-3 7440-66-6 Zinkpulver — Zinkstaub (stabilisiert)				F; R15-17 R10 F; R15	F R: 15-17 S: (2)-7/8-43 R: 10-15 S: (2)-7/8-43		

Grenzwert (Luft)					Meßverfahren	Risikofaktoren nach TRGS 440		Arbeitsmedizin Werte im biolog. Material	relevante Regeln/Literatur Hinweise
mg/m³	ml/m³	Spitzenbegrenzung	Art Bemerkungen H, S	Herkunft Staubklasse		W	F		
9	10	11	12	13		14		15	16
		S (R 42, 43)							TRGS 908 Nr. 17
		S (R 43)							
		S			OSHA 107				
						3	1		ZVG 530100
						3	1		ZVG 1450
s. Chrom(VI)-Verbindungen		TRK S	H	EG				15 VI, 42 EKA	s. Chrom(VI)-Verbindungen ZH 1/88 ZVG 520063
		S (R 43)							
		S (R 43)							
						2	1		ZVG 496684
5 A		4	MAK	DFG L	BIA 8985 OSHA ID 121, 125, 143	2	1		ZVG 2090
						2	1		ZVG 8250
						2	1		ZVG 500052

Stoffidentität EG-Nr. CAS-Nr.	Stoff					Zubereitungen	
	Einstufung				Kennzeichnung	Konzentrationsgrenzen	Einstufung/ Kennzeichnung
	krebs- erz. K	erbgut- veränd. M	fort.- pfl.gef. R_E/R_F	Gefahren- symbol R-Sätze	Gefahrensymbol R-Sätze S-Sätze	in Prozent	Gefahren- symbol R-Sätze
1	2	3	4	5	6	7	8
Zinksulfat 231-793-3 7733-02-0				Xi; R36/38	Xi R: 36/38 S: (2)-22-25		
Zinn 231-141-8 7440-31-5					Hersteller- einstufung beachten		
Zinnverbindungen, anorganische (als Sn [7440-31-5] berechnet)					Hersteller- einstufung beachten		
Zinnverbindungen, organische (als Sn [7440-31-5] berechnet)					Hersteller- einstufung beachten		
Zinn(II)methansulfonat 401-640-7 53408-94-9				C; R34 Xn; R22 R43	C R: 22-34-43 S: (1/2)-22-26-36/ 37/39-45		
Zinntetrachlorid 231-588-9 7646-78-8				C; R34 Xi; R37	C R: 34-37 S: (1/2)-7/8-26-45		
Ziram 205-288-3 137-30-4			3	R40 Xn; R22 Xi; R36/37/38	Xn R: 22-36/37/ 38-40 S: (2)-36/37		
Zirkonium 231-176-9 7440-67-7					Hersteller- einstufung beachten		
Zirkoniumpulver (nicht stabilisiert) 231-176-9 7440-67-7 Zirkoniumpulver (stabilisiert)				F; R15-17 F; R15	F R: 15-17 S: (2)-7/8-43 R: 15 S: (2)-7/8-43		
Zirkoniumverbindungen (als Zr berechnet) 7440-67-7					Hersteller- einstufung beachten		
Zuckmückenhaltiger Staub							

Grenzwert (Luft)					Meßverfahren		Risiko-faktoren nach TRGS 440		Arbeits-medizin Werte im biolog. Material	relevante Regeln/Literatur Hinweise
mg/m^3	ml/m^3	Spitzen-begren-zung	Art Bemer-kungen H, S	Herkunft Staubklasse			W	F		
9		10	11	12	13		14		15	16
							2	1		ZVG 1440
2 E			MAK	AUS – NL L	DFG NIOSH 176					
2 E		4	MAK 25	DFG, EG L	NIOSH 7300 OSHA ID 121, 206					ZVG 520065
0,1 E		4	MAK 25, H	DFG	DFG					GefStoffV § 15, 43 Anh. III, Nr. 7; IV, Nr. 8, 9 ChemVerbotsV, Nr. 11, 12 RL 89/677/EWG ZVG 530163
s. organische Zinnverbindungen			S				4	1		ZVG 496655
s. anorganische Zinnverbindungen							3	2		ZVG 3590
					*)		4	1		ZVG 12300 *) J.E. Woodrow J. Agric. Food Chem. 43 (1995) S. 1524
5 E			MAK	AUS – FIN L	OSHA ID 121					
							2	1		ZVG 7400
							2	1		ZVG 520040
5 E		4	MAK 25	DFG L	BIA 8996 OSHA ID 121					ZVG 7400
			S (R 42)							TRGS 908 Nr. 56

Anhang 1:
Biologische Arbeitsplatztoleranzwerte

Abkürzungen:

Untersuchungsmaterial:
AL = Alveolarluft
B = Vollblut
E = Erythrozyten
H = Harn
P/S= Plasma/Serum
* = Änderung gegenüber 1997

Probenahmezeitpunkt:
a) keine Beschränkung
b) Expositionsende bzw. Schichtende
c) bei Langzeitexposition: nach mehreren vorangegangenen Schichten
d) vor nachfolgender Schicht
e) nach Expositionsende: ... Stunden

Arbeitsstoff	Parameter	BAT-Wert	Untersuchungsmaterial	Probenahmezeitpunkt
*Aceton [67-64-1]	Aceton	80 mg/l	H	b
Acetylcholinesterase-Hemmer	Acetylcholinesterase	Reduktion der Aktivität auf 70 % des Bezugswertes	E	b, c
Aluminium [7429-90-5]	Aluminium	200 µg/l	H	b
Anilin [62-53-3]	Anilin (ungebunden)	1 mg/l	H	b, c
	Anilin (aus Hämoglobin-Konjugat freigesetzt)	100 µg/l	B	b, c
Blei [7439-92-1]	Blei	700 µg/l 300 µg/l (Frauen < 45 J.)	B	a
	δ-Aminolaevulinsäure	15 mg/l 6 mg/l (Frauen < 45 J.)	H	a
*Bleitetraethyl [78-00-2]	Diethylblei	25 µg/l, als Pb berechnet	H	b
	Gesamtblei (gilt auch für Gemische mit Bleitetramethyl)	50 µg/l	H	b
*Bleitetramethyl [75-74-1]	s. Bleitetraethyl			
2-Brom-2-chlor-1,1,1-trifluorethan (Halothan) [151-67-7]	Trifluoressigsäure	2,5 mg/l	B	b, c

Anhang 1:
Biologische Arbeitsplatztoleranzwerte

Arbeitsstoff	Parameter	BAT-Wert	Untersuchungsmaterial	Probennahmezeitpunkt
2-Butanon (Methylethylketon) [78-93-3]	2-Butanon	5 mg/l	H	b
*2-Butoxyethanol [111-76-2]	Butoxyessigsäure	100 mg/l	H	c
*2-Butoxyethylacetat [112-07-2]	Butoxyessigsäure	100 mg/l	H	c
p-tert-Butylphenol (PTBP) [98-54-4]	PTBP	2 mg/l	H	b
Chlorbenzol [108-90-7]	Gesamt-4-Chlor-katechol	70 mg/g Kreatinin	H	d
	Gesamt-4-Chlor-katechol	300 mg/g Kreatinin	H	b
*1,4-Dichlorbenzol [106-46-7]	Gesamt-2,5-Dichlorphenol	150 mg/g Kreatinin 30 mg/g Kreatinin	H	b d
Dichlormethan [75-09-2]	CO-Hb	5 %	B	b
	Dichlormethan	1 mg/l	B	b
N,N-Dimethylformamid [68-12-2]	N-Methylformamid	15 mg/l	H	b
2-Ethoxyethanol [110-85-5]	Ethoxyessigsäure	50 mg/l	H	c, b
2-Ethoxyethylacetat [111-15-9]	Ethoxyessigsäure	50 mg/l	H	c, b
*Ethylbenzol [100-41-4]	Ethylbenzol	1 mg/l	B	b
	Mandelsäure plus Phenylglyoxylsäure	800 mg/g Kreatinin	H	b
*Ethylenglykoldinitrat [628-96-6]	Ethylenglykoldinitrat	0,3 µg/l	B	b
Fluorwasserstoff [7664-39-3] und anorganische Fluorverbindungen (Fluoride)	Fluorid	7,0 mg/g Kreatinin	H	b
		4,0 mg/g Kreatinin	H	d

Arbeitsstoff	Parameter	BAT-Wert	Untersuchungsmaterial	Probennahmezeitpunkt
*Glycerintrinitrat [55-63-0]	1,2-Glycerindinitrat	0,5 µg/l	P/S	b
	1,3-Glycerindinitrat	0,5 µg/l	P/S	b
n-Hexan [110-54-3]	2,5-Hexandion plus 4,5-Dihydroxy-2-hexanon	5 mg/l	H	b
2-Hexanon (Methylbutylketon) [591-78-6]	2,5-Hexandion plus 4,5-Dihydroxy-2-hexanon	5 mg/l	H	b
Kohlendisulfid (Schwefelkohlenstoff) [75-15-0]	2-Thio-thiazolidin-4-carboxylsäure (TTCA)	8 mg/l	H	b
Kohlenmonoxid [630-08-0]	CO-Hb	5 %	B	b
Lindan (γ-1,2,3,4,5,6-Hexachlorcyclohexan) [58-89-9]	Lindan	20 µg/l	B	b
	Lindan	25 µg/l	P/S	b
Methanol [67-56-1]	Methanol	30 mg/l	H	c, b
4-Methylpentan-2-on (Methylisobutylketon) [108-10-1]	4-Methylpentan-2-on	3,5 mg/l	H	b
Nitrobenzol [98-95-3]	Anilin (aus Hämoglobin-Konjugat freigesetzt)	100 µg/l	B	c
Parathion [56-38-2]	p-Nitrophenol plus Acetylcholinesterase	500 µg/l Reduktion der Aktivität auf 70 % des Bezugswertes	H E	c c
Phenol [108-95-2]	Phenol	300 mg/l	H	b
2-Propanol [67-63-0]	Aceton	50 mg/l	B	b
	Aceton	50 mg/l	H	b
Quecksilber [7439-97-6], metallisches, und anorganische Quecksilberverbindungen	Quecksilber	50 µg/l	B	a
	Quecksilber	200 µg/l	H	a

Anhang 1:
Biologische Arbeitsplatztoleranzwerte

Arbeitsstoff	Parameter	BAT-Wert	Untersuchungsmaterial	Probennahmezeitpunkt
Quecksilber, organische Quecksilberverbindungen	Quecksilber	100 µg/l	B	a
*Styrol [100-42-5]	Mandelsäure plus Phenylglyoxylsäure	600 mg/g Kreatinin	H	b
Tetrachlorethen (Perchlorethylen) [127-18-4]	Tetrachlorethen	1 mg/l	B	d
	Tetrachlorethen	9,5 ml/m^3	AL[1]	d
Tetrachlormethan (Tetrachlorkohlenstoff) [56-23-5]	Tetrachlormethan	1,6 ml/m^3	AL[1]	e:1
	Tetrachlormethan	70 µg/l	B	b, c
Tetrahydrofuran [109-99-9]	Tetrahydrofuran	8 mg/l	H	b
*Toluol [108-88-3]	Toluol	1 mg/l	B	b
	o-Kresol	3,0 mg/l	H	c, b
1,1,1-Trichlorethan (Methylchloroform) [71-55-6]	1,1,1-Trichlorethan	550 µg/l	B	c, d
	1,1,1-Trichlorethan	20 ml/m^3	AL[1]	c, d
Trichlorethen (Trichlorethylen) [79-01-6]	Trichlorethanol	5 mg/l	B	b, c
	Trichloressigsäure	100 mg/l	H	b, c
*Vanadiumpentoxid [1314-62-1]	Vanadium	70 µg/g Kreatinin	H	c, b
Xylol (alle Isomeren) [1330-20-7]	Xylol	1,5 mg/l	B	b
	Methylhippur-(Tolur-)säure	2 g/l	H	b

[1] Beim derzeitigen wissenschaftlichen Erkenntnisstand kommt der quantitativen Bestimmung von Gefahrstoffen in der Alveolarluft sowohl aus der Sicht der Analytik als auch aus Gründen der Praktikabilität nur eine eingeschränkte Bedeutung für die arbeitsmedizinische Überwachung exponierter Personen zu.

Anhang 2:
Expositionsäquivalente für krebserzeugende Arbeitsstoffe (EKA)

Nachstehend sind krebserzeugende Arbeitsstoffe aufgeführt, für die Korrelationen (Expositionsäquivalente für krebserzeugende Arbeitsstoffe, EKA) begründet werden können. Einige neuere EKA-Werte wurden der MAK- und BAT-Werte-Liste 1996 (s.S. 11) entnommen.

Alkalichromate-(VI)

Luft CrO_3 (mg/m³)	Probennahmezeitpunkt: bei Langzeitexposition: nach mehreren vorangegangenen Schichten Erythrozyten*) Chrom (µg/l Vollblut)	Probennahmezeitpunkt: Expositionsende bzw. Schichtende Harn**) Chrom (µg/l)
0,03	9	12
0,05	17	20
0,08	25	30
0,10	35	40

*) gilt nicht für Schweißrauch-Exposition
**) gilt auch für Schweißrauch-Exposition

Arsentrioxid [1327-53-3]

Luft Arsen (µg/m³)	Probennahmezeitpunkt: Expositionsende bzw. Schichtende Harn[1] Arsen (µg/l)
10	50
50	90
100	130

[1] Durch direkte Hydrierung bestimmte flüchtige Arsenverbindungen

Anhang 2:
Expositionsäquivalente für krebserzeugende Arbeitsstoffe (EKA)

Benzol [71-43-2]

Luft Benzol		Probennahmezeitpunkt: Expositionsende bzw. Schichtende		
(ml/m^3)	(mg/m^3)	Vollblut Benzol (μg/l)	S-Phenyl-mercaptursäure (mg/Kreatinin)	trans, trans-Muconsäure (mg/l)
0,3	1,0	0,9	0,010	—
0,6	2,0	2,4	0,025	1,6
0,9	3,0	4,4	0,040	—
1,0	3,3	5	0,045	2
2	6,5	14	0,090	3
4	13	38	0,180	5
6	19,5	—	0,270	7

Cobalt [7440-48-4]

Luft Cobalt (μg/m^3)	Probennahmezeitpunkt: keine Beschränkung	
	Vollblut Cobalt (μg/l)	Harn Cobalt (μg/l)
50	2,5	30
100	5	60
500	25	300

Ethylenoxid [75-21-8]

Luft Ethylenoxid		Probennahmezeitpunkt: unter Exposition (> 4 h)		Probenahmezeitpunkt: keine Beschränkung Blut Hydroxyethylvalin *)
		Alveolarluft[1] Ethylenoxid		
(ml/m³)	(mg/m³)	(ml/m³)	(mg/m³)	(µg/l)
0,5	0,92	0,12	0,22	45
1	1,83	0,24	0,44	90
2	3,66	0,48	0,88	180

[1] Beim derzeitigen wissenschaftlichen Erkenntnisstand kommt der quantitativen Bestimmung von Gefahrstoffen in der Alveolarluft sowohl aus der Sicht der Analytik als auch aus Gründen der Praktikabilität nur eine eingeschränkte Bedeutung für die arbeitsmedizinische Überwachung exponierter Personen zu.

*) Kalibrierung nach Törnqvist

Hydrazin [302-01-2]

Luft Hydrazin		Probennahmezeitpunkt: Expositions- bzw. Schichtende	
(ml/m³)	(mg/m³)	Harn µg Hydrazin/g Kreatinin	Plasma Hydrazin (µg/l)
0,01	0,013	35	27
0,02	0,026	70	55
0,05	0,065	200	160
0,08	0,104	300	270
0,10	0,130	380	340

Anhang 2:
Expositionsäquivalente für krebserzeugende Arbeitsstoffe (EKA)

Nickel [7440-02-0]
(Nickelmetall, -oxid, -carbonat, -sulfid, sulfidische Erze)

Luft Nickel (µg/m³)	Probennahmezeitpunkt: nach mehreren vorangegangenen Schichten Harn Nickel (µg/l)
100	15
300	30
500	45

Pentachlorphenol (PCP)

Luft Pentachlorphenol (mg/m³)	Probenahmezeitpunkt: keine Beschränkung	
	Harn Pentachlorphenol (µg/l)	Serum/Plasma Pentachlorphenol (µg/l)
0,05	300	1 000
0,10	600	1 700

Vinylchlorid [75-01-4]

Luft Vinylchlorid		Probennahmezeitpunkt: nach mehreren voran- gegangenen Schichten Harn Thiodiglykolsäure (mg/24 h)
(ml/m³)	(mg/m³)	
1	2,6	1,8
2	5,2	2,4
4	10	4,5
8	21	8,2
16	41	10,6

Anhang 3:
Liste der krebserzeugenden, erbgutverändernden oder fortpflanzungsgefährdenden Stoffe

In dieser Liste werden alle im Sinne der Arbeitsschutzmaßnahmen als krebserzeugend, erbgutverändernd und reproduktionstoxisch in die Kategorien 1 und 2 eingestuften Stoffe zusammengefaßt. Alle Stoffe sind auch in der Liste der Gefahrstoffe enthalten. Die verwendeten Abkürzungen werden auf den Seiten 15 bis 17 erläutert.

Gefahrstoff	C	M	R_F	R_E
Acrylamid	2	2		
Acrylnitril	2			
5-Allyl-1,3-benzodioxol	2			
1-Allyloxy-2,3-epoxypropan	2			
4-Aminoazobenzol	2			
4-Aminobiphenyl	1			
Salze von 4-Aminobiphenyl	1			
6-Amino-2-ethoxynaphthalin;	2			
4-Amino-3-fluorphenol	2			
Ammoniumdichromat	2	2		
Arsenigesäure	1			
Arsensäure und ihre Salze	1			
Asbest	1			
Auramin, Herstellung von, s. Abschnitt 3.1	2			
Auramin	2			
Auraminhydrochlorid	2			
Azobenzol	2			
Azo-Farbstoffe, s. Abschnitt 3.1	1/2			
Benzidin	1			
Salze von Benzidin	1			
Benzo[a]anthracen	2			
Benzo[b]fluoranthen	2			
Benzo[j]fluoranthen	2			
Benzo[k]fluoranthen	2			
Benzol	1	2		
Benzo[a]pyren	2	2	2	2
Beryllium	2			
Beryllium-Verbindungen, ausgenommen Beryllium-Tonerdesilikate	2			
Binapacryl (ISO)				2

Anhang 3:
Liste der krebserzeugenden, erbgutverändernden oder fortpflanzungsgefährdenden Stoffe

Gefahrstoff	C	M	R_F	R_E
Bis(chlormethyl)ether	1			
Bis(2-methoxyethyl)phthalat				2
Blei (bioverfügbar)				1
Bleiacetat, basisch				1
Bleialkyle				1
Bleiazid				1
Bleichromat				1
Bleichromatmolybdatsulfatrot				1
Bleidi(acetat)				1
Bleihexafluorsilikat				1
Bleihydrogenarsenat	1			1
Blei(II)methansulfonat				1
Bleisulfochromatgelb				1
Blei-2,4,6-trinitroresorcinat				1
Bleiverbindungen mit Ausnahme der namentlich bezeichneten				1
2-Brom-2-chlor-1,1,1-trifluorethan				2
Bromethan	2			
Bromethylen	2			
Buchenholzstaub	1			
1,3-Butadien	2			
2,4-Butansulton	2			
1-n-Butoxy-2,3-epoxypropan		2		
Cadmium und seine Verbindungen	2			
Cadmiumfluorid	2		2	2
Calciumchromat	2			
Captafol (ISO)	2			
Carbadox (INN)	2			
4-Chloranilin	2			
4-Chlorbenzotrichlorid	2		2	
1-Chlor-2,3-epoxypropan	2			
Chlorfluormethan	2			
Chlormethyl-methylether	1			
4-Chlor-o-toluidin	1			
α-Chlortoluol	2			
α-Chlortoluole (Gemisch)	1			

Gefahrstoff	C	M	R_F	R_E
Chrom(VI)-Verbindungen, ausgenommen die in Wasser praktisch unlöslichen wie z.B. Bleichromat, Bariumchromat sowie die namentlich genannten	2			
Chrom(III)chromat	2			
Chromoxychlorid	2	2		
Chromtrioxid	1			
2,4-Diaminoanisol	2			
4,4'-Diaminodiphenylmethan	2			
Diarsenpentaoxid	1			
Diarsentrioxid	1			
Diazomethan	2			
Dibenz[a,h]anthracen	2			
1,2-Dibrom-3-chlorpropan	2	2	1	
1,2-Dibromethan	2			
Dichloracetylen	2			
3,3'-Dichlorbenzidin	2			
Salze von 3,3'-Dichlorbenzidin	2			
1,4-Dichlorbut-2-en	2			
2,2'-Dichlordiethylsulfid	1			
1,2-Dichlorethan	2			
2,2'-Dichlor-4,4'-methylendianilin	2			
Salze von 2,2'-Dichlor-4,4'-methylendianilin	2			
1,3-Dichlor-2-propanol	2			
1,3-Dichlorpropen	2			
1,2,3,4-Diepoxybutan	2	2		
Dieselmotor-Emissionen	2			
Diethylsulfat	2	2		
Diglycidylresorcinether	2			
3,3'-Dimethoxybenzidin	2			
Salze von 3,3'-Dimethoxybenzidin	2			
3,3'-Dimethylbenzidin	2			
Salze von 3,3'-Dimethylbenzidin	2			
Dimethylcarbamoylchlorid	2			

Anhang 3:
Liste der krebserzeugenden, erbgutverändernden
oder fortpflanzungsgefährdenden Stoffe

Gefahrstoff	C	M	R_F	R_E
N,N-Dimethylformamid				2
1,2-Dimethylhydrazin	2			
N,N-Dimethylhydrazin	2			
Dimethylnitrosamin	2			
Dimethylsulfamoylchlorid	2			
Dimethylsulfat	2			
Dinatrium [5-(4,'-[(2,6-dihydroxy-3-[(2-hydroxy-5-sulfophenyl)azo]phenyl)azo]-salicylato(4-)]cuprat(2-)	2			
Dinickeltrioxid	1			
Dinitrotoluole	2			
Dinoseb				2
Salze und Ester des Dinoseb, mit Ausnahme der namentlich nach § 4a GefStoffV bezeichneten				2
Dinoterb				2
Salze und Ester des Dinoterb				2
Eichenholzstaub	1			
1,2-Epoxybutan	2			
1-Epoxyethyl-3,4-epoxycyclohexan	2			
1,2-Epoxy-3-phenoxypropan	2			
2,3-Epoxy-1-propanol	2		2	
Erionit	1			
2-Ethoxy-ethanol			2	2
2-Ethoxyethyl-acetat			2	2
Ethylenimin	2	2		
Ethylenoxid	2	2		
Ethylenthioharnstoff				2
2-Ethylhexyl-3,5-bis(1,1-dimethylethyl)-4-hydroxyphenylmethylthioacetat				2
Extrakte (Erdöl), leichte naphthen-haltige Destillat-Lösungsmittel	2			
Extrakte (Erdöl), leichte paraffin-haltige Destillat-Lösungsmittel	2			
Extrakte (Erdöl), leichtes Vakuum-Gasöl-Lösungsmittel	2			
Extrakte (Erdöl), schwere naphthen-haltige Destillat-Lösungsmittel	2			

Gefahrstoff	C	M	R_F	R_E
Extrakte (Erdöl), schwere paraffinhaltige Lösungsmittel	2			
Faserstäube s. Abschnitt 3.2	x			
Glycidyltrimethylammoniumchlorid	2			
Hexachlorbenzol	2			
Hexamethylphosphorsäuretriamid	2	2		
Hydrazin	2			
Salze von Hydrazin	2			
Hydrazinbis(3-carboxy-4-hydroxybenzolsulfonat)	2			
Hydrazobenzol	2			
Kaliumbromat	2			
Kaliumchromat	2	2		
Kaliumdichromat	2	2		
Kohlenmonoxid				1
Kohlenwasserstoffe, C26-55, aromatenreich	2			
2-Methoxy-anilin	2			
2-Methoxy-ethanol			2	2
2-Methoxy-ethylacetat			2	2
2-Methoxy-5-methyl-anilin, p-Kresidin				2
2-Methoxy-1-propanol				2
2-Methoxypropylacetat-1				2
Methylacrylamidoglykolat (≧ 0,1 % Acrylamid)	2	2		
Methylacrylamidomethoxyacetat (≧ 0,1 % Acrylamid)	2	2		
2-Methylaziridin	2			
(Methyl-ONN-azoxy)methylacetat	2			2
N-Methyl-bis(2-chlorethyl)amin	1	2		
4,4-Methylenbis(N,N-dimethylanilin)	2			
4,4'-Methylendi-o-toluidin	2			
1-Methyl-3-nitro-1-nitrosoguanidin	2			
4-Methyl-m-phenylendiamin und -sulfat	2 2			
Morpholin-4-carbonylchlorid	2			

Anhang 3:
Liste der krebserzeugenden, erbgutverändernden oder fortpflanzungsgefährdenden Stoffe

Gefahrstoff	C	M	R_F	R_E
2-Naphthylamin	1			
Salze von 2-Naphthylamin	1			
Natriumdichromat	2	2		
Nickeldioxid	1			
Nickelmonoxid	1			
Nickelsulfid	1			
Nickeltetracarbonyl				2
Nickelmatte, Rösten oder elektrolytische Raffination	1			
5-Nitroacenaphthen	2			
2-Nitroanisol	2			
4-Nitrobiphenyl	2			
Nitrofen (ISO)	2			2
2-Nitronaphthalin	2			
2-Nitropropan	2			
N-Nitrosodi-n-butylamin	2			
N-Nitrosodiethylamin	2			
Nitrosodi-n-propylamin	2			
N-Nitrosodi-i-propylamin	2			
N-Nitrosoethylphenylamin	2			
2,2'-(Nitrosoimino)bisethanol	2			
N-Nitrosomethylethylamin	2			
N-Nitrosomethylphenylamin	2			
N-Nitrosomorpholin	2			
N-Nitrosopiperidin	2			
N-Nitrosopyrrolidin	2			
2-Nitrotoluol	2			
Olaquindox		2		
4,4'-Oxydianilin	2			
Pentachlorphenol	2			2
Salze von Pentachlorphenol	2			
Polychlorierte Biphenyle			2	2
2-Propanol, starke Säure-Verfahren zur Herstellung von	1			
3-Propanolid	2			
1,3-Propansulton	2			
Propylenoxid	2			
Pyrolyseprodukte aus organischem Material; siehe Abschnitt 3.1	1/2			

Gefahrstoff	C	M	R_F	R_E
Strontiumchromat	2			
Styroloxid	2			
Sulfallat (ISO)	2			
2,3,7,8-Tetrachlordibenzo-p-dioxin	2			
Tetranitromethan	2			
Thioacetamid	2			
4,4′-Thiodianilin	2			
o-Toluidin	2			
4-o-Tolylazo-o-toluidin	2			
Tribleibis(orthophosphat)				1
2,3,4-Trichlor-1-buten	2			
1,2,3-Trichlorpropan	2			
α,α,α-Trichlor-toluol	2			
Triglycidylisocyanurat		2		
2,4,5-Trimethylanilin	2			
Trimethylphosphat		2		
Trinickeldisulfid	1			
Urethan (INN)	2			
Vinylchlorid	1			
Warfarin				1
Zinkchromate, einschließlich Zinkkaliumchromat	1			

Anhang 4:
Einstufung und Kennzeichnung von Enzymen

Enzym EG-Nr. CAS-Nr.	Einstufung Gefahrensymbol R-Sätze	Kennzeichnung Gefahrensymbol R-Sätze S-Sätze
Amylasen mit Ausnahme der namentlich in dieser Liste genannten	R42	Xn R: 42 S: (2)-22-24-36/37
Amylase, α- 232-565-6 9000-90-2	R42	Xn R: 42 S: (2)-22-24-36/37
Bromelain, Fruchtsaft- 232-572-4 9001-00-7	Xi; R36/37/38 R42	Xn R: 36/37/38-42 S: (2)-22-24-26-36/37
Cellobiohydrolase, Exo- 253-465-9 37329-65-0	R42	Xn R: 42 S: (2)-22-24-36/37
Cellulase mit Ausnahme der namentlich in dieser Liste genannten	R42	Xn R: 42 S: (2)-22-24-36/37
Cellulase 232-734-4 9012-54-8	R42	Xn R: 42 S: (2)-22-24-36/37
Chymotrypsin 232-671-2 9004-07-3	Xi; R36/37/38 R42	Xn R: 36/37/38-42 S: (2)-22-24-26-36/37
Ficin 232-599-1 9001-33-6	Xi; R36/37/38 R42	Xn R: 36/37/38-42 S: (2)-22-24-26-36/37
Glucosidase, β- 232-589-7 9001-22-3	R42	Xn R: 42 S: (2)-22-24-36/37
Papain 232-627-2 9001-73-4	Xi; R36/37/38 R42	Xn R: 36/37/38-42 S: (2)-22-24-26-36/37

Anhang 4:
Einstufung und Kennzeichnung von Enzymen

Enzym EG-Nr. CAS-Nr.	Einstufung Gefahrensymbol R-Sätze	Kennzeichnung Gefahrensymbol R-Sätze S-Sätze
Pepsin A 232-629-3 9001-75-6	Xi; R36/37/38 R42	Xn R: 36/37/38-42 S: (2)-22-24-26-36/37
Proteasen mit Ausnahme der namentlich in dieser Liste genannten	Xi; R36/37/38 R42	Xn R: 36/37/38-42 S: (2)-22-24-26-36/37
Proteinase, mikrobenneutral 232-966-6 9068-59-1	Xi; R36/37/38 R42	Xn R: 36/37/38-42 S: (2)-22-24-26-36/37
Rennin 232-645-0 9001-98-3	Xi; R36/37/38 R42	Xn R: 36/37/38-42 S: (2)-22-24-26-36/37
Subtilisin 232-752-2 9014-01-1	Xi; R37/38-41 R42	Xn R: 37/38-41-42 S: (2)-22-24-26-36/37/39
Trypsin 232-650-8 9002-07-7	Xi; R36/37/38 R42	Xn R: 36/37/38-42 S: (2)-22-24-26-36/37

2 Verzeichnis und Erläuterungen der Ziffern in der Spalte „Bemerkungen"

(1) Die einheitliche Anwendung dieses Grenzwertes in Verbindung mit den zusätzlichen Angaben zur Löslichkeit kann durch eine pragmatische Vorgehensweise gewährleistet werden. Die analytische Behandlung luftgetragener metallhaltiger Stäube ist beschrieben in

Analytische Methoden zur Prüfung gesundheitsschädlicher Arbeitsstoffe, Band 1: Luftanalysen, der Senatskommission zur Prüfung gesundheitlicher Arbeitsstoffe.
VCH Verlagsgesellschaft, Weinheim, 9. Lieferung: 1994, spezielle Vorbemerkungen, Kap. 4, S. 17 - 38, oder BIA-Arbeitsmappe „Messung von Gefahrstoffen", Erich Schmidt Verlag, Bielefeld

(2) Mit den derzeitigen analytischen Methoden zur Arbeitsbereichsüberwachung wird meist der Gehalt der Elemente Arsen bzw. Nickel bzw. Cobalt im Stoff ermittelt. Aus toxikologischer Sicht notwendige Unterscheidungen nach der Verbindungsart sind analytisch ohne besonderen Aufwand häufig nicht möglich. Wegen dieser Schwierigkeit bei der Identifizierung bestimmter Verbindungen dieser Elemente wird empfohlen, die Luftgrenzwerte generell für das jeweilige Element und seine Verbindungen als Anhalt für die zu treffenden Schutzmaßnahmen zugrunde zu legen, auch wenn analytisch nicht sicher feststeht, ob krebserzeugende Verbindungen dieser Elemente im Arbeitsbereich vorliegen.

(3) Es wird empfohlen, bei der mechanischen Bearbeitung von Legierungen von Cobalt oder Nickel (Cobalt oder Nickel $\leq$ 80 Gew.-%) jeweils 0,5 mg/m^3 an Cobalt oder Nickel in der Luft am Arbeitsplatz einzuhalten.

(4) siehe TRGS 553 „Holzstaub"

Maschinen und Geräte, für die begründet zu vermuten ist, daß der Stand der Technik keine Einhaltung des Luftgrenzwertes zuläßt, werden in einer besonderen Liste verzeichnet. Diese Liste wird von der Holz-Berufsgenossenschaft aufgestellt und begründet, vom Ausschuß für Gefahrstoffe verabschiedet und vom Bundesministerium für Arbeit und Sozialordnung veröffentlicht. Sie kann beim Vorliegen neuerer Erkenntnisse ergänzt werden. Für die in der Liste aufgeführten Maschinen und Geräte gilt ein TRK-Wert von 5 mg/m^3 (TRGS 901 Nr. 20).

(5) Es wird empfohlen, den Luftgrenzwert auch für Arsen und alle hier nicht genannten Verbindungen (ausgenommen Arsenwasserstoff) als Anhalt für die zu treffenden Schutzmaßnahmen zugrunde zu legen.

(6) Der Wert von 5 μg/m^3 kann in Kokereien an Arbeitsplätzen im Bereich des Oberofens (Einfeger, Steigrohrreiniger,

2 Verzeichnis und Erläuterungen der Ziffern in der Spalte „Bemerkungen"

Türmann) sowie bei der Strangpechherstellung und -verladung derzeit z.T. technisch nicht eingehalten werden. Hier sind deshalb zusätzliche organisatorische und hygienische Maßnahmen sowie persönliche Schutzausrüstung erforderlich. Erläuterungen hierzu siehe TRGS 551 „Pyrolyseprodukte aus organischem Material".

(7) Erfaßt nach der Definition für die einatembare Fraktion

(8) unbesetzt

(9) siehe TRGS 554 „Dieselmotoremissionen"
Ermittelt durch coulometrische Bestimmung des elementaren Kohlenstoffs im Feinstaub (Verfahren 2 nach ZH 1/120.44)

Aufgrund der Querempfindlichkeiten des anerkannten Verfahrens im Bereich des Kohlebergbaus können gegenwärtig weder Expositionskonzentrationen noch der Stand der Technik festgestellt werden, noch ein Luftgrenzwert für diesen Bereich aufgestellt werden.

Weitere Ausnahmebereiche, in denen Querempfindlichkeiten zu erwarten sind (z.B. produktionsbedingter elementarer Kohlenstoff), sind u.a. die Herstellung und Verarbeitung von Graphit- und Kohlenstoffprodukten (Herstellung von Elektroden, Schmiermitteln, Bremsbelägen), die Rußherstellung und -verarbeitung

(z.B. Farben- und Gummiindustrie), die Karbidherstellung und die Herstellung und Verarbeitung von Zellulose bzw. Papier und Pappen sowie Gießereien. Wenn möglich, sollte im Sinne einer differenzierten Betrachtung der Expositionssituation in diesen Bereichen die Hallengrundlast bestimmt werden, um die tatsächliche Belastung durch Dieselmotoremissionen ermitteln zu können. Unabhängig davon sollten die in TRGS 554 empfohlenen technischen Maßnahmen zur Reduzierung von Dieselmotoremissionen durchgeführt werden.

(10) unbesetzt

(11) siehe TRGS 552 „Nitrosamine"

(12) Bei gleichzeitigem Vorliegen anderer Bleiverbindungen als Bleichromat und zur Anwendung des Luftgrenzwertes für Bleichromat siehe Anhang zu TRGS 901 lfd. Nr. 3.

Bei Vorliegen von Bleichromat sind die Grenzwerte für Blei und Chrom(VI)-Verbindungen (berechnet als CrO_3) einzuhalten.

(13) Die analytische Bestimmung von künstlichen Mineralfasern erfolgt nach der Methode ZH 1/120.31. Bei Überschreitung des Wertes von 500 000 F/m^3 kann in Zweifelsfällen zur Quantifizierung und Identifikation das rasterelektronenmikroskopische Verfahren nach ZH 1/120.46 eingesetzt werden.

Auf Baustellen gilt der TRK-Wert von 500 000 F/m^3 als eingehalten, wenn die Gesamtfaserzahl lichtmikroskopisch nachgewiesen unter 1 000 000 F/m^3 beträgt.

Durch den Grenzwert werden keine Arbeitsverfahren berücksichtigt, bei denen aufgrund der ausgeübten Tätigkeit erfahrungsgemäß erhebliche Faserkonzentrationen auftreten. Dies betrifft im wesentlichen Faserspritzverfahren zur Isolierung und das Entfernen von thermisch belasteten Isolierungen. Zum Schutz des Menschen vor möglichen Gesundheitsgefahren sind für diese Arbeitsverfahren wirksame und geeignete Schutzmaßnahmen — auch in Form von persönlichen Schutzmaßnahmen — zu treffen.

(14) Die Stoffgruppe kann partikel- und dampfförmig auftreten. Der TRK-Wert gilt nicht für Sanierungs- und Abbrucharbeiten sowie unfallartige Ereignisse.

(15) Einer oder mehrere der durch diesen Eintrag erfaßten Stoffe sind nach TRGS 905 als krebserzeugend Kategorie 1 oder 2 nach Anhang I Nr. 1.4.2.1 GefStoffV anzusehen. Für diese Stoffe gelten die Vorschriften des Sechsten Abschnittes der GefStoffV.

(16) Kolloidale amorphe Kieselsäure [7631-86-9] einschließlich pyrogener Kieselsäure und im Naßverfahren hergestellter Kieselsäure (Fällungskieselsäure, Kieselgel)

(17) Technische Produkte maßgeblich mit 2-Nitropropan verunreinigt, s. dort

(18) Gilt nur für Rohbaumwolle

(19) Gefahr der Hautresorption für Amin-Formulierung und Ester, nicht jedoch für die Säure

(20) Die Reaktion mit nitrosierenden Agentien kann zur Bildung von kanzerogenen N-Nitrosaminverbindungen führen.

(21) Nur für Arbeitsplätze ohne Hautkontakt

(22) 0,5 = (Konz. α-HCH dividiert durch 5) + Konz. β-HCH

(23) Die Bewertung bezieht sich nur auf den reinen Stoff: Verunreinigung mit Chlorfluormethan [593-70-4] ändert die Risikobeurteilung grundlegend.

(24) Quarz (einschließlich Cristobalit und Tridymit) ist beim Menschen als Silikose erzeugender Stoff bekannt. Hierfür wird ein MAK-Wert von 0,15 mg/m^3 (Feinstaub) angegeben. Neben diesem Luftgrenzwert ist generell eine Feinstaubkonzentration von 6 mg/m^3 einzuhalten.

2 Verzeichnis und Erläuterungen der Ziffern in der Spalte „Bemerkungen"

(25) Der Grenzwert bezieht sich auf den Metallgehalt als analytische Berechnungsbasis.

(26) Berechnet als CrO_3 im Gesamtstaub

(27) Die Luftgrenzwerte gelten für die Summe der Konzentrationen der in der TRGS 900 genannten N-Nitrosamine (hier mit s.u. zusammengefaßt).

(28) unbesetzt

(29) Summe aus Dampf und Aerosolen

(30) Der Luftgrenzwert von 15 mg/m^3 wird zum 1. Januar 2000 auf 10 mg/m^3 abgesenkt, sofern nicht bis zum 30. Juni 1999 beim UA V des AGS (Sekretariat: Berufsgenossenschaftliches Institut für Arbeitssicherheit – BIA, Alte Heerstraße 111, 53754 Sankt Augustin) Meßergebnisse eingegangen sind, die einer Absenkung des Luftgrenzwertes entgegenstehen.

(31) Zum Geltungsbereich und zur Anwendung der Luftgrenzwerte siehe Begründung in TRGS 901 Teil II.

(32) Verbindliche Angaben zum Tragen von Atemschutz befinden sich im Begründungspapier.

(33) Aufgrund der Richtlinie 97/42/EG vom 27. Juli 1997 wird der Luftgrenzwert von 8 mg/m^3 (2,5 ml/m^3) für die genannten Ausnahmebereiche spätestens am 27. Juni 2003 auf 3,2 mg/m^3 (1 ml/m^3) abgesenkt.

(34) bis (49) unbesetzt

(50) Abbruch-, Sanierungs- oder Instandhaltungsarbeiten einschließlich Meßstrategie s. TRGS 519

(51) Beim Umgang mit diesem Stoff ist eine Arbeitsbereichsanalyse zu erarbeiten, wobei der genannte Konzentrationswert – kein Grenzwert im Sinne der Gefahrstoffverordnung – als Anhalt für die Durchführung gemäß TRGS 402 heranzuziehen ist. Über die Ergebnisse ist der AGS (bei: Bundesanstalt für Arbeitsschutz, Postfach 17 02 02, 44061 Dortmund) umgehend zu informieren. Zur Ableitung und Anwendung dieses Wertes siehe Anhang zur TRGS 102. siehe TRGS 554 „Dieselmotoremissionen".

3 Besondere Stoffgruppen

3.1 Folgende Stoffe, Zubereitungen und Verfahren sind nach der GefStoffV als krebserzeugend einzustufen:

(1) Buchenholzstaub oder Eichenholzstaub. Die Vorschriften der §§ 36 bis 38 GefStoffV gelten jedoch nur dann, wenn in einem Betrieb, Betriebsteil oder Arbeitsbereich, bezogen auf den gesamten jährlichen Holzeinsatz, in erheblichem Umfang Buchen- oder Eichenholz be- oder verarbeitet wird.

(2) Azofarbstoffe mit einer krebserzeugenden Aminkomponente. Zubereitungen von Azofarbstoffen mit krebserzeugender Aminkomponente sind nach § 35 Absatz 3 GefStoffV entsprechend ihrem Gehalt an potentiell durch reduktive Azospaltung freisetzbarem krebserzeugendem Amin und dem Gehalt des Azofarbstoffes in der Zubereitung als krebserzeugend einzustufen.

(3) Pyrolyseprodukte aus organischem Material. Es ist zulässig, als Bezugssubstanz für Pyrolyseprodukte mit krebserzeugenden polycyclischen aromatischen Kohlenwasserstoffen den Stoff Benzo[a]pyren zu wählen.

(4) Dieselmotoremissionen

(5) Die Herstellung von Auramin

(6) Arbeiten, bei denen Arbeitnehmer Staub, Rauch oder Nebel beim Rösten oder bei der elektrolytischen Raffination von Nickelmatte ausgesetzt sind.

3.2 Stoffgruppen, die in der TRGS 905, Abschnitt 2, als krebserzeugend aufgeführt sind

■ Anorganische Faserstäube (außer Asbest)[1, 2]

(1) Dieser Abschnitt gilt für Fasern mit einer Länge > 5 μm, einem Durchmesser < 3 μm und einem Länge-zu-Durchmesser-Verhältnis von $> 3:1$ (WHO-Fasern). Er gilt für Fasern aus Glas, Stein, Schlacke oder Keramik und die anderen in diesem Abschnitt genannten Fasern (ausgenommen Asbest).

(2) Die Bewertung der glasigen Fasern erfolgt nach den Kategorien für krebserzeugende Stoffe in Anhang I Nr. 1.4.2.1 GefStoffV und auf der Grundlage des Kanzerogenitätsindexes K_I, der sich für die jeweils zu bewer-

---

[1] Zur Einstufung von Asbest und Erionit s. dort

[2] zur Ermittlung des K_I-Wertes s. BIA-Arbeitsmappe 7488

3 Besondere Stoffgruppen

tende Faser aus der Differenz zwischen der Summe der Massengehalte (in v.H.) der Oxide von Natrium, Kalium, Bor, Calcium, Magnesium, Barium und dem doppelten Massengehalt von Aluminiumoxid ergibt.

$K_I = \Sigma$ Na, K, B, Ca, Mg, Ba-Oxide $- 2 \cdot$ Al-Oxid

a) Glasige WHO-Fasern mit einem Kanzerogenitätsindex $K_I \leq 30$ werden in die Kategorie 2 eingestuft.

b) Glasige WHO-Fasern mit einem Kanzerogenitätsindex $K_I > 30$ und < 40 werden in die Kategorie 3 eingestuft.

c) Für glasige WHO-Fasern erfolgt keine Einstufung als krebserzeugend, wenn deren Kanzerogenitätsindex $K_I \geq 40$ beträgt.

(3) Die Einstufung der glasigen WHO-Fasern kann auch durch einen Kanzerogenitätsversuch mit intraperitonealer Applikation, vorzugsweise mit Fasern in einer arbeitsplatztypischen Größenverteilung, vorgenommen werden. Dies empfiehlt sich insbesondere für WHO-Fasern mit einem K_I-Index ≥ 25 und < 40.

☐ Wird für glasige WHO-Fasern mit einem Kanzerogenitätsindex $K_I \leq 30$ in einem Kanzerogenitätsversuch mit intraperitonealer Applikation mit einer Dosis von $1 \cdot 10^9$ WHO-Fasern, vorzugsweise mit Fasern in einer arbeitsplatztypischen Größenverteilung, eine krebserzeugende Wirkung beobachtet, erfolgt eine Einstufung in Kategorie 2.

Dagegen erfolgt eine Einstufung in Kategorie 3, wenn in diesem Kanzerogenitätsversuch keine krebserzeugende Wirkung beobachtet wurde.

☐ Wird für glasige WHO-Fasern mit einem Kanzerogenitätsindex $K_I > 30$ und < 40 in einem Kanzerogenitätsversuch mit intraperitonealer Applikation mit einer Dosis von $1 \cdot 10^9$ WHO-Fasern, vorzugsweise mit Fasern in einer arbeitsplatztypischen Größenverteilung, eine krebserzeugende Wirkung beobachtet, erfolgt eine Einstufung in Kategorie 2.

Dagegen erfolgt eine Einstufung in Kategorie 3, wenn bei einer Dosis von $1 \cdot 10^9$ WHO-Fasern keine krebserzeugende Wirkung beobachtet wurde.

In diesem Fall empfiehlt es sich, zusätzlich einen Kanzerogenitätsversuch mit intraperitonealer Applikation mit einer Dosis von $5 \cdot 10^9$ WHO-Fasern, vorzugsweise mit Fasern in einer arbeitsplatztypischen Größenverteilung, durchzuführen. Wird bei dieser Dosis eine krebserzeugende Wirkung der Fasern nachgewiesen, wird die Einstufung in Kategorie 3 beibehalten. Dagegen erfolgt keine Einstufung der Fasern, wenn in diesem Kanzerogenitätsversuch keine krebserzeugende Wirkung beobachtet wurde.

☐ Wird für glasige WHO-Fasern mit einem Kanzerogenitätsindex $K_I \geq 40$ in einem Kanzerogenitätsversuch mit intraperitonealer Applikation mit einer Dosis von $5 \cdot 10^9$ WHO-Fasern, vorzugsweise mit Fasern in einer arbeitsplatztypischen Größenverteilung, eine krebserzeugende Wirkung beobachtet, erfolgt eine Einstufung in Kategorie 3.

Dagegen erfolgt keine Einstufung der Fasern, wenn in diesem Kanzerogenitätsversuch keine krebserzeugende Wirkung beobachtet wurde.

(4) Unter besonderen Umständen kann eine von Abs. 2 und 3 abweichende Einstufung erfolgen, wenn durch den Hersteller von Fasern geeignete Daten vorgelegt werden, zum Beispiel

☐ Daten, die eine sehr geringe Biobeständigkeit belegen (z.B. vergleichbar mit Gipsfasern)

☐ Ergebnisse aus anderen Tierversuchen, die im Vergleich zum intraperitonealen Test eine ähnliche oder höhere Empfindlichkeit gegenüber der krebserzeugenden Wirkung von Fasern aufweisen.

(5) Folgende Typen von WHO-Fasern, für die positive Befunde aus Tierversuchen (inhalativ, intratracheal, intrapleural, intraperitoneal) vorliegen, werden in die Kategorie 2 eingestuft:

☐ Attapulgit

☐ Dawsonit

☐ Palygorskit

☐ Künstliche kristalline Keramikfasern (Whiskers oder Hochleistungskeramikfasern) aus

— Aluminiumoxid

— Kaliumtitanaten

— Siliciumkarbid u.a.

(6) Alle anderen anorganischen Typen von WHO-Fasern werden in die Kategorie 3 eingestuft, wenn die vorliegenden tierexperimentellen Ergebnisse (einschließlich Daten zur Biobeständigkeit) für eine Einstufung in die Kategorie 2 nicht ausreichen. Dies betrifft derzeit folgende:

☐ Halloysit

☐ Magnesiumoxidsulfat

☐ Nemalith

☐ Sepiolith

3 Besondere Stoffgruppen

☐ anorganische Faserstäube, soweit nicht erwähnt (ausgenommen Gipsfasern und Wollastonitfasern)

■ Krebserzeugende Arzneistoffe

Von krebserzeugenden Eigenschaften der Kategorien 1 und 2 ist bei Substanzen auszugehen, denen ein gentoxischer therapeutischer Wirkungsmechanismus zugrunde liegt. Erfahrungen in der Therapie mit alkylierenden Zytostatika wie Cyclophosphamid, Ethylenimin, Chlornaphazin sowie mit arsen- und teerhaltigen Salben, die über lange Zeit angewendet worden sind, bestätigen dies insofern, als bei so behandelten Patienten Tumorneubildungen beschrieben worden sind.

■ Passivrauchen am Arbeitsplatz

Tabakrauch enthält eine Vielzahl krebserzeugender Stoffe, die zum Teil auch als krebserzeugende Arbeitsstoffe bekannt sind. Deren krebserzeugende Wirksamkeit läßt sich, ebenso wie die von Tabakrauch, in geeigneten Tierversuchen eindeutig nachweisen.

Im Nebenstromrauch, der beim Passivrauchen anteilmäßig stärker als beim Aktivrauchen beteiligt ist, sind krebserzeugende Prinzipien zum Teil stärker vertreten als im Hauptstromrauch. Mit einer gewissen Krebsgefährdung durch Passivrauchen ist daher auch an bestimmten Arbeitsplätzen zu rechnen.

Über das Ausmaß der Gefährdung ist derzeit keine verläßliche Aussage möglich. Eine additive, eventuell auch potenzierende Wirkung der beim Passivrauchen aufgenommenen Stoffe mit bekannten krebserzeugenden Arbeitsstoffen ist in Betracht zu ziehen.

4 Ankündigung der Neuaufnahme von Grenzwerten

Der Unterausschuß V „Luftgrenzwerte" des Ausschusses für Gefahrstoffe beabsichtigt, Luftgrenzwerte insbesondere für die in der Tabelle aufgeführten Gefahrstoffe aufzustellen. Alle Unternehmen, die mit diesen Stoffen Umgang haben, sowie Stellen, die über entsprechende Daten verfügen, werden gebeten, Expositionsmeßdaten (Meßergebnisse) nach dem Stand der Technik sowie arbeitsmedizinische Erfahrungen dem UA V des Ausschusses für Gefahrstoffe mitzuteilen. Da die Expositionsmeßdaten bei der Festlegung der Höhe des Grenzwertes von großer Bedeutung sind und in der Regel Meßdaten aus dem Bereich Verwendung von Stoffen dem UA V nur in geringem Umfang vorliegen, werden insbesondere kleine und mittlere Unternehmen aufgefordert, Arbeitsplatzmeßergebnisse dem UA V zur Verfügung zu stellen.

Sekretariat des UA V:

HVBG
Berufsgenossenschaftliches Institut
für Arbeitssicherheit — BIA
Alte Heerstraße 111
53754 Sankt Augustin

BArbBl. Nr. 5, S. 42, (1995) Nr. 2, S. 94, Nr. 7 bis 8, S. 54, und (1996) Nr. 12, S. 28

	Tabelle der Gefahrstoffe
1.	Acetamid
2.	Aldrin
3.	Allgemeine Staubgrenzwerte (BArbBl. (1988) Nr. 1, S. 57)
4.	1-Allyloxy-2,3-epoxypropan
5.	4-Aminoazobenzol
6.	o-Aminoazotoluol
7.	Atrazin
8.	Bromethan
9.	Brommethan
10.	Chlorcamphen
11.	DDT

4 Ankündigung der Neuaufnahme von Grenzwerten

	Tabelle der Gefahrstoffe
12.	Dieldrin
13.	1,4-Dihydroxybenzol (Hydrochinon)
14.	Dinitrotoluole außer 2,6-Dinitrotoluol
15.	1,2-Epoxybutan
16.	Komplexe Kohlenwasserstoffgemische (z.B. Dielektrika, Härteöle, Trennmittel, Kühlschmierstoffe mit Flammpunkt < 100 °C)
17.	Kraftstoffe für Verbrennungsmotoren
18.	Lackaerosole (BArbBl. (1997) Nr. 6, S. 39)
19.	2-Methyl-m-phenylendiamin
20.	Mineralfasern (natürliche, künstliche)
21.	2-Nitroanisol
22.	1-Nitronaphthalin
23.	N-Nitrosamine (Überprüfung)
24.	Pentachlorethan
25.	m-Phenylendiamin
26.	iso-Propylglycidylether
27.	Triglycidylisocyanurat
28.	N-Vinyl-1,2-cyclohexendiepoxid
29.	2,6-Xylidin

5 Liste der R- und S-Sätze
Gefahrensymbole und Gefahrenbezeichnungen

Hinweise auf besondere Gefahren (R-Sätze)

R 1   In trockenem Zustand explosionsgefährlich
R 2   Durch Schlag, Reibung, Feuer oder andere Zündquellen explosionsgefährlich
R 3   Durch Schlag, Reibung, Feuer oder andere Zündquellen besonders explosionsgefährlich
R 4   Bildet hochempfindliche explosionsgefährliche Metallverbindungen
R 5   Beim Erwärmen explosionsfähig
R 6   Mit und ohne Luft explosionsfähig
R 7   Kann Brand verursachen
R 8   Feuergefahr bei Berührung mit brennbaren Stoffen
R 9   Explosionsgefahr bei Mischung mit brennbaren Stoffen
R 10 Entzündlich
R 11 Leichtentzündlich
R 12 Hochentzündlich
R 14 Reagiert heftig mit Wasser
R 15 Reagiert mit Wasser unter Bildung hochentzündlicher Gase
R 16 Explosionsgefährlich in Mischung mit brandfördernden Stoffen
R 17 Selbstentzündlich an der Luft
R 18 Bei Gebrauch Bildung explosionsfähiger/leichtentzündlicher Dampf-Luftgemische möglich
R 19 Kann explosionsfähige Peroxide bilden
R 20 Gesundheitsschädlich beim Einatmen
R 21 Gesundheitsschädlich bei Berührung mit der Haut
R 22 Gesundheitsschädlich beim Verschlucken
R 23 Giftig beim Einatmen
R 24 Giftig bei Berührung mit der Haut
R 25 Giftig beim Verschlucken
R 26 Sehr giftig beim Einatmen
R 27 Sehr giftig bei Berührung der Haut
R 28 Sehr giftig beim Verschlucken
R 29 Entwickelt bei Berührung mit Wasser giftige Gase
R 30 Kann bei Gebrauch leicht entzündlich werden

5 Liste der R- und S-Sätze
Gefahrensymbole und Gefahrenbezeichnungen

R 31 Entwickelt bei Berührung mit Säure giftige Gase
R 32 Entwickelt bei Berührung mit Säure sehr giftige Gase
R 33 Gefahr kumulativer Wirkungen
R 34 Verursacht Verätzungen
R 35 Verursacht schwere Verätzungen
R 36 Reizt die Augen
R 37 Reizt die Atmungsorgane
R 38 Reizt die Haut
R 39 Ernste Gefahr irreversiblen Schadens
R 40 Irreversibler Schaden möglich
R 41 Gefahr ernster Augenschäden
R 42 Sensibilisierung durch Einatmen möglich
R 43 Sensibilisierung durch Hautkontakt möglich
R 44 Explosionsgefahr bei Erhitzen unter Einschluß
R 45 Kann Krebs erzeugen
R 46 Kann vererbbare Schäden verursachen
R 48 Gefahr ernster Gesundheitsschäden bei längerer Exposition
R 49 Kann Krebs erzeugen beim Einatmen
R 50 Sehr giftig für Wasserorganismen
R 51 Giftig für Wasserorganismen
R 52 Schädlich für Wasserorganismen
R 53 Kann in Gewässern längerfristig schädliche Wirkungen haben
R 54 Giftig für Pflanzen
R 55 Giftig für Tiere
R 56 Giftig für Bodenorganismen
R 57 Giftig für Bienen
R 58 Kann längerfristig schädliche Wirkungen auf die Umwelt haben
R 59 Gefährlich für die Ozonschicht
R 60 Kann die Fortpflanzungsfähigkeit beeinträchtigen
R 61 Kann das Kind im Mutterleib schädigen
R 62 Kann möglicherweise die Fortpflanzungsfähigkeit beeinträchtigen
R 63 Kann das Kind im Mutterleib möglicherweise schädigen
R 64 Kann Säuglinge über die Muttermilch schädigen
R 65 Gesundheitsschädlich: Kann beim Verschlucken Lungenschäden verursachen

Kombination der R-Sätze

R 14/15	Reagiert heftig mit Wasser unter Bildung hochentzündlicher Gase
15/29	Reagiert mit Wasser unter Bildung giftiger und hochentzündlicher Gase
20/21	Gesundheitsschädlich beim Einatmen und bei Berührung mit der Haut
20/22	Gesundheitsschädlich beim Einatmen und Verschlucken
20/21/22	Gesundheitsschädlich beim Einatmen, Verschlucken und Berührung mit der Haut
21/22	Gesundheitsschädlich bei Berührung mit der Haut und beim Verschlucken
23/24	Giftig beim Einatmen und bei Berührung mit der Haut
23/25	Giftig beim Einatmen und Verschlucken
23/24/25	Giftig beim Einatmen, Verschlucken und Berührung mit der Haut
24/25	Giftig bei Berührung mit der Haut und beim Verschlucken
26/27	Sehr giftig beim Einatmen und bei Berührung mit der Haut
26/28	Sehr giftig beim Einatmen und Verschlucken
26/27/28	Sehr giftig beim Einatmen, Verschlucken und Berührung mit der Haut
27/28	Sehr giftig bei Berührung mit der Haut und beim Verschlucken
36/37	Reizt die Augen und die Atmungsorgane
36/38	Reizt die Augen und die Haut
36/37/38	Reizt die Augen, Atmungsorgane und die Haut
37/38	Reizt die Atmungsorgane und die Haut
39/23	Giftig: ernste Gefahr irreversiblen Schadens durch Einatmen
39/24	Giftig: ernste Gefahr irreversiblen Schadens bei Berührung mit der Haut
39/25	Giftig: ernste Gefahr irreversiblen Schadens durch Verschlucken
39/23/24	Giftig: ernste Gefahr irreversiblen Schadens durch Einatmen und bei Berührung mit der Haut
39/23/25	Giftig: ernste Gefahr irreversiblen Schadens durch Einatmen und durch Verschlucken
39/24/25	Giftig: ernste Gefahr irreversiblen Schadens bei Berührung mit der Haut und durch Verschlucken

5 Liste der R- und S-Sätze
Gefahrensymbole und Gefahrenbezeichnungen

R 39/23/24/25	Giftig: ernste Gefahr irreversiblen Schadens durch Einatmen, Berührung mit der Haut und durch Verschlucken
39/26	Sehr giftig: ernste Gefahr irreversiblen Schadens durch Einatmen
39/27	Sehr giftig: ernste Gefahr irreversiblen Schadens bei Berührung mit der Haut
39/28	Sehr giftig: ernste Gefahr irreversiblen Schadens durch Verschlucken
39/26/27	Sehr giftig: ernste Gefahr irreversiblen Schadens durch Einatmen und bei Berührung mit der Haut
39/26/28	Sehr giftig: ernste Gefahr irreversiblen Schadens durch Einatmen und durch Verschlucken
29/27/28	Sehr giftig: ernste Gefahr irreversiblen Schadens bei Berührung mit der Haut und durch Verschlucken
39/26/27/28	Sehr giftig: ernste Gefahr irreversiblen Schadens durch Einatmen, Berührung mit der Haut und durch Verschlucken
40/20	Gesundheitsschädlich: Möglichkeit irreversiblen Schadens durch Einatmen
40/21	Gesundheitsschädlich: Möglichkeit irreversiblen Schadens bei Berührung mit der Haut
40/22	Gesundheitsschädlich: Möglichkeit irreversiblen Schadens durch Verschlucken
40/20/21	Gesundheitsschädlich: Möglichkeit irreversiblen Schadens durch Einatmen und bei Berührung mit der Haut
40/20/22	Gesundheitsschädlich: Möglichkeit irreversiblen Schadens durch Einatmen und durch Verschlucken
40/21/22	Gesundheitsschädlich: Möglichkeit irreversiblen Schadens bei Berührung mit der Haut und durch Verschlucken
40/20/21/22	Gesundheitsschädlich: Möglichkeit irreversiblen Schadens durch Einatmen, Berührung mit der Haut und durch Verschlucken
42/43	Sensibilisierung durch Einatmen und Hautkontakt möglich
48/20	Gesundheitsschädlich: Gefahr ernster Gesundheitsschäden bei längerer Exposition durch Einatmen
48/21	Gesundheitsschädlich: Gefahr ernster Gesundheitsschäden bei längerer Exposition durch Berührung mit der Haut

R 48/22	Gesundheitsschädlich: Gefahr ernster Gesundheitsschäden bei längerer Exposition durch Verschlucken
48/20/21	Gesundheitsschädlich: Gefahr ernster Gesundheitsschäden bei längerer Exposition durch Einatmen und durch Berührung mit der Haut
48/20/22	Gesundheitsschädlich: Gefahr ernster Gesundheitsschäden bei längerer Exposition durch Einatmen und durch Verschlucken
48/21/22	Gesundheitsschädlich: Gefahr ernster Gesundheitsschäden bei längerer Exposition durch Berührung mit der Haut und durch Verschlucken
48/20/21/22	Gesundheitsschädlich: Gefahr ernster Gesundheitsschäden bei längerer Exposition durch Einatmen, Berührung mit der Haut und durch Verschlucken
48/23	Giftig: Gefahr ernster Gesundheitsschäden bei längerer Exposition durch Einatmen
48/24	Giftig: Gefahr ernster Gesundheitsschäden bei längerer Exposition durch Berührung mit der Haut
48/25	Giftig: Gefahr ernster Gesundheitsschäden bei längerer Exposition durch Verschlucken
48/23/24	Giftig: Gefahr ernster Gesundheitsschäden bei längerer Exposition durch Einatmen und durch Berührung mit der Haut
48/23/25	Giftig: Gefahr ernster Gesundheitsschäden bei längerer Exposition durch Einatmen und durch Verschlucken
48/24/25	Giftig: Gefahr ernster Gesundheitsschäden bei längerer Exposition durch Berührung mit der Haut und durch Verschlucken
48/23/24/25	Giftig: Gefahr ernster Gesundheitsschäden bei längerer Exposition durch Einatmen, Berührung mit der Haut und durch Verschlucken
50/53	Sehr giftig für Wasserorganismen, kann in Gewässern längerfristig schädliche Wirkungen haben
51/53	Giftig für Wasserorganismen, kann in Gewässern längerfristig schädliche Wirkungen haben
52/53	Schädlich für Wasserorganismen, kann in Gewässern längerfristig schädliche Wirkungen haben

5 Liste der R- und S-Sätze
Gefahrensymbole und Gefahrenbezeichnungen

Sicherheitsratschläge (S-Sätze)

S 1   Unter Verschluß aufbewahren
S 2   Darf nicht in die Hände von Kindern gelangen
S 3   Kühl aufbewahren
S 4   Von Wohnplätzen fernhalten
S 5   Unter ... aufbewahren (geeignete Flüssigkeit vom Hersteller anzugeben)
S 6   Unter ... aufbewahren (inertes Gas vom Hersteller anzugeben)
S 7   Behälter dicht geschlossen halten
S 8   Behälter trocken halten
S 9   Behälter an einem gut gelüfteten Ort aufbewahren
S 12 Behälter nicht gasdicht verschließen
S 13 Von Nahrungsmitteln, Getränken und Futtermitteln fernhalten
S 14 Von ... fernhalten (inkompatible Substanzen sind vom Hersteller anzugeben)
S 15 Vor Hitze schützen
S 16 Von Zündquellen fernhalten — Nicht rauchen
S 17 Von brennbaren Stoffen fernhalten
S 18 Behälter mit Vorsicht öffnen und handhaben
S 20 Bei der Arbeit nicht essen und trinken
S 21 Bei der Arbeit nicht rauchen
S 22 Staub nicht einatmen
S 23 Gas/Rauch/Dampf/Aerosol nicht einatmen (geeignete Bezeichnung(en) vom Hersteller anzugeben)
S 24 Berührung mit der Haut vermeiden
S 25 Berührung mit den Augen vermeiden
S 26 Bei Berührung mit den Augen sofort gründlich mit Wasser abspülen und Arzt konsultieren
S 27 Beschmutzte, getränkte Kleidung sofort ausziehen
S 28 Bei Berührung mit der Haut sofort abwaschen mit viel ... (vom Hersteller anzugeben)
S 29 Nicht in die Kanalisation gelangen lassen
S 30 Niemals Wasser hinzugießen
S 33 Maßnahmen gegen elektrostatische Aufladungen treffen

S 35   Abfälle und Behälter müssen in gesicherter Weise beseitigt werden
S 36   Bei der Arbeit geeignete Schutzkleidung tragen
S 37   Geeignete Schutzhandschuhe tragen
S 38   Bei unzureichender Belüftung Atemschutzgerät anlegen
S 39   Schutzbrille/Gesichtsschutz tragen
S 40   Fußboden und verunreinigte Gegenstände mit ... reinigen
       (Material vom Hersteller anzugeben)
S 41   Explosions- und Brandgase nicht einatmen
S 42   Bei Räuchern/Versprühen geeignetes Atemschutzgerät anlegen und
       (geeignete Bezeichnung(en) vom Hersteller anzugeben)
S 43   Zum Löschen ... (vom Hersteller anzugeben) verwenden
       (wenn Wasser die Gefahr erhöht, anfügen: „Kein Wasser verwenden")
S 45   Bei Unfall oder Unwohlsein sofort Arzt hinzuziehen
       (wenn möglich dieses Etikett vorzeigen)
S 46   Bei Verschlucken sofort ärztlichen Rat einholen
       und Verpackung oder Etikett vorzeigen
S 47   Nicht bei Temperaturen über ... °C aufbewahren
       (vom Hersteller anzugeben)
S 48   Feucht halten mit ... (geeignetes Mittel vom Hersteller anzugeben)
S 49   Nur im Originalbehälter aufbewahren
S 50   Nicht mischen mit ... (vom Hersteller anzugeben)
S 51   Nur in gut belüfteten Bereichen verwenden
S 52   Nicht großflächig für Wohn- und Aufenthaltsräume zu verwenden
S 53   Exposition vermeiden — vor Gebrauch besondere Anweisungen einholen
S 56   Diesen Stoff und seinen Behälter der Problemabfallentsorgung zuführen
S 57   Zur Vermeidung einer Kontamination der Umwelt
       geeigneten Behälter verwenden
S 59   Information zur Wiederverwendung/Wiederverwertung
       beim Hersteller/Lieferanten erfragen
S 60   Dieser Stoff und sein Behälter sind als gefährlicher Abfall zu entsorgen
S 61   Freisetzung in die Umwelt vermeiden. Besondere Anweisungen einholen/
       Sicherheitsdatenblatt zu Rate ziehen
S 62   Bei Verschlucken kein Erbrechen herbeiführen. Sofort ärztlichen Rat einholen
       und Verpackung oder dieses Etikett vorzeigen

5 Liste der R- und S-Sätze
Gefahrensymbole und Gefahrenbezeichnungen

Kombination der S-Sätze

S 1/2	Unter Verschluß und für Kinder unzugänglich aufbewahren
S 3/7	Behälter dicht geschlossen halten und an einem kühlen Ort aufbewahren
S 3/9/14	An einem kühlen, gut gelüfteten Ort, entfernt von … aufbewahren (die Stoffe, mit denen Kontakt vermieden werden muß, sind vom Hersteller anzugeben)
S 3/9/14/49	Nur im Originalbehälter an einem kühlen, gut gelüfteten Ort, entfernt von … aufbewahren (die Stoffe, mit denen Kontakt vermieden werden muß, sind vom Hersteller anzugeben)
S 3/9/49	Nur im Originalbehälter an einem kühlen, gut gelüfteten Ort aufbewahren
S 3/14	An einem kühlen, von … entfernten Ort aufbewahren (die Stoffe, mit denen Kontakt vermieden werden muß, sind vom Hersteller anzugeben)
S 7/8	Behälter trocken und dicht geschlossen halten
S 7/9	Behälter dicht geschlossen an einem gut gelüfteten Ort aufbewahren
S 7/47	Behälter dicht geschlossen und nicht bei Temperaturen über … °C aufbewahren (vom Hersteller anzugeben)
S 20/21	Bei der Arbeit nicht essen, trinken, rauchen
S 24/25	Berührung mit den Augen und der Haut vermeiden
S 29/56	Nicht in die Kanalisation gelangen lassen
S 36/37	Bei der Arbeit geeignete Schutzhandschuhe und Schutzkleidung tragen
S 36/37/39	Bei der Arbeit geeignete Schutzkleidung, Schutzhandschuhe und Schutzbrille/Gesichtsschutz tragen
S 36/39	Bei der Arbeit geeignete Schutzkleidung und Schutzbrille/Gesichtsschutz tragen
S 37/39	Bei der Arbeit geeignete Schutzhandschuhe und Schutzbrille/Gesichtsschutz tragen
S 47/49	Nur im Originalbehälter bei einer Temperatur von nicht über … °C (vom Hersteller anzugeben) aufbewahren

5 Liste der R- und S-Sätze
Gefahrensymbole und Gefahrenbezeichnungen

Gefahrensymbole und Gefahrenbezeichnungen

E

Explosionsgefährlich

O

Brandfördernd

F+

Hochentzündlich

F

Leichtentzündlich

T+

Sehr giftig

T

Giftig

5 Liste der R- und S-Sätze
Gefahrensymbole und Gefahrenbezeichnungen

C

Ätzend

Xi

Reizend

Xn

Gesundheitsschädlich

N

Umweltgefährlich

6 Einstufung von krebserzeugenden, erbgutverändernden oder fortpflanzungsgefährdenden Stoffen

(Neuaufnahmen und Änderungen 1998)

Folgende Stoffe wurden hinsichtlich der krebserzeugenden, erbgutverändernden oder fortpflanzungsgefährdenden Eigenschaften neu bewertet:

α-Chlortoluole (Gemisch)
Bleimetall
Cadmiumfluorid
C. I. Disperse blue 1 (1,4,5,8-Tetraaminoanthrachinon)
2,3-Epoxy-1-propanol
Furan
2-Furylmethanal
Keramische Mineralfasern
Mineralwolle
Natriumchromat
2-Nitrotoluol
Ozon
Pentachlorphenol
1-Phenylazo-2-naphthol
Phenylhydrazin
Polychlorierte Biphenyle
Trifluoriodmethan
Tris(2-chlorethyl)phosphat

7 Luftgrenzwerte

(Neuaufnahmen und Änderungen 1998)

Für folgende Stoffe wurde ein Luftgrenzwert erstmals bzw. neu festgelegt:

Allylalkohol
Benzol
Captan
Chlorwasserstoff
Dicyclohexylmethan-4,4'-diisocyanat
N,N-Dimethylactamid
Dinitro-o-cresol (alle Isomere außer 4,6-Dinitro-o-cresol)
3,4-Dinitrotoluol
Dipropylenglykolmonomethylether
Heptan-2-on
Monochlordifluormethan
N-Nitrosoethylphenylamin
N-Nitrosomethylphenylamin
2-Nitrotoluol
Paraquat
Propionsäure
Sulfuryldifluorid
2,2,4-Trimethylhexamethylen-1,6-diisocyanat
2,4,4-Trimethylhexamethylen-1,6-diisocyanat

8 Neue Technische Regeln für Gefahrstoffe (TRGS) 1997/1998

Im Bundesarbeitsblatt wurden folgende technischen Regeln neu veröffentlicht bzw. geändert:

TRGS 404: „Bewertung von Kohlenwasserstoffdämpfen in der Luft am Arbeitsplatz"
Die TRGS wurde aufgehoben
BArbBl. (1997) Nr. 4 S. 69

TRGS 611: „Verwendungsbeschränkungen für wassermischbare bzw. wassergemischte Kühlschmierstoffe, bei deren Einsatz N-Nitrosamine auftreten können"
BArbBl. (1997) Nr. 4 S. 53 - 57

TRGS 900: „Grenzwerte in der Luft am Arbeitsplatz — Luftgrenzwerte"
BArbBl. (1997) Nr. 4 S. 57 - 63 und Nr. 11, S. 39 - 40

TRGS 901: „Begründungen und Erläuterungen zu Grenzwerten in der Luft am Arbeitsplatz"
Kohlenwasserstoffgemische (Nr. 72 Teil 2), a-Chlortoluol (Nr. 75), o-Phenylendiamin (Nr. 76), Bitumen (Nr. 77), Nickellegierungen (Nr. 78), 2-Nitrotoluol (Nr. 79), Cadmium und seine Verbindungen (Nr. 80), Holzstaub (Nr. 20)
BArbBl. (1997) Nr. 4 S. 42 - 53 und Nr. 11, S. 40 - 42

TRGS 903: „Biologische Arbeitsplatztoleranzwerte — BAT- Werte"
BArbBl. (1997) Nr. 11, S. 42

TRGS 905: „Verzeichnis krebserzeugender, erbgutverändernder oder fortpflanzungsgefährdender Stoffe"
BArbBl. (1997) Nr. 6, S. 40 - 46 und BArbBl. (1997) Nr. 11, S. 42 - 44

TRGS 906: „Begründungen zur Bewertung von Stoffen der TRGS 905"
Olaquindox, 1,2,3,4-Diepoxybutan, 1-Phenylazo-2-naphthol, Triglycidylisocyanurat, 4,4'-Carbonimidoylbis(N,N-dimethylanilin), n-Hexan, 2-Hexanon, 4,4'-Methylenbis(2-ethylanilin), N-Methyl-2,4,6,N-tetranitroanilin, Naphthalin, Alkyl-(C12-C14)glycidylether, a-Chlortoluole-Gemisch, 2-Furylmethanal, 2,3-Epoxy-1-propanol
BArbBl. (1997) Nr. 4, S. 64 - 69 und Nr. 11, S. 44 - 72

TRGS 402: „Ermittlung und Beurteilung der Konzentrationen gefährlicher Stoffe in der Luft in Arbeitsbereichen"
BArbBl. (1997) Nr. 11, S. 27 - 33

TRGS 521: „Faserstäube"
BArbBl. (1997) Nr. 11, S. 33 - 34

TRGS 552: „N-Nitrosamine"
BArbBl. (1997) Nr. 11, S. 34 - 38

8 Neue Technische Regeln für Gefahrstoffe (TRGS) 1997/1998

TRGS 415: „Tragezeitbegrenzungen von Atemschutzgeräten und isolierenden Schutzanzügen ohne Wärmeaustausch für Arbeit"
Die TRGS wurde aufgehoben
BArbBl. (1997) Nr. 11, S. 74

TRGS 201: „Einstufung und Kennzeichnung von Abfällen zur Beseitigung beim Umgang"
BArbBl. (1997) Nr. 12, S. 47 - 49

TRGS 555: „Betriebsanweisung und Unterweisung nach § 20 GefStoffV"
BArbBl. (1997) Nr. 12, S. 49 - 58 und (1998) Nr. 3, S. 92

TRGS 540: „Sensibilisierende Stoffe"
BArbBl. (1997) Nr. 12, S. 58 - 63

TRGS 907: „Verzeichnis sensibilisierender Stoffe"
BArbBl. (1997) Nr. 12, S. 66 - 67

TRGS 618: „Ersatzstoffe und Verwendungsbeschränkungen für chrom(VI)-haltige Holzschutzmittel"
BArbBl. (1997) Nr. 12, S. 63 - 65

TRGS 954: „Empfehlungen zur Erteilung von Ausnahmegenehmigungen von § 15a Abs. 1 GefStoffV für den Umgang mit asbesthaltigen mineralischen Rohstoffen und Erzeugnissen in Steinbrüchen"
BArbBl. (1997) Nr. 12, S. 67 - 71

TRGS 002: „Übersicht über den Stand der Technischen Regeln für Gefahrstoffe (Hinweise des Bundesministeriums für Arbeit und Sozialordnung)"
BArbBl. (1998) Nr. 1, S. 39 - 41

TRGS 908: „Begründung zur Bewertung von Stoffen der TRGS 907"
1,2-Cyclohexandicarbonsäureanhydrid, Futtermittel- und Getreidestäube, Getreidemehlstäube von Roggen und Weizen, Hölzer und Holzstäube, Labortierstaub, Naturgummilatex, Naturgummilatexhaltiger Staub, Nutztierstaub, Phthalsäureanhydrid, Platinverbindungen (Chloroplatinate), Pyromellitsäuredianhydrid, Rohkaffeestaub, Schimmelpilzhaltiger Staub, Spinnmilbenhaltiger Staub, Strahlenpilzhaltiger Staub (Aktinomyceten), Tetrachlorphthalsäureanhydrid, Vorratsmilbenhaltiger Staub, Zierpflanzenbestandteile, Zuckmückenhaltiger Staub
BArbBl. (1998) Nr. 1, S. 41 - 56

TRgA 410: „Statistische Qualitätssicherung"
Die TRgA vom Juni 1979 wird aufgehoben.
BArbBl. (1998) Nr. 1, S. 57

TRGS 500: „Schutzmaßnahmen: Mindeststandards"
BArbBl. (1998) Nr. 3, S. 57 - 59

TRGS 610: „Ersatzstoffe für stark lösemittelhaltige Vorstriche und Ersatzverfahren und Klebstoffe für den Bodenbereich"
BArbBl. (1998) Nr. 3, S. 48 - 50

TRGS 900: „Grenzwerte in der Luft am Arbeitsplatz — Luftgrenzwerte"
BArbBl. (1998) Nr. 5

TRGS 903: „Biologische Arbeitsplatztoleranzwerte — BAT-Werte"
BArbBl. (1998) Nr. 5

TRGS 905: „Verzeichnis krebserzeugender, erbgutverändernder oder fortpflanzungsgefährdender Stoffe"
BArbBl. (1998) Nr. 5

TRGS 525: „Umgang mit Gefahrstoffen in Krankenhäusern und ärztlichen Einrichtungen"
BArbBl. (1998) Nr. 5

TRGS 554: „Dieselmotoremissionen"
BArbBl. (1998) Nr. 5